U0263626

21 世纪先进制造技术丛书

齿轮传动系统非线性动力学理论

邵毅敏 陈再刚 肖会芳 刘 静 著

科 学 出 版 社

北 京

内 容 简 介

本书从齿轮传动系统的非线性动力学问题出发，系统论述了齿轮传动系统内激励机理及其典型算法和振动传递界面非线性特性及其建模方法，旨在全面深入地揭示齿轮传动系统的内激励机理与接触界面作用机制以及内部故障激励与振动响应的映射关系。全书内容包括齿轮内部非线性激励及其算法和振动响应特征、滚动轴承内部故障激励与动力学模拟方法、齿轮传动系统振动传递界面的非线性动力学建模与计算方法。

本书可供从事齿轮传动系统设备状态监测与故障诊断相关研究的科研人员参考，也可供机械、船舶、航空等专业的高年级本科生、研究生，以及齿轮传动系统相关领域的工程技术人员参考。

图书在版编目(CIP)数据

齿轮传动系统非线性动力学理论 / 邵毅敏等著. —北京：科学出版社，2023.1

(21世纪先进制造技术丛书)

ISBN 978-7-03-074687-0

Ⅰ. ①齿… Ⅱ. ①邵… Ⅲ. ①齿轮传动-非线性力学 Ⅳ. ①TH132.41

中国国家版本馆CIP数据核字(2023)第008638号

责任编辑：刘宝莉 / 责任校对：邹慧卿
责任印制：师艳茹 / 封面设计：蓝正设计

科 学 出 版 社 出版
北京东黄城根北街 16 号
邮政编码: 100717
http://www.sciencep.com

三河市春园印刷有限公司 印刷
科学出版社发行 各地新华书店经销
*
2023 年 1 月第 一 版 开本：720 × 1000 1/16
2023 年 1 月第一次印刷 印张：24 1/4
字数：486 000

定价：198.00 元

(如有印装质量问题，我社负责调换)

“21世纪先进制造技术丛书”编委会

“21 世纪先进制造技术丛书”序

21 世纪，先进制造技术呈现出精微化、数字化、信息化、智能化和网络化的显著特点，同时也代表了技术科学综合交叉融合的发展趋势。高技术领域如光电子、纳电子、机器视觉、控制理论、生物医学、航空航天等学科的发展，为先进制造技术提供了更多更好的新理论、新方法和新技术，出现了微纳制造、生物制造和电子制造等先进制造新领域。随着制造学科与信息科学、生命科学、材料科学、管理科学、纳米科技的交叉融合，产生了仿生机械学、纳米摩擦学、制造信息学、制造管理学等新兴交叉科学。21 世纪地球资源和环境面临空前的严峻挑战，要求制造技术比以往任何时候都更重视环境保护、节能减排、循环制造和可持续发展，激发了产品的安全性和绿色度、产品的可拆卸性和再利用、机电装备的再制造等基础研究的开展。

“21 世纪先进制造技术丛书”旨在展示先进制造领域的最新研究成果，促进多学科多领域的交叉融合，推动国际间的学术交流与合作，提升制造学科的学术水平。我们相信，有广大先进制造领域的专家、学者的积极参与和大力支持，以及编委们的共同努力，本丛书将为发展制造科学，推广先进制造技术，增强企业创新能力做出应有的贡献。

先进机器人和先进制造技术一样是多学科交叉融合的产物，在制造业中的应用范围很广，从喷漆、焊接到装配、抛光和修理，成为重要的先进制造装备。机器人操作是将机器人本体及其作业任务整合为一体的学科，已成为智能机器人和智能制造研究的焦点之一，并在机械装配、多指抓取、协调操作和工件夹持等方面取得显著进展，因此，本系列丛书也包含先进机器人的有关著作。

最后，我们衷心地感谢所有关心本丛书并为丛书出版尽力的专家们，感谢科学出版社及有关学术机构的大力支持和资助，感谢广大读者对丛书的厚爱。

熊有伦

华中科技大学

2008 年 4 月

前　言

齿轮传动系统广泛应用于航空航天、交通运输、机械、船舶、能源、冶金、矿山、石化等行业，是机器的核心关键装置。智能制造和智能装备的发展对齿轮传动系统的服役性能和安全运行提出了更高的精准化要求。但是，由于未能及时发现齿轮系统失效故障而造成的巨大经济损失和社会负面影响甚至重大灾难性事故仍屡见报道。

齿轮系统失效故障在机械设备故障中占据较大比例。从 2013 年到 2019 年，美国直升机安全小组统计结果显示，美国民用直升机平均每年发生 120 多起事故，其中由主减速器引起的事故约占 20%。截至 2021 年 12 月，Scotland Against Spin (SAS) 机构的统计表明，全球风力发电机平均每年发生的 300 多起事故中，58.6%是由传动系统故障引起的。我国高速铁路每年因传动系统伤损造成的经济损失达数十亿元。为此，《中国制造业重点领域技术创新绿皮书：技术路线图(2019)》和《机械工程学科发展战略报告(2021～2035)》均将重大产品和设施运行可靠性、完全性和可维护性等关键技术列为重点研究方向。《国家自然科学基金“十四五”发展规划》中，将机械设计、制造及服役中的科学问题列入重点资助领域。

齿轮传动系统运行状态监测与设备故障诊断普遍采用在箱体安装传感器的振动信号分析理论与方法。然而，传动系统的外部振动监测信号是内部齿轮与轴承的内激励与传递界面相互作用后的复杂强耦合响应信号。机械传动零件的内激励与非光滑传递界面的耗散等影响导致外部观测的征兆表现与内部真实原因之间的映射关系具有不确定性，从而造成大量因内激励变化预示的早期故障未能及时发现所引发的机械装备事故。因此，揭示传动件的内激励机理与接触界面作用机制、内部故障激励与振动响应的映射关系是本研究领域的前沿与热点问题。

针对上述关键科学问题，2005 年以来，作者团队在国家自然科学基金重点项目(51035008、52035002)、国家自然科学基金面上项目(50675232、51475053)、国家重大科学仪器设备开发专项(2011YQ130019)、“十一五”和“十二五”国家科技支撑计划项目(2006BAF01B02、2011BAF09B01)等资助下，围绕齿轮传动系统内激励及界面传递机理与振动特性问题开展了基础性和系统性的研究工作。取得的主要研究进展包括：提出了切片式齿轮啮合刚度计算方法，建立了啮合刚度与轮齿误差耦合非线性激励模型、非均匀空间分布轮齿裂纹的啮合刚度模型，阐明了误差与刚度耦合激励机理；基于时变位移和时变接触刚度耦合激励的滚动轴承局部故障动力学模型，提出了局部缺陷边缘形貌特征演变的内激励表征与动力学建模方法等，阐明了轴承故障内激励机理；提出了考虑重力影响的弹性变形与回复静平衡位置和接触非线性刚度，建立了基础界面接触振动模型的科学方法，发现了球界面接触系统的硬-软弹簧非线性特性，揭示了多界面振动特征的差异与演变规律。

本书共 16 章。第 1 章主要介绍齿轮传动系统非线性动力学的研究背景和研究框架，第 2～5 章主要阐述齿轮非线性动力学的建模理论，第 6～10 章主要阐述滚动轴承非线性动力学的建模与计算方法，第 11～16 章主要阐述齿轮传动系统振动传递的非线性动力学建模与计算方法。

本书由邵毅敏负责策划与统稿。第 1 章由邵毅敏、曾强撰写，第 2 章由陈再刚、邵毅敏撰写，第 3 章由陈再刚、蒋汉军撰写，第 4 章由陈再刚撰写，第 5 章由曹正撰写，第 6～9 章由刘静、肖嘉伟、徐敏敏、邵毅敏撰写，第 10 章由涂文兵撰写，第 11～16 章由肖会芳、邵毅敏撰写。特别感谢张静江、宁婕妤、朱子琦等研究生在本书撰写过程中给予的帮助。

由于作者水平有限，本书难免存在不足之处，敬请读者批评指正。

目　　录

"21世纪先进制造技术丛书"序
前言
第1章　绪论……1
1.1　齿轮传动系统非线性动力学研究背景……1
1.2　齿轮传动系统非线性动力学研究框架……2
1.3　齿轮传动系统非线性动力学研究内容……4
1.4　齿轮传动系统非线性动力学研究方法……6
参考文献……8
第2章　齿轮啮合动态激励类型与算法……9
2.1　齿轮啮合动态激励类型……9
2.2　齿轮啮合刚度与计算方法……10
2.2.1　外啮合齿轮单齿啮合刚度计算模型和方法……11
2.2.2　内啮合齿轮单齿啮合刚度计算模型和方法……15
2.3　齿根裂纹轮齿刚度计算方法……17
2.4　轮齿误差动态激励与计算方法……19
2.5　齿轮啮合刚度与轮齿误差耦合非线性激励算法……22
2.6　齿轮副啮合冲击的动态激励与计算方法……28
2.6.1　啮合冲击的动态激励机理……28
2.6.2　啮入冲击分析……30
参考文献……32
第3章　斜齿轮时变摩擦及齿面故障激励建模……34
3.1　斜齿轮基础知识……34
3.2　斜齿轮时变摩擦激励与计算方法……36
3.2.1　齿轮时变摩擦激励计算……37
3.2.2　摩擦激励算法对比和验证……42
3.3　齿面摩擦影响下剥落故障动力学模拟方法……45
3.3.1　齿面剥落故障齿轮摩擦激励计算方法……45
3.3.2　齿面剥落激励与摩擦激励动力学模型……50

3.3.3 仿真结果与分析……52
参考文献……56
第 4 章 行星齿轮传动系统轮齿故障动力学模拟方法……58
4.1 行星齿轮传动系统动力学模型……59
4.2 轮齿裂纹故障动力学模拟方法……64
4.2.1 空间曲面齿根裂纹啮合刚度激励计算方法……64
4.2.2 基于空间曲面齿根裂纹的轮齿啮合刚度计算……66
4.2.3 行星轮系空间曲面齿根裂纹故障振动特征分析……71
4.3 行星轮系轮齿塑性偏转变形动力学模拟方法……81
4.3.1 轮齿塑性偏转变形刚度与误差耦合非线性激励计算模型……82
4.3.2 轮齿塑性偏转变形故障非线性激励分析……86
4.3.3 行星轮系轮齿塑性偏转变形故障振动响应特征……90
参考文献……93
第 5 章 齿轮传动制造与安装误差的动力学模拟方法……95
5.1 行星轮系制造安装误差类型……95
5.2 行星轮系偏心误差和孔位置误差动力学模拟……96
5.2.1 行星轮系偏心误差和孔位置误差计算模型……96
5.2.2 行星轮系偏心误差的动态特性分析……102
5.2.3 行星轮孔位置误差的动态特性分析……106
5.3 行星轮系不对中误差动力学模拟……110
5.3.1 行星轮系不对中误差计算模型……110
5.3.2 行星架和行星轮角度不对中误差的动态特性分析……117
5.4 薄壁齿圈行星轮系动态特性模拟……122
5.4.1 薄壁齿圈行星轮系接触模型……122
5.4.2 轮孔位置误差和偏心误差对行星轮系动态特性的影响……128
参考文献……130
第 6 章 滚动轴承结构与内激励计算……131
6.1 滚动轴承的基础知识……131
6.1.1 滚动轴承的结构组成……131
6.1.2 滚动轴承的分类……132
6.1.3 滚动轴承的应用……133
6.2 滚动轴承内部激励类型与计算……133
6.2.1 滚动轴承内部激励类型……133
6.2.2 滚动轴承位移激励的计算……134
6.2.3 滚动轴承刚度激励的计算……140

6.3 滚动轴承动力学建模方法……152
6.3.1 滚动轴承运动学分析……152
6.3.2 滚动轴承动力学分析……153
6.3.3 滚动轴承动力学模型求解……158
6.3.4 滚动轴承动力学分析算例……159
参考文献……162
第7章 滚动轴承波纹度表征及动力学响应……163
7.1 滚动轴承波纹度表征方法……163
7.2 考虑波纹度的刚度和位移激励算法……169
7.2.1 周期性正弦函数表征的波纹度……169
7.2.2 非周期性正弦函数表征的波纹度……170
7.3 滚动轴承波纹度表征动力学响应算例……172
7.3.1 考虑滚动轴承波纹度的刚度激励计算……172
7.3.2 基于实测波纹度曲线的轴承动力学响应计算……176
参考文献……183
第8章 滚动轴承声振耦合分析……184
8.1 振动噪声响应分析方法……184
8.1.1 有限元法……184
8.1.2 噪声辐射边界元法……185
8.2 滚动轴承声振耦合分析计算……188
8.3 波纹度影响下声振耦合分析计算……200
参考文献……208
第9章 滚动轴承局部故障动力学建模与仿真……210
9.1 滚动轴承局部故障动力学建模……210
9.1.1 滚动轴承典型局部故障的模式与表征……211
9.1.2 滚动轴承运动过程中局部故障的形貌变化与表征……215
9.2 计算案例……217
9.2.1 球轴承局部故障动力学建模及响应计算……217
9.2.2 圆锥滚子轴承局部故障动力学建模及响应计算……220
参考文献……227
第10章 滚动轴承滚动体咬入打滑动力学建模与仿真……229
10.1 滚动轴承打滑损伤形式与原因分析……229
10.1.1 打滑影响及损伤形式分析……229
10.1.2 基于纯滚动的滚动轴承运动学关系……231
10.1.3 滚动轴承打滑原因分析……233

10.2　滚动体咬入打滑动力学模型 237
10.2.1　咬入角 240
10.2.2　滑移速度 241
10.2.3　保持架作用 243
10.2.4　摩擦力 246
10.2.5　动力学模型描述 249
10.3　仿真结果与影响分析 251
10.3.1　滚动体运动状态分析 252
10.3.2　滑移速度特征分析 254
10.3.3　轴承载荷对滑移速度的影响 255
10.3.4　轴承转速对滑移速度的影响 256
参考文献 258
第 11 章　齿轮传动系统界面接触基础知识 259
11.1　齿轮传动系统界面分类 259
11.2　粗糙表面与界面接触 260
11.2.1　表面形貌参数 261
11.2.2　表面形貌的统计参数 263
11.2.3　表面形貌的三维分形参数 266
11.2.4　粗糙接触界面 269
参考文献 275
第 12 章　界面接触刚度与阻尼 277
12.1　球体接触刚度 277
12.2　粗糙界面接触刚度 277
12.2.1　分形模型刚度表达式 278
12.2.2　有限元法求解刚度表达式 278
12.2.3　算例 279
12.3　界面阻尼 281
12.3.1　自由振动响应特征量 281
12.3.2　回复力特性与阻尼模型辨识 283
12.3.3　算例 287
参考文献 297
第 13 章　粗糙界面的接触振动 299
13.1　单一粗糙峰的接触振动 299
13.2　三维分形粗糙界面的接触振动 303
13.2.1　粗糙界面法向接触动力学模型 303

13.2.2 无阻尼固有频率的计算方法……305
13.2.3 受迫振动响应……307
13.2.4 算例……308
参考文献……311
第 14 章 箱体螺栓结合界面动力学模拟方法……312
14.1 滑动接触界面……312
14.2 动力学模型……314
14.3 局部微滑动响应特性……316
14.4 算例……320
参考文献……324
第 15 章 螺栓结合部层叠多界面冲击振动传递建模与仿真……327
15.1 螺栓结合部层叠多界面……327
15.1.1 螺栓结合部动力学性能影响因素分析……327
15.1.2 螺栓结合部受力分析……328
15.2 冲击振动传递模型……331
15.2.1 模型描述……331
15.2.2 振动与能量传递特征量……333
15.3 算例……333
15.3.1 有限元计算模型……333
15.3.2 输入界面的加速度响应……335
15.3.3 传递界面的加速度响应……336
15.3.4 振动传递特性……339
15.3.5 能量传递特性……340
15.3.6 试验验证……342
参考文献……343
第 16 章 齿轮-轴-轴承-轴承座系统多界面振动传递动力学建模……345
16.1 传递多界面的定义……345
16.2 轴承-滚道接触刚度计算……346
16.3 冲击载荷……347
16.4 振动传递与能量损耗特征量……348
16.5 算例……348
16.5.1 振动传递动力学模型……348
16.5.2 动力学方程……350
16.5.3 径向预载荷下的响应……351

16.5.4　频率响应函数 ········ 353
16.5.5　冲击激励响应 ········ 356
16.5.6　试验测试 ········ 366
参考文献 ········ 371

第1章　绪　　论

齿轮传动系统非线性动力学是传动系统设计阶段动力学性能预测、制造阶段加工与装配误差控制以及运行阶段安全保障的基础，直接决定产品的长寿命、高可靠、低噪声等服役性能。本章将重点阐述齿轮传动系统非线性动力学的研究背景，提出齿轮传动系统非线性动力学的研究方法。

1.1　齿轮传动系统非线性动力学研究背景

齿轮传动系统是由齿轮、轴、轴承和箱体等零部件组成的复杂非线性动力学系统，广泛应用于航空航天、能源、冶金化工、轨道交通、工业生产和矿山运输等领域。齿轮传动系统是机械装备的动力及运动传递的核心部件，其服役性能及可靠性直接关系到机械装备的性能与安全稳定运行。例如，动力及传动系统故障在世界直升机事故中占比超过 19%[1]。全球风力发电机组平均每年发生的 300 多起事故中，传动系统故障占 58.6%[2]。齿轮传动系统运行状态的精确监测和准确故障诊断在提高装备运行的可靠性、避免各种灾难性事故等方面发挥着至关重要的作用[3-5]。

齿轮传动系统的服役状态监测与故障诊断普遍采用在箱体安装传感器的振动信号分析方法[6,7]。当齿轮传动系统内部关键传动部件发生故障时，会引起外部监测的振动响应特征发生变化，通过对采集的信号进行处理，实现对内部故障特征信息的提取。然而，由于信号监测位置远离内部齿轮、轴承等旋转部件的故障源，内部振动信号需要经过复杂传递路径，因此在外部箱体上所测的信号是齿轮与轴承内激励信号与传递路径动态相互作用后的强耦合信号[8]。机械传动关键部件齿轮/轴承的内激励、非连续传递界面的振动耗散等影响导致外部观测的征兆表现与内部真实原因之间呈现不确定性，造成大量因早期故障未能及时发现而引起的机械装备事故。机械装备不断向低碳、高速、重载、高可靠、高功率密度和低振动噪声等方向发展，对齿轮传动系统的服役性能保障提出了更高的精准化要求。因此，揭示传动件的内激励机理与接触界面作用机制、内部故障激励与振动响应之间的映射关系对齿轮传动系统的精准监测和故障诊断至关重要[9,10]。

本书围绕齿轮传动系统关键部件(齿轮和轴承)的内激励机理、传递界面非线性接触振动与传递特性，考虑齿轮传动系统多种非线性影响因素，如齿轮的齿侧间隙、轮齿非线性接触、啮入啮出冲击、齿轮裂纹/剥落故障、齿轮制造及安装误差等，轴承的滚子接触刚度、波纹度、咬入咬出打滑和油膜等，界面的粗糙度、接触刚度、局部微滑动、传递能量耗散等因素，主要阐述齿轮传动系统内部动态激励非线性建模理论、滚动轴承非线性动力学的建模与计算方法、齿轮传动系统振动传递非线性动力学建模与计算方法，为揭示内部动态激励与外部振动响应的映射关系提供基础。

1.2　齿轮传动系统非线性动力学研究框架

齿轮传动系统的状态监测与故障诊断通常依靠采集箱体外部振动信号来实现，而这些信号是由内部齿轮与轴承等关键部件的动态激励引起的振动信号通过齿轮、轴、轴承及接触界面传递后的强耦合信号。系统内部激励源众多、传递路径复杂、界面间非线性能量耗散显著等特点，使得外部响应信号频率成分及其与内部动态激励之间的映射关系复杂。本书针对齿轮传动系统非线性动力学的研究方法是：将齿轮、轴、轴承和振动传递界面作为一个相互作用的整体，综合考虑齿轮传动系统的内部(故障)动态激励特征、各部件相互耦合作用机制、非连续接触界面的耗散特性等，围绕各部件的动态激励机理、动态响应规律和界面的接触振动特性等内容开展深入研究，揭示内部(故障)动态激励机理及其激发的振动通过多界面传递衰减与耗散机制。

典型的齿轮传动系统一般由齿轮、轴、轴承、箱体等基本部件构成，如图 1.1 所示。齿轮内部激励的振动响应传递到外部箱体传感器的主要传递路径有 4 条，

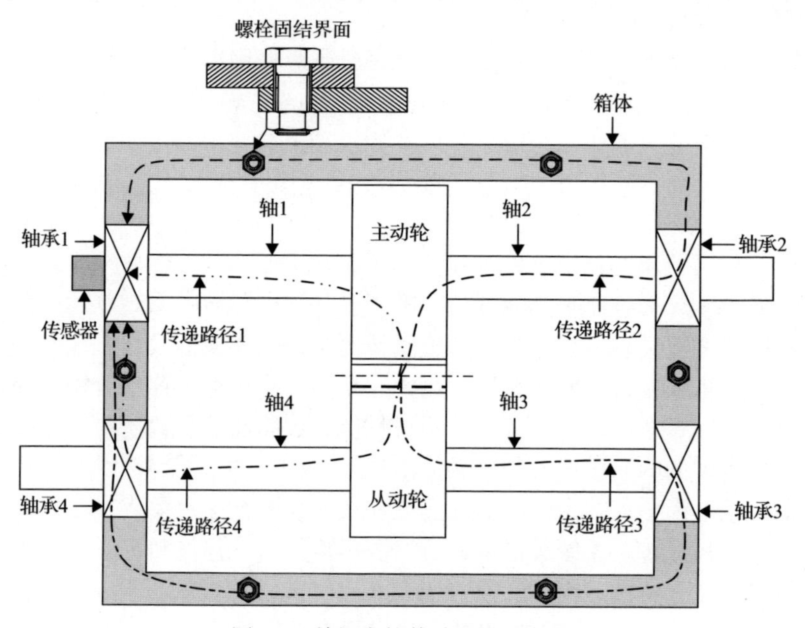

图 1.1　单级齿轮传动系统示意图

传递路径 1 为齿轮→轴 1→轴承 1→箱体→传感器，传递路径 2 为齿轮→轴 2→轴承 2→箱体→传感器，传递路径 3 为齿轮→轴 3→轴承 3→箱体→传感器，传递路径 4 为齿轮→轴 4→轴承 4→箱体→传感器。不同振动传递路径经历的传递界面包括齿轮-齿轮、齿轮-轴、轴-轴承、轴承内圈-滚子-轴承外圈、轴承-箱体及箱体-感知元件等界面。

齿轮传动系统非线性动力学研究框架如图 1.2 所示。本书主要围绕齿轮传动系统的激励机理、动力学建模、响应规律分析等几个方面进行介绍，重点集中在关键部件齿轮和轴承的内激励机理、齿轮系统动力学建模和传递界面接触动力学建模。通过考虑齿轮传动系统各部件非线性因素、激励机理与界面能量耗散机制等，建立齿轮传动系统动力学模型，包括齿轮动力学模型、轴承动力学模型及各部件界面振动传递动力学模型，求解得到系统的动态响应，为齿轮运行状态的精确监测和准确的故障诊断、保障装备运行的可靠性提供基础与理论指导。

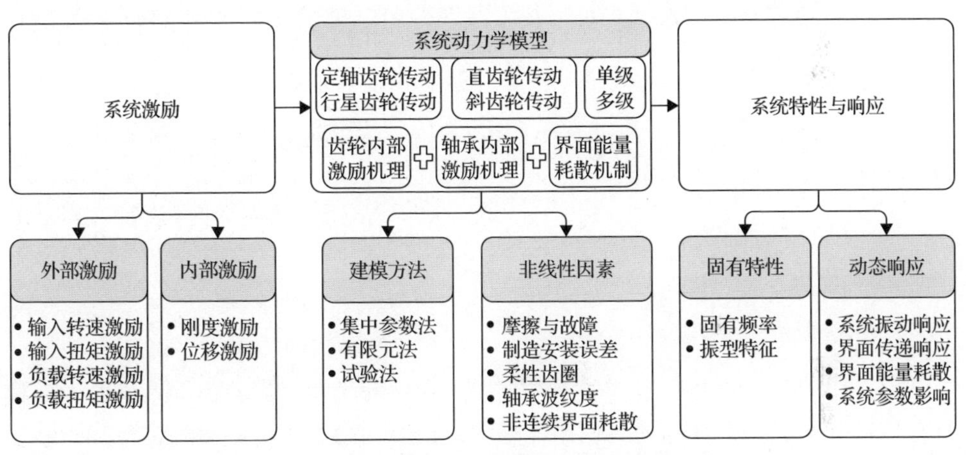

图 1.2　齿轮传动系统非线性动力学研究框架

(1) 在齿轮非线性动力学方面，提出了切片式空间曲面齿根裂纹啮合刚度计算模型和刚度与误差耦合激励模型。长期以来，研究均局限于仅考虑单齿误差包络线的齿轮副传递误差，忽略了其与啮合刚度存在耦合激振的事实；缺乏空间曲面轮齿裂纹刚度精确计算方法，存在制造加工误差引起空间啮合错位及曲面轮齿裂纹条件下刚度激励机理不清的问题。本书针对空间曲面分布的齿轮齿根裂纹故障动态激励问题，提出切片式齿根裂纹啮合刚度计算模型，解决了复杂齿根裂纹动态激励精确计算的难题；考虑齿轮加工制造误差及齿轮故障等影响因素，建立齿轮刚度与误差耦合的动态激励模型与计算方法；针对行星齿轮传动系统薄壁柔性齿圈的动力影响机制问题，基于变截面悬臂梁理论和柔性齿圈变形理论，提出柔性齿圈刚柔耦合的刚度激励模型，建立行星齿轮传动系统刚柔耦合动力学模型。

(2)在轴承非线性动力学方面，提出滤波器函数波纹度建模与实测波纹度建模方法。滚道的波纹度与滚动体直接接触并相互作用，产生时变接触刚度及时变位移激励。基于轴承波纹度的共性特征，提出滤波器函数的波纹度随机模拟方法，研究波纹度共性特征下轴承的激励机理与动态响应；针对单个轴承及同一批次轴承存在独有特征，提出实测波纹度建模方法，通过实测波纹度数据插值及拉格朗日方程，将波纹度耦合进轴承动力学方程中，分析具有波纹度轴承的激励机理及动态响应。

(3)在接触界面动力学和振动传递特性方面，提出球-刚性平面接触振动基础模型的研究方法。Hertz 理论是目前接触界面建模的基础理论，主要应用于静态接触，不能直接应用于机械传动系统的非光滑界面接触动力学。根据传递界面的三维分形表面单个微凸体接触刚度和分形接触理论，综合考虑动态传递过程接触界面回复静平衡位置和接触非线性刚度的影响，建立球-刚性平面接触振动基础模型，发现粗糙界面接触振动的振幅突变跳跃现象，揭示齿轮传动系统的齿轮-轴-轴承-轴承座系统多界面振动能量传递特性。

1.3 齿轮传动系统非线性动力学研究内容

齿轮传动系统非线性动力学研究内容主要包括系统激励、系统特性和系统响应三个方面。

1. 系统激励

齿轮传动系统的动态激励分为内部激励和外部激励。齿轮传动系统的外部激励是指系统外部对系统的动态作用，来源包括驱动激励和负载激励，外部激励表现为转速激励及载荷激励，根据激励历程特性可分为梯形激励、周期性激励、随机性激励等。

齿轮传动系统的内部激励包括刚度激励、误差激励和冲击激励。刚度激励广泛存在于齿轮、轴承及各部件接触界面和支撑上，其中接触刚度存在明显的时变特性且形式众多，接触刚度激励的特征主要与设计参数、制造安装误差和局部故障等有关，具有多因素耦合及强非线性等特点。误差激励是由加工和安装误差引起的齿轮、轴承等部件表面相对于理想表面位置存在偏移而产生的激励，齿轮误差激励包括齿距误差激励、齿形误差激励和间隙激励，轴承的误差激励包括几何误差激励、波纹度误差激励和间隙激励。冲击激励如齿轮啮合冲击激励是由受载变形和加工误差引起的，轮齿在进入和退出啮合时，啮入啮出位置偏离理论啮合点，造成主、被动轮齿在啮入啮出时，因齿面冲击导致转速偏差或突变。

本书在齿轮内部激励方面，研究了偏心、不对中、空间啮合错位、曲面裂纹、柔性齿圈等因素下啮合刚度与误差耦合的内部动态激励机理与行为特征；在轴承内部激励方面，研究了波纹度、滚道表面局部缺陷及打滑等因素下刚度与误差耦合的内激励机理与行为特征；在接触界面内部激励方面，研究了界面形貌、界面粗糙度、局部微滑动及层叠多界面的界面激励机理与行为特征。

2. 系统特性

1) 固有特性

固有频率和振型是动力学研究的基本问题之一。在设计过程中，为避免共振现象的发生，减小传动系统重量以及优化设计方案，需要研究设计参数变化对固有频率和振型的影响，即研究固有频率和振型随着参数变化而变化的趋势。固有特性是研究系统的动态响应、动载荷的产生、传递及振动形式等问题的基础。

齿轮传动系统固有特性分析主要包括：①利用集中参数法研究齿轮传动系统的固有频率和振型；②利用有限元法计算齿轮结构和箱体结构的固有频率和振型；③利用灵敏度分析和动态优化设计方法研究系统结构参数、几何参数与固有频率和振型的关系，优化其动态特性。

研究齿轮传动系统固有特性的方法为：首先，建立系统的参数动力学模型，将齿轮副简化为集中质量，传动轴简化为具有扭转变形和弯曲变形的弹性元件，原动机和负载考虑为转动惯量；然后，建立动力学方程，并由相应的无阻尼自由振动方程计算得到系统的固有频率和振型。

2) 齿轮传动系统载荷特性

齿轮传动系统载荷分配是传动系统振动噪声、疲劳寿命、可靠性等性能的关键影响因素之一。齿轮传动系统载荷特性研究包括：静载荷特性研究，通过建立齿轮传动系统静力学模型，利用静力学平衡方程求解系统中载荷特性；动载荷特性研究，利用集中质量法构建动力学模型，求解动力学微分方程得到动载荷特性；载荷特性主因素分析及优化，利用均载系数和灵敏度分析系统结构参数、支撑刚度、几何参数、制造及安装误差等因素与载荷特性的关系，优化其动态特性。

3. 系统响应

系统响应是动力学研究的重要内容之一，主要包括轮齿动态啮合力、轴承动态激励等动态力激发的振动在系统传递路径中的动态变化特性。通过对系统动态响应的深入研究，可揭示齿轮传动系统振动的本质与基本规律，阐明振动响应与系统参数之间的关系，对齿轮传动系统的强度分析、可靠性设计、服役性能预测、状态识别及故障诊断具有重要意义，从而能更有效地指导高性能齿轮传动系统的设计、制造与运维。

系统动态响应的研究可明确系统动态激励产生的机理，确定轮齿、轴承的动载荷特性及边界条件，对齿轮传动系统的强度、可靠性设计、服役性能预测、状态识别及故障诊断具有重要意义。研究动态激励引起的动态响应及其传递特性，可得到系统设计与响应间的关系，进行结构修改，减小动态激励，提高系统的工作寿命和整体服役性能。

本书在齿轮方面，研究了偏心、不对中、空间啮合错位、曲面裂纹及柔性齿圈等因素下的系统响应；在轴承方面，研究了波纹度、滚道表面局部缺陷及打滑等因素下的系统响应；在接触界面方面，研究了界面形貌、界面粗糙度、局部微滑动及层叠多界面的系统响应。

1.4 齿轮传动系统非线性动力学研究方法

齿轮传动系统非线性动力学具有典型的多学科方向交叉属性，涉及材料力学、接触力学、动力学、摩擦学等。本书采用理论建模、数值仿真及试验验证等方法，对齿轮传动系统的内部动态激励、齿轮传动系统动力学建模和系统非线性动力学响应进行研究。

1. 动力学理论建模及研究方法

理论建模是齿轮传动系统动力学分析与计算的基础，其精确程度直接决定系统动力学响应结果的准确性。理论建模主要采用集中参数法建立齿轮传动系统动力学模型，包含齿轮动力学模型、轴承动力学模型及界面传递动力学模型；动力学模型响应求解主要采用四阶龙格-库塔(Runge-Kutta)法等数值积分方法；在系统动态响应信号的处理与分析方面，采用时域、频域、时-频联合、统计学等多种分析方法。

(1)在齿轮非线性因素及内部动态激励计算方面，齿轮啮合刚度存在时变强非线性特性，与齿轮设计参数、加工安装误差以及齿轮故障与损伤等多种因素密切相关。本书针对这些影响因素开展了动态激励与系统动力学建模研究工作。例如，在齿轮故障动态激励精确计算方面，根据故障扩展形式、几何形貌、受载特点，提出切片式齿根裂纹故障啮合刚度计算方法；在正常齿轮的误差与刚度激励机理方面，由于齿轮传动系统中存在加工制造与安装误差、齿轮轮体受载变形等影响因素，齿轮啮合刚度与误差之间具有非线性耦合的作用，基于该方法，采用基于材料力学的变截面悬臂梁理论和基于弹性力学的齿轮轮体变形理论，建立齿轮传动刚度与误差非线性耦合动态激励模型，并应用于定轴齿轮传动与行星齿轮传动系统集中参数动力学建模与仿真分析。

(2)在轴承非线性因素及内部激励参数计算方面，针对波纹度诱发滚动体与波纹度滚道之间时变接触刚度激励及时变位移激励的问题，本书提出一种基于滤波器函数的波纹度随机模拟方法，实现波纹度内激励参数的共性建模；除共性特征外，还针对不同批次及个体间波纹度存在差异的问题，提出一种实测波纹度建模方法，通过对原始波纹度序列插值采样，获取接近真实特征的波纹度及其内激励参数；针对轴承缺陷的动态激励建模问题，提出一种局部缺陷形貌分块表达方法，通过组合分块实现不同类型、边缘形貌及大小的局部缺陷刚度激励与位移激励的精准表征；针对滚动体在进入承载区时急剧加速而产生打滑，引起异常磨损及振动，从而影响轴承服役性能和使用寿命问题，提出一种考虑弹性保持架、变摩擦系数、间隙等因素的轴承承载区滚动体咬入打滑动力学建模方法。

(3) 在界面接触非线性因素及内部动态激励参数计算方面，基于接触界面具有微尺度表面形貌的特点，本书采用将粗糙表面的接触近似为一系列高低不平球体相互接触的建模方法，建立球体-刚性平面接触内激励与振动基础模型，并结合接触理论和非线性动力学理论得到粗糙表面的法向弹性接触刚度和动力学响应特性；当进一步考虑界面间的相对滑动运动状态时，提出基于一维弹性梁理论的界面微滑移参数计算方法，得到界面的附着-滑移过渡演化、迟滞特性和能量耗散特性。

2. 数值建模与仿真方法

以有限元为代表的数值建模与仿真方法是针对具有质量连续分布结构的一种有效研究手段，也是作为相关理论模型正确性验证的一种常用方法。本书开展轴承座、齿轮箱、多界面振动的仿真分析工作，综合运用有限元法及边界元法，提出一种滚动轴承声振耦合的数值建模方法，实现轴承-轴承座系统的振动和声学响应的仿真分析；建立非光滑粗糙界面接触有限元仿真模型、多界面冲击振动传递的球-螺栓固结多层叠加板仿真模型等，求解计算非光滑粗糙界面的非线性回复力、冲击激励沿螺栓结合层叠非连续多界面的加速度响应等特性参数，为进一步分析系统动力学响应及振动传递特性等问题奠定了坚实的基础。

3. 试验测试方法

试验测试是齿轮传动系统动力学模型验证与修正中采用的一种有效方法。通过搭建高性能行星齿轮传动动力学试验台，开展不同载荷及速度下的系统动态响应测试，并通过人为加工齿轮故障的方式，进行太阳轮、行星轮、内齿圈轮齿齿根裂纹故障的动力学振动响应试验，验证了作者团队提出的齿轮动力学方面的建模理论与方法的正确性。搭建球-平面界面模型试验测试台架，得到不同界面的阻尼模型并验证界面的非线性回复力特性，通过多界面冲击振动传递的球-螺栓固结多层叠加板试验测试验证有限元结果的准确性；提出狭窄密闭空间内部冲击动载力和冲击振动加速度嵌入式测试技术与方法，采用柔性电路及模块化设计，包括电源、稳压、调理和存储电路等模块，适应狭窄密闭结构，不损伤齿轮轴承接触特性与整体强度，具有安装简便、耐高温、抗振能力强、微功耗等特长与优点。

参 考 文 献

[1] 张娟, 詹月玫, 王咏梅. 2014-2016 年世界直升机事故统计及分析[J]. 直升机技术, 2017, 3: 68-72.

[2] Scotland Against Spin. Summary of wind turbine accident data to 31 December 2021[R]. Scotland, Scotland Against Spin, 2021.

[3] 王晋鹏, 常山, 刘更, 等. 船舶齿轮传动装置箱体振动噪声分析与控制研究进展[J]. 船舶力学, 2019, 23(8): 1007-1019.

[4] 蒋佳炜, 胡以怀, 方云虎, 等. 船舶动力装置智能故障诊断技术的应用与展望[J]. 中国舰船研究, 2020, 15(1): 56-67.

[5] 曹明, 黄金泉, 周健, 等. 民用航空发动机故障诊断与健康管理现状、挑战与机遇Ⅰ: 气路、机械和 FADEC 系统故障诊断与预测[J]. 航空学报, 2021, 43(9): 1-33.

[6] Wang L M, Ye W J, Shao Y M, et al. A new adaptive evolutionary digital filter based on alternately evolutionary rules for fault detection of gear tooth spalling[J]. Mechanical Systems and Signal Processing, 2019, 118: 645-657.

[7] Zeng Q, Feng G J, Shao Y M, et al. An accurate instantaneous angular speed estimation method based on a dual detector setup[J]. Mechanical Systems and Signal Processing, 2020, 140: 106674.

[8] 肖会芳, 邵毅敏, 周晓君. 非连续粗糙多界面接触变形和能量损耗特性研究[J]. 振动与冲击, 2012, 31(6): 83-89.

[9] 邵毅敏, 王新龙, 刘静, 等. 基于边缘接触时变刚度的轮齿表面剥落动力学模型与响应特征[J]. 振动与冲击, 2014, 33(15): 8-14.

[10] Chen Z G, Zhai W M, Wang K K. Vibration feature evolution of locomotive with tooth root crack propagation of gear transmission system[J]. Mechanical Systems and Signal Processing, 2019, 115: 29-44.

第 2 章　齿轮啮合动态激励类型与算法

动态激励是齿轮动力学系统的重要输入和边界条件，研究其基本类型与动态作用基本原理，确定相关计算方法，是开展齿轮系统动力学行为研究的首要问题。齿轮通过轮齿交替啮合来传递运动和动力，齿轮啮合内部动态激励是齿轮动力学行为研究的本质与核心问题。同时，由于驱动以及负载力矩波动等外部激扰，齿轮系统的动态啮合力、动载系数、振动噪声等动态响应更加复杂。深入研究齿轮系统内、外部动态激励对齿轮系统动力学特性的影响，可为齿轮系统的设计、制造、运维提供良好的理论指导。

本章在全面介绍齿轮传动内部激励种类与形式的基础上，重点介绍基于势能原理提出的齿轮轮齿刚度与啮合刚度的解析计算方法、齿根裂纹故障的轮齿刚度计算方法、啮合刚度与齿轮误差耦合的非线性激励算法等内容。

2.1　齿轮啮合动态激励类型

动态激励是动力学系统的输入，对其机理与特点的深入理解是开展齿轮系统动力学相关研究的前提。齿轮传动系统的动态激励包括内部激励和外部激励。内部激励包括由啮合过程中啮合齿数的交替变化产生的周期性刚度激励、制造加工误差和装配误差引起的误差激励、啮合冲击激励等。外部激励是指系统驱动端和负载端载荷波动对齿轮传动系统的动态作用[1]。

啮合刚度激励主要是由啮合齿数的交替变化导致的啮合刚度随时间的周期性变化，是一种时变参数激励，可进一步引起动态啮合力的时变周期性。时变啮合刚度激励由齿轮副的设计参数决定，对刚度激励的相关研究将有助于为齿轮设计提供理论指导。

误差激励是一种周期性位移激励，主要表现为齿轮制造加工和装配过程引起的实际齿廓与理论齿廓的偏差。分析误差激励对齿轮系统动态特性的影响可为确定齿轮的精度等级和加工方法提供一定的参考。

由于齿轮的加工误差和受载时轮齿的弹性变形，轮齿的实际啮入和啮出位置会与理论位置有一定的偏差，形成线外啮合，从而形成瞬时冲击，引发振动冲击激励，使得啮合过程变得不连续，这也是齿轮系统在传递运动和力的过程中产生振动噪声问题的主要原因。值得注意的是，啮合冲击激励是一种周期性载荷激励。

2.2　齿轮啮合刚度与计算方法

啮合刚度是齿轮内部的主要固有动态激励之一。齿轮啮合过程中，由于参与啮合的齿对数呈现周期性交替变化，在载荷相同的情况下，参与啮合的齿数少，总变形大，综合啮合刚度小；反之，参与啮合的齿数多，总变形小，综合啮合刚度大。齿轮连续转动过程中，综合啮合刚度随啮合齿数的交替变化呈现时变周期性，从而改变齿轮系统的振动响应。

日本机械学会将轮齿刚度定义为“没有误差的直齿轮的一对轮齿在分度圆上均匀接触时，单位齿宽齿面法向力与每个轮齿齿面法向总变形量的比值”，且详细介绍了用于齿轮时变啮合刚度计算的 Weber 公式法和石川公式法[2]。《正齿轮和斜齿轮负载能力的计算、基本原理、介绍和一般影响因素》(BS ISO 6336-1—2006)[3]和《直齿轮和斜齿轮承载能力计算　第 1 部分：基本原理、概述及通用影响系数》(GB/T 3480.1—2019)[4]的齿轮强度计算中，都将轮齿刚度定义为“使一对或几对同时啮合的精确轮齿在 1mm 齿宽上产生 1μm 挠度所需的啮合线上的载荷”，并给出了单对轮齿啮合刚度的最大值与总的啮合刚度平均值的计算方法。目前，齿轮时变啮合刚度的计算方法主要包括材料力学法、弹性力学法、数值法。石川公式法是轮齿刚度计算的一种典型算法，其将轮齿简化为由一个梯形与矩形组成的悬臂梁模型，如图 2.1(a)所示[2]。该方法具有计算速度快和应用广泛等特点，其中矩形的长度为危险截面的轮齿厚度。

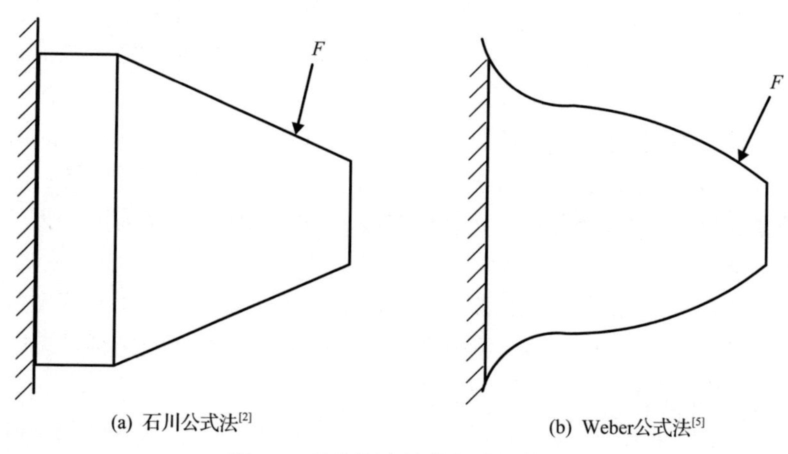

(a) 石川公式法[2]　　(b) Weber公式法[5]

图 2.1　轮齿刚度计算悬臂梁模型

虽然石川公式法使用方便、简单，计算速度快，但是它建立在对复杂的齿廓进行大量简化的基础之上，无法精确描述齿形参数的影响。研究者对精确渐开线齿廓的轮齿刚度激励方面开展了大量的研究工作。Weber 公式法是一种基于材料力学的精确渐开线齿廓直齿轮轮齿变形综合计算方法，如图 2.1(b)所示[5]，其包含轮齿的弯曲、剪切与压缩变形。随后，Cornell[6]在 Weber[5]的研究基础上进一步研究了齿根圆角以及基础弹性变形对啮合刚度的影响。Chaari 等[7]基于 Weber 公式法提出了一种齿轮啮合刚度解析计算模型。Yang 等[8]利用势能原理计算了齿轮啮合刚度，该模型由 Tian[9]和 Wu 等[10]进一步拓展至包含剪切变形的影响，但是他们的计算模型假设悬臂梁的轮齿固定端位于基圆上，尚未考虑基础变形部分的影响，不能反映大多数情况下齿根圆与基圆不重合带来的影响。

弹性力学法，也称保角映射法，其实质是将齿廓曲线边界映射为直线边界，根据半平面上集中力的复变函数解出半平面的位移场，从而得到受载点的轮齿变形，其关键在于映射函数、各项系数及项数的选取。研究者利用该方法已开展了大量的研究工作，如 Wilcox 等[11]、Bibel 等[12]、程乃士等[13]。但是平面弹性力学法难以考虑三维空间弹性变形问题，难以实现制造误差、装配误差和齿面损伤等引起的轮齿偏差，以及轮齿裂纹故障等对轮齿变形的影响。

随着计算机技术的发展，以有限元法和边界元法为代表的数值分析方法已在科学研究与工程问题中得到广泛的应用。与材料力学和弹性力学理论模型相比，数值模型可以模拟复杂的几何形状、边界条件和工况，能够得到更加接近实际的变形及详细的应力分布情况，为解决科学和工程问题提供重要手段。研究者利用有限元、边界元等数值方法开展了大量关于齿轮啮合变形方面的计算分析。例如，Lewicki 等[14-16]建立了齿轮有限元模型，对正常及含齿根裂纹故障的轮齿应力分布状态及变形进行了系列研究，并开展了系列试验研究对理论分析结果进行验证。Dong 等[17]基于线性断裂力学与有限元法建立了单齿二维模型。Spitas 等[18]利用边界元法对齿形几何参数进行优化，得到了齿根应力最小时的参数，并利用二维光弹性试验对提出的方法进行了验证。Chaari 等[7]建立了单齿有限元模型，计算了单齿啮合刚度，通过单齿啮合刚度直接叠加的方法得到了综合啮合刚度，验证了建立的啮合刚度计算解析模型的正确性。与有限元法、边界元法等数值方法相比，解析计算方法因同时具有较好的计算精度和计算效率而受到广大科研人员的青睐。

因此，针对渐开线齿轮啮合刚度激励的精确建模与计算问题，本节基于势能原理提出了齿轮轮齿刚度解析计算方法，综合考虑了轮齿的弯曲、剪切、轴向压缩和轮体变形的影响，得出了外齿轮和内齿轮轮齿刚度计算公式。

2.2.1　外啮合齿轮单齿啮合刚度计算模型和方法

Tian[9]和 Wu 等[10]假设轮齿为一固定在基圆上的变截面悬臂梁，基于势能原理研究了轮齿刚度解析计算方法。本节进一步考虑轮齿基础变形的影响，同时考虑轮齿悬臂梁位于齿根圆上的实际情况，反映齿根圆与基圆不重合对计算结果的影响，建立了外啮合齿轮单齿啮合刚度计算模型与方法。直齿轮中非均匀轮齿截面的悬臂梁模型如图 2.2 所示[19]。图中，d 为啮合力所在位置至齿根圆固定部分的距离；$\mathrm{d}x$ 与 $2h_x$ 分别为距啮合力所在位置为 x 的微截面宽度与长度；F 为垂直于齿面的啮合力；h 为啮合力处齿厚的一半；α_1 为啮合力与齿厚方向的夹角。

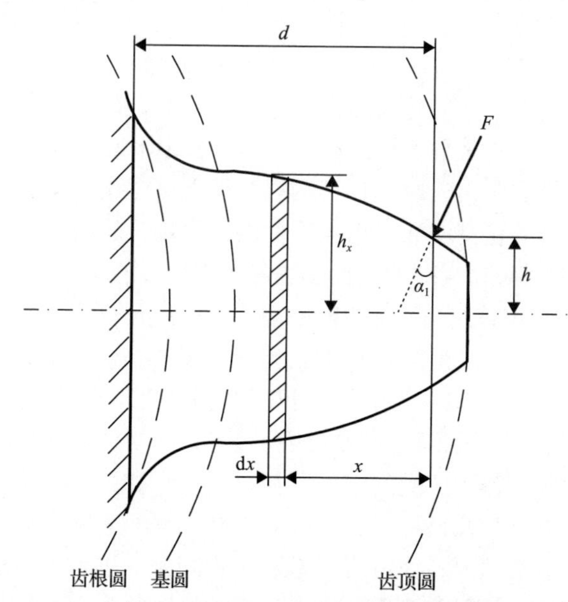

图 2.2　直齿轮中非均匀轮齿截面的悬臂梁模型[19]

将轮齿变形等效为沿啮合力 F 作用方向的弹簧变形，在啮合力 F 作用下，弹簧由于轮齿发生弯曲、剪切与沿齿高方向的轴向压缩变形而存储的弹性势能表示为

$$\begin{cases} U_{\mathrm{b}} = \dfrac{F^2}{2K_{\mathrm{b}}} \\ U_{\mathrm{s}} = \dfrac{F^2}{2K_{\mathrm{s}}} \\ U_{\mathrm{a}} = \dfrac{F^2}{2K_{\mathrm{a}}} \end{cases} \tag{2.1}$$

式中，K_{a}、K_{b}、K_{s} 分别为沿啮合线方向与轮齿轴向压缩变形、弯曲变形、剪切变形对应的等效弹簧刚度；U_{a}、U_{b}、U_{s} 分别为啮合力沿啮合线方向做的功，分别等效为轮齿轴向压缩变形、弯曲变形以及剪切变形产生的弹性势能。

根据材料力学中的梁变形理论，啮合力 F 作用下轮齿发生的弯曲、剪切与轴向压缩变形所存储的势能分别为

$$\begin{cases} U_{\mathrm{b}} = \int_0^d \frac{M^2}{2EI_x} \mathrm{d}x \\ U_{\mathrm{s}} = \int_0^d \frac{1.2F_{\mathrm{b}}^2}{2GA_x} \mathrm{d}x \\ U_{\mathrm{a}} = \int_0^d \frac{F_{\mathrm{a}}^2}{2EA_x} \mathrm{d}x \end{cases} \tag{2.2}$$

式中，A_x代表距啮合力作用点 x 处截面面积；E 为材料弹性模量；F_{a}为啮合力 F 垂直于轮齿齿厚方向的分力；F_{b}为啮合力 F 沿轮齿齿厚方向的分力；G 为剪切模量；I_x为距啮合力作用点 x 处截面惯性矩；M 为相对于宽度为 dx 的微截面力矩。

$$\begin{cases} F_{\mathrm{b}} = F\cos\alpha_1 \\ F_{\mathrm{a}} = F\sin\alpha_1 \\ M = F_{\mathrm{b}}x - F_{\mathrm{a}}h_x \end{cases} \tag{2.3}$$

$$G = \frac{E}{2(1+\nu)} \tag{2.4}$$

$$I_x = \frac{2}{3}h_x^3 W \tag{2.5}$$

$$A_x = 2h_x W \tag{2.6}$$

式中，ν 为泊松比；W 为齿宽。

根据式(2.1)～式(2.3)，得到弯曲刚度 K_{b} 为

$$\frac{1}{K_{\mathrm{b}}} = \int_0^d \frac{\left(x\cos\alpha_1 - h_x\sin\alpha_1\right)^2}{EI_x} \mathrm{d}x \tag{2.7}$$

剪切刚度 K_{s} 为

$$\frac{1}{K_{\mathrm{s}}} = \int_0^d 1.2\frac{\cos^2\alpha_1}{GA_x} \mathrm{d}x \tag{2.8}$$

轴向压缩刚度 K_{a} 为

$$\frac{1}{K_{\mathrm{a}}} = \int_0^d \frac{\sin^2\alpha_1}{EA_x} \mathrm{d}x \tag{2.9}$$

齿轮啮合时，接触齿面发生弹性接触变形，理想直齿轮中啮合轮齿的 Hertz 接触刚度在整个啮合线上都为常数，与接触位置和轮齿的接触渗透深度无关。Hertz 接触刚度的表达式为[20]

$$\frac{1}{K_{\mathrm{H}}}=\frac{4\left(1-\nu^{2}\right)}{\pi EW} \tag{2.10}$$

Wu 等[10]基于势能原理建立了直齿轮啮合刚度解析计算模型，忽略了基圆与齿根圆不重合的情况，轮齿等效悬臂梁有效长度为齿顶圆至基圆部分，与实际情况有较大差异，并且模型没有考虑齿根圆角及基础变形的影响。除轮齿变形对啮合刚度的影响外，齿轮的轮体变形也会极大地影响齿轮啮合刚度的大小。Xie 等[21]假设齿根圆上的应力按某一常量变化，将 Muskhelishvili 方法[22]应用到弹性圆环上得到了齿轮轮体变形对轮齿刚度的影响。齿轮轮体变形可以表示为

$$\delta_{\mathrm{f}}=\frac{F\cos^{2}\alpha_{1}}{WE}\left[L^{*}\left(\frac{u_{\mathrm{f}}}{s_{\mathrm{f}}}\right)^{2}+M^{*}\frac{u_{\mathrm{f}}}{s_{\mathrm{f}}}+P^{*}\left(1+Q^{*}\tan^{2}\alpha_{1}\right)\right] \tag{2.11}$$

式中，u_{f}和s_{f}为几何参数，如图 2.3 所示[21]；系数L^{*}、M^{*}、P^{*}、Q^{*}由多项式近似为

$$X_{i}^{*}\left(h_{\mathrm{fi}},\theta_{\mathrm{f}}\right)=\frac{A_{i}}{\theta_{\mathrm{f}}^{2}}+B_{i}h_{\mathrm{fi}}^{2}+\frac{C_{i}h_{\mathrm{fi}}}{\theta_{\mathrm{f}}}+\frac{D_{i}}{\theta_{\mathrm{f}}}+E_{i}h_{\mathrm{fi}}+F_{i} \tag{2.12}$$

式中，系数A_i、B_i、C_i、D_i、E_i和F_i的值如表 2.1 所示[21]；X_i^{*}代表系数L^{*}、M^{*}、P^{*}和Q^{*}；系数$h_{\mathrm{fi}}=r_{\mathrm{f}}/r_{\mathrm{int}}$，$r_{\mathrm{f}}$为齿根圆半径，$r_{\mathrm{int}}$为中心孔半径；$\theta_{\mathrm{f}}$为齿根圆上轮齿对应圆心角的半值。

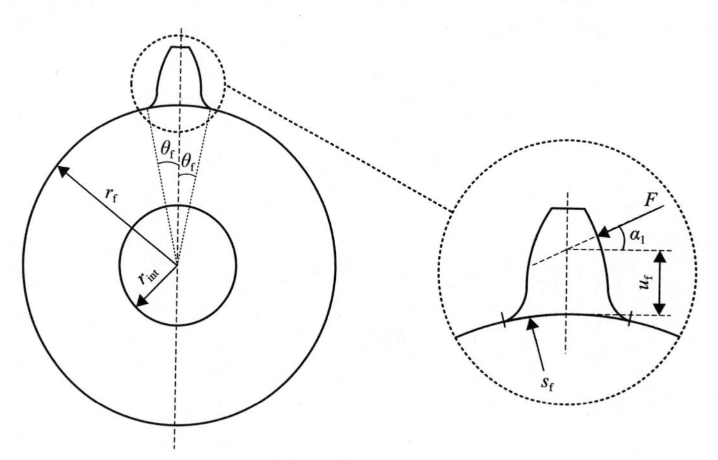

图 2.3　齿轮轮体变形的几何参数[21]

由轮体变形引起的啮合线上等效刚度为

$$\frac{1}{K_{\mathrm{f}}}=\frac{\delta_{\mathrm{f}}}{F} \tag{2.13}$$

综合轮齿弯曲变形、剪切变形、轴向压缩变形、Hertz 接触变形和轮体变形在啮合线上的等效刚度，外啮合齿轮副单齿啮合刚度可表示为

$$K_{\mathrm{e}}=\left(\frac{1}{K_{\mathrm{b1}}}+\frac{1}{K_{\mathrm{s1}}}+\frac{1}{K_{\mathrm{a1}}}+\frac{1}{K_{\mathrm{f1}}}+\frac{1}{K_{\mathrm{b2}}}+\frac{1}{K_{\mathrm{s2}}}+\frac{1}{K_{\mathrm{a2}}}+\frac{1}{K_{\mathrm{f2}}}+\frac{1}{K_{\mathrm{h}}}\right)^{-1} \tag{2.14}$$

式中，下标 1 和 2 分别代表齿轮副中的小齿轮与大齿轮。

表 2.1　式(2.12)中的系数值[21]

系数	A_i	B_i	C_i	D_i	E_i	F_i
L^*	-5.574×10^{-5}	-1.9986×10^{-3}	-2.3015×10^{-4}	4.7702×10^{-3}	0.0271	6.8045
M^*	60.111×10^{-5}	28.100×10^{-3}	-83.431×10^{-4}	-9.9256×10^{-3}	0.1624	0.9086
P^*	-50.952×10^{-5}	185.50×10^{-3}	0.0538×10^{-4}	53.3×10^{-3}	0.2895	0.9236
Q^*	-6.2042×10^{-5}	9.0889×10^{-3}	-4.0964×10^{-4}	7.8297×10^{-3}	-0.1472	0.6904

2.2.2　内啮合齿轮单齿啮合刚度计算模型和方法

与外啮合直齿轮轮齿刚度计算类似，将内齿轮轮齿看成固定于齿根圆上的非均匀轮齿截面的悬臂梁，如图 2.4 所示[23]。

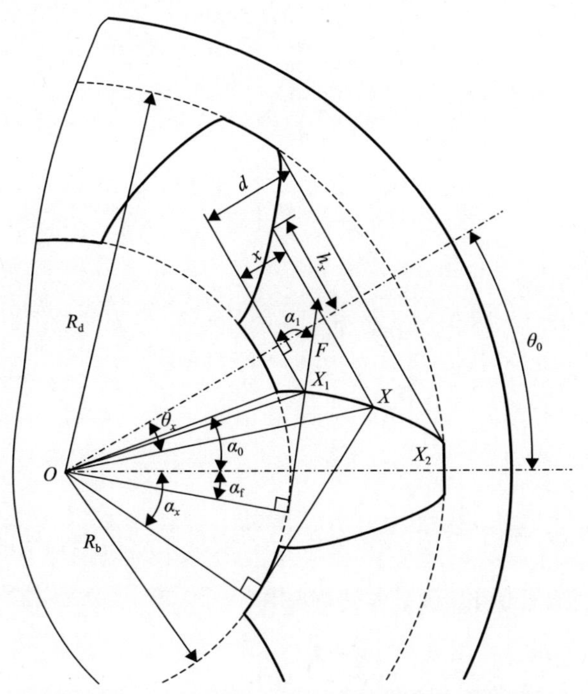

图 2.4　内啮合齿轮中非均匀轮齿截面的悬臂梁模型[23]

图 2.4 所示的内啮合齿轮的几何关系有

$$\begin{cases} x = |OX|\cos\theta_x - |OX_1|\cos\theta_{\mathrm{f}} \\ h_x = |OX|\sin\theta_x \end{cases} \tag{2.15}$$

式中，θ_{f} 为齿根圆上轮齿对应圆心角的半值。

$$\begin{cases} |OX| = R_{\mathrm{b}}\sqrt{1+(\alpha_x+\alpha_0)^2} \\ \theta_x = \theta_0 + \alpha_x - \arctan(\alpha_x+\alpha_0) \end{cases} \tag{2.16}$$

为了计算内齿悬臂梁在有效长度 d 内的总变形，齿廓上的 X 点需从力的作用点 X_1 逐渐移动至齿根圆与齿廓线交点 X_2。当 X 点与 X_1 和 X_2 点重合时，对应的几何参数分别满足式(2.17)和式(2.18)

$$\begin{cases} \theta_x = \theta_{X_1} \\ \alpha_x = \alpha_{X_1} \\ h_x = h_{X_1} \\ |OX| = |OX_1| \\ x = 0 \end{cases} \tag{2.17}$$

$$\begin{cases} \theta_x = \theta_{X_2} \\ \alpha_x = \alpha_{X_2} \\ h_x = h_{X_2} \\ |OX| = R_{\mathrm{d}} \\ x = d \end{cases} \tag{2.18}$$

根据渐开线的性质，有

$$\begin{cases} \alpha_0 = \tan\alpha_1 - \alpha_1 + \dfrac{\pi}{2z_{\mathrm{g}}} \\ \theta_0 = \dfrac{\pi}{z_{\mathrm{g}}} \end{cases} \tag{2.19}$$

式中，z_{g} 为内齿轮齿数。

作用力 F 平行于轮齿中心线的分力 F_{a}、垂直于轮齿中心线的分力 F_{b} 和弯矩 M 分别表示为

$$\begin{cases} F_{\mathrm{a}} = F\sin\alpha_1 \\ F_{\mathrm{b}} = F\cos\alpha_1 \\ M = F_{\mathrm{b}}x - F_{\mathrm{a}}h_x \end{cases} \tag{2.20}$$

式中，

$$\alpha_1 = \alpha_f + \theta_0 \tag{2.21}$$

基于式(2.1)、式(2.2)和式(2.20)，内啮合齿轮轮齿弯曲刚度、剪切刚度与轴向压缩刚度可以分别表示为

$$\frac{1}{K_{bn}} = \int_0^d \frac{\left(x\cos\alpha_1 - h_x \sin\alpha_1\right)^2}{EI_x} dx \tag{2.22}$$

$$\frac{1}{K_{sn}} = \int_0^d \frac{1.2\cos^2\alpha_1}{GA_x} dx \tag{2.23}$$

$$\frac{1}{K_{an}} = \int_0^d \frac{\sin^2\alpha_1}{EA_x} dx \tag{2.24}$$

将轮齿弯曲刚度、剪切刚度与轴向压缩刚度表示成转角 α_x 的函数，式(2.22)～式(2.24)可进一步表示为

$$\frac{1}{K_{bn}} = \int_{\alpha_f}^{\alpha_d} \frac{\left(x(\alpha_x)\cos\alpha_1 - h_x \sin\alpha_1\right)^2}{EI(\alpha_x)} dx(\alpha_x) \tag{2.25}$$

$$\frac{1}{K_{sn}} = \int_{\alpha_f}^{\alpha_d} \frac{1.2\cos^2\alpha_1}{GA(\alpha_x)} dx(\alpha_x) \tag{2.26}$$

$$\frac{1}{K_{an}} = \int_{\alpha_f}^{\alpha_d} \frac{\sin^2\alpha_1}{EA(\alpha_x)} dx(\alpha_x) \tag{2.27}$$

因此，内啮合齿轮副单齿啮合刚度表示为

$$K_1 = \left(\frac{1}{K_{b1n}} + \frac{1}{K_{s1n}} + \frac{1}{K_{a1n}} + \frac{1}{K_{f1}} + \frac{1}{K_{b2n}} + \frac{1}{K_{s2n}} + \frac{1}{K_{a2n}} + \frac{1}{K_{f2}} + \frac{1}{K_h}\right)^{-1} \tag{2.28}$$

式中，下标 1 和 2 分别代表齿轮副中的外齿轮与内齿轮。

2.3　齿根裂纹轮齿刚度计算方法

贯穿式齿轮齿根裂纹故障已得到广泛的关注。贯穿式外啮合齿轮齿根裂纹故障示意图如图 2.5 所示[24]，图中，q_0 和 α_c 分别为齿根裂纹的深度和倾斜角度。贯穿式内啮合齿轮齿根裂纹故障示意图如图 2.6 所示[23]。本节基于提出的齿轮啮合刚度计算模型，建立了含贯穿式齿根裂纹的外啮合齿轮与内啮合齿轮啮合刚度计算模型，为齿根裂纹故障激励下的齿轮系统振动响应特征分析奠定基础。

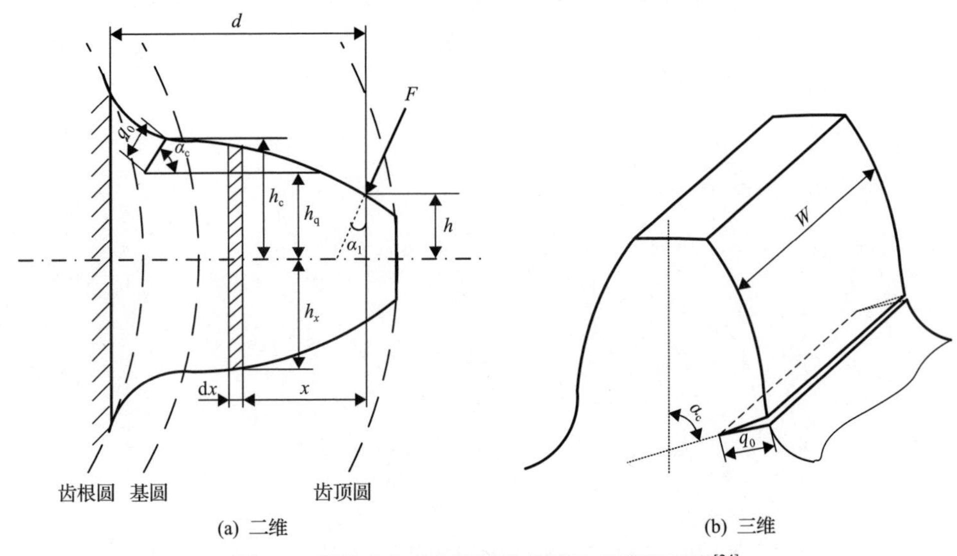

(a) 二维　　(b) 三维

图 2.5　贯穿式外啮合齿轮齿根裂纹故障示意图[24]

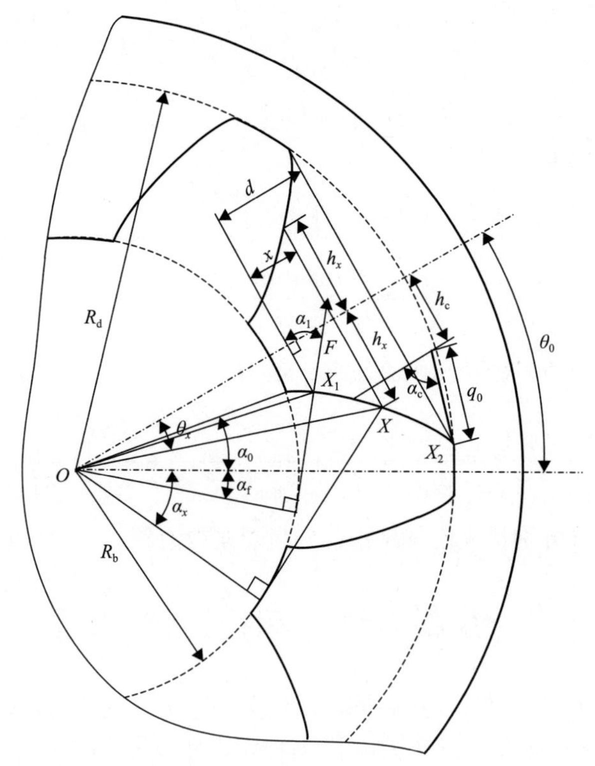

图 2.6　贯穿式内啮合齿轮齿根裂纹故障示意图[23]

当齿根出现贯穿式齿根裂纹时，被视为悬臂梁的直齿轮轮齿截面惯性矩 I_x 与

截面面积 A_x 将会减小，使轮齿柔性增加，啮合刚度降低。当发生齿根裂纹故障时，式(2.5)和式(2.6)改写为

$$I_x = \begin{cases} \dfrac{1}{12}\left(h_x + h_x\right)^3 W, & h_x \leqslant h_q \\ \dfrac{1}{12}\left(h_x + h_q\right)^3 W, & h_x > h_q \end{cases} \tag{2.29}$$

$$A_x = \begin{cases} \left(h_x + h_x\right)W, & h_x \leqslant h_q \\ \left(h_x + h_q\right)W, & h_x > h_q \end{cases} \tag{2.30}$$

式中，$h_q = h_c - q_0 \sin\alpha_c$。

根据势能原理法和轮体变形计算式可实现贯穿式齿根裂纹影响下的啮合刚度计算，得到不同裂纹深度与倾角对啮合刚度的影响。

2.4　轮齿误差动态激励与计算方法

齿轮的制造、加工和安装误差会引起啮合轮齿的啮合误差，是啮合过程中齿轮副的主要动态激励之一。

1. 制造误差

1)齿轮传动的制造传递误差

(1)单齿的制造传递误差。

单齿的制造传递误差(manufacturing transmission error, MTE)包括齿距偏差 δ_p 和齿形偏差 δ_f。不同齿距偏差和齿形偏差的单齿制造传递误差如图 2.7 所示[1]。当没有齿形偏差存在时，单齿的制造传递误差中 $\alpha_2\alpha_3$ 为平行于横坐标轴的一条直线，如图 2.7(a)所示。α_2 和 α_3 分别为齿轮轮齿进入和退出啮合时的齿轮转角。当存在正、负压力角齿形偏差时，单齿的制造传递误差曲线分别如图 2.7(b)和(c)所

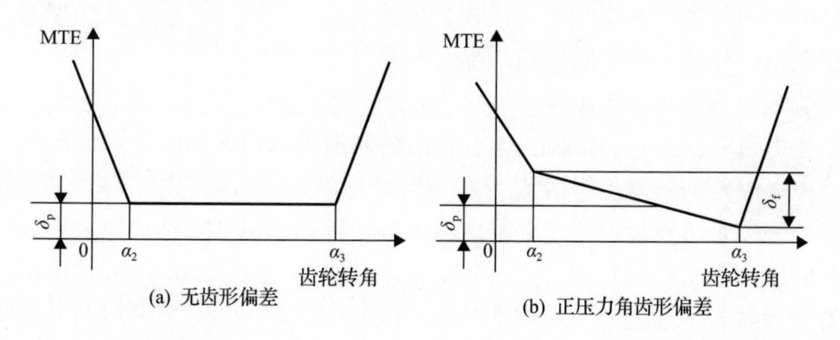

(a) 无齿形偏差　(b) 正压力角齿形偏差

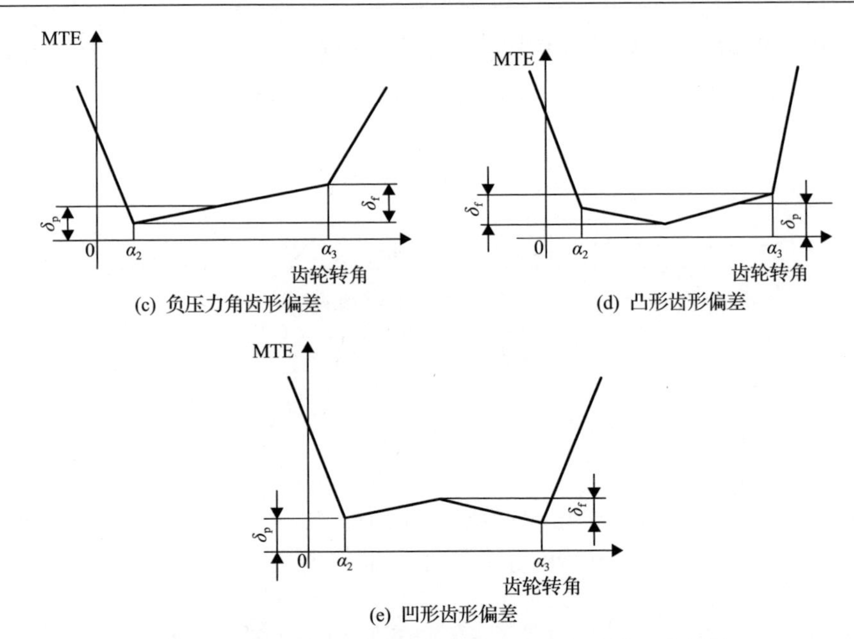

(c) 负压力角齿形偏差

(d) 凸形齿形偏差

(e) 凹形齿形偏差

图 2.7　不同齿距偏差和齿形偏差的单齿制造传递误差[1]

示。齿形偏差分别为凸形和凹形的单齿制造传递误差曲线如图 2.7(d)和(e)所示。由图 2.7 可以看出，齿形偏差 δ_f 等于 α_2～α_3 范围内 MTE 最大值和最小值之差。

(2)单齿对的制造传递误差。

当参与啮合的主、从动轮都存在制造传递误差时，从动轮在啮合线上的实际啮合点与无误差的理想啮合点之间的偏差称为单齿对的制造传递误差。因此，参与啮合的主、从动轮各自的单齿制造传递误差组成了单齿对的制造传递误差。

(3)齿轮的制造传递误差。

当含有制造误差的齿轮与无误差的理想齿轮或齿条啮合时，在啮合方向误差轮齿的实际位置与理论位置的偏差称为齿轮的制造传递误差。

(4)齿轮副的制造传递误差。

齿轮副的制造传递误差可以通过将主、从动轮的制造传递误差叠加，或根据单齿对的制造传递误差曲线组合得到。齿轮副啮合过程中，制造传递误差会产生位移型激励，并进一步引起传动系统的振动。

2)齿距偏差的制造传递误差

不考虑齿形偏差时，单齿和单对轮齿的制造传递误差如图 2.8 所示[1]。

3)齿形偏差的制造传递误差

齿形偏差是指在齿形工作部分内，包容实际齿形廓线的两理想齿形(渐开线)廓线间的法向距离。在实际加工过程中不可能得到完全精确的渐开线齿形，总是存在各种误差，从而影响传动的平稳性。齿轮的基圆是决定渐开线齿形的唯一参数，如果在滚齿加工时基圆产生误差，齿形必然会有误差。由齿形偏差引起齿轮不平稳啮合而造成的动态激励，使得齿轮副啮合传递过程出现误差。

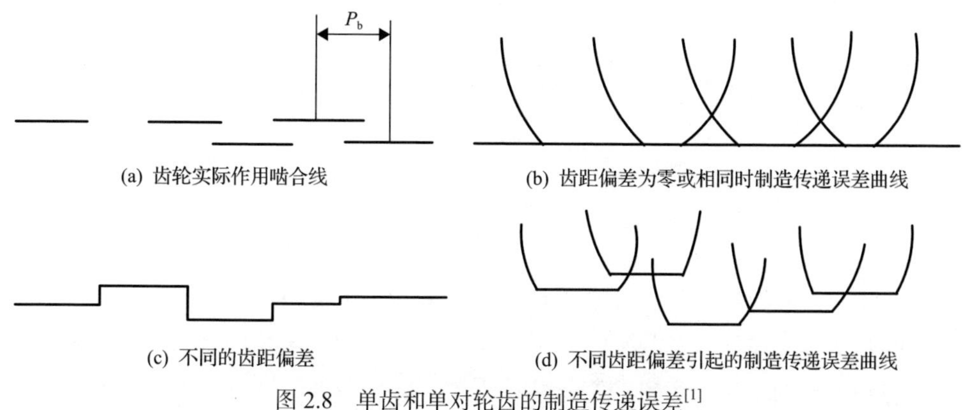

图 2.8　单齿和单对轮齿的制造传递误差[1]

2. 安装误差

齿轮安装过程中，由于加工精度会引起实际的安装位置和理想设计位置有一定的偏差，这种偏差会引起齿轮的回转中心偏离理论坐标原点，从而引起安装误差。安装误差是系统振动的重要激励源，会引起齿轮传动误差曲线的改变，进而对齿轮系统的动态特性和啮合性能产生直接影响。安装误差导致的回转中心偏离使齿轮副在啮合过程中振动加剧，齿轮的啮合平稳性降低，从而引起齿轮副内激励的变化。

3. 传递误差

传递误差定义为从动轮实际啮合位置偏离无误差、无变形的理想齿轮副理论啮合位置的位移大小。1938 年，Walker[25]开展了齿廓修形及轮齿变形方面的研究，得到更加平滑的轮齿啮入啮出过程。Harris[26]在 Walker 的研究基础上首次提出了传递误差的概念，它适用于任何齿轮类型、任意类型的制造误差，以及任意大小的轮齿变形。传递误差主要由制造误差、装配误差、齿廓缺陷和齿廓修形等轮齿几何误差，以及载荷作用下的轮齿弹性变形组成，与齿轮的振动、噪声问题有密切的关系。

齿轮传递误差可分为设计传递误差与制造传递误差，设计传递误差定义为载荷作用下无误差理想齿轮轮齿变形引起的从动轮运动偏差，制造传递误差是指齿轮制造误差引起从动轮的运动偏差。李润方和王建军详细阐述了如何由单齿制造传递误差得到单齿对、齿轮、齿轮副的制造传递误差，如图 2.9 所示[1]。图中，P_b 为理论基节长度，δ_{pi} $(i=1,2,3)$ 为轮齿 i 的齿距误差。

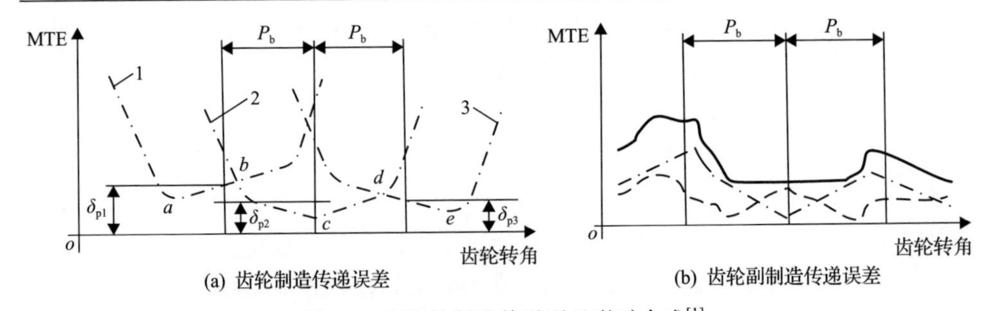

(a) 齿轮制造传递误差　　(b) 齿轮副制造传递误差

图 2.9　直齿轮制造传递误差激励合成[1]

—·—·— 主动轮的制造传递误差；– – – – 从动轮的制造传递误差；—— 齿轮副的制造传递误差

图 2.9(a)中曲线 1、2、3 分别代表相邻的三个轮齿单齿制造传递误差，将各单齿的制造传递误差组合起来，其包络线 *a-b-c-d-e* 即为齿轮的制造传递误差；若分别得到齿轮副中两个齿轮的制造传递误差，将两者叠加则可得到齿轮副的制造传递误差，如图 2.9(b)所示。

2.5　齿轮啮合刚度与轮齿误差耦合非线性激励算法

材料力学法和平面弹性力学法主要用于单齿刚度以及单齿啮合刚度的计算。在实际啮合位置位于理想齿廓理论啮合位置的假设基础上，多齿啮合时的综合啮合刚度通过将各对齿啮合刚度简单相加而得到。重合度介于 1 和 2 之间的理想齿廓齿轮啮合过程示意图如图 2.10(a)所示。图 2.10(b)为与图 2.10(a)啮合过程对应的啮合刚度曲线，P 点为节点位置，AB 与 CD 为双齿啮合区，BC 为单齿啮合区，单双齿交替区域综合啮合刚度发生阶跃突变现象。实际上，由于轮齿变形的存在，理想齿廓轮齿将提前进入和延迟退出理论啮合区域，引起严重的啮入啮出冲击。

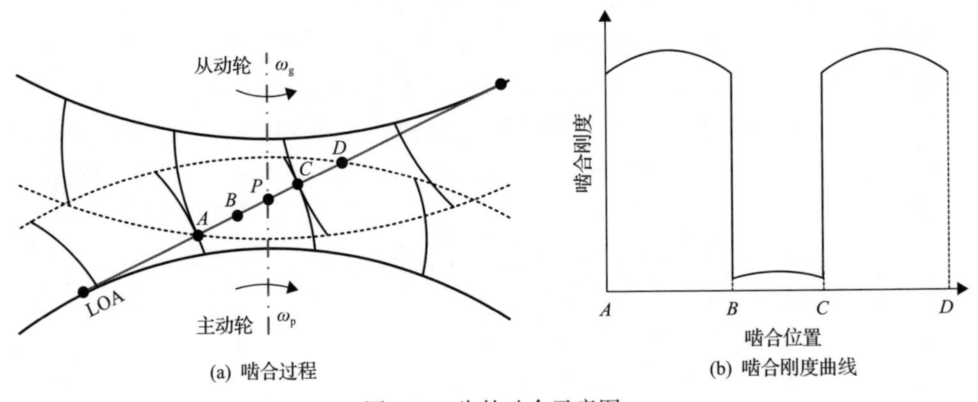

(a) 啮合过程　　(b) 啮合刚度曲线

图 2.10　齿轮啮合示意图

齿廓修形能够实现啮合齿数交替过渡区域啮合刚度的平滑过渡，是减小啮入啮出冲击的有效方法。然而，传统的材料力学法与平面弹性力学法均无法考虑齿形误差、齿廓修形等引起的轮齿偏差对综合啮合刚度的影响。

Ma 等[27]通过建立多齿啮合的有限元模型，得到了不同齿顶修形后的直齿轮综合啮合刚度曲线，如图 2.11 所示。可以看出，有限元法可考虑齿廓修形等轮齿偏差的影响，实现啮合齿数交替过渡区域的啮合刚度平滑过渡。但是，齿廓误差大小属于微米级，形状复杂，难以建立准确的含轮齿误差的齿轮副有限元模型，且几何模型经网格离散化后更难以精确描述轮齿误差；同时，含接触的齿轮副有限元数值模型需要对接触区域的网格进行细化处理以提高计算的准确度，模型规模较大，极大地增加了计算的时间和成本。

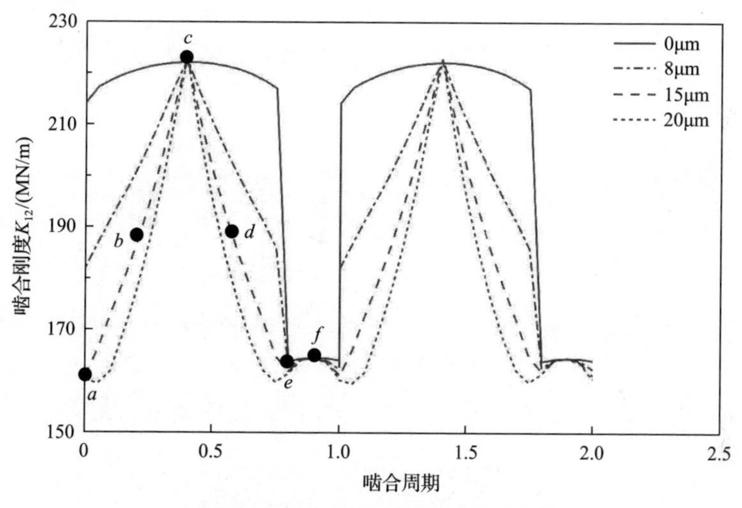

图 2.11　直齿轮综合啮合刚度曲线[27]

本节提出的齿轮啮合刚度与轮齿误差耦合非线性激励算法原理图如图 2.12 所示[28]。其中，理想齿廓轮齿的理论啮合位置如图 2.12(a)所示，两对轮齿同时在理论啮合位置接触，此时两齿在啮合线上的理论齿距为 P_{bij}。当齿轮轮齿齿廓发生偏差，即齿廓位置偏离理论位置时，轮齿位置关系如图 2.12(b)所示，其中 E_{mk} 为齿廓偏差值，m=p 代表小齿轮，m=g 代表大齿轮，k 为齿对号 i 和 j，啮合线上的实际齿距为 P_{ij}。将两齿轮看成刚体，且啮合轮齿可以相互接触渗透，啮合轮齿间的作用力通过刚度为 K_k 的弹簧来实现。弹簧具有特殊的性质，即只有当轮齿相互接触后，弹簧才会产生作用力。在力 F 的作用下，小齿轮开始转动并克服由轮齿齿廓偏差引起的间隙逐渐靠近大齿轮轮齿，当其中一对齿刚好相互接触时，啮合位置关系如图 2.12(c)所示。此时，小齿轮轮齿啮合位置移动所克服的齿侧间隙 L_g 为

$$L_{\mathrm{g}} = \min\left(E_{\mathrm{p}i} + E_{\mathrm{g}i}\right), \quad i = 1,2,\cdots,N \tag{2.31}$$

式中，N 为同时参与啮合的齿对数。

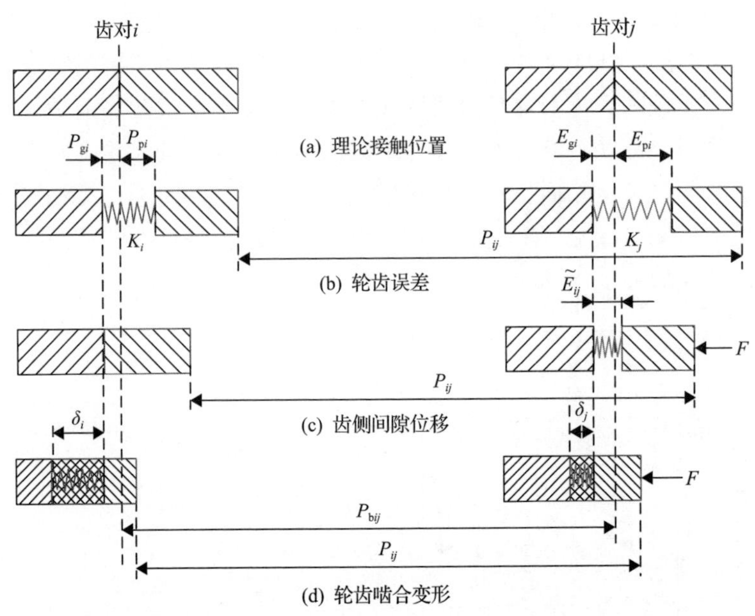

图 2.12　齿轮啮合刚度与轮齿误差耦合非线性激励算法原理图[28]

大齿轮轮齿；小齿轮轮齿

此时，齿对 j 因齿廓偏差的影响还未能相互接触，两齿间仍存在一定的间隙 $\tilde{E}_{ij}$，$\tilde{E}_{ij}$ 定义为相对于齿对 i，齿对 j 的两齿之间的距离，其表达式为

$$\tilde{E}_{ij} = E_{\mathrm{p}j} + E_{\mathrm{g}j} - E_{\mathrm{p}i} - E_{\mathrm{g}i} \tag{2.32}$$

式中，$\tilde{E}_{ij}$ 为齿廓误差函数，与理论啮合区齿对齿廓偏差相关。

根据齿廓误差函数的定义，有

$$\begin{cases} \tilde{E}_{ij} = -\tilde{E}_{ji} \\ \tilde{E}_{ii} = 0 \\ \tilde{E}_{ij} = \tilde{E}_{kj} - \tilde{E}_{ki} \end{cases} \tag{2.33}$$

式中，下标 i、j、k 代表齿对编号。

齿廓偏差随着啮合位置的改变而变化，是齿轮转角 θ 的函数，式(2.31)可表示为

$$L(\theta)=\min\left(E_{pi}(\theta)+E_{gi}(\theta)\right),\quad i=1,2,\cdots,N \tag{2.34}$$

在不考虑轮齿接触损失的情况下，一般使用式(2.34)计算得到的传递误差曲线作为齿轮系统的误差激励，该误差激励通过单齿制造误差曲线组合包络而得到。在分析齿轮系统动力学特性时，考虑轮齿接触损失，甚至是轮齿拍击等冲击振动时，齿侧间隙是强非线性因素，极大地影响齿轮系统非线性特性。考虑齿侧间隙时，齿廓误差影响下齿侧间隙的一半 L_b 表示为

$$L_b(\theta)=\frac{L_{b0}}{2}+L(\theta)=\frac{L_{b0}}{2}+\min\left(E_{pi}(\theta)+E_{gi}(\theta)\right),\quad i=1,2,\cdots,N \tag{2.35}$$

式(2.35)为工作侧齿侧间隙部分，而非工作侧齿侧间隙也可由该式计算，通过工作侧齿侧间隙与非工作侧齿侧间隙部分的叠加，即可得到时变齿侧间隙。由此可以看出，实际齿侧间隙会受齿廓偏差的影响，然而传统的齿轮动力学分析通常将齿侧间隙视为定值，没有考虑轮齿偏差影响下实际齿侧间隙的时变性。本节提出齿廓偏差影响下的齿侧间隙模型如式(2.35)所示，其幅值随啮合位置变化，具有时变特性，更能反映实际啮合状态及对齿轮系统动态特性的影响。式(2.35)定义的齿侧间隙亦可称为不加载静态传递误差。

在力 F 作用下，小齿轮继续转动，其轮齿与大齿轮轮齿相互渗透，弹簧产生反向推力以平衡外力 F 的作用，如图 2.12(d)所示。此时，轮对 i 的渗透量为 δ_i，轮齿 j 的渗透量为 δ_j，根据轮齿之间运动几何关系，可得

$$\delta_i-\delta_j=\tilde{E}_{ij} \tag{2.36}$$

当有多对轮齿同时参与啮合时，由于齿廓偏差的影响，每对齿产生的渗透量不一定相等。假设有 N 对轮齿同时参与啮合，第 i 对轮齿相互渗透量，即弹簧 K_i 的拉伸量以及产生的啮合力分别为 δ_i 和 F_i，其关系式为

$$F_i=K_i\delta_i \tag{2.37}$$

当全部啮合力与外力处于平衡状态时，有

$$F=\sum_{i=1}^{N}F_i=\sum_{i=1}^{N}K_i\delta_i \tag{2.38}$$

式中，K_i 为弹簧刚度，其随齿轮转角 θ 变化而变化。

$$K_i=K_i(\theta,\delta_i)=\begin{cases}K_i(\theta), & \delta_i>0\\ 0, & \delta_i\leqslant 0\end{cases} \tag{2.39}$$

假设第 k 对啮合轮齿相互渗透量比其他啮合轮齿相互渗透量大，即

$$\delta_k = \max\left(\delta_1, \delta_2, \cdots, \delta_N\right) \tag{2.40}$$

多对啮合轮齿综合啮合刚度 K 可表示为

$$K = \frac{F}{\delta_k} \tag{2.41}$$

根据式(2.36)，各对轮齿相互渗透变形量 δ_i 可以由最大变形量 δ_k 和相应的误差函数表示，即

$$\delta_i = \delta_k - \tilde{E}_{ki} \tag{2.42}$$

将式(2.41)和式(2.42)代入式(2.38)，得到多齿啮合区综合啮合刚度的表达式为

$$K = \frac{\sum_{i=1}^{N} K_i}{1 + \sum_{i=1}^{N} \frac{K_i \tilde{E}_{ki}}{F}} \tag{2.43}$$

式中，K 为轮齿偏差影响下的综合啮合刚度，受单齿啮合刚度、轮齿偏差和啮合作用力的影响。

齿对 i 的载荷分配系数 $L_{\mathrm{sf}i}$ 可表示为

$$L_{\mathrm{sf}i} = \frac{F_i}{F} = \frac{K_i}{\sum_{j=1}^{N} K_j} \left(1 + \frac{\sum_{j=1}^{N} K_j \tilde{E}_{kj}}{F}\right) \left(1 - \frac{\tilde{E}_{ki} \sum_{j=1}^{N} K_j}{F + \sum_{j=1}^{N} K_j \tilde{E}_{kj}}\right) \tag{2.44}$$

载荷 F 作用下的静态传递误差为

$$\delta_{\mathrm{LSTE}} = \frac{F}{K} + E_{\mathrm{p}k} + E_{\mathrm{g}k} \tag{2.45}$$

将式(2.43)代入式(2.45)，可得

$$\delta_{\mathrm{LSTE}} = \frac{F + \sum_{i=1}^{N} K_i \tilde{E}_{ki}}{\sum_{i=1}^{N} K_i} + E_{\mathrm{p}k} + E_{\mathrm{g}k} \tag{2.46}$$

单齿啮合作为多齿啮合的特例，啮合参数亦可以由一般的多齿啮合公式得到。由式(2.43)、式(2.44)和式(2.46)，令参与啮合的齿数 N=1，可得到单齿啮合刚度、齿间载荷分配系数以及受载静态传递误差分别为

$$\begin{cases} K = K_1 \\ L_{\mathrm{sf}1} = 1 \\ \delta_{\mathrm{LSTE}} = \dfrac{F}{K_1} + E_{\mathrm{p}1} + E_{\mathrm{g}1} \end{cases} \tag{2.47}$$

同理，理想齿廓齿轮啮合作为一般齿轮啮合的特例，即齿廓误差函数 E_{ij}=0，其啮合参数可由式(2.43)、式(2.44)和式(2.46)得到。此时，综合啮合刚度、啮合齿对 i 载荷分配系数以及受载静态传递误差表达式为

$$\begin{cases} K = \sum\limits_{i=1}^{N} K_i \\ L_{\mathrm{sf}i} = \dfrac{K_i}{\sum\limits_{j=1}^{N} K_j} \\ \delta_{\mathrm{LSTE}} = \dfrac{F}{\sum\limits_{j=1}^{N} K_j} \end{cases} \tag{2.48}$$

式(2.48)为不考虑轮齿偏差影响的多齿区啮合参数解析表达式，即多齿区综合啮合刚度等于参与啮合的各对齿啮合刚度简单的线性叠加，齿间载荷分配系数等于齿对啮合刚度在综合啮合刚度中所占的比例，承载时静态传递误差等于轮齿的变形。

齿轮系统运动过程中，动态传递误差是齿轮啮合副状态变量的函数，即

$$\delta_{\mathrm{DTE}} = f(\theta_j, x_j, y_j) \tag{2.49}$$

式中，j=p, g，分别表示齿轮副中小齿轮和大齿轮。

以设计齿侧间隙中间位置处为齿轮运动初始状态，不考虑平动自由度，动态传递误差与齿侧间隙、轮齿变形之间的关系为

$$\delta_{\mathrm{DTE}} = L_{\mathrm{b}} + \delta_k \tag{2.50}$$

式中，L_{b} 为式(2.35)中定义的实际齿侧间隙的一半。

将式(2.38)代入式(2.43)，结合式(2.49)和式(2.50)，可得

$$K=\sum_{i=1}^{N}K_i\left(1-\frac{\tilde{E}_{ki}}{\delta_{\mathrm{DTE}}-L_{\mathrm{b}}}\right) \tag{2.51}$$

式中，单齿啮合刚度 K_i 需满足式(2.39)，是齿轮系统运动状态变量的函数，结合式(2.42)、式(2.49)、式(2.50)，综合啮合刚度 K 是单齿啮合刚度、轮齿偏差、系统状态变量的函数，具有明显的非线性特性。

由此可见，轮齿偏差不仅影响齿轮副误差激励，还影响齿轮综合啮合刚度激励，轮齿偏差通过刚度与误差耦合非线性激励对齿轮动力学系统产生影响。单齿啮合刚度 K_i 可以通过解析法或有限元法计算得到。

2.6 齿轮副啮合冲击的动态激励与计算方法

由于轮齿误差和轮齿变形，齿轮副在啮合过程中会产生啮合合成基节误差。轮齿啮入与啮出位置会由于基节误差的存在而偏离理论啮合线，进一步使相互啮合的齿轮在转速上产生突变和偏差，最终形成啮入和啮出冲击。在齿轮动力学相关的理论中，由啮合合成基节误差引起且作为齿轮啮合动态激励之一的冲击称为啮合过程的啮合冲击。本节将讨论啮合冲击的机理和计算方法。

2.6.1 啮合冲击的动态激励机理

1. 过渡过程和啮合冲击

齿轮传动是一种通过多齿啮合来连续传递运动和动力的装置，为了系统的动力和运动可以连续进行传递，后一对参与啮合的轮齿必须在前一对啮合轮齿退出啮合前进入啮合状态。齿轮啮合时齿对参与啮合的交替过程称为过渡过程。理想齿轮啮合的过渡过程是平稳的，但是齿轮误差总是不可避免地存在，且参与啮合的轮齿会产生弹性变形，因此在齿轮啮合的过渡过程中总会存在冲击，这种冲击称为啮合冲击。

若将轮齿误差和啮合过程中轮齿弹性变形造成的实际基节与理论基节的偏差定义为啮合基节误差，则主、从动轮的合成啮合基节误差 Δt_{oc} 可表示为

$$\Delta t_{\mathrm{oc}}=\Delta f_{\mathrm{p}}-\Delta f_{\mathrm{g}} \tag{2.52}$$

式中，Δf_{p} 和 Δf_{g} 为主、从动轮的啮合基节误差。

啮合冲击将根据合成啮合基节误差 Δt_{oc} 的正负而具有不同的形式。轮齿在进入啮合时产生啮入冲击，此时 Δt_{oc} 为负数；轮齿在退出啮合时产生啮出冲击，此时 Δt_{oc} 为正数。

2. 啮入冲击和啮出冲击

齿轮传动时的啮合冲击如图 2.13 所示。若 $\Delta t_{oc}=0$，如图 2.13(a)所示，前一对啮合轮齿(1-1′齿对)在 B 点退出啮合，此时后一对轮齿(2-2′齿对)恰好在 D_2 点进入啮合，由于 B 点和 D_2 点具有公共节点，啮合过程平稳。若 Δt_{oc} 为负数，则表明从动轮的啮合基节大于主动轮，双齿啮合区的两个啮合点具有 P 和 P'' 两个节点，此时参与啮合齿对 1-1′和 2-2′间的运动为非平稳啮合，在齿对 2-2′参与啮合瞬间会产生冲击。齿对 1-1′退出啮合后，齿对 2-2′持续转动进行动力和运动的传递。对应啮合点公法线为 $N_1'P''$，实际节点由位置 P 变为 P''，此时从动轮节圆半径突然减小，转速突然上升。然而，实际节点会随齿对 2-2′ 在 $D_2'D_2$ 段的持续啮合过程由位置 P'' 逐渐变为 P，在 D_2 点啮合的瞬间节点变为 P 点，从动轮转速恢复正常，转速变化过程如图 2.13(b)所示。上述过程中由一对轮齿进入啮合产生的冲击称为啮入冲击。

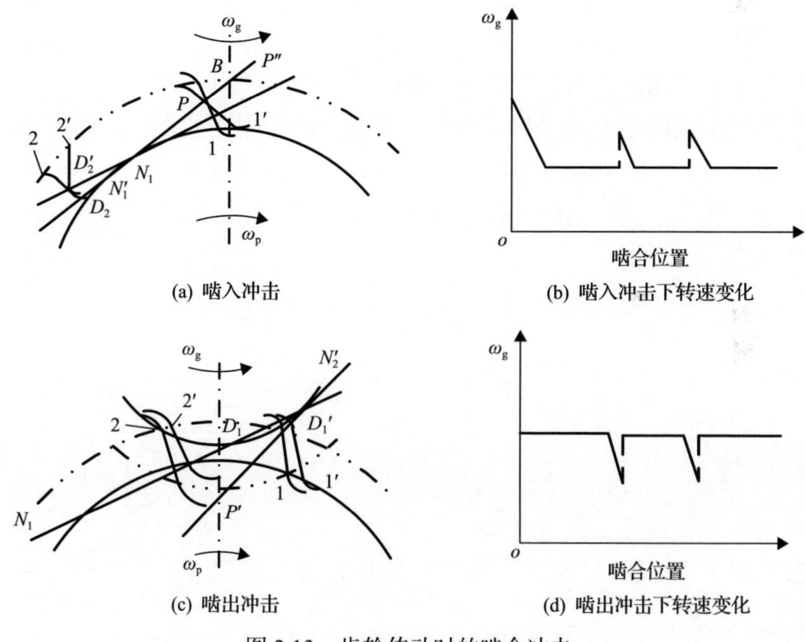

(a) 啮入冲击　(b) 啮入冲击下转速变化

(c) 啮出冲击　(d) 啮出冲击下转速变化

图 2.13　齿轮传动时的啮合冲击

当 Δt_{oc} 为正数时，轮齿的过渡过程会产生啮出冲击，如图 2.13(c)所示，此时从动轮的啮合基节小于主动轮，随着从 D_1 到 D_1' 啮合过程的持续进行，从动轮的节圆半径逐渐增大，转速逐渐降低，此时后一对相互啮合轮齿的齿侧间隙逐渐减小。当前一对啮合轮齿 1-1′ 到达啮合点 D_1' 时，轮齿 2-2′进入啮合，啮合点的公法线为 $N_2'P'$，两对轮齿在极短的时间同时参与啮合。该啮合瞬间，轮齿 1-1′在 D_1' 点

啮合时节点为 P'，而轮齿 2-2′的啮合节点则在理论位置 P。因此，有双节点存在于过渡过程，从而导致 2-2′在进入啮合的瞬间产生冲击，节点由 P'点变为 P 点，从动轮转速恢复正常，转速变化过程如图 2.13(d)所示。上述过程中由一对轮齿退出啮合时产生的冲击称为啮出冲击。

3. 啮合冲击的动态激励机理

齿轮啮合过程中形成的不间断且呈周期性的冲击力将导致齿轮传动系统产生动态激励，是啮合冲击动态激励的形成机理。与啮合误差激励的主要区别为：啮合误差激励为动态位移激励，而啮合冲击激励为动态啮合激励。

2.6.2 啮入冲击分析

研究啮合冲击可以分为以下几步：测量和分析计算，确定齿轮副的合成基节误差；计算冲击速度和冲击力；建立在啮合冲击力作用下的力学和分析模型；分析冲击力作用下的动态特性。在此过程中，主要通过测量齿轮误差和计算啮合轮齿的弹性变形来确定合成啮合基节误差，建立动力学模型并分析动态响应。下面主要介绍冲击速度和冲击力的分析计算方法。

在冲击速度和冲击力的分析计算中，将啮合冲量作为啮合冲击的激励源，利用解析方法，通过计算啮合冲量的大小，得到在啮合冲量作用下的冲击力和一对齿轮副的动态响应。将理论啮入时间和实际啮入时间之差定义为啮入冲击作用的时间，表示为

$$\Delta t = T_z - t_0 \tag{2.53}$$

式中，t_0 为实际啮入时间；T_z 为理论啮入时间。

$$T_z = \frac{2\pi}{Z_1\omega_1} \tag{2.54}$$

式中，Z_1 为主动轮齿数；ω_1 为主动轮角速度。

一般情况下，Δt 为 T_z 的 5%～10%，其中在 Δt 时间内 t^*时刻的啮入冲击力为

$$p_{rt} = \left(F_n - p^*\right)\left\{1 + \frac{K_1(t^*)K_2(t^*)\left[K_1\left(t^* + \dfrac{\Delta\varphi}{\omega_1}T_z\right)\cos\Delta\gamma + K_2\left(t^* + T_z\right)\right]}{K_1\left(t^* + \dfrac{\Delta\varphi}{\omega_1} - K_z\right)K_2\left(t^* + T_z\right)\left[K_1(t^*) + K_2(t^*)\right]}\right\}^{-1} \tag{2.55}$$

式中，F_n 为轮齿的动态啮合力；$K_1(t^*)$、$K_2(t^*)$ 分别为主、从动轮在 t^*时啮合点的轮齿刚度；p^*为后一对轮齿进入啮合前，前一对轮齿间的作用力；$\Delta\varphi$ 为主动轮

因啮入点的变化引起的啮合角的变化量；$\Delta\gamma$ 为相应情况下主、从动轮啮合角度变化量之和。

因而，啮入冲击的冲量为

$$F = \int_{t_n}^{T_z} P_{rt}\mathrm{d}t \tag{2.56}$$

并可以近似表示为

$$\hat{F} = \frac{1}{2}\overline{P}_{rt}\Delta t \tag{2.57}$$

式中，$\overline{P}_{rt}$ 为后一对轮齿在双齿啮合区内的理论分配载荷。

齿轮在啮合线外的 E_1' 点进入啮合，此时两齿廓在接触点 E_1' 没有公法线，将产生齿轮传动啮合冲击，如图 2.14 所示。将在 E_1' 点垂直于主动轮齿廓的两轮齿速度分量之差 $v_s=v_{1s}-v_{2s}$ 称为冲击速度，其表达式为

$$v_s = \omega_1 R_{g1}\left(1+\frac{1}{i}\right)\left[1-\frac{\cos\left(\alpha_{E_1'}+r_1\right)}{\cos\alpha_b}\right] \tag{2.58}$$

式中，α_b 为齿轮分度圆上的压力角；i 为齿轮副的传动比；ω_1 为主动轮的角速度。

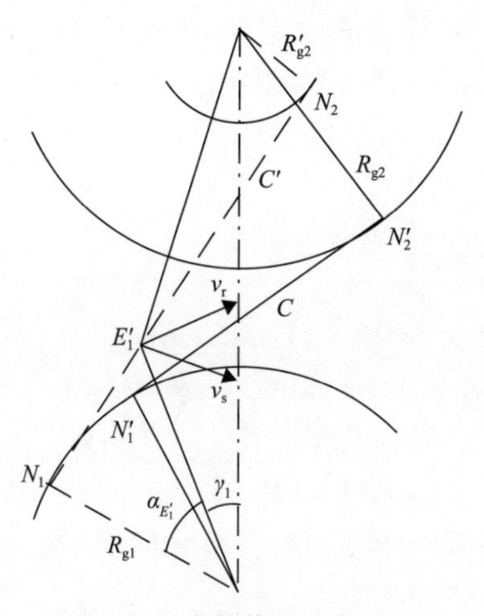

图 2.14　齿轮传动啮合冲击

当两轮齿从冲击速度 v_s 产生啮入冲击时，其最大冲击力为

$$F_m = v_s\sqrt{\frac{W}{qE_1}}\sqrt{\frac{J_1J_2}{J_1R_{g2}'^2+J_2R_{g1}^2}} \tag{2.59}$$

式中，J_1、J_2 为主、从动轮的转动惯量；qE_1 为啮合齿轮副的柔度；R_{g1} 为主动轮的基圆半径；R'_{g2} 为从动轮的当量基圆半径。

参考文献

[1] 李润方, 王建军. 齿轮系统动力学: 振动、冲击、噪声[M]. 北京: 科学出版社, 1997.

[2] 日本机械学会技术资料分科会编. 齿轮强度设计资料[M]. 李茹贞, 赵清慧, 译. 北京: 机械工业出版社, 1984: 30-32.

[3] BS ISO 6336-1-2006. Calculation of load capacity of spur and helical gears—Part 1: Basic principles, introduction and general influence factors[S]. Geneva: ISO, 2006.

[4] 国家市场监督管理总局, 国家标准化管理委员会. 直齿轮和斜齿轮承载能力计算 第1部分: 基本原理、概述及通用影响系数(GB/T 3480.1—2019)[S]. 北京: 中国标准出版社, 2019.

[5] Weber C. The deformation of loaded gears and the effect on their load carrying capacity[R]. Sponsored Research, British Department of Scientific and Industrial Research, Report No.3, 1949.

[6] Cornell R W. Compliance and stress sensitivity of spur gear teeth[J]. Journal of Mechanical Design, 1981, 103(2): 447-459.

[7] Chaari F, Fakhfakh T, Haddar M. Analytical modelling of spur gear tooth crack and influence on gearmesh stiffness[J]. European Journal of Mechanics A/Solids, 2009, 28(3): 461-468.

[8] Yang D C H, Lin J Y. Hertzian damping, tooth friction and bending elasticity in gear impact dynamics[J]. Journal of Mechanisms, Transmissions, and Automation in Design, 1987, 109(2): 189-196.

[9] Tian X H. Dynamic simulation for system response of gearbox including localized gear faults[D]. Alberta: University of Alberta, Edmonton, 2006.

[10] Wu S Y, Zuo M J, Parey A. Simulation of spur gear dynamics and estimation of fault growth[J]. Journal of Sound and Vibration, 2008, 317(3-5): 608-624.

[11] Wilcox L, Coleman W. Application of finite elements to the analysis of gear tooth stresses[J]. Journal of Engineering for Industry, 1973, 95(4): 1139-1148.

[12] Bibel G D, Reddy S K, Savage M. Effects of rim thickness on spur gear bending stress[J]. Journal of Mechanical Design, 1994, 116(1): 115-162.

[13] 程乃士, 刘温. 用平面弹性理论的复变函数解法精确确定直齿轮轮齿的挠度[J]. 应用数学和力学, 1985, 6(7): 619-632.

[14] Lewicki D G, Ballarini R. Gear crack propagation investigations[J]. International Journal of Fatigue, 1997, 19(10): 731-732.

[15] Lewicki D G, Ballarini R. Effect of rim thickness on gear crack propagation path[J]. Journal of Mechanical Design, 1997, 119(1): 88-95.

[16] Lewicki D G, Spievak L E, Wawrzynek P A. Consideration of moving tooth load in gear crack propagation predictions[J]. Journal of Mechanical Design, 2001, 123(1): 118-124.

[17] Dong F, Shao R P, Ma J. Research on stress intensity factor of gear crack and its variation with changes of gear parameters[J]. Applied Mechanics and Materials, 2012, 121: 2211-2217.

[18] Spitas V A, Costopoulos T N, Spitas C A. Optimum gear tooth geometry for minimum fillet stress using BEM and experimental verification with photoelasticity[J]. Journal of Mechanical Design, 2006, 128(5): 1159-1164.

[19] Chen Z G, Zhou Z W, Zhai W M, et al. Improved analytical calculation model of spur gear mesh excitations with tooth profile deviations[J]. Mechanism and Machine Theory, 2020, 149: 103838.

[20] Ma H, Feng M J, Li Z W, et al. Time-varying mesh characteristics of a spur gear pair considering the tip-fillet and friction[J]. Meccanica, 2017, 52: 1695-1709.

[21] Xie C Y, Shu X D. A new mesh stiffness model for modified spur gears with coupling tooth and body flexibility effects[J]. Applied Mathematical Modelling, 2021, 91: 1194-1210.

[22] Muskhelishvili N L. Some Basic Problems of the Mathematical Theory of Elasticity[M]. Groningen: Noordhoff, 1953.

[23] Shao Y M, Chen Z G. Dynamic features of planetary gear set with tooth plastic inclination deformation due to tooth root crack. Nonlinear Dynamics, 2013, 74(4): 1253-1266.

[24] Chen Z G, Zhang J, Zhai W M, et al. Improved analytical methods for calculation of gear tooth fillet-foundation stiffness with tooth root crack[J]. Engineering Failure Analysis, 2017, 82: 72-81.

[25] Walker H. Gear tooth deflection and profile modification[J]. The Engineer, 1938, 14: 410-435.

[26] Harris S L. Dynamic loads on the teeth of spur gears[J]. International Shipbuilding Progress, 1958, 5(46): 269-284.

[27] Ma H, Zeng J, Feng R J, et al. An improved analytical method for mesh stiffness calculation of spur gears with tip relief[J]. Mechanism and Machine Theory, 2016, 98: 64-80.

[28] Chen Z G, Shao Y M. Mesh stiffness calculation of a spur gear pair with tooth profile modification and tooth root crack[J]. Mechanism and Machine Theory, 2013, 62: 63-74.

第3章　斜齿轮时变摩擦及齿面故障激励建模

斜齿轮具有重合度高、传动平稳、振动噪声小等特点，被广泛应用于航空航天、船舶、铁路机车、汽车等领域。斜齿轮运转过程中，啮合齿轮之间摩擦力的幅值和方向会发生变化，形成一种周期性变化的内激励，是引起斜齿轮传动系统振动和噪声的主要激励源，进而影响齿轮系统动态响应特征。同时，斜齿轮齿形复杂，加工及装配过程中易产生误差。由于齿面呈螺旋状，斜齿轮啮合时的作用力有轴向分力，存在弯-扭-轴-摆耦合振动，其啮合齿面摩擦学特性更加复杂。由于斜齿轮通常工作在高速、重载等恶劣环境，传动过程中承受的载荷较大，如果润滑不足或运行条件不当，将会严重影响斜齿轮的动态特性，加剧齿轮传动系统的振动和噪声，并导致斜齿轮故障的发生。齿面剥落是斜齿轮传动的常见故障，剥落故障的产生将影响机械传动系统的可靠性、安全性，影响设备性能，甚至造成严重后果[1,2]。

本章主要介绍斜齿轮齿面摩擦激励机理和斜齿轮故障激励与摩擦激励的耦合建模方法，建立考虑摩擦的斜齿轮故障动力学模型，分析斜齿轮传动系统内部非线性动态激励与外部振动响应特征之间的关系。

3.1　斜齿轮基础知识

直齿轮和斜齿轮齿面形成原理图如图 3.1 所示。直齿轮的齿廓曲面是发生面 S 在基圆柱上做纯滚动时，其上任一平行于基圆柱母线 NN 的直线 KK 将展出一渐开面，此渐开面与基圆柱的交线 NN 是一条与轴线平行的直线。当发生面 S 上展成渐开面的直线 KK 与基圆柱母线 NN 有一个偏斜角度β_b时，发生面 S 绕基圆柱做纯滚动，斜直线 KK 上每一点在空间所描出的轨迹称为渐开螺旋面，该渐开螺旋面在齿顶圆柱内的部分就是斜齿轮的齿廓曲面。斜齿轮的齿廓曲面与其分度圆柱面相交的螺旋线的切线和齿轮轴线之间所夹的锐角为斜齿轮的螺旋角，轮齿螺旋的旋向有左、右之分，如图 3.2 所示。一对斜齿轮正确啮合时，除两齿轮的法向模数和法向压力角必须相等外，两斜齿轮螺旋角还要满足外啮合时旋向相反、内啮合时旋向相同。

直齿轮和斜齿轮啮合过程的齿廓接触线如图 3.3 所示。直齿轮啮合时整个齿宽同时进入啮合和同时退出啮合，轮齿上的载荷会发生突变，易引起冲击、振动和噪声。斜齿轮进入啮合后，接触线长度逐渐增大，至某一啮合位置后又逐渐缩短，直至脱离啮合。与直齿轮传动相比，斜齿轮传动是逐渐进入和退出啮合，同时啮合的齿数比直齿轮多，传动更平稳，噪声更低，承载能力更强。同时，斜齿轮不产生根切的最小齿数轮较少，可用于结构紧凑的齿轮机构中。斜齿轮的主要缺点是斜齿齿面受到法向力时会产生轴向力。斜齿轮轴向力如图 3.4 所示。轴向力对于齿轮传动是有害的，它使得装置之间的摩擦力增大，装置易于磨损或损害，且轴向力随着斜齿轮螺旋角的增大而增大。斜齿轮螺旋角的大小对系统的传动性

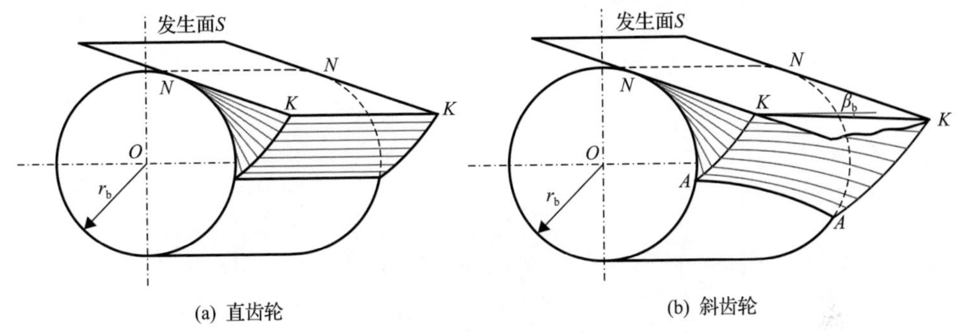

(a) 直齿轮　　(b) 斜齿轮

图 3.1　直齿轮和斜齿轮齿面形成原理图

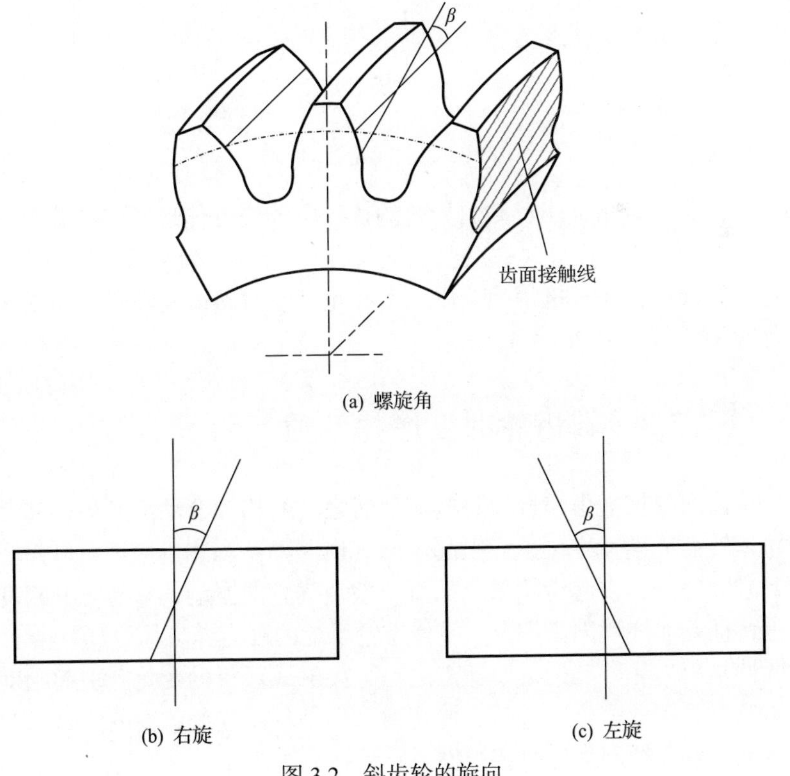

(a) 螺旋角

(b) 右旋　　(c) 左旋

图 3.2　斜齿轮的旋向

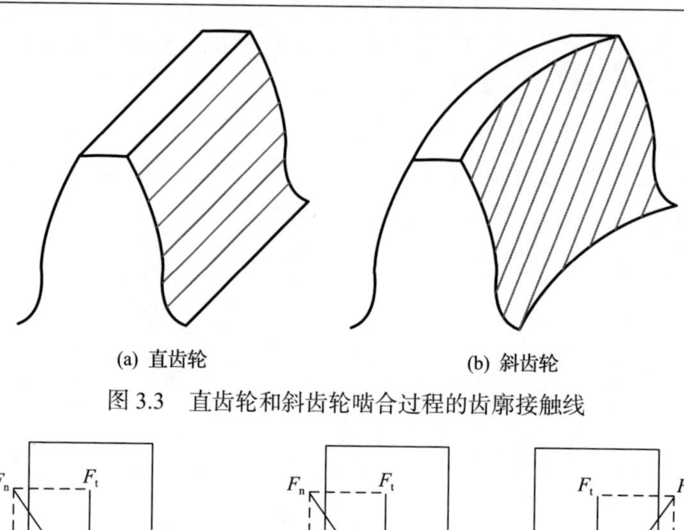

图 3.3　直齿轮和斜齿轮啮合过程的齿廓接触线

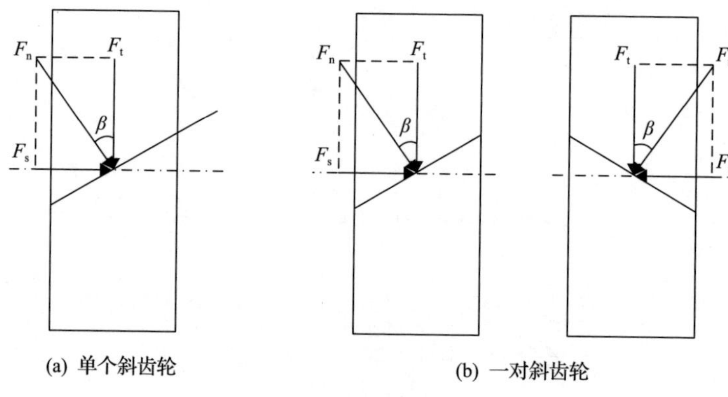

图 3.4　斜齿轮轴向力

能影响较大，若螺旋角太小，则斜齿轮的优点不能充分体现；若螺旋角太大，则会产生很大的轴向力。设计时一般取螺旋角为 8°～20°。为了消除轴向力，可用一对斜齿轮使其轴向力相互抵消或采用人字齿轮，一对斜齿轮轴向力如图 3.4(b)所示，此时螺旋角可取为 20°～40°。

3.2　斜齿轮时变摩擦激励与计算方法

斜齿轮齿面摩擦力由啮合齿对接触齿面之间的相对滑动而形成，其大小和方向随齿轮运转而周期性变化，并引起齿面磨损、温升、能量损耗。齿面摩擦力是系统内部激励之一，引起齿轮系统垂直于啮合线方向振动，并与时变刚度激励、齿面微观特征等非线性因素耦合，使得齿轮系统的动力学特征更加复杂[3,4]。接触线的时变性是斜齿轮传动的重要特点之一，接触线数目的变化会引起刚度、齿面摩擦力的改变，因此一个完整啮合周期内摩擦条件是连续改变的，具有时变摩擦特性。本节主要介绍斜齿轮时变摩擦激励计算方法。

3.2.1　齿轮时变摩擦激励计算

斜齿轮啮合接触区域的示意图如图 3.5 所示。图中，D 点和 C' 点分别为一个啮合周期的起点和终点，P 点为节点。当接触点通过节线 PP' 时，接触点处的相对滑动速度变向，导致齿面间的摩擦力 F_f 方向发生变化。

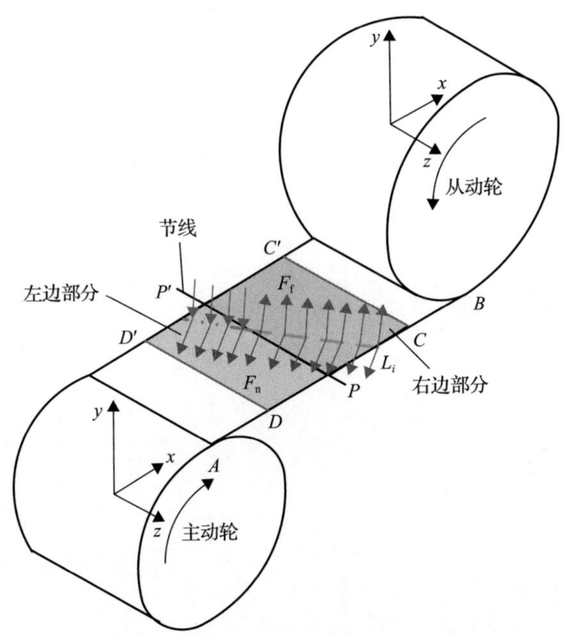

图 3.5　斜齿轮啮合接触区域的示意图

一个啮合周期内斜齿轮时变接触线长度变化如图 3.6 所示。当齿宽 b 较大时，$b\tan\beta_b$ 大于啮合线 L_{CD}，如图 3.6(a)所示，β_b 为基圆螺旋角。若齿宽减小到一定值，则 $b\tan\beta_b$ 小于啮合线 L_{CD}，如图 3.6(b)所示。通过改变螺旋角或其他齿轮参数可以实现这两种情况的转换。根据这两种不同的情况，齿轮接触线长度的最大值存在两种不同的表达式，即

$$\begin{cases} \text{第一类：} & L_{\max} = L_{CD}\csc\beta_b, & b\tan\beta_b > L_{CD} \\ \text{第二类：} & L_{\max} = b\sec\beta_b, & b\tan\beta_b \leqslant L_{CD} \end{cases} \tag{3.1}$$

齿轮的端面重合度和轴向重合度可表示为

$$\varepsilon_a = \frac{L_{CD}}{P_t} \tag{3.2}$$

$$\varepsilon_\beta = \frac{b\tan\beta_b}{P_t} \tag{3.3}$$

式中，P_t为齿轮的基节长度。

由式(3.1)和式(3.3)，齿轮接触线长度的最大值可以表示为重合度的函数，即

$$\begin{cases} \text{第一类:} \quad L_{\max} = L_{CD}\csc\beta_b, & \varepsilon_\beta > \varepsilon_a \\ \text{第二类:} \quad L_{\max} = b\sec\beta_b, & \varepsilon_\beta \leqslant \varepsilon_a \end{cases} \tag{3.4}$$

这两类时变接触线长度的变化如图 3.6 所示。

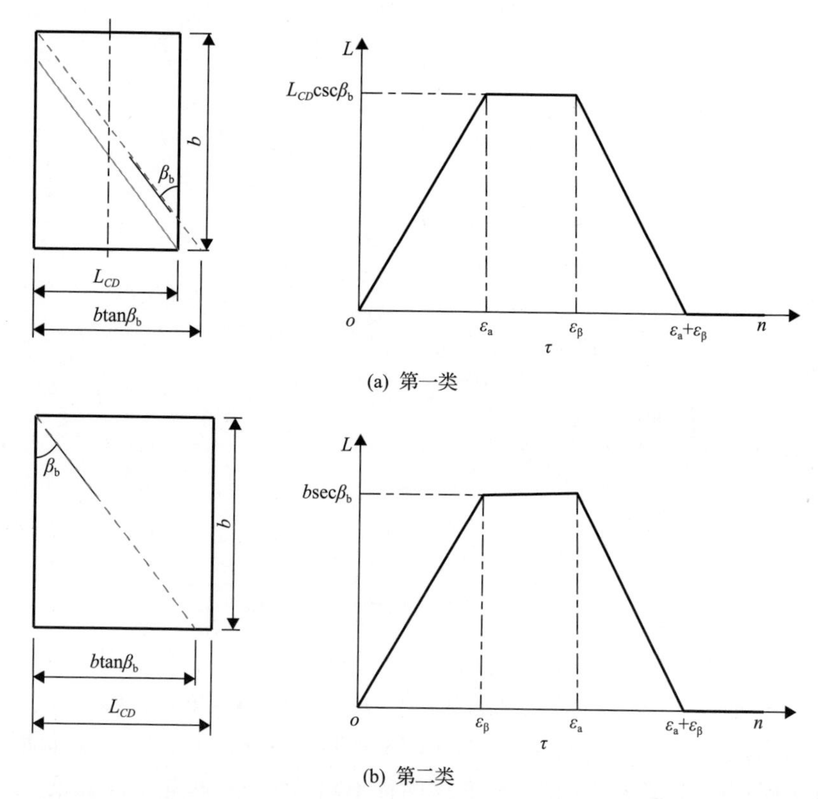

(a) 第一类

(b) 第二类

图 3.6　一个啮合周期内斜齿轮时变接触线长度变化

重合度为 1～4 的斜齿轮被广泛应用于高速重载场合，进入接触域的接触线数目与齿宽、螺旋角等齿轮参数密切相关。不同重合度斜齿轮接触线变化如图 3.7 所示。假设单齿对沿着啮合线从 D 点开始进入啮合，到时间 nt_c 时结束，n 为重合度的最大取整，时间 $t_c=P_t/(\omega_p R_{bp})$。

瞬时接触线长度可表示为

$$L(t) = \begin{cases} L_{CD}\csc\beta_b\gamma(t), & \varepsilon_\beta > \varepsilon_a \\ b\sec\beta_b\gamma(t), & \varepsilon_\beta \leqslant \varepsilon_a \end{cases} \tag{3.5}$$

式中，$\gamma(t)$ 为周期分段线性函数，其表达式为

$$\gamma(t)=\begin{cases}\dfrac{t'}{\min\left(\varepsilon_{\mathrm{a}},\varepsilon_{\mathrm{b}}\right)}, & 0\leqslant t'<\min\left(\varepsilon_{\mathrm{a}},\varepsilon_{\mathrm{b}}\right)\\ 1, & \min\left(\varepsilon_{\mathrm{a}},\varepsilon_{\mathrm{b}}\right)\leqslant t'<\max\left(\varepsilon_{\mathrm{a}},\varepsilon_{\mathrm{b}}\right)\\ 1-\dfrac{t'-\max\left(\varepsilon_{\mathrm{a}},\varepsilon_{\mathrm{b}}\right)}{\min\left(\varepsilon_{\mathrm{a}},\varepsilon_{\mathrm{b}}\right)}, & \max\left(\varepsilon_{\mathrm{a}},\varepsilon_{\mathrm{b}}\right)\leqslant t'<\varepsilon\\ 0, & \varepsilon\leqslant t'\leqslant n\end{cases} \tag{3.6}$$

式中，$t'=t_0/t_{\mathrm{c}}$，t_0 为时间 t 除以 nt_{c} 的余数。

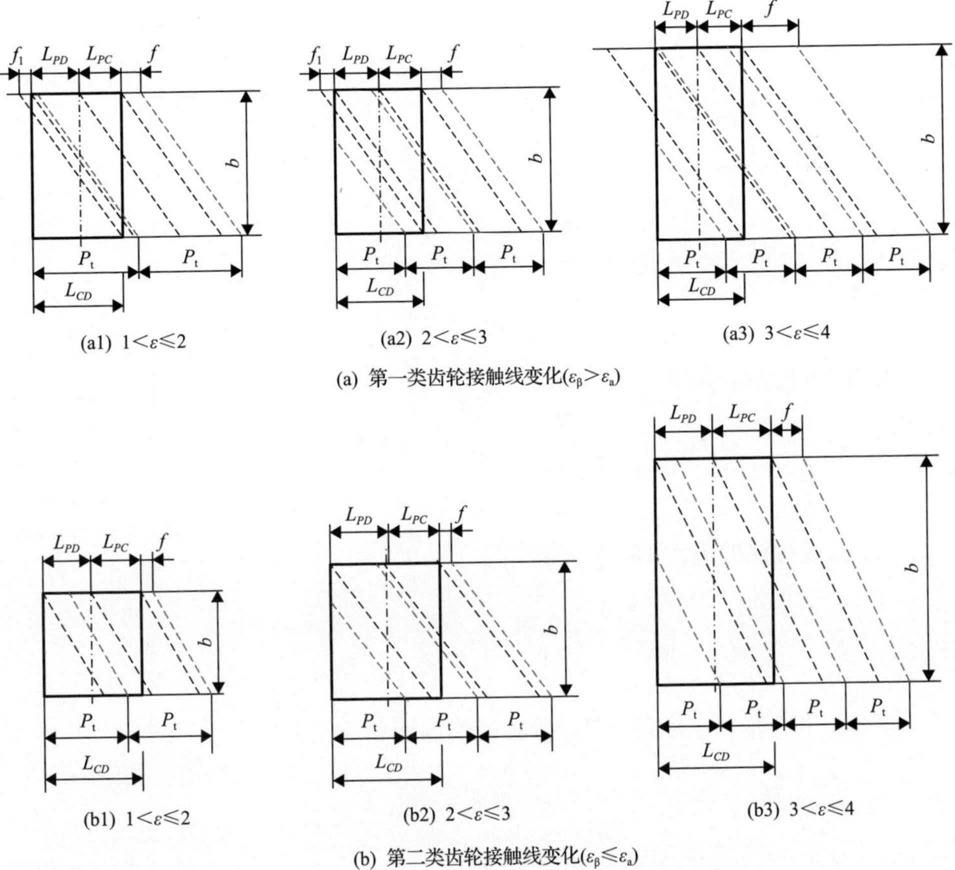

(a) 第一类齿轮接触线变化($\varepsilon_\beta>\varepsilon_{\mathrm{a}}$)

(b) 第二类齿轮接触线变化($\varepsilon_\beta\leqslant\varepsilon_{\mathrm{a}}$)

图 3.7　不同重合度斜齿轮接触线变化

由于系统的周期性，第 i 对啮合轮齿对上任意瞬时接触线长度为

$$L_i\left(t\right)=L\left[\left(i-1\right)t_{\mathrm{c}}+t_0\right],\ \ i=1,2,\cdots,n \tag{3.7}$$

则啮合齿对任意瞬时总接触线长度可以表示为

$$L_z(t)=\sum_{i=1}^{n}L_i(t) \tag{3.8}$$

由于啮合轮齿在节线两侧的滑动速度方向相反，摩擦力在节线两侧发生反向[5]。定义节线右边接触线上的摩擦力方向为正，左边为负；摩擦力矩与齿轮旋转方向相反为正，反之为负。采用分段法构建摩擦力和摩擦力矩的计算模型，如图 3.8 所示。

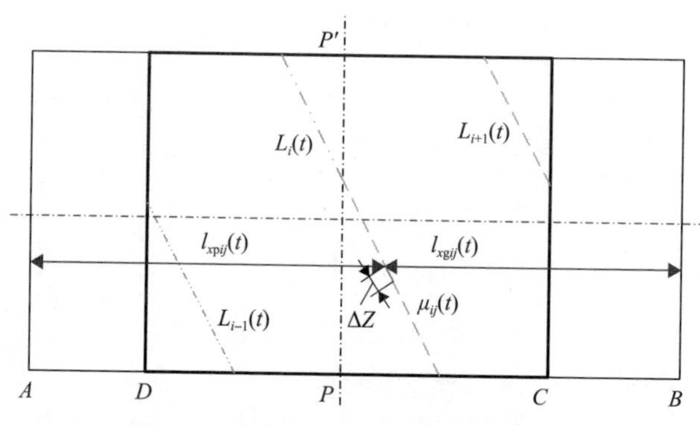

图 3.8　摩擦力和摩擦力矩的计算模型

如图 3.8 所示，第 j 段接触线的综合曲率半径为[6]

$$R_{ij}(t)=\frac{l_{xpij}(t)l_{xgij}(t)}{l_{xpij}(t)+l_{xgij}(t)} \tag{3.9}$$

第 j 段接触线的最大 Hertz 接触压力为

$$P_{hij}(t)=\sqrt{\frac{W'E'}{2\pi R_{ij}(t)}} \tag{3.10}$$

作用在主动轮和从动轮上第 j 段接触线的切向速度分别为

$$v_{pij}=\omega_p l_{xpij}(t) \tag{3.11}$$

$$v_{gij}=\omega_g l_{xgij}(t) \tag{3.12}$$

第 j 段接触线的滑动速度和进油速度分别为

$$V_{sij}=v_{pij}-v_{gij} \tag{3.13}$$

$$V_{eij} = \frac{v_{pij} + v_{gij}}{2} \tag{3.14}$$

定义第 j 段接触线的滑滚比为[7]

$$\mathrm{SR}_{ij}(t) = \frac{V_{sij}(t)}{V_{eij}(t)} \tag{3.15}$$

修正的基于非牛顿热-弹流润滑的经验摩擦系数为[8]

$$\mu_{oij}(t) = \mathrm{e}^{f(\mathrm{SR}, P_h, v_0, S)} P_{hij}(t)^{b_2} \left|\mathrm{SR}_{ij}(t)\right|^{b_3} V_{eij}(t)^{b_6} v_0^{b_7} R_{ij}(t)^{b_8} \tag{3.16}$$

式中，b_i 为依赖于润滑类型的恒定系数，b_i=−8.92, 1.03, 1.04, −0.35, 2.81, −0.10, 0.75, −0.39。

$$f(\mathrm{SR}, P_h, \eta, S) = b_1 + b_4 \left|\mathrm{SR}_{ij}(t)\right| P_{hij}(t) \lg v_0 + b_5 \mathrm{e}^{-\left|\mathrm{SR}_{ij}(t)\right| P_{hij}(t) \lg \eta} + b_9 \mathrm{e}^{S} \tag{3.17}$$

式中，S 为齿面综合粗糙度的均方根值；η为润滑油的绝对黏度。

定义第 j 段接触线的摩擦系数的符号函数为

$$\eta_{oj}(t) = \begin{cases} \mathrm{sgn}(vt' - j\Delta z \sin\beta_b - L_{DP}), & 0 < t' < \varepsilon_a \\ \mathrm{sgn}(L_{PC} - j\Delta z \sin\beta_b), & \varepsilon_a \leqslant t' \leqslant \varepsilon_a + \varepsilon_b \\ 0, & \varepsilon_a + \varepsilon_b < t' \end{cases} \tag{3.18}$$

式中，j=1, 2,⋯, m，m 为每根接触线长度被划分的段数；Δz 为每一段接触线的长度。

$$\Delta z = \frac{L_i(t)}{m} \tag{3.19}$$

通过整合符号函数 $\eta_{oj}(t)$，第 j 段接触线的摩擦系数函数可以表示为

$$\mu_{ij}(t) = \mu_{oij} \eta_{oj}\left((i-1)t_c + t_0\right) \tag{3.20}$$

假设载荷沿接触线长度方向均匀分布，第 j 段接触线的摩擦力为

$$\begin{cases} F_{fpij}(t) = \mu_{ij}(t) \dfrac{F_m(t) L_i(t)}{L_z(t) m} \\ F_{fgij}(t) = F_{fpij}(t) \end{cases} \tag{3.21}$$

第 i 根接触线上总的摩擦力为

$$F_{\mathrm{fp}i}(t)=F_{\mathrm{fg}i}(t)=\sum_{j=1}^{m}F_{\mathrm{fp}ij}(t) \tag{3.22}$$

如图 3.8 所示，第 j 段接触线的力臂函数为

$$\rho_{\mathrm{p}j}(t)=\begin{cases}L_{AD}+vt'-j\Delta z\sin\beta_{\mathrm{b}}, & 0<t'<\varepsilon_{\mathrm{a}}\\ L_{AC}-j\Delta z\sin\beta_{\mathrm{b}}, & \varepsilon_{\mathrm{a}}\leqslant t'\leqslant\varepsilon_{\mathrm{a}}+\varepsilon_{\mathrm{b}}\\ 0, & \varepsilon_{\mathrm{a}}+\varepsilon_{\mathrm{b}}<t'\end{cases} \tag{3.23}$$

作用在主动轮和从动轮上第 j 段接触线的摩擦力臂分别为

$$l_{\mathrm{xp}ij}(t)=\rho_{\mathrm{p}j}\left((i-1)t_{\mathrm{c}}+t_{1}\right) \tag{3.24}$$

$$l_{x\mathrm{g}ij}(t)=\begin{cases}L_{AB}-X_{\mathrm{p}ij}(t), & 0<t'\leqslant\varepsilon_{\mathrm{a}}+\varepsilon_{\mathrm{b}}\\ 0, & \varepsilon_{\mathrm{a}}+\varepsilon_{\mathrm{b}}<t'\end{cases} \tag{3.25}$$

作用在主动轮和从动轮上第 j 段接触线的摩擦力矩为

$$T_{\mathrm{fp}i}(t)=\sum_{j=1}^{m}F_{\mathrm{fp}ij}(t)l_{\mathrm{xp}ij}(t) \tag{3.26}$$

$$T_{\mathrm{fg}i}(t)=\sum_{j=1}^{m}F_{\mathrm{fg}ij}(t)l_{\mathrm{xg}ij}(t) \tag{3.27}$$

考虑到摩擦力的作用，齿面间的啮合力可以表示为

$$F_{\mathrm{m}}(t)=\frac{T_{\mathrm{p}}+\sum_{i=1}^{n}T_{\mathrm{fp}i}(t)}{\cos\beta_{\mathrm{b}}R_{\mathrm{bp}}} \tag{3.28}$$

式中，R_{bp} 为主动轮的基圆半径；T_{p} 为主动轮的输入力矩。

3.2.2　摩擦激励算法对比和验证

Kar 等[9, 10]采用恒定的啮合力和恒定的摩擦系数模型计算斜齿轮的摩擦激励。然而，在时变摩擦力和摩擦力矩作用下，啮合力是时变函数。同时，齿轮啮合过程中的润滑状态发生变化，导致不同啮合位置的摩擦系数也是时变函数。此外，Kar 等[9, 10]提出的斜齿轮摩擦激励算法中，每根接触线被分成在节线左、右侧的两段，并以每段接触线中点位置处的摩擦系数和摩擦力臂构建摩擦力和摩擦力矩。

但是，接触线上每一个接触点上的摩擦系数和摩擦力臂均不同，该简化算法会不可避免地存在误差。

本节采用分段法把每根接触线等分成有限小段来构建摩擦力和摩擦力矩的计算模型。采用表 3.1 中的斜齿轮参数，计算得到的摩擦系数模型和啮合力如图 3.9 所示。其中，恒定摩擦系数定义为时变摩擦系数的平均值。时变摩擦力和摩擦力矩的共同作用导致所得的时变啮合力小于恒定的啮合力。在一个啮合周期内，初始时啮合力逐渐减小，然后增大到最大值，最后又缓慢减小。在时变摩擦系数的作用下，时变啮合力的幅值波动变大。

表 3.1　斜齿轮参数[9]

齿轮参数	主动轮	从动轮
齿数	21	29
压力角/(°)	14.5	14.5
螺旋角/(°)	40	40
齿宽/mm	16	16
模数/mm	2	2
输入扭矩/(N · m)	200	200

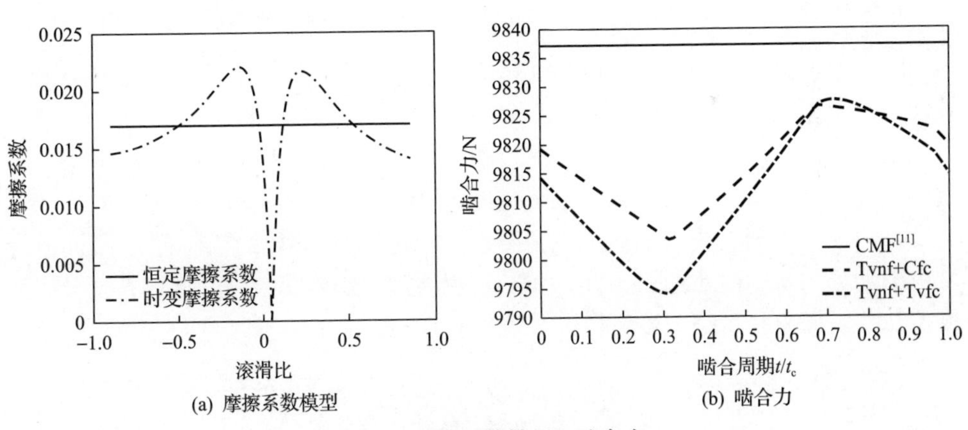

图 3.9　摩擦系数模型和啮合力

CMF. 恒定啮合力；Tvnf+Cfc. 时变啮合力和恒定摩擦系数；Tvnf+Tvfc. 时变啮合力和时变摩擦系数

不同摩擦力函数和不同摩擦系数模型下摩擦激励对比如图 3.10 所示。与恒定啮合力相比，时变啮合力降低了摩擦力和摩擦力矩波动的幅值；然而在时变摩擦系数作用下，摩擦力和摩擦力矩幅值的波动变大。因此，考虑时变啮合力和时变摩擦系数下的计算结果更接近实际情况。

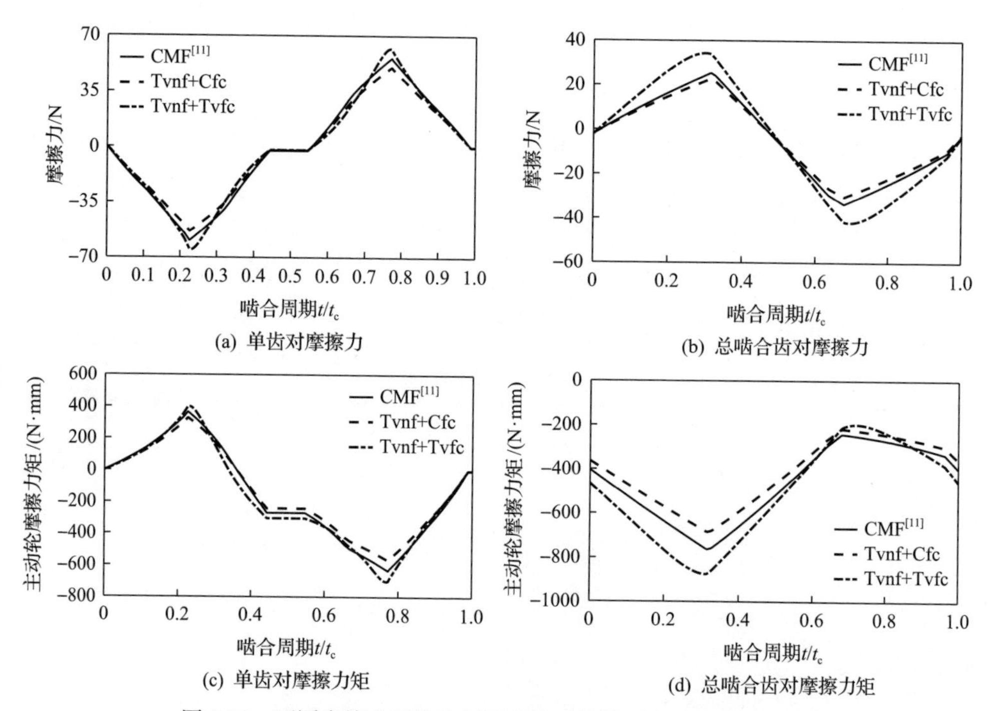

(a) 单齿对摩擦力　(b) 总啮合齿对摩擦力

(c) 单齿对摩擦力矩　(d) 总啮合齿对摩擦力矩

图 3.10　不同摩擦力函数和不同摩擦系数模型下摩擦激励对比

CMF. 恒定啮合力；Tvnf+Cfc. 时变啮合力和恒定摩擦系数；Tvnf+Tvfc. 时变啮合力和时变摩擦系数

为了验证提出的斜齿轮摩擦激励算法对不同重合度斜齿轮摩擦激励计算的有效性，改变表 3.1 中齿轮参数的齿宽和螺旋角分别为 6mm 和 45°、26mm 和 35°，得到重合度为 TCR=1.86（1＜TCR≤2）和 TCR=3.82（3＜TCR≤4）的斜齿轮。当重合度 TCR=3.82 时，最大的接触线长度为 $L_{CD}\csc\beta_b$，属于第一类斜齿轮；当重合度 TCR=1.86 时，最大的接触线长度为 $b\sec\beta_b$，属于第二类斜齿轮。不同重合度范围下摩擦激励对比如图 3.11 所示。可以看出，随着重合度的增加，接触线长度变长，摩擦力和摩擦力矩变得更平缓。

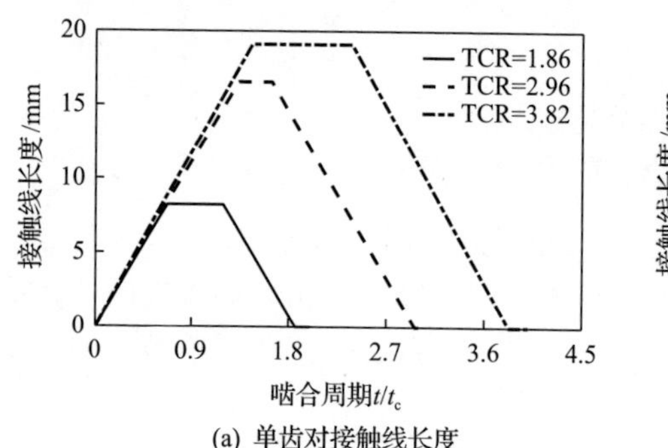

(a) 单齿对接触线长度

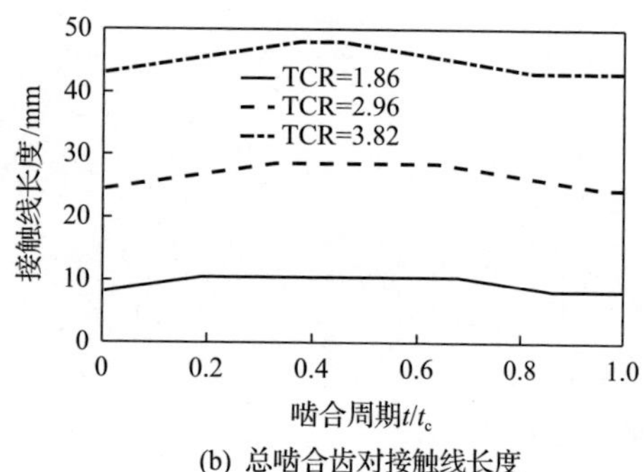

(b) 总啮合齿对接触线长度

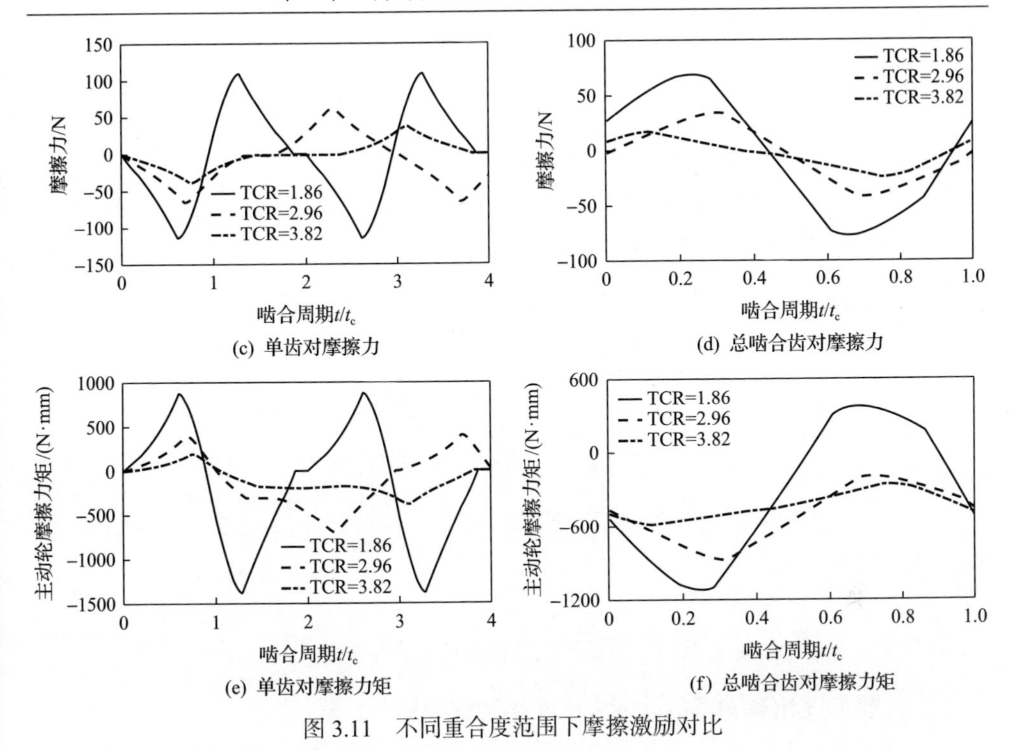

(c) 单齿对摩擦力

(d) 总啮合齿对摩擦力

(e) 单齿对摩擦力矩

(f) 总啮合齿对摩擦力矩

图 3.11　不同重合度范围下摩擦激励对比

3.3　齿面摩擦影响下剥落故障动力学模拟方法

3.3.1　齿面剥落故障齿轮摩擦激励计算方法

结合 3.2 节提出的齿轮摩擦激励算法，斜齿轮摩擦激励计算流程图如图 3.12 所示。定义 $K_{ij}(t)$、$c_{ij}(t)$ 和 $\delta_{ij}(t)$ 为第 j 段接触线的啮合刚度、啮合阻尼和变形，第 j 段接触线的啮合力表示为

$$F_{\mathrm{m}ij} = K_{ij}(t)\delta_{ij}(t) + c_{ij}(t)\dot{\delta}_{ij}(t) \tag{3.29}$$

第 j 段接触线的摩擦力为

$$F_{\mathrm{fp}ij}(t) = F_{\mathrm{fg}ij}(t) = \mu_{ij}(t)F_{\mathrm{m}ij} \tag{3.30}$$

第 i 根接触线上总的摩擦力和动态啮合力分别为

$$F_{\mathrm{fp}i}(t) = F_{\mathrm{fg}i}(t) = \sum_{j=1}^{n} F_{\mathrm{fp}ij}(t) \tag{3.31}$$

$$F_{\mathrm{m}i}(t)=\sum_{j=1}^{n}F_{\mathrm{fm}ij}(t) \tag{3.32}$$

式中，n 为每根接触线长度被划分的段数。

将式(3.29)计算得到的第 j 段接触线的摩擦力代入式(3.26)和式(3.27)，即可计算相应的摩擦力矩。

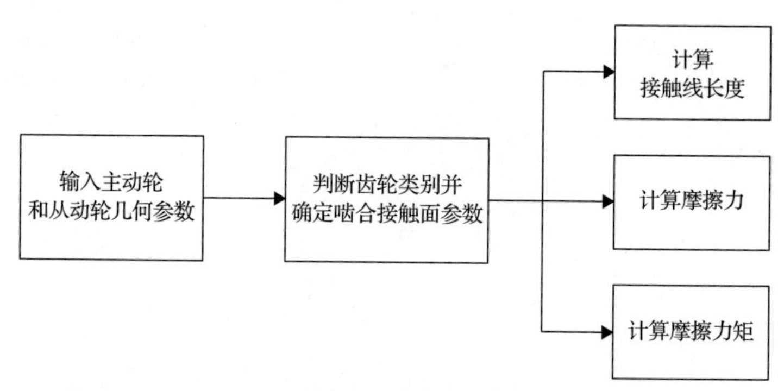

图 3.12　斜齿轮摩擦激励计算流程图

当齿轮齿面出现剥落故障时，齿面接触面积减小，导致接触线长度发生变化，摩擦力和摩擦力矩也随之发生变化。因此，正常齿轮摩擦激励的计算方法需要进行相应的修正，用于计算有剥落故障齿轮的摩擦激励。接触线长度的变化对摩擦力臂的影响很小，因此忽略摩擦力臂的变化。齿面存在剥落故障时，一个周期内单齿对接触线长度可以表示为

$$L_i(t)=f_i\left(\varDelta(t),O(t),P(t)\right) \tag{3.33}$$

式中，$L_i(t)$ 为接触线长度，其为剥落形状 $\varDelta(t)$ 、大小 $O(t)$ 和位置 $P(t)$ 的函数。

在齿轮摩擦激励计算中，最主要的区别就是接触线长度的计算公式，用式(3.33)替换正常齿轮接触线长度的计算，齿轮摩擦激励的计算结果也随之改变。

实际情况中齿轮剥落通常发生在节线附近，呈薄片形撕裂。因此，假设齿轮齿面剥落为节线附近的矩形，并且与接触线方向平行。齿面剥落轮齿及其啮合接触线变化示意图如图 3.13 所示。图中，S_o 点到 D 点的水平和垂直距离分别为 d_oh 和 d_ov，S_a 点到 D 点的水平和垂直距离由 S_a 和 S_o 的相对位置确定。S_o 点为矩形剥落的中心，S_a 点和 S_b 点分别为矩形剥落的最低点和最高点。

当 S_a 点在矩形剥落的中心左边时(即 $\sqrt{l_\mathrm{s}^2+w_\mathrm{s}^2}-l_\mathrm{s}\sec\beta_\mathrm{b}\geqslant 0$)，$S_\mathrm{a}$ 点到 D 点的水平和垂直距离为

$$d_\mathrm{h}=d_\mathrm{oh}-\left(\frac{1}{2}w_\mathrm{s}-\frac{1}{2}l_\mathrm{s}\tan\beta_\mathrm{b}\right)\cos\beta_\mathrm{b} \tag{3.34}$$

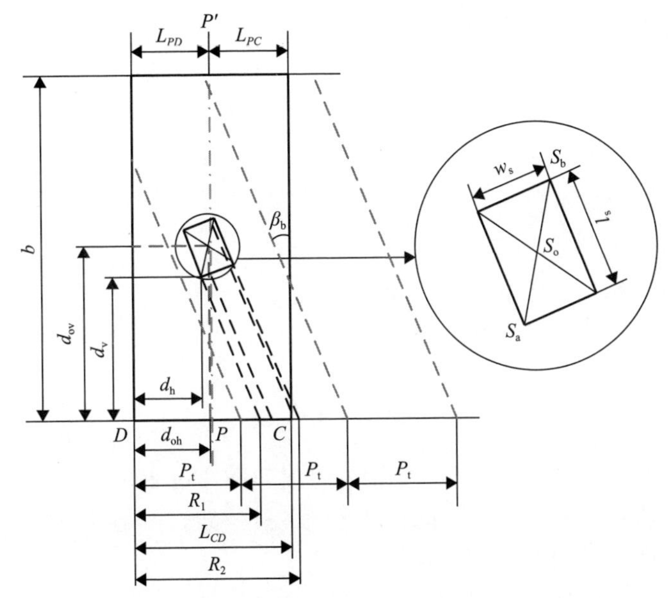

图 3.13　齿面剥落轮齿及其啮合接触线变化示意图

$$d_v = d_{ov} - \left(\frac{1}{2}w_s - \frac{1}{2}l_s \tan\beta_b\right)\sin\beta_b - \frac{1}{2}l_s \sec\beta_b \tag{3.35}$$

当 S_a 点在矩形剥落中心的右边时，S_a 点到 D 点的水平和垂直距离为

$$d_h = d_{oh} + \left(\frac{1}{2}w_s \cot\beta_b + \frac{1}{2}l_s\right)\sin\beta_b - \frac{1}{2}w_s \sec\beta_b \tag{3.36}$$

$$d_v = d_{ov} - \left(\frac{1}{2}w_s \cot\beta_b + \frac{1}{2}l_s\right)\cos\beta_b \tag{3.37}$$

图 3.13 中的 R_1 和 R_2 为

$$R_1 = d_h + d_v \tan\beta_b \tag{3.38}$$

$$R_2 = R_1 + w_s \sec\beta_b \tag{3.39}$$

由于齿面剥落所缺失的接触线长度为

$$\Delta L(t) = \begin{cases} 0, & 0 \leqslant vt' < R_1 \\ l_s, & R_1 \leqslant vt' < R_2 \\ 0, & R_2 \leqslant vt' \leqslant nP_t \end{cases} \tag{3.40}$$

修改的齿面剥落故障齿轮接触线长度为

$$L_s(t) = L(t) - \Delta L(t) \tag{3.41}$$

由于接触线长度变化，齿轮摩擦激励计算结果也会相应发生改变，从而得到齿面剥落故障齿轮的摩擦激励。

由于单对轮齿接触线长度的变化趋势和单齿对啮合刚度的变化趋势相近，计算啮合刚度时可假设沿接触线长度的啮合刚度密度为恒定值[11]。根据单位长度啮合刚度密度，单对轮齿的啮合刚度可表示为

$$K_m(t) = K_0 L(t) \tag{3.42}$$

由于直齿轮的接触线长度为恒定值，直齿轮的 Hertz 接触刚度在整个啮合线方向上为恒定值[12]。与直齿轮不同，斜齿轮的接触线长度是时变的，一个周期内的齿轮单对轮齿接触刚度可表示为

$$K_H(t) = \frac{\pi E L(t)}{4(1-\nu^2)} \tag{3.43}$$

将剥落后的接触线长度式(3.41)代入式(3.43)，则剥落故障齿轮单对轮齿接触刚度可以表示为

$$K_{sh}(t) = \frac{\pi E L_s(t)}{4(1-\nu^2)} \tag{3.44}$$

假设剥落故障的深度相对齿厚很小，忽略剥落故障对齿轮的弯曲刚度、剪切刚度、轴向压缩刚度以及基体弹性刚度的影响，即弯曲刚度、剪切刚度、轴向压缩刚度以及基体弹性刚度与正常齿轮一样，则整合后的刚度可以表示为

$$K_b(t) = \left(\frac{1}{K(t)} - \frac{1}{K_h(t)}\right)^{-1} \tag{3.45}$$

$K(t)$ 为包括弯曲刚度、剪切刚度、轴向压缩刚度、基体刚度和接触刚度的综合刚度；$K_b(t)$ 为包括弯曲刚度、剪切刚度、轴向压缩刚度和基体刚度的综合刚度。

齿面剥落齿轮单对轮齿啮合刚度为

$$K_s(t) = \left(\frac{1}{K_b(t)} + \frac{1}{K_{sh}(t)}\right)^{-1} \tag{3.46}$$

当齿面剥落故障轮齿进入啮合时，该齿轮的综合啮合刚度为

$$K_{st}(t) = K_s(t) + \sum_{i=1}^{n} K_i(t) \tag{3.47}$$

以表 3.2 的齿面剥落故障斜齿轮参数为例，计算得到剥落故障大小为 4mm×3mm×0.1mm 时的齿面剥落故障斜齿轮啮合刚度如图 3.14 所示。在进入和退出剥落区域位置时，刚度出现突变和减少，这是斜齿轮动态响应产生冲击的一个重要激励。

表 3.2　齿面剥落故障斜齿轮参数

齿轮参数	主动轮	从动轮
齿数	25	31
压力角/(°)	20	20
齿宽/mm	30	30
模数/mm	3	3
螺旋角/(°)	22.5	22.5
齿轮质量/kg	0.9	1.45
转动惯量/(kg · m^2)	5.8×10^{-4}	1.4×10^{-3}
轴承刚度/(N/m)	8×10^{8}	8×10^{8}
轴承阻尼系数/(N · s/m)	3.4×10^{3}	3.4×10^{3}
啮合阻尼系数/(N · s/m)	500	500
输入扭矩/(N · m)	200	200

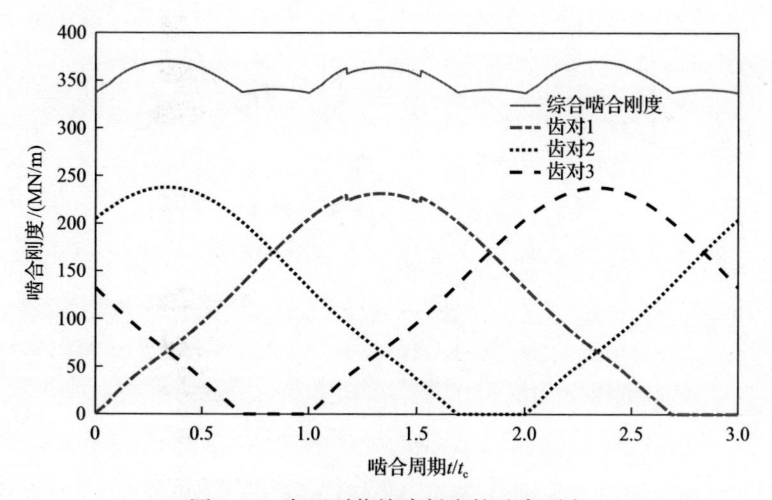

图 3.14　齿面剥落故障斜齿轮啮合刚度

3.3.2 齿面剥落激励与摩擦激励动力学模型

考虑摩擦的 8 自由度斜齿轮动力学模型如图 3.15 所示。其中，x 轴平行于齿轮对的啮合线方向，y 轴垂直于齿轮对的啮合线方向，z 轴为齿轮的轴线方向；主、从动轮的角位移、角速度和角加速度分别为 θ_i 、$\dot{\theta}_i$ 和 $\ddot{\theta}_i$ ，转动惯量分别为 I_p 和 I_g，输入力矩和制动力矩分别为 T_p 和 T_g。

第 j 段接触线沿啮合线方向的动态传递误差为

$$\delta_{xij} = r_{\mathrm{bp}}\theta_\mathrm{p} - r_{\mathrm{bg}}\theta_\mathrm{g} + x_\mathrm{p}(t) - x_\mathrm{g}(t) \tag{3.48}$$

第 j 段接触线沿 z 方向的变形为

$$\delta_{zij}(t) = z_\mathrm{p}(t) - z_\mathrm{g}(t) \tag{3.49}$$

从而，第 j 段接触线沿齿面法线方向的变形为

$$\delta_{ij}(t) = \cos\beta_\mathrm{b}\delta_{xij}(t) + \sin\beta_\mathrm{b}\delta_{zij}(t) \tag{3.50}$$

第 i 对轮齿对切向及轴向的动态啮合力计算公式为

$$F_{\mathrm{m}xi}(t) = F_{\mathrm{m}i}(t)\cos\beta_\mathrm{b} \tag{3.51}$$

$$F_{\mathrm{m}zi}(t) = F_{\mathrm{m}i}(t)\sin\beta_\mathrm{b} \tag{3.52}$$

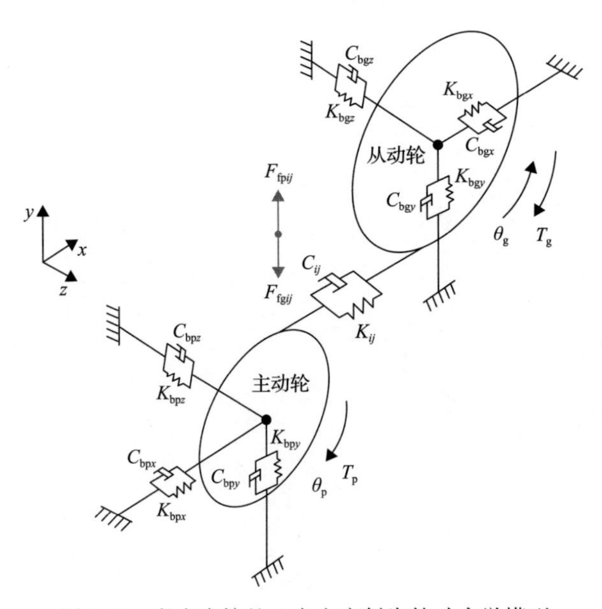

图 3.15　考虑摩擦的 8 自由度斜齿轮动力学模型

考虑时变滑动摩擦和啮合刚度的齿轮动力学方程如下：

扭转振动方程为

$$\boldsymbol{I}\ddot{\boldsymbol{\theta}}=\boldsymbol{T} \tag{3.53}$$

$$\boldsymbol{I}=\begin{bmatrix} I_{\mathrm{p}} & 0 \\ 0 & I_{\mathrm{g}} \end{bmatrix} \tag{3.54}$$

$$\boldsymbol{\theta}=\begin{bmatrix} \theta_{\mathrm{p}}(t) \\ \theta_{\mathrm{g}}(t) \end{bmatrix} \tag{3.55}$$

$$\boldsymbol{T}=\begin{bmatrix} T_{\mathrm{p}}-\sum_{i=1}^{n}F_{\mathrm{mp}xi}(t)r_{\mathrm{bp}}+\sum_{i=1}^{n}T_{\mathrm{fp}yi}(t) \\ -T_{\mathrm{g}}+\sum_{i=1}^{n}F_{\mathrm{mg}xi}(t)r_{\mathrm{bg}}-\sum_{i=1}^{n}T_{\mathrm{fg}yi}(t) \end{bmatrix} \tag{3.56}$$

平移振动方程为

$$\boldsymbol{M}\ddot{\boldsymbol{A}}=\boldsymbol{F} \tag{3.57}$$

式中，

$$\boldsymbol{M}=\begin{bmatrix} m_{\mathrm{p}} & & & & & 0 \\ & m_{\mathrm{g}} & & & & \\ & & m_{\mathrm{p}} & & & \\ & & & m_{\mathrm{g}} & & \\ & & & & m_{\mathrm{p}} & \\ 0 & & & & & m_{\mathrm{g}} \end{bmatrix} \tag{3.58}$$

$$\boldsymbol{A}=\begin{bmatrix} x_{\mathrm{p}}(t) \\ x_{\mathrm{g}}(t) \\ y_{\mathrm{p}}(t) \\ y_{\mathrm{g}}(t) \\ z_{\mathrm{p}}(t) \\ z_{\mathrm{g}}(t) \end{bmatrix} \tag{3.59}$$

$$\boldsymbol{F}=\begin{bmatrix} F_{\mathrm{bp}x}(t)-\sum_{i=1}^{n}F_{\mathrm{mp}xi}(t) \\ F_{\mathrm{bg}x}(t)+\sum_{i=1}^{n}F_{\mathrm{mg}xi}(t) \\ F_{\mathrm{bp}y}(t)+\sum_{i=1}^{n}F_{\mathrm{fp}yi}(t) \\ F_{\mathrm{bg}y}(t)-\sum_{i=1}^{n}F_{\mathrm{fg}yi}(t) \\ F_{\mathrm{bp}z}(t)-\sum_{i=1}^{n}F_{\mathrm{mp}zi}(t) \\ F_{\mathrm{bg}z}(t)+\sum_{i=1}^{n}F_{\mathrm{mg}zi}(t) \end{bmatrix} \tag{3.60}$$

式中，$F_{\mathrm{b}ij}(t)$为动态轴承力。

$$F_{\mathrm{b}ij}(t)=-K_{\mathrm{b}ij}\lambda_i(t)-C_{\mathrm{b}ij}\dot{\lambda}_i(t),\quad i=\mathrm{p,g},\ \lambda=x,y,z \tag{3.61}$$

3.3.3　仿真结果与分析

采用表 3.1 中的斜齿轮参数，并且设置齿轮剥落故障大小为 4mm×3mm×0.1mm，对动力学方程进行求解，得到斜齿轮系统的动态响应。定义一对轮齿刚开始进入啮合时为啮合周期的起点，并且将时域坐标以一个啮合周期时间进行无量纲化处理。

定义斜齿轮齿面剥落故障的位置为 d_{oh}=7mm，d_{ov}=15mm。斜齿轮时变接触线长度变化如图 3.16 所示。其差异主要在剥落位置处，齿面剥落故障使斜齿轮接触线长度减少，导致时变接触线长度曲线发生突变。在剥落故障开始和结束处，接触线长度会出现局部的减少和增加。与单齿啮合时变接触线长度相比，综合啮合齿对接触线长度变化更加显著。

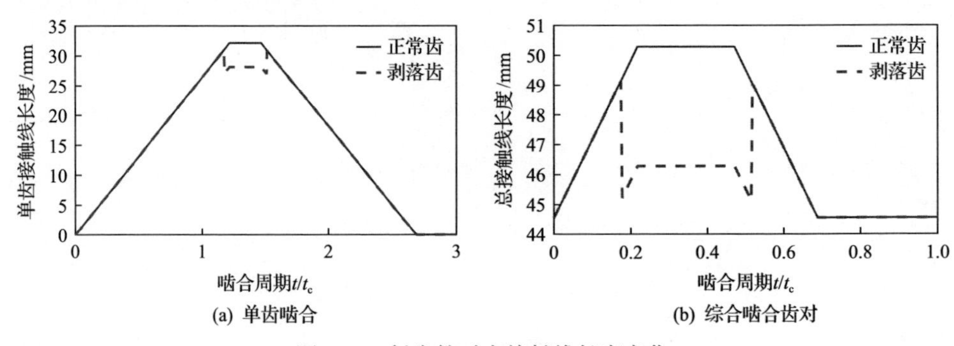

图 3.16　斜齿轮时变接触线长度变化

动态传递误差的时域和频域结果如图 3.17 所示。从图 3.17(a)可以看出，动态传递误差在剥落故障开始处出现附加扰动，直到一个啮合周期结束。在滑动摩擦影响下，啮合初期时考虑摩擦的剥落故障斜齿轮动态传递误差小于不考虑摩擦的剥落故障斜齿轮动态传递误差；当摩擦力在某处第一次反向作用时，考虑摩擦的剥落故障斜齿轮动态传递误差大于不考虑摩擦的剥落故障斜齿轮动态传递误差；在另一处摩擦力又一次发生反向作用，考虑摩擦的剥落故障斜齿轮动态传递误差又变成小于不考虑摩擦的剥落故障斜齿轮动态传递误差。因此，动态传递误差的峰峰值显著增大。

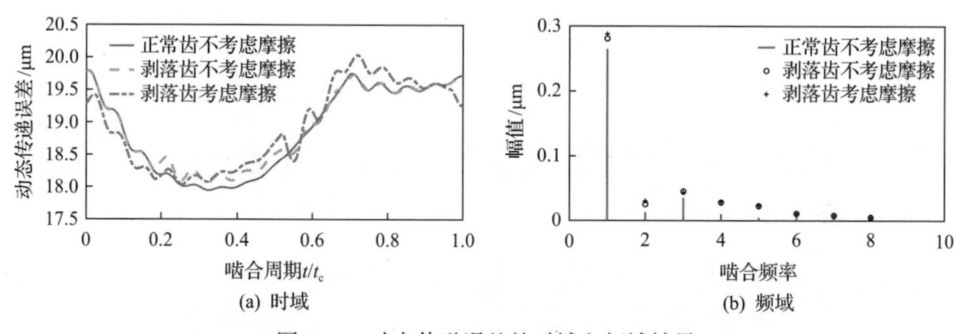

图 3.17　动态传递误差的时域和频域结果

从图 3.18(a)中的动态啮合力曲线也可以观察到类似的现象。开始啮合的一段时间内，节线左边的接触线长度大于节线右边的接触线长度，导致主动轮的摩擦力为负值，主动轮的摩擦力矩与动态啮合力力矩方向相反，需要较大的动态啮合力来保持动态平衡。随着齿轮的运转，当节线右边的接触线长度大于节线左边的接触线长度时，摩擦力发生反向作用，进而主动轮上的摩擦力矩与动态啮合力力矩方向相同，较小的动态啮合力即可使系统保持动态平衡。由于节线左边的接触线长度大于节线右边的接触线长度，摩擦力又再一次发生反向作用，又会造成较大的动态啮合力。一个周期内的滑动摩擦力如图 3.18(b)所示。齿面剥落故障并没有减少斜齿轮的摩擦力，相反，由于动态啮合力在剥落故障开始和结束的地方

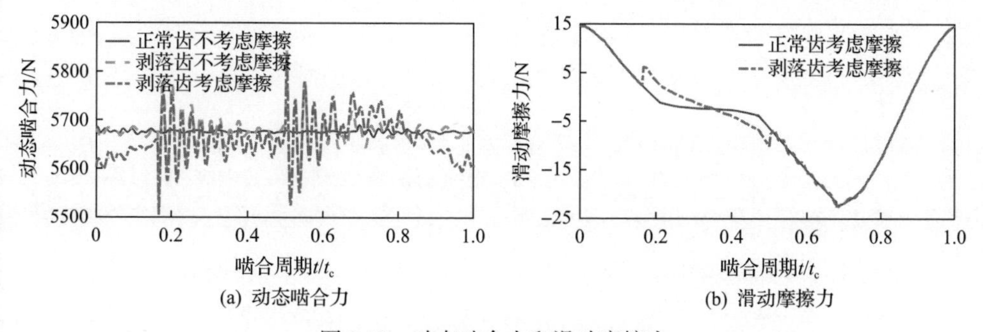

图 3.18　动态啮合力和滑动摩擦力

出现脉冲冲击，摩擦力在剥落故障开始和结束的地方产生突变。在摩擦力作用下，齿面剥落故障也影响了斜齿轮动力学响应的频谱特征。图 3.17(b) 的动态传递误差频谱显示，齿面剥落故障几乎增大了所有啮合谐波频率成分的幅值；在滑动摩擦力作用下，前两阶啮合谐波频率成分的幅值增大，而第三阶啮合谐波频率成分的幅值减小。

动态轴承力与动态啮合力、滑动摩擦力的对比如图 3.19 所示。动态轴承力在沿啮合线方向和垂直啮合线方向分别与动态啮合力和滑动摩擦力吻合良好，说明在沿啮合线方向的运动主要由动态啮合力主导，而在垂直啮合线方向的运动主要由摩擦力主导。

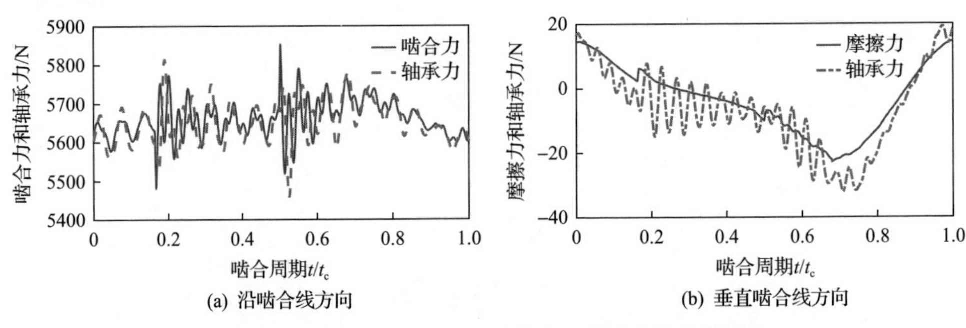

(a) 沿啮合线方向　　(b) 垂直啮合线方向

图 3.19　动态轴承力与动态啮合力、滑动摩擦力的对比

设齿面剥落长度 l_s 为 4mm、8mm 和 12mm，剥落宽度 w_s 为 3mm、4mm 和 5mm，分析滑动摩擦作用下不同尺寸齿面剥落故障对斜齿轮动态特征的影响。不同剥落长度和剥落宽度对啮合刚度的影响分别如图 3.20 和图 3.21 所示。在剥落故障发生区域，斜齿轮啮合刚度出现明显降低。斜齿轮啮合刚度随着剥落长度和剥落宽度的增加而减少，剥落故障区域随着剥落宽度的增加而增加。

不同剥落长度和剥落宽度对动态啮合力和滑动摩擦力的影响分别如图 3.22 和图 3.23 所示。动态啮合力和滑动摩擦力振动的幅值随着剥落长度和剥落宽度的增加而增加，剥落宽度的增加增大了脉冲振动响应的范围。

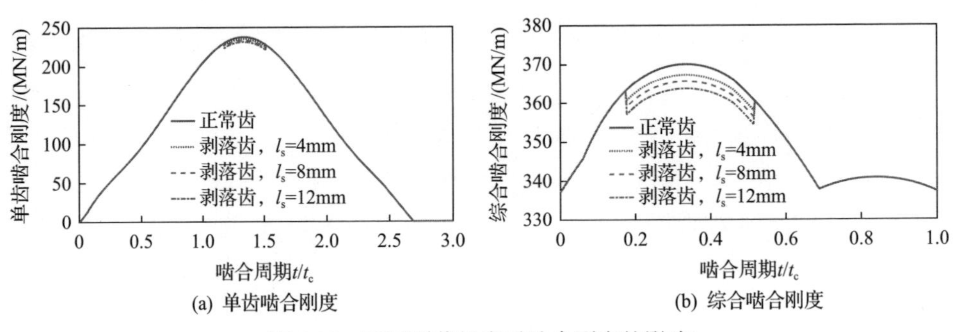

(a) 单齿啮合刚度　　(b) 综合啮合刚度

图 3.20　不同剥落长度对啮合刚度的影响

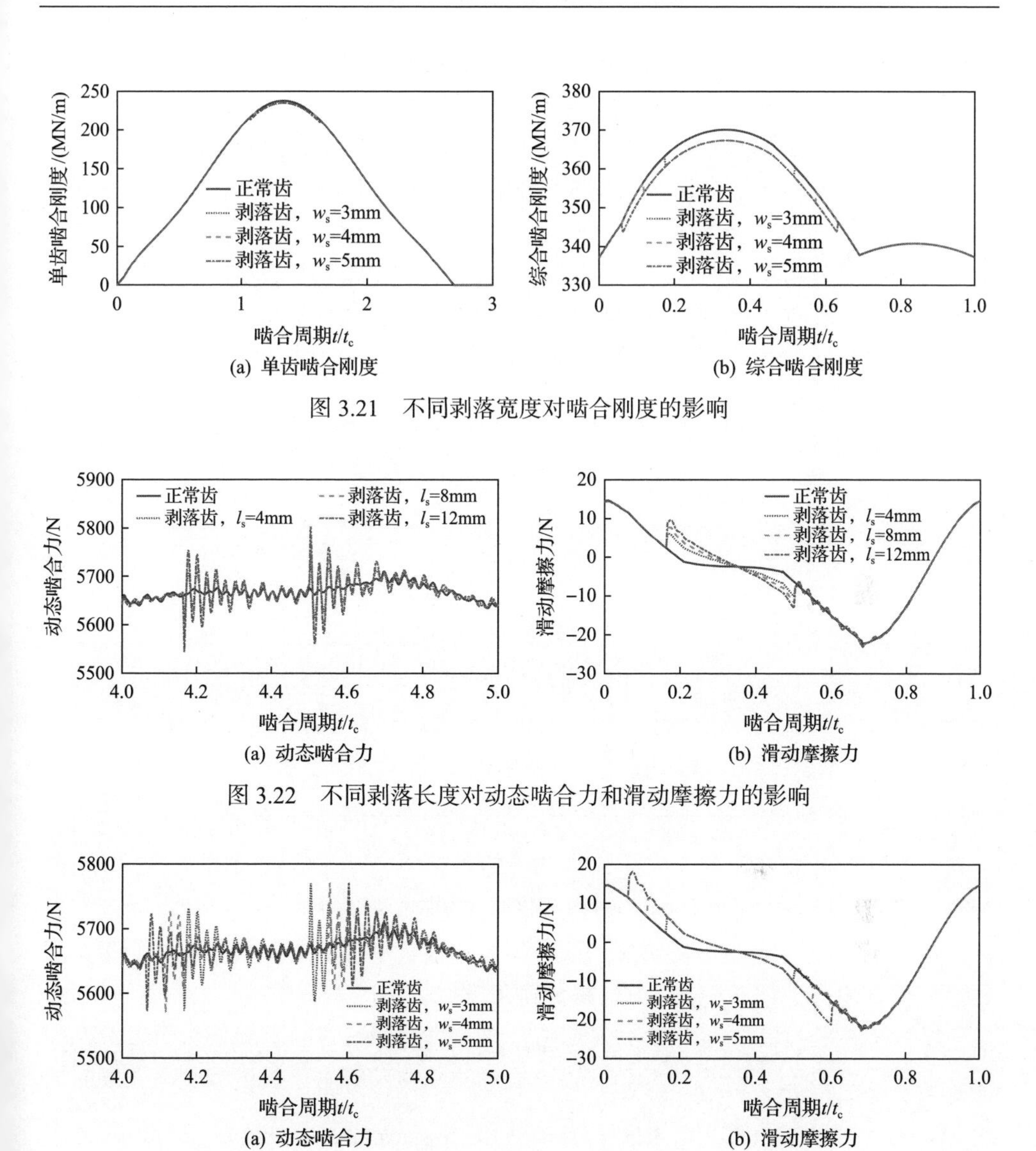

(a) 单齿啮合刚度　(b) 综合啮合刚度

图 3.21　不同剥落宽度对啮合刚度的影响

(a) 动态啮合力　(b) 滑动摩擦力

图 3.22　不同剥落长度对动态啮合力和滑动摩擦力的影响

(a) 动态啮合力　(b) 滑动摩擦力

图 3.23　不同剥落宽度对动态啮合力和滑动摩擦力的影响

不同剥落长度和剥落宽度对振动加速度的影响分别如图 3.24 和图 3.25 所示。齿面剥落故障导致振动加速度在剥落故障开始和结束区域出现脉冲冲击，振动加速度信号脉冲冲击的幅值随着剥落长度和剥落宽度的增加而增加，剥落宽度的增加进一步增大了振动加速度信号脉冲冲击响应的范围。

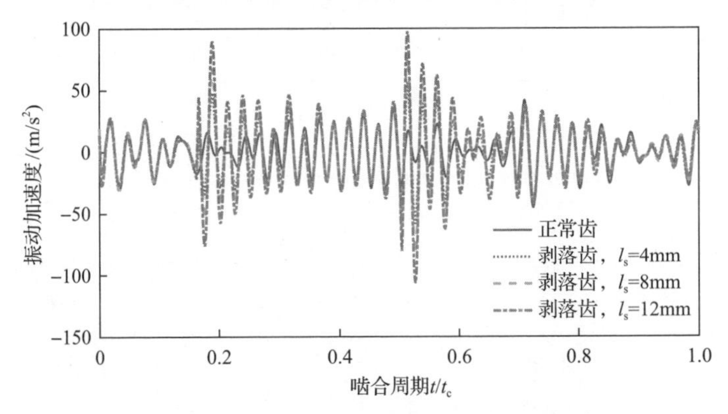

图 3.24　不同剥落长度对振动加速度的影响

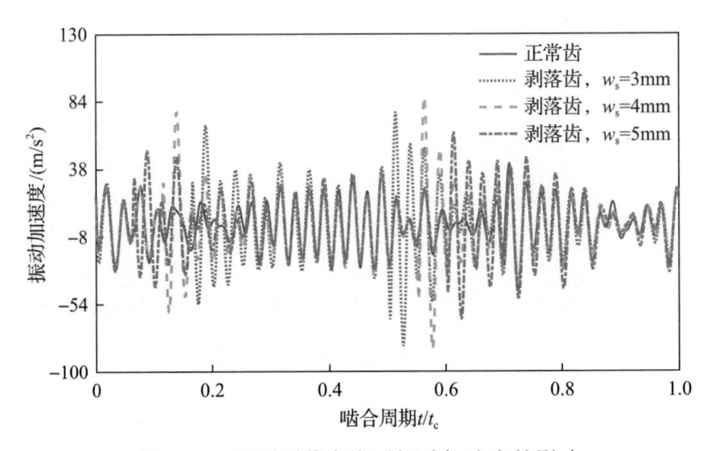

图 3.25　不同剥落宽度对振动加速度的影响

参考文献

[1] 肖乾, 王丹红, 陈道云, 等. 考虑齿间滑动影响的高速列车传动齿轮动态接触特性分析[J]. 机械工程学报, 2021, 57(10): 87-94.

[2] Marques P T M, Martins R C, Seabra J H O. Power loss and load distribution models including frictional effects for spur and helical gears[J]. Mechanism and Machine Theory, 2016, 96(1): 1-25.

[3] 林腾蛟, 赵子瑞, 江飞洋, 等. 考虑温度效应的斜齿轮时变啮合刚度解析算法[J]. 湖南大学学报(自然科学版), 2020, 47(2): 6-13.

[4] Liu C, Fang Z D, Guo F. Dynamic analysis of a helical gear reduction by experimental and numerical methods[J]. Noise Control Engineering Journal, 2020, 68(1): 48-58.

[5] Mo W C, Jiao Y H, Chen Z B. Dynamic analysis of helical gears with sliding friction and gear errors[J]. IEEE Access, 2018, 6: 60467-60477.

[6] Gou X F, Wang H, Zhu L Y, et al. Modeling and analyzing of torsional dynamics for helical gear pair considered double and three teeth drive-side meshing[J]. Meccanica, 2021, 56(2): 2935-2960.

[7] He S, Cho S, Singh R. Prediction of dynamic friction forces in spur gears using alternate sliding friction formulations[J]. Journal of Sound and Vibration, 2008, 309(3-5): 843-851.

[8] Xu H, Kahraman A, Anderson N E. Prediction of mechanical efficiency of parallel-axis gear pairs[J]. Journal of Mechanical Design, 2007, 129(1): 58-68.

[9] Kar C, Mohanty A R. An algorithm for determination of time-varying frictional force and torque in a helical gear system[J]. Mechanism and Machine Theory, 2007, 42(4): 482-496.

[10] Kar C, Mohanty A R. Determination of time-varying contact length, friction force, torque and forces at the bearings in a helical gear system[J]. Journal of Sound and Vibration, 2008, 309(1-2): 307-319.

[11] He S, Gunda R, Singh R. Inclusion of sliding friction in contact dynamics model for helical gears[J]. Journal of Mechanical Design, 2007, 129(1): 48-57.

[12] Yang D C H, Sun Z S. A rotary model for spur gear dynamics[J]. Journal of Mechanical Design, 1985, 107(4): 529-535.

第4章　行星齿轮传动系统轮齿故障动力学模拟方法

行星齿轮传动因其具有重量轻、体积小、功率大、传动比大、效率高与振动噪声低等优点被广泛应用于风力发电、航空航天、舰船、兵器、汽车、冶金、矿山等军事民用领域的机械传动系统中。由于其自身结构复杂，制造和安装困难，且通常工作在低速重载的恶劣环境下，加之润滑不充分、运行条件不当、材料缺陷、外部载荷波动等其他因素的影响，极易导致太阳轮、行星轮、内齿圈与行星架等关键部件故障的发生，如齿根裂纹(断齿)、齿面接触疲劳、齿面磨损、齿面划痕等。齿根裂纹及断齿故障是行星齿轮传动系统中最为严重的失效形式之一，容易引发重大安全事故。同时，行星轮系是许多重要装备动力传递结构中无法冗余的部件，故障的出现将恶化行星轮系动态特性，产生严重的振动与噪声问题，极大地缩短行星轮系的使用寿命，甚至引起严重的安全事故，造成重大经济损失与社会危害。

在齿根裂纹故障激励研究方面，ISO 标准以及各国的齿轮行业标准尚无统一的齿根裂纹轮齿刚度计算方法，而且传统的齿根裂纹解析算法模型中仅有贯穿式齿根裂纹模型，即齿根裂纹贯穿整个齿宽且其深度沿齿宽方向均匀分布，无法计算空间曲面分布的齿根裂纹齿轮啮合刚度，缺乏齿轮空间齿根裂纹的啮合刚度计算方法。同时，行星齿轮传动系统齿根裂纹故障振动特征的研究局限于对行星架裂纹、太阳轮齿根裂纹的振动响应，缺乏对太阳轮、行星轮以及内齿圈齿根裂纹故障非线性激励及振动响应特征的系统研究[1]。

齿根裂纹通常起始于应力最大的位置，随后沿深度及齿宽方向逐渐扩展，裂纹深度沿齿宽方向非均匀分布，裂纹扩展轨迹为复杂的空间曲面[2]。传统的贯穿式齿根裂纹模型无法计算齿根裂纹沿齿宽方向非贯穿非均匀空间分布情况下轮齿的啮合刚度，即真实的齿根裂纹扩展呈现复杂的空间曲面变化带来的裂纹轮齿刚度计算难题。当开式齿轮产生齿根裂纹时，轮齿的承载能力将会被弱化，尤其是长期的重载作用下，易导致开式齿轮的齿根裂纹轮齿变形过大，从而引起轮齿发生塑性偏转变形。因此，开式齿根裂纹轮齿塑性偏转除引起齿轮内部误差激励外，还将导致齿轮综合啮合刚度的改变。

本章将详细介绍行星齿轮传动系统的动力学建模[3]、切片式空间齿根裂纹啮合刚度计算[4]、开式齿根裂纹轮齿塑性偏转变形动态激励[5]，以及这些故障激励引起的行星齿轮传动系统振动响应特征。

4.1　行星齿轮传动系统动力学模型

典型的行星齿轮传动系统通常由太阳轮、行星轮、内齿圈、行星架等主要部件构成。行星齿轮传动系统动力学模型如图 4.1 所示，一般分为纯扭转模型和扭

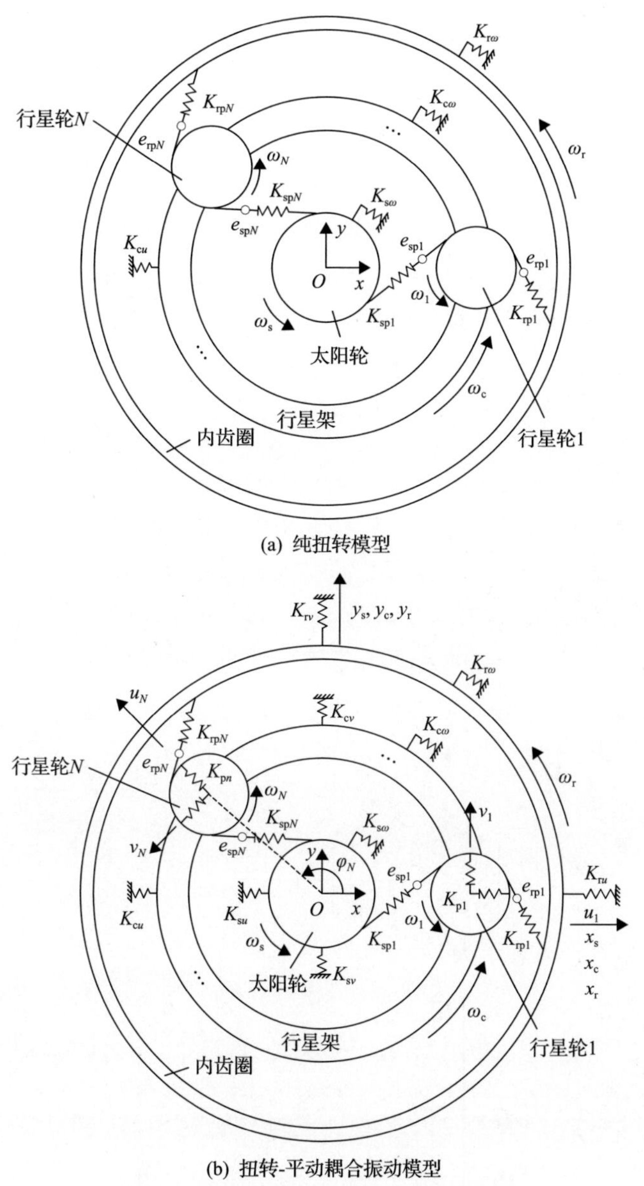

(a) 纯扭转模型

(b) 扭转-平动耦合振动模型

图 4.1　行星齿轮传动系统动力学模型

转-平动耦合振动模型。本节将以 2K-H 行星齿轮传动系统为例，介绍其动力学模型[6]，为后续内部故障动态激励(装配误差[7]、裂纹[8]、磨耗[9]、剥落[10]等)及其引起的振动响应特征分析奠定理论模型基础。

根据拉格朗日方程可以得到行星齿轮传动系统的扭转-平动耦合振动方程，其表达式为

$$\boldsymbol{M}\ddot{\boldsymbol{x}}+\Omega_{\mathrm{c}}\boldsymbol{G}\dot{\boldsymbol{x}}+(\boldsymbol{K}_{\mathrm{b}}+\boldsymbol{K}_{\mathrm{e}}(t)-\Omega_{\mathrm{c}}^{2}\boldsymbol{K}_{\Omega})\boldsymbol{x}=\boldsymbol{T}(t)+\boldsymbol{F}(t) \tag{4.1}$$

式中，$\boldsymbol{x}$ 为自由度向量。

$$\boldsymbol{x}=\begin{bmatrix}u_{\mathrm{c}} & v_{\mathrm{c}} & \omega_{\mathrm{c}} & u_{\mathrm{r}} & v_{\mathrm{r}} & \omega_{\mathrm{r}} & u_{\mathrm{s}} & v_{\mathrm{s}} & \omega_{\mathrm{s}} & u_{1} & v_{1} & \omega_{1} & \cdots & u_{N} & v_{N} & \omega_{N}\end{bmatrix}^{\mathrm{T}} \tag{4.2}$$

式中，下标 c 代表行星架，r 代表内齿圈，s 代表太阳轮，$1,2,\cdots,N$ 为行星轮序号。

$\boldsymbol{M}$ 为质量矩阵，可表示为

$$\boldsymbol{M}=\begin{bmatrix}\boldsymbol{M}_{\mathrm{c}} & & & & & \boldsymbol{0}\\ & \boldsymbol{M}_{\mathrm{r}} & & & & \\ & & \boldsymbol{M}_{\mathrm{s}} & & & \\ & & & \boldsymbol{M}_{1} & & \\ & & & & \ddots & \\ \boldsymbol{0} & & & & & \boldsymbol{M}_{N}\end{bmatrix} \tag{4.3}$$

式中，

$$\boldsymbol{M}_{j}=\begin{bmatrix}m_{j} & 0 & 0\\ 0 & m_{j} & 0\\ 0 & 0 & \dfrac{I_{j}}{r_{j}^{2}}\end{bmatrix},\quad j=\mathrm{c},\mathrm{r},\mathrm{s},1,2,\cdots,N$$

$\boldsymbol{G}$ 为陀螺矩阵，可表示为

$$\boldsymbol{G}=\begin{bmatrix}\boldsymbol{G}_{\mathrm{c}} & & & & & \boldsymbol{0}\\ & \boldsymbol{G}_{\mathrm{r}} & & & & \\ & & \boldsymbol{G}_{\mathrm{s}} & & & \\ & & & \boldsymbol{G}_{1} & & \\ & & & & \ddots & \\ \boldsymbol{0} & & & & & \boldsymbol{G}_{N}\end{bmatrix} \tag{4.4}$$

式中，

$$\boldsymbol{G}_j=\begin{bmatrix}0 & -2m_j & 0\\ 2m_j & 0 & 0\\ 0 & 0 & 0\end{bmatrix},\quad j=\text{c, r, s},1,2,\cdots,N$$

$\boldsymbol{K}_{\text{b}}$ 为轴承支撑刚度矩阵，可表示为

$$\boldsymbol{K}_{\text{b}}=\begin{bmatrix}\boldsymbol{K}_{\text{cb}} & \boldsymbol{0} & \boldsymbol{0}\\ \boldsymbol{0} & \boldsymbol{K}_{\text{rb}} & \boldsymbol{0}\\ \boldsymbol{0} & \boldsymbol{0} & \boldsymbol{K}_{\text{sb}}\end{bmatrix} \tag{4.5}$$

式中，

$$\boldsymbol{K}_{j\text{b}}=\begin{bmatrix}K_{ju} & 0 & 0\\ 0 & K_{jv} & 0\\ 0 & 0 & K_{j\omega}\end{bmatrix},\quad j=\text{c, r, s}$$

$\boldsymbol{K}_{\Omega}$ 为离心力刚度矩阵，可表示为

$$\boldsymbol{K}_{\Omega}=\begin{bmatrix}\boldsymbol{K}_{\Omega\text{c}} & & & & & \boldsymbol{0}\\ & \boldsymbol{K}_{\Omega\text{r}} & & & & \\ & & \boldsymbol{K}_{\Omega\text{s}} & & & \\ & & & \boldsymbol{K}_{\Omega1} & & \\ & & & & \ddots & \\ \boldsymbol{0} & & & & & \boldsymbol{K}_{\Omega N}\end{bmatrix} \tag{4.6}$$

式中，

$$\boldsymbol{K}_{\Omega j}=\begin{bmatrix}m_j & 0 & 0\\ 0 & m_j & 0\\ 0 & 0 & 0\end{bmatrix},\quad j=\text{c, r, s},\ 1,2,\cdots,N$$

$\boldsymbol{K}_{\text{e}}(t)$ 为啮合刚度矩阵，可表示为

$$\boldsymbol{K}_{\mathrm{e}}(t)=\bar{\boldsymbol{K}}+\boldsymbol{K}(t)=\begin{bmatrix} \sum_{i=1}^{N}\boldsymbol{K}_{\mathrm{c1}}^{\mathrm{p}i} & \mathbf{0} & \mathbf{0} & \boldsymbol{K}_{\mathrm{c2}}^{1} & \cdots & \boldsymbol{K}_{\mathrm{c2}}^{N} \\ \mathbf{0} & \sum_{i=1}^{N}\boldsymbol{K}_{\mathrm{r1}}^{\mathrm{p}i} & \mathbf{0} & \boldsymbol{K}_{\mathrm{r2}}^{1} & \cdots & \boldsymbol{K}_{\mathrm{r2}}^{N} \\ \mathbf{0} & \mathbf{0} & \sum_{i=1}^{N}\boldsymbol{K}_{\mathrm{s1}}^{\mathrm{p}i} & \boldsymbol{K}_{\mathrm{s2}}^{1} & \cdots & \boldsymbol{K}_{\mathrm{s2}}^{N} \\ \boldsymbol{K}_{\mathrm{c2}}^{1} & \boldsymbol{K}_{\mathrm{r2}}^{1} & \boldsymbol{K}_{\mathrm{s2}}^{1} & \boldsymbol{K}^{1} & \mathbf{0} & \mathbf{0} \\ \vdots & \vdots & \vdots & \vdots & & \vdots \\ \boldsymbol{K}_{\mathrm{c2}}^{N} & \boldsymbol{K}_{\mathrm{r2}}^{N} & \boldsymbol{K}_{\mathrm{s2}}^{N} & \mathbf{0} & \mathbf{0} & \boldsymbol{K}^{N} \end{bmatrix} \tag{4.7}$$

$$\boldsymbol{K}^{i}=\boldsymbol{K}_{\mathrm{c3}}^{i}+\boldsymbol{K}_{\mathrm{r3}}^{i}+\boldsymbol{K}_{\mathrm{s3}}^{i},\quad i=1,2,\cdots,N \tag{4.8}$$

式中,

$$\boldsymbol{K}_{\mathrm{c3}}^{i}=\begin{bmatrix} K_{\mathrm{p}} & 0 & 0 \\ 0 & K_{\mathrm{p}} & 0 \\ 0 & 0 & 0 \end{bmatrix}$$

$$\boldsymbol{K}_{\mathrm{r3}}^{i}=K_{\mathrm{rp}}(t)\begin{bmatrix} \sin^{2}\alpha_{\mathrm{r}} & -\cos\alpha_{\mathrm{r}}\sin\alpha_{\mathrm{r}} & -\sin\alpha_{\mathrm{r}} \\ -\cos\alpha_{\mathrm{r}}\sin\alpha_{\mathrm{r}} & \cos^{2}\alpha_{\mathrm{r}} & \cos\alpha_{\mathrm{r}} \\ -\sin\alpha_{\mathrm{r}} & \cos\alpha_{\mathrm{r}} & 1 \end{bmatrix}$$

$$\boldsymbol{K}_{\mathrm{s3}}^{i}=K_{\mathrm{sp}}(t)\begin{bmatrix} \sin^{2}\alpha_{\mathrm{s}} & \cos\alpha_{\mathrm{s}}\sin\alpha_{\mathrm{s}} & -\sin\alpha_{\mathrm{s}} \\ \cos\alpha_{\mathrm{s}}\sin\alpha_{\mathrm{s}} & \cos^{2}\alpha_{\mathrm{s}} & -\cos\alpha_{\mathrm{s}} \\ -\sin\alpha_{\mathrm{s}} & -\cos\alpha_{\mathrm{s}} & 1 \end{bmatrix}$$

$$\boldsymbol{K}_{\mathrm{c1}}^{\mathrm{p}i}=K_{\mathrm{p}}\begin{bmatrix} 1 & 0 & -\sin\varphi_{\mathrm{p}} \\ 0 & 1 & \cos\varphi_{\mathrm{p}} \\ -\sin\varphi_{\mathrm{p}} & \cos\varphi_{\mathrm{p}} & 1 \end{bmatrix}$$

$$\boldsymbol{K}_{\mathrm{r1}}^{\mathrm{p}i}=K_{\mathrm{rp}}(t)\begin{bmatrix} \sin^{2}\varphi_{\mathrm{rp}} & -\cos\varphi_{\mathrm{rp}}\cos\alpha_{\mathrm{r}} & \sin\varphi_{\mathrm{rp}} \\ -\cos\varphi_{\mathrm{rp}}\cos\alpha_{\mathrm{r}} & \cos^{2}\varphi_{\mathrm{rp}} & \cos\varphi_{\mathrm{rp}} \\ \sin\varphi_{\mathrm{rp}} & \cos\varphi_{\mathrm{rp}} & 1 \end{bmatrix}$$

$$\boldsymbol{K}_{s1}^{pi}=K_{sp}(t)\begin{bmatrix}\sin^2\varphi_{sp} & -\cos\varphi_{sp}\sin\varphi_s & -\sin\varphi_{sp}\\ -\cos\varphi_{sp}\sin\varphi_s & \cos^2\varphi_{sp} & \cos\varphi_{sp}\\ -\sin\varphi_{sp} & \cos\varphi_{sp} & 1\end{bmatrix}$$

$$\boldsymbol{K}_{c2}^{i}=K_{p}\begin{bmatrix}-\cos\varphi_{p} & \sin\varphi_{p} & 0\\ -\sin\varphi_{p} & -\cos\varphi_{p} & 0\\ 0 & -1 & 0\end{bmatrix}$$

$$\boldsymbol{K}_{r2}^{i}=K_{rp}(t)\begin{bmatrix}-\sin\varphi_{rp}\cos\alpha_r & \sin\varphi_{rp}\cos\alpha_r & \sin\varphi_{rp}\\ \cos\varphi_{rp}\sin\alpha_r & -\cos\varphi_{rp}\cos\alpha_r & -\cos\varphi_{rp}\\ \sin\alpha_r & -\cos\alpha_r & -1\end{bmatrix}$$

$$\boldsymbol{K}_{s2}^{i}=K_{sp}(t)\begin{bmatrix}\sin\varphi_{sp}\cos\alpha_s & \sin\varphi_{sp}\cos\alpha_s & -\sin\varphi_{sp}\\ -\cos\varphi_{sp}\sin\alpha_s & -\cos\varphi_{sp}\cos\alpha_s & -\cos\varphi_{sp}\\ -\sin\alpha_s & -\cos\alpha_s & 1\end{bmatrix}$$

式中，K_p 为行星轮的平动刚度；K_{rp} 为内齿圈与行星轮的啮合刚度；K_{sp} 为太阳轮与行星轮的啮合刚度；α_r 和 α_s 分别为内齿圈与太阳轮的压力角；φ_p 为行星轮在局部坐标系中的位置；φ_{rp} 和 φ_{sp} 分别为行星轮相对内齿圈和太阳轮的位置。

$\boldsymbol{T}(t)$ 为外部施加的载荷向量，可表示为

$$\boldsymbol{T}(t)=\begin{bmatrix}0 & 0 & \dfrac{T_c}{r_c} & 0 & 0 & \dfrac{T_r}{r_r} & 0 & 0 & \dfrac{T_s}{r_s} & 0 & \cdots & 0\end{bmatrix}^{\mathrm{T}} \tag{4.9}$$

式中，r_c 为行星架基圆半径；r_r 为内齿圈基圆半径；r_s 为太阳轮基圆半径；T_c 为行星架外部施加载荷；T_r 为内齿圈外部施加载荷；T_s 为太阳轮外部施加载荷。

$\boldsymbol{F}(t)$ 为传递误差引起的激励力，可表示为

$$\boldsymbol{F}(t)=\begin{bmatrix}0 & F_r & F_s & F_1 & F_p & \cdots & F_N\end{bmatrix}^{\mathrm{T}} \tag{4.10}$$

式中，

$$\begin{cases}F_r=K_{rpi}(t)e_{rpi}(t)\begin{bmatrix}\sin\varphi_{rpi} & -\cos\varphi_{rpi} & -1\end{bmatrix}^{\mathrm{T}}, & i=1,2,\cdots,N\\ F_s=K_{spi}(t)e_{spi}(t)\begin{bmatrix}\sin\varphi_{spi} & -\cos\varphi_{spi} & -1\end{bmatrix}^{\mathrm{T}}, & i=1,2,\cdots,N\\ F_p=K_{rpi}(t)e_{rpi}(t)\begin{bmatrix}-\sin\alpha_r & \sin\alpha_r & 1\end{bmatrix}^{\mathrm{T}} & \\ \qquad +K_{spi}(t)e_{spi}(t)\begin{bmatrix}\sin\alpha_s & \sin\alpha_s & -1\end{bmatrix}^{\mathrm{T}}, & i=1,2,\cdots,N\end{cases} \tag{4.11}$$

式中，e_{rp} 和 e_{sp} 分别为内齿圈-行星轮与太阳轮-行星轮沿啮合线上的动态传递误差。

4.2 轮齿裂纹故障动力学模拟方法

齿根裂纹是齿轮故障中最为严重的故障类型之一，裂纹逐渐扩展将最终导致断齿故障。研究齿根裂纹故障对预防断齿等严重故障的发生，避免造成重大设备与人员安全事故具有重要意义。不同的齿轮结构和工作条件将引起齿根裂纹呈现不同形式的扩展路径，齿根裂纹扩展路径如图 4.2 所示[11]。有的裂纹通过轮齿扩展，而有的裂纹通过轮缘扩展，裂纹深度沿齿宽非均匀分布[12]。关于齿根裂纹动力学建模方面，大多假设齿根裂纹贯穿整个齿宽并沿齿宽方向均匀分布，无法精确计算实际中非贯穿、非均匀的空间分布齿根裂纹啮合刚度。

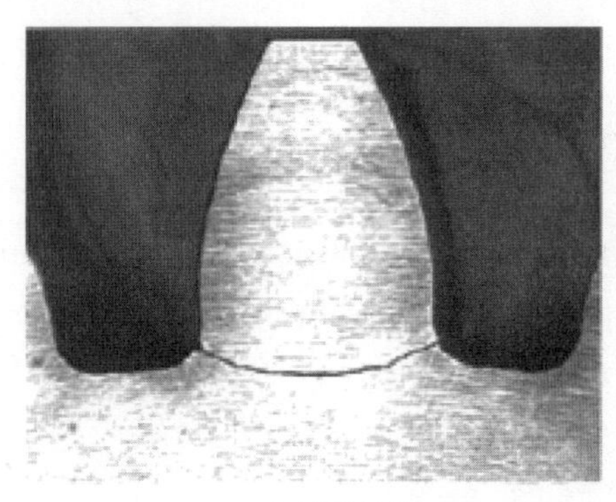

(a) 通过轮齿扩展

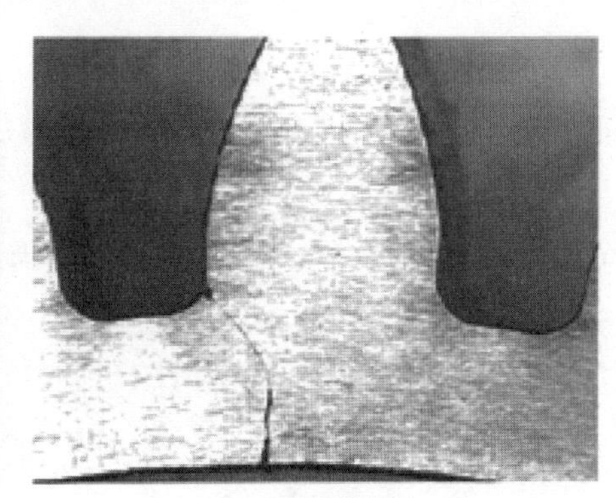

(b) 通过轮缘扩展

图 4.2 齿根裂纹扩展路径[11]

针对空间曲面齿根裂纹啮合刚度计算问题，本节提出基于势能原理的切片式空间曲面齿根裂纹刚度激励计算方法，将传统的贯穿式齿根裂纹二维模型扩展至空间曲面齿根裂纹三维模型，提出的模型能够适用于非贯穿、非均匀的空间分布齿根裂纹啮合刚度的计算。

4.2.1 空间曲面齿根裂纹啮合刚度激励计算方法

图 4.3 为切片式齿根裂纹空间模型。直齿轮空间曲面齿根裂纹的轮齿三维模型如图 4.3(a)所示，对该轮齿沿齿宽方向进行切片，将其分成多个薄片，如图 4.3(b)所示。假设啮合齿轮副两齿轮中心轴线保持平行，相邻切片之间的影响忽略不计。由于轮齿薄片很薄，齿根裂纹在该薄片齿宽方向可看成均匀分布，因此可利用传统的贯穿式齿根裂纹啮合刚度计算方法来计算轮齿薄片的啮合刚度。轮齿薄片在外力作用下产生弯曲变形、剪切变形及轴向压缩变形，各部分变形对应的刚度可

根据势能原理法计算得到。离齿端 x 处薄片刚度计算式为[13]

$$K_{\mathrm{t}}(x)=\left(\frac{1}{K_{\mathrm{b}}(x)}+\frac{1}{K_{\mathrm{s}}(x)}+\frac{1}{K_{\mathrm{a}}(x)}\right)^{-1} \tag{4.12}$$

式中，$K_{\mathrm{b}}(x)$、$K_{\mathrm{s}}(x)$、$K_{\mathrm{a}}(x)$分别为轮齿薄片弯曲刚度、剪切刚度及轴向压缩刚度。

得到各薄片的轮齿刚度后，沿齿宽方向对各薄片轮齿刚度求和即为整个轮齿刚度，其计算式为

$$K_{\mathrm{t}}=\int_0^W K_{\mathrm{t}}(x)\mathrm{d}x \tag{4.13}$$

考虑 Hertz 接触变形与轮体变形的影响，切片式齿根裂纹轮齿刚度计算式为[14]

$$K_{\mathrm{e}}=\left(\frac{1}{K_{\mathrm{t1}}}+\frac{1}{K_{\mathrm{f1}}}+\frac{1}{K_{\mathrm{t2}}}+\frac{1}{K_{\mathrm{f2}}}+\frac{1}{K_{\mathrm{H}}}\right)^{-1} \tag{4.14}$$

切片式齿根裂纹模型能够实现齿根裂纹深度沿齿宽方向空间非均匀分布的模拟计算，如图 4.3(c)所示。若假设裂纹深度沿齿宽分布在某一平面内，齿根裂纹深度在裂纹扩展平面内是齿宽方向的位置函数，即

$$q(x)=f(x) \tag{4.15}$$

切片式齿根裂纹啮合刚度计算模型不仅适用于图 4.3 所示的齿根裂纹模型沿齿宽方向直线扩展，也适用于任意空间曲面形式扩展的齿根裂纹模型；既适用于外啮合齿轮，又适用于内啮合齿轮。利用切片式轮齿空间齿根裂纹啮合刚度模型，

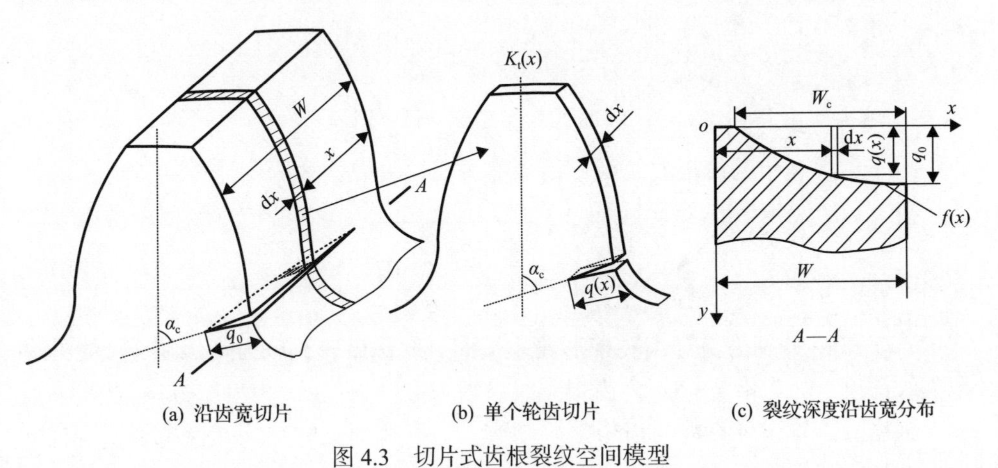

(a) 沿齿宽切片　(b) 单个轮齿切片　(c) 裂纹深度沿齿宽分布

图 4.3　切片式齿根裂纹空间模型

通过建立的齿轮啮合刚度与轮齿误差耦合非线性激励算法，可以得到齿根裂纹、轮齿偏差等因素影响下齿轮动态啮合激励，为进一步开展行星轮系齿根裂纹故障振动响应特征的研究奠定理论基础。

4.2.2　基于空间曲面齿根裂纹的轮齿啮合刚度计算

1. 切片式空间曲面齿根裂纹刚度计算模型验证

假设齿根裂纹深度沿齿宽方向按抛物线形式分布，如图 4.4 所示，图中实线表示未贯穿齿宽的齿根裂纹分布，虚线表示贯穿齿宽的齿根裂纹分布。

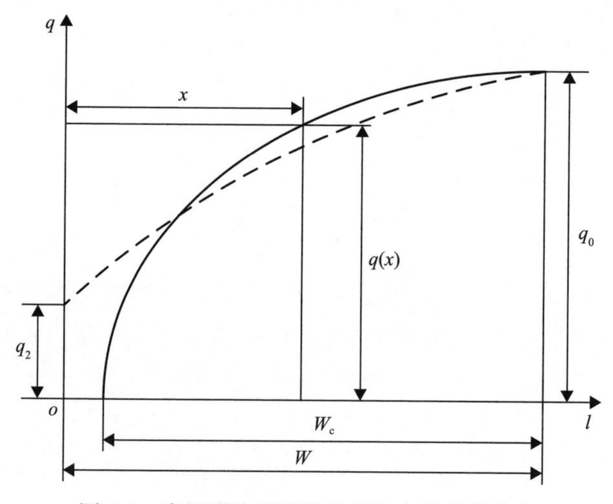

图 4.4　齿根裂纹深度沿齿宽方向抛物线分布

对于实线表示的齿根裂纹深度沿齿宽分布，其表达式为

$$q(x)=\begin{cases}q_0\sqrt{\dfrac{x+W_c-W}{W_c}}, & x\in[W-W_c,\ W]\\ 0, & x\in[0,\ W-W_c]\end{cases} \tag{4.16}$$

对于虚线表示的齿根裂纹深度沿齿宽分布，其表达式为

$$q(x)=\sqrt{\frac{q_0^2-q_2^2}{W}x+q_2^2} \tag{4.17}$$

式中，q_0 和 q_2 分别为贯穿齿宽前后轮齿端面裂纹深度；$q(x)$ 为距齿端 x 位置处齿根裂纹深度；W 为齿宽；W_c 为齿根裂纹沿齿宽方向长度；x 为齿宽方向位置坐标。

根据直齿轮设计参数与齿根裂纹参数[15]，利用建立的贯穿式齿根裂纹啮合刚度计算模型，齿根裂纹对齿轮啮合刚度影响结果对比如图 4.5 所示。其中，裂纹类型 1 的裂纹深度为 0.3mm，裂纹交角为 33°；裂纹类型 2 的裂纹深度为 0.66mm，裂纹交角为 70°。与文献[15]中的有限元模型计算结果对比，两种计算方法得到的结果吻合良好，验证了建立的直齿轮啮合刚度计算模型和贯穿式齿根裂纹啮合刚度模型的正确性。

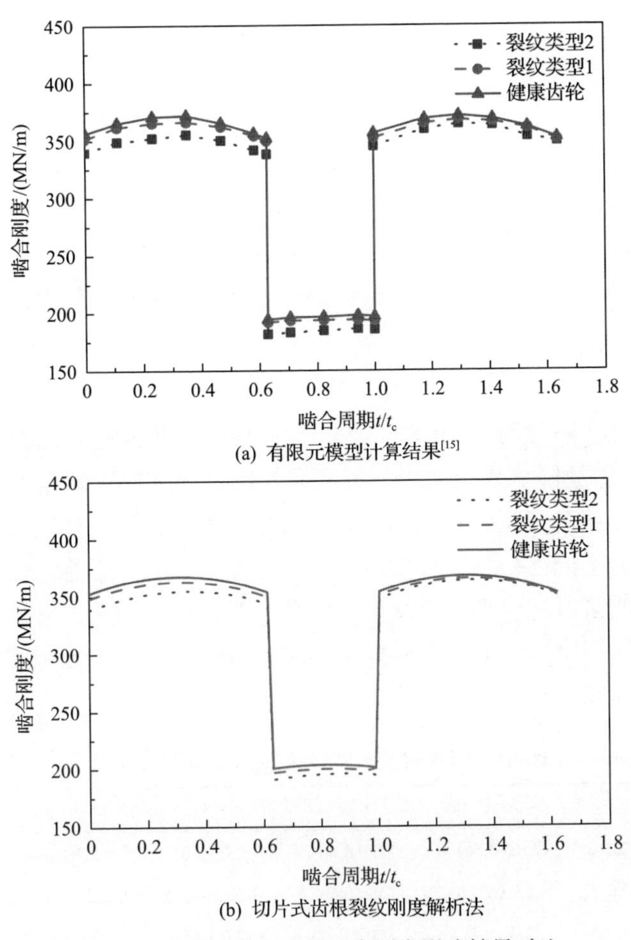

(a) 有限元模型计算结果[15]

(b) 切片式齿根裂纹刚度解析法

图 4.5　齿根裂纹对齿轮啮合刚度影响结果对比

为了验证提出的切片式轮齿空间齿根裂纹啮合刚度计算解析模型的正确性，建立了沿齿宽方向非均匀分布的齿根裂纹有限元模型，两种裂纹深度分别为 0.3mm (小故障)和 1.5mm(大故障)，有限元法和切片式轮齿空间齿根裂纹啮合刚度解析算法计算的齿宽非均匀分布齿根裂纹对轮齿刚度影响结果对比如图 4.6 所示。结果显示，两种方法计算结果在趋势及幅值上都吻合良好，验证了切片式齿根裂纹刚度计算模型的正确性。

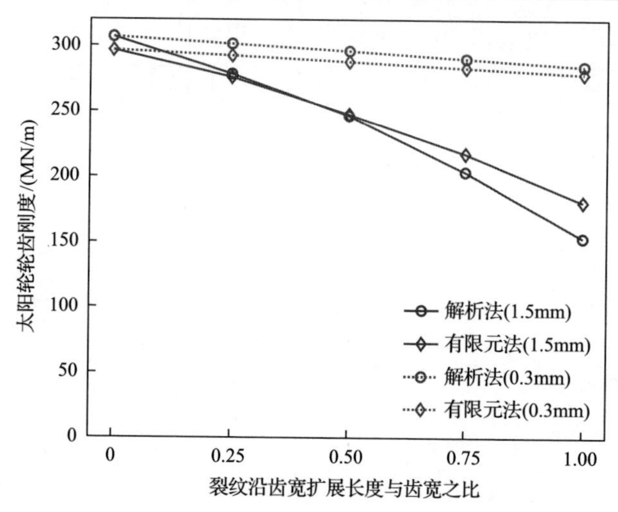

图 4.6　齿宽非均匀分布齿根裂纹对轮齿刚度影响结果对比

2. 齿根裂纹对齿轮啮合动态参数影响分析

齿根裂纹尺寸参数如表 4.1 所示。其中，C0 代表健康轮齿，即没有齿根裂纹。表中 A、B、C 组故障分别定义了 5 种不同长度、深度以及倾角的齿根裂纹。以表 4.2 中的太阳轮和行星轮构成的外啮合齿轮副为例，将齿根裂纹植入太阳轮一个轮齿中，研究不同齿根裂纹尺寸对啮合动态激励参数的影响。为避免齿轮单双齿交替啮合过渡区域综合啮合刚度发生阶跃突变，对太阳轮、行星轮均进行齿顶抛物线修形，归一化修形量与修形长度分别为 0.8 和 0.4。以太阳轮为主动轮，在太阳轮上施加 300N · m 的输入转矩。

表 4.1　齿根裂纹尺寸参数(q_0, q_2, W_c/W, α_c)

裂纹序号	C0	C1	C2	C3	C4	C5
A 组	(0,0,0,0)	(2,0,0.3,60)	(2,0,0.6,60)	(2,0,1,60)	(2,1,1,60)	(2,2,1,60)
B 组	(0,0,0,0)	(0.5,0,0.6,60)	(1,0,0.6,60)	(1.5,0,0.6,60)	(2,0,0.6,60)	(2.5,0,0.6,60)
C 组	(0,0,0,0)	(2,0,1,15)	(2,0,1,30)	(2,0,1,45)	(2,0,1,60)	(2,0,1,75)

注：q_0 为贯穿齿宽前轮齿端面裂纹深度，mm；q_2 为贯穿齿宽后轮齿端面裂纹深度，mm；W_c/W 为裂纹沿齿宽扩展长度与齿宽的比值；α_c 为裂纹延长线与轮齿中线的夹角，°。

表 4.2　直齿行星轮系设计参数

参数	太阳轮	内齿轮	行星轮	行星架
齿数	30	70	20	—
模数/mm	1.7	1.7	1.7	—

续表

参数	太阳轮	内齿轮	行星轮	行星架
齿宽/mm	25	25	25	—
质量/kg	0.46	0.588	0.177	3
等效转动惯量/(kg · m^2)	0.272	0.759	0.1	1.5
基圆半径/m	0.024	0.056	0.016	—
理论重合度	1.555	—	1.824	—
压力角/(°)	21.34	21.34	21.34	21.34
弹性模量/GPa	2.05	2.05	2.05	2.05
泊松比	0.3	0.3	0.3	0.3
轴承刚度/(N/m)	10^8	10^8	10^8	10^8
扭转刚度/(N/m)	0	10^9	0	0

太阳轮裂纹轮齿啮合过程中，啮合位置从裂纹轮齿靠近齿根区域逐渐移至齿顶区域，表 4.1 中 A 组轮齿不同裂纹尺寸参数的单齿啮合刚度和综合啮合动态激励参数分别如图 4.7 和图 4.8 所示。裂纹使轮齿刚度及啮合刚度降低，裂纹沿齿宽扩展长度越大，啮合刚度越小，静态传递误差增大。随着齿根裂纹沿齿宽方向扩展，双齿区占啮合周期的比例增加，即齿根裂纹故障将使实际重合度增加。从图 4.8(b)可以看出，裂纹的出现将会弱化轮齿的承载能力，含齿根裂纹的齿对载荷分配系数降低，承受的载荷减小，使参与啮合的相邻齿对承受的载荷增大，因此与其他健康齿的相邻齿相比，裂纹齿的相邻齿更易发生损伤。

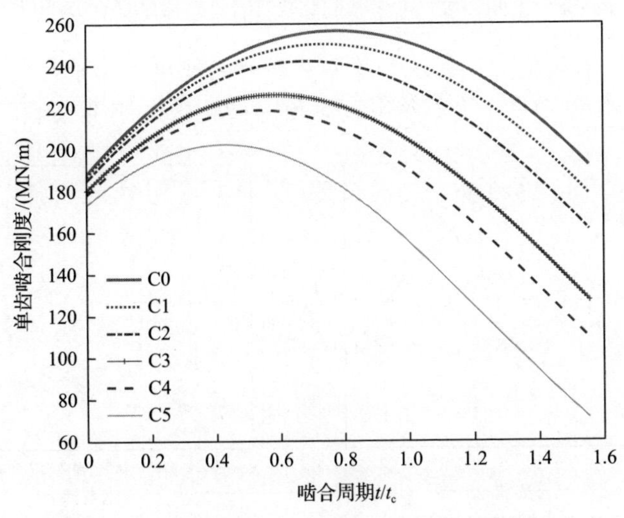

图 4.7　不同裂纹尺寸参数的单齿啮合刚度(A 组)

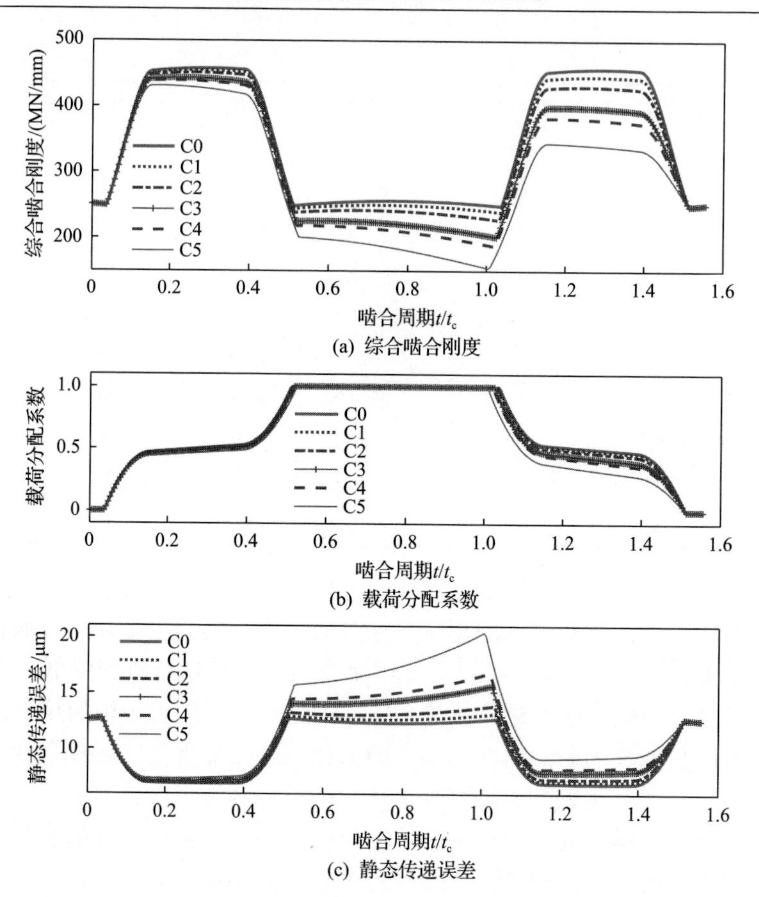

(a) 综合啮合刚度

(b) 载荷分配系数

(c) 静态传递误差

图 4.8 不同裂纹尺寸参数的综合啮合动态激励参数(A 组)

与齿根裂纹沿齿宽方向扩展长度对齿轮啮合刚度的影响类似，不同裂纹深度的齿轮啮合刚度(B 组)及不同裂纹倾角的齿轮啮合刚度(C 组)分别如图 4.9

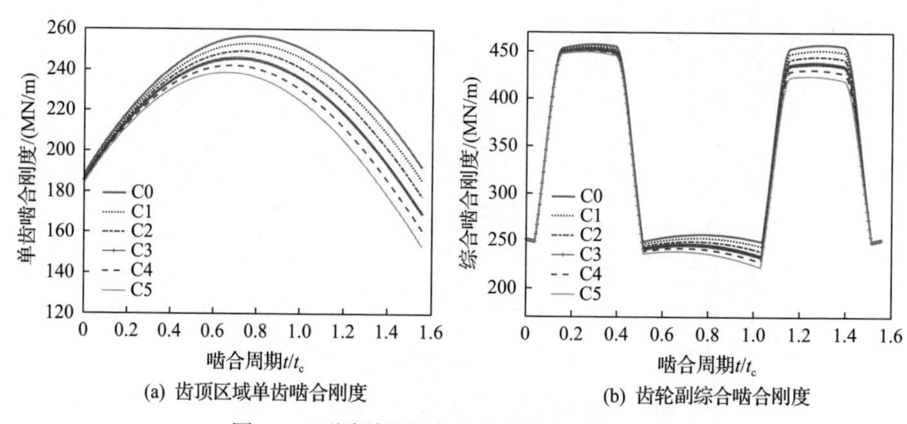

(a) 齿顶区域单齿啮合刚度

(b) 齿轮副综合啮合刚度

图 4.9 不同裂纹深度的齿轮啮合刚度(B 组)

和图 4.10 所示。裂纹齿顶区域单齿啮合刚度的幅值降低量与健康轮齿齿顶区域单齿啮合刚度的比值与齿根裂纹参数的关系如图 4.11 所示。轮齿齿根裂纹导致啮合刚度幅值降低，单齿啮合刚度与裂纹扩展长度、深度和倾角等参数近似呈线性关系。

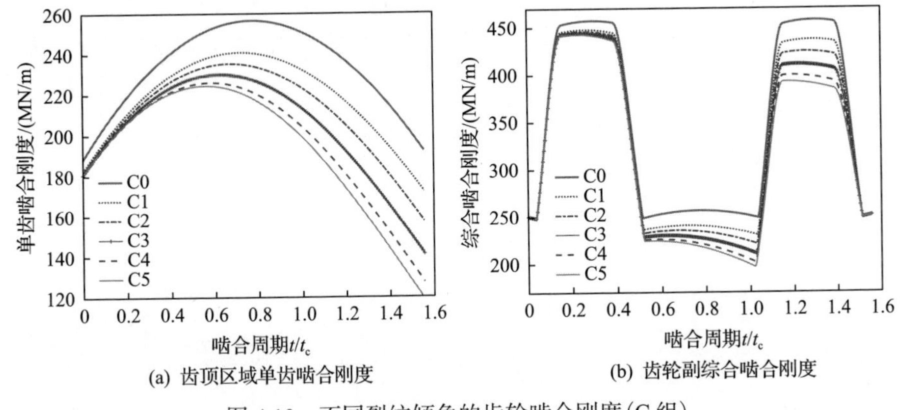

图 4.10 不同裂纹倾角的齿轮啮合刚度(C 组)

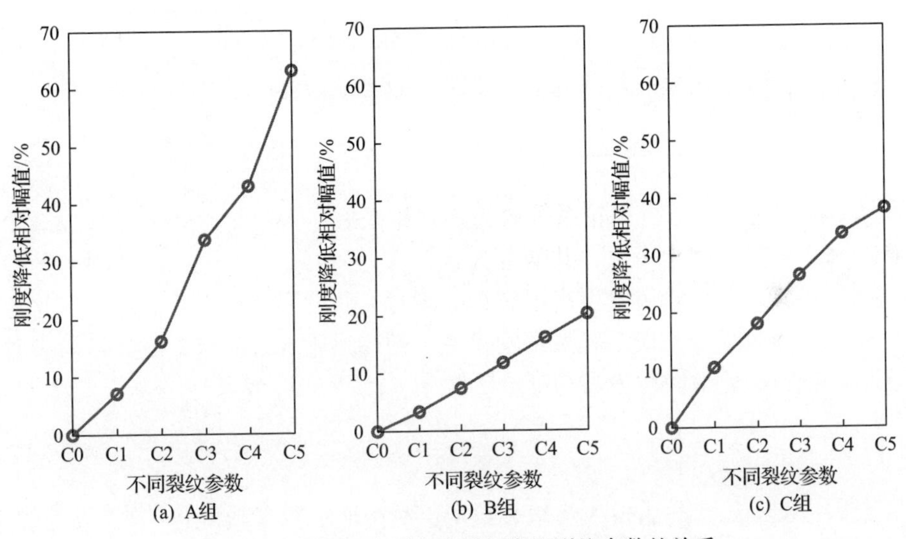

图 4.11 单齿啮合刚度降低与齿根裂纹参数的关系

4.2.3 行星轮系空间曲面齿根裂纹故障振动特征分析

在行星轮系运行过程中，假设内齿圈固定，则太阳轮转动频率为

$$f_s = \frac{n}{60} \tag{4.18}$$

式中，n 为太阳轮输入转速，r/min。

为方便计算，规定各构件以逆时针方向旋转为正方向，各构件转频不包括旋转方向的影响，即转频为非负值。沿行星架转动相反方向对整个行星轮系施以一转速等于行星架的转速，将存在公转运动的行星轮系转换为等效定轴轮系，此时太阳轮、行星轮、行星架和内齿圈的等效转频分别为f_s-f_c、f_p+f_c、0、f_c，其中 f_s、f_p、f_c 分别为太阳轮、行星轮与行星架实际转动频率。利用定轴齿轮传动的运动关系，可得到啮合频率、行星架转频、行星轮转频与太阳轮转频之间的关系，即

$$\begin{cases} f_m = \dfrac{Z_s Z_r}{Z_s + Z_r} f_s \\ f_c = \dfrac{Z_s}{Z_s + Z_r} f_s \\ f_p = \dfrac{Z_r - Z_p}{Z_s + Z_r} \dfrac{Z_s}{Z_p} f_s \end{cases} \tag{4.19}$$

式中，Z_s、Z_r、Z_p 分别为太阳轮、内齿圈和行星轮的齿数。

当太阳轮发生齿根裂纹故障时，太阳轮故障轮齿参与啮合的频率f_{ds}为

$$f_{ds} = \left(f_s - f_c\right) N \tag{4.20}$$

式(4.20)表明，将行星轮系等效为定轴轮系后，太阳轮旋转一周，故障轮齿将会与每个行星轮啮合一次，共啮合 N 次。

当行星轮的一个轮齿发生齿根裂纹故障时，假设裂纹轮齿背面齿廓参与啮合时不会影响齿轮动态响应，等效定轴轮系中的行星轮旋转一周，故障轮齿参与啮合一次，则行星轮故障轮齿参与啮合的频率f_{dp}为

$$f_{dp} = f_p + f_c \tag{4.21}$$

当内齿圈的一个轮齿发生齿根裂纹局部故障时，行星架旋转一周，每个行星轮将会与内齿圈故障轮齿啮合一次，则故障轮齿参与啮合的频率f_{dr}为

$$f_{dr} = f_c N \tag{4.22}$$

当内齿圈轮缘较薄时，其柔性变形将不可忽略，若有 N_s 个支撑沿内齿圈周向均匀分布，啮合刚度将随支撑位置周期性波动，对行星轮系产生动态激励，该激励频率f_{fd}为

$$f_{fd} = f_c N_s \tag{4.23}$$

以第 2 章中的行星轮系为研究对象，太阳轮输入转速为 1000r/min，输入力矩为 300N · m；内齿圈固定，其支撑个数为 12，考虑内齿圈柔性变形的影响，行星轮系特征频率如表 4.3 所示。通过建立的切片式空间齿根裂纹局部故障啮合刚度激励计算模型，开展齿根裂纹故障位置、尺寸、坐标系等因素对行星轮系齿轮故障振动响应特征的影响研究。

表 4.3　行星轮系特征频率　（单位：Hz）

f_m	f_s	f_c	f_p	f_{ds}	f_{dp}	f_{dr}	f_{fd}
350	16.67	5	12.5	46.67	17.5	20	60

1. 齿根裂纹故障位置与坐标系对系统振动响应特征的影响

故障发生位置，即故障激励位置，对行星轮系振动响应有着重要影响。为了研究轮齿局部故障发生位置对行星轮系振动响应的影响，分别将裂纹植入太阳轮、行星轮以及内齿圈轮齿齿根位置，分析对应的行星轮系振动响应的特点。轮齿局部故障尺寸为表 4.1 中定义的 A 组 C4 齿根裂纹。当齿根裂纹分别位于太阳轮、行星轮与内齿圈轮齿时，行星轮 1 径向与周向振动响应分别如图 4.12 和图 4.13 所示。当裂纹轮齿参与啮合时，行星轮振动响应产生冲击脉冲。

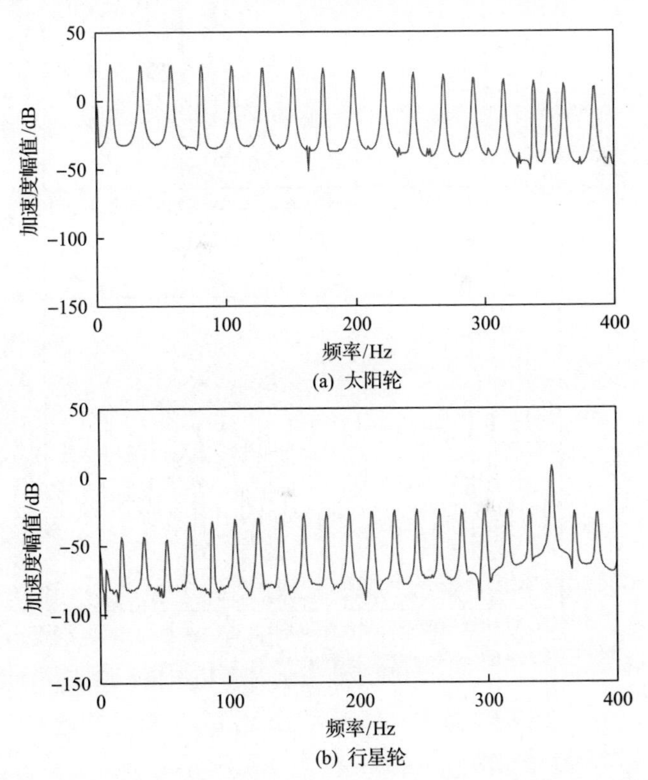

(a) 太阳轮

(b) 行星轮

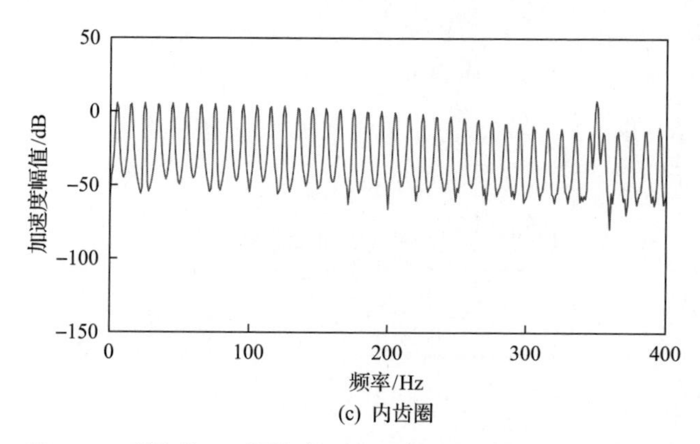

(c) 内齿圈

图 4.12　裂纹位于不同部件时行星轮 1 沿齿圈径向振动响应

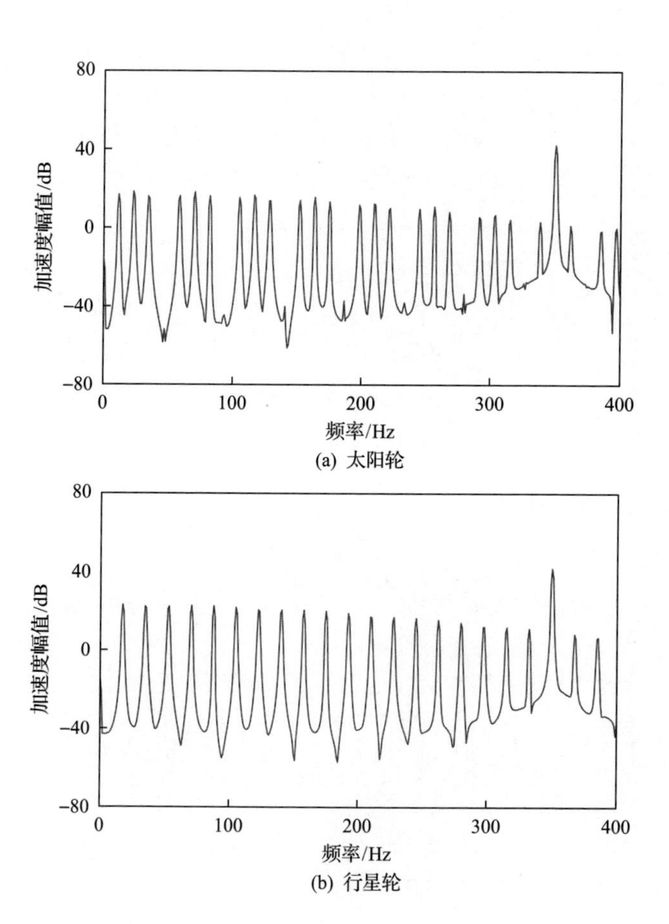

(a) 太阳轮

(b) 行星轮

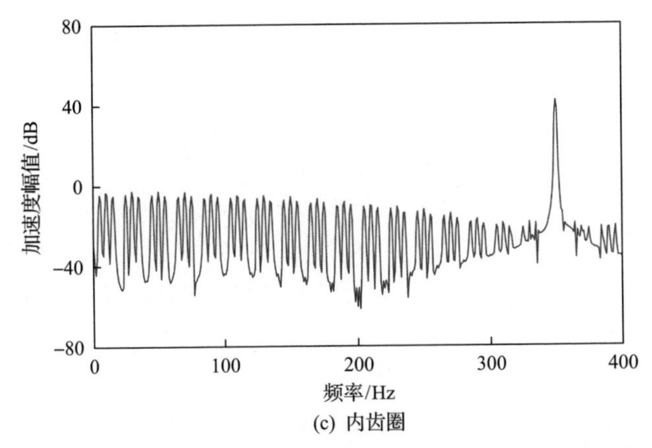

(c) 内齿圈

图 4.13　裂纹位于不同部件时行星轮 1 沿齿圈周向振动响应

当裂纹轮齿位于太阳轮上时，行星轮 1 沿齿圈径向、周向振动响应分别如图 4.12(a)与图 4.13(a)所示，每隔 30 个啮合周期(太阳轮齿数为 30)，裂纹轮齿与同一个行星轮啮合一次，其间与另外三个行星轮各啮合一次；行星轮 1 径向振动时域曲线如图 4.12(a)所示，当裂纹轮齿与行星轮 2 和 4 啮合时，行星轮振动冲击明显，两次冲击方向相反，与行星轮 1 和 3 啮合引起的振动冲击不明显，该现象由啮合力作用方向与行星轮 1 径向方向之间的关系决定，即由投影到行星轮 1 径向方向的啮合力大小决定。对应的频谱图显示啮合频率 f_m=350Hz 及其谐波频率成分周围出现明显的边频成分，相邻边频成分间隔为 11.6Hz，与表 4.3 中太阳轮等效转频 $f_e=f_s-f_c$=11.67Hz 吻合，与故障通过频率 46.67Hz 不一致，表明行星轮径向振动响应对应的太阳轮故障特征频率为太阳轮等效转频；另外，频谱图中偶数边频成分被抑制。行星轮 1 沿齿圈周向振动响应曲线如图 4.13(a)所示，当太阳轮裂纹轮齿与行星轮 1 啮合时，周向振动产生明显冲击脉冲，当裂纹轮齿与其他三个行星轮啮合时，振动冲击不明显；对应的频谱图显示，啮合频率及其谐波频率成分两侧出现大量边频成分，相邻边频成分之间的频率间隔亦为 11.6Hz，频率为 $nf_m\pm(4i-2)f_e$ (i=1,2,3,⋯；n 为谐波阶数)的边频成分被抑制。相邻边频成分之间的间隔为 17.3Hz，与故障特征频率 17.5Hz 一致。

当裂纹轮齿位于行星轮 1 上时，行星轮 1 径向、周向振动响应分别如图 4.12(b)与图 4.13(b)所示。每隔 20 个啮合周期(行星轮齿数为 20)，即行星轮旋转一周，行星轮裂纹轮齿与太阳轮啮合一次，由于行星轮 1 裂纹轮齿与内齿圈啮合时，裂纹部分受挤压作用，对啮合刚度的影响可忽略，未考虑行星轮 1 与内齿圈啮合时裂纹对振动响应的影响。对应的频谱图显示，啮合频率 f_m=350Hz 及其谐波频率成分周围出现明显的边频成分，相邻边频成分间隔为 17.3Hz，与表 4.3 中行星轮故障频率 f_{dp}=17.5Hz 吻合，表明行星轮径向振动反映的行星轮故障特征频率为行星轮等效转频；另外，频谱图中没有发生边频成分被抑制的现象。与径向振动类似，

图 4.13(b)所示的行星轮 1 沿齿圈周向振动响应曲线也出现周期性振动冲击，振动水平大于径向振动，除频谱结构和频率成分幅值分布与径向振动不同外，边频频率与图 4.12(b)所示的频率一致。

当裂纹轮齿位于内齿圈上时，行星轮 1 径向、周向振动响应分别如图 4.12(c)与图 4.13(c)所示。每隔 70 个啮合周期(内齿圈齿数为 70)，裂纹轮齿与同一个行星轮啮合一次，其间与另外三个行星轮各啮合一次，齿根裂纹引起的故障特征频率(即频谱图中的边频成分间隔)等于行星架转频 f_c=5Hz。除振动水平、裂纹故障产生的振动冲击频率不同外，行星轮 1 振动响应反映的其余故障特性与太阳轮轮齿齿根裂纹故障相同(见 4.12(a)与图 4.13(a))。

在行星轮系中，行星轮除绕自身轴线自转外，同时还绕太阳轮中心轴线公转，由此导致齿轮啮合动态激励或故障激励位置与信号拾取位置之间呈现时变性，引起复杂的调制现象。为了研究齿根裂纹故障激励下行星轮系振动响应在不同坐标系中的特点，建立了两种坐标系，即原点位于太阳轮中心，x 坐标轴以原点指向行星轮 1 理论中心初始位置为正方向，且固定于机架的固定坐标系；以及原点位于太阳轮中心，x 坐标轴以原点指向行星轮 1 理论中心为正方向，且固定于行星架随行星架转动的旋转坐标系，从时域曲线、频谱图以及中心轨迹三个方面分析齿根裂纹故障分别位于太阳轮、行星轮和内齿圈轮齿上时太阳轮振动响应特点，结果如图 4.14～图 4.16 所示。

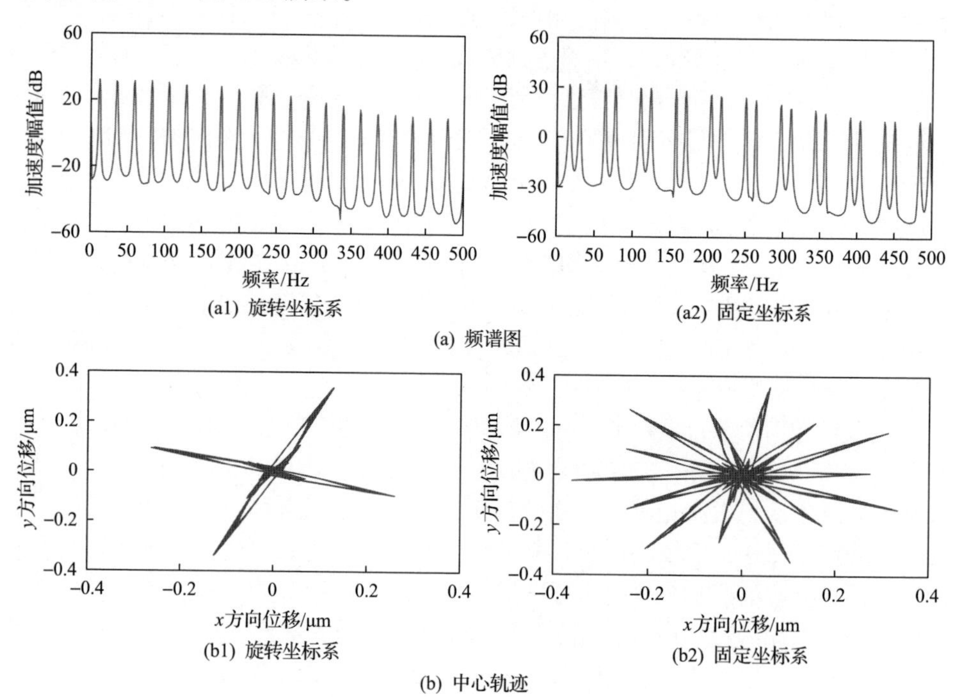

(a1) 旋转坐标系　(a2) 固定坐标系

(a) 频谱图

(b1) 旋转坐标系　(b2) 固定坐标系

(b) 中心轨迹

图 4.14　齿根裂纹故障位于太阳轮上时太阳轮振动响应

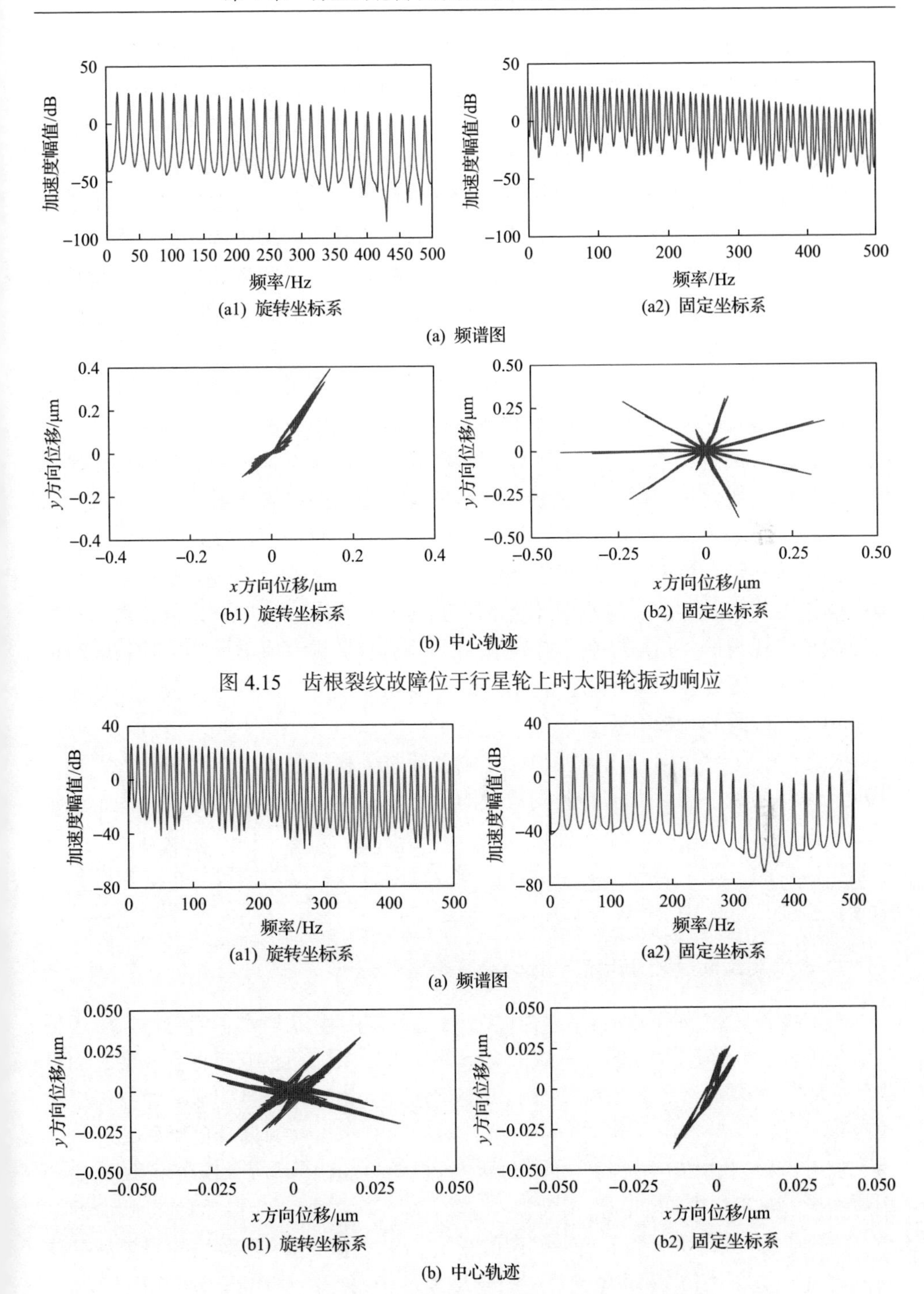

图 4.15　齿根裂纹故障位于行星轮上时太阳轮振动响应

图 4.16　齿根裂纹故障位于内齿圈上时太阳轮振动响应

当齿根裂纹故障位于太阳轮上时(见图 4.14)，对比旋转坐标系与固定坐标系中提取的太阳轮振动响应信号，旋转坐标系中齿根裂纹故障引起的周期性振动冲击较均匀，以 4 个振动冲击为周期，即旋转坐标系中太阳轮旋转一周，分别与 4 个行星轮啮合一次，每个啮合位置相对信号拾取位置(太阳轮中心沿 x 方向振动)是相对固定的，太阳轮中心轨迹图亦反映并解释了该现象，对应的振动频谱图中频率分布均匀，频率成分单一。在固定坐标系中，啮合位置与固定坐标系中的振动信号采集位置是变化的，由此导致齿根裂纹故障引起的太阳轮冲击振动周期发生变化，从太阳轮时域曲线与中心轨迹可以看出，裂纹轮齿需要参与 14 次啮合后才能恢复第一次啮合的状态，即裂纹轮齿第 1 次参与啮合与第 15 次参与啮合时，啮合位置相对 x 轴正方向是相同的，关于裂纹轮齿需要参与多少次啮合才能重复第一次参与啮合时的状态，取决于太阳轮与内齿圈的齿数关系以及行星轮个数；固定坐标系中振动频率成分复杂，不仅含有故障特征频率，还含有与啮合位置和信号采集位置变化相关的频率成分，增加了故障特征提取的难度。

同理，当齿根裂纹故障分别位于行星轮与内齿圈上时(见图 4.15 和图 4.16)，旋转坐标系与固定坐标系中太阳轮振动响应亦有相同的特点。通过分析可得，当故障激励位置与信号拾取位置相对不变时，振动信号频率成分单一，分布均匀；当故障激励位置与信号拾取位置发生变化时，振动信号频率成分复杂，除故障特征频率成分外，还含有相对位置变化引起的其他频率成分，该频率成分与太阳轮、行星轮和内齿圈的齿数有关。

总之，行星轮径向与周向振动在时域振动曲线和频谱图中均存在较大差异，提取故障特征时，需考虑信号监测位置的影响。同时，在旋转坐标系与固定坐标系中，振动信号无论在时域还是频域，差异都较大。无论是信号监测方向的选取还是坐标系的选取，归根结底是信号监测位置的选取，这对故障特征提取、分析的难易程度具有重要影响。

2. 齿根裂纹故障尺寸对系统振动响应特征的影响

不同齿根裂纹故障尺寸下，太阳轮中心轨迹如图 4.17 所示。当轮齿发生齿根裂纹故障时，轮齿刚度降低，承载能力下降，齿轮系统动态响应将会改变，而且裂纹故障尺寸越大，齿轮系统动态响应变化越大，故障特征越明显。建立齿根裂纹故障尺寸与振动响应之间的对应关系，对故障监测与预测具有重要意义。

随着齿根裂纹长度沿齿宽方向扩展，行星轮振动幅值与太阳轮中心轨迹振动幅值增大。对于扩展初期的齿根裂纹，裂纹尺寸小(如 C1)，引起的振动响应冲击小，如图 4.17(b)所示，加上环境噪声的影响，极大地增加了实际齿轮早期故障诊断的难度。与图 4.17 振动响应对应的行星轮 1 径向振动位移频谱图如图 4.18 所示，图中实线 C0 代表健康轮齿情况，啮合频率及其谐波频率成分主导行星轮系

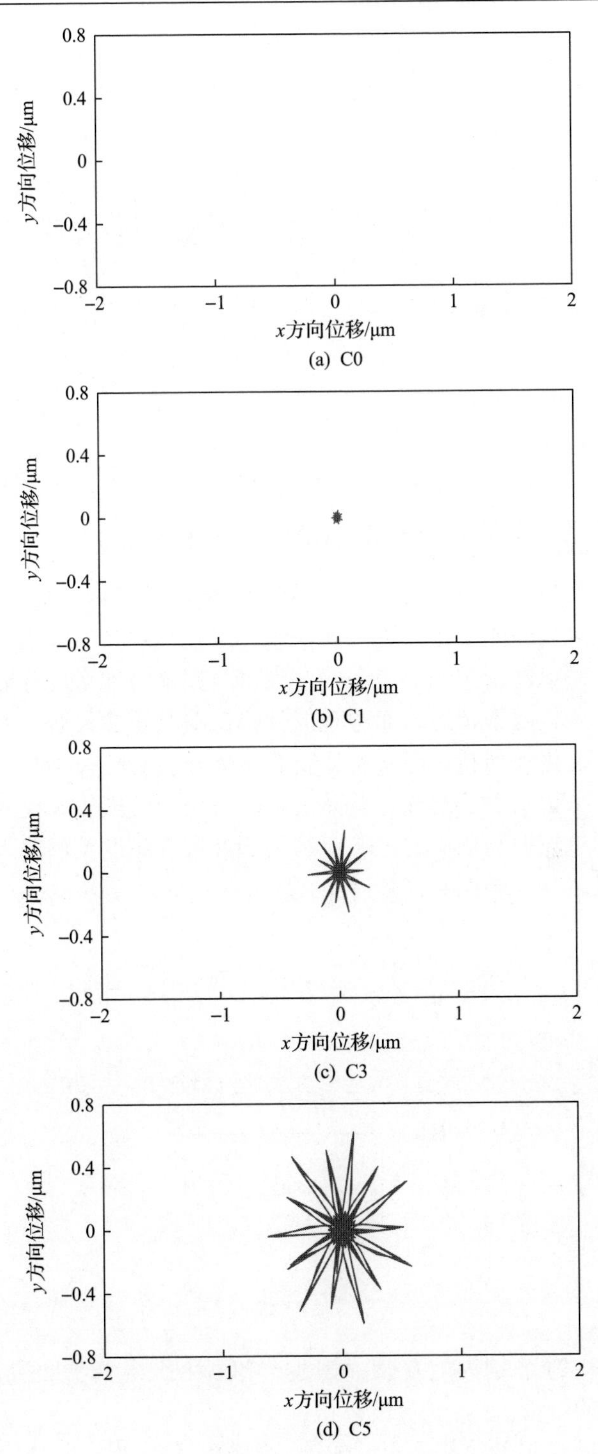

(a) C0

(b) C1

(c) C3

(d) C5

图 4.17　太阳轮中心轨迹(A 组齿根裂纹)

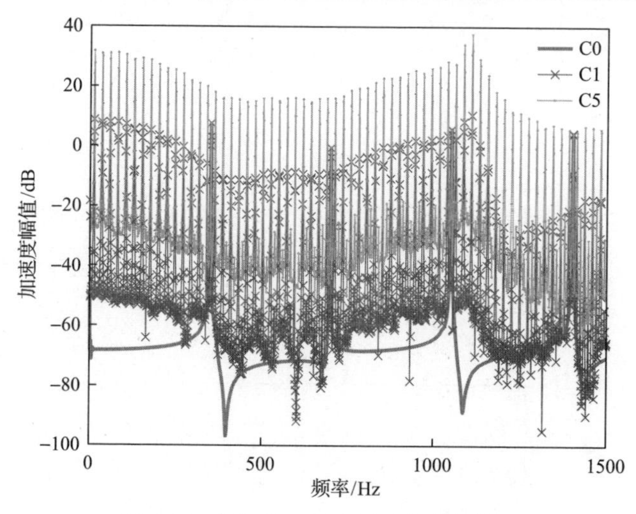

图 4.18　行星轮 1 径向振动位移频谱图

的振动响应。当发生微小齿根裂纹时，啮合频率及其谐波频率成分周围出现大量边频成分，边频成分间隔含有故障特征信息；齿根裂纹长度的增加对啮合频率及其谐波频率成分幅值的影响较小，即啮合频率及其谐波频率成分的幅值对裂纹长度沿齿宽方向扩展程度不敏感，而边频成分幅值对其较为灵敏。因此，通过监测边频成分的幅值变化来判断轮齿齿根裂纹的发生与扩展是有效的方法。

反映振动水平指示因子的统计参数被广泛应用于机械故障检测。为了研究齿根裂纹尺寸对行星轮振动响应的影响，利用均方根、峭度及峰值因子等时域统计参数来反映齿根裂纹扩展程度，其计算式为

$$\mathrm{RMS}=\sqrt{\frac{1}{n}\sum_{i=1}^{n}\left(x(i)-\bar{x}\right)^2},\quad \bar{x}=\frac{1}{n}\sum_{i=1}^{n}x(i) \tag{4.24}$$

$$\mathrm{Ku}=\frac{\frac{1}{n}\sum_{i=1}^{n}\left(x(i)-\bar{x}\right)^4}{\left[\frac{1}{n}\sum_{i=1}^{n}\left(x(i)-\bar{x}\right)^2\right]^2} \tag{4.25}$$

$$\mathrm{Cr}=\frac{P_{\mathrm{eak}}}{\mathrm{RMS}} \tag{4.26}$$

式中，RMS、Ku、Cr 分别为均方根、峭度与峰值因子；x 为长度为 n 的采样数据；$\bar{x}$ 为采集数据 x 的均值；P_{eak} 为 x 的峰值。

为了直观反映齿根裂纹扩展引起的统计参数变化，提出一种轮齿故障相对扩

展程度参数，定义为

$$R_{X_i} = \frac{X_i - X_0}{X_0} \times 100\% \tag{4.27}$$

式中，R_{X_i} 为轮齿故障相对扩展程度指示参数；X 代表式(4.24)～式(4.26)计算得到的统计参数；下标 i 代表故障编号，如表 4.1 所示；下标 0 表示健康状况的行星轮系振动统计参数。

行星轮 1 振动响应信号对应的均方根、峭度及峰值因子等时域统计参数随齿根裂纹尺寸的变化曲线如图 4.19 所示。随着裂纹长度的扩展，各统计因子指标幅值增大，但不同自由度方向的统计参数对齿根裂纹扩展的敏感程度不同，例如，行星轮径向振动响应信号的峭度指标对裂纹长度扩展最敏感，均方根与峰值因子敏感度接近；而行星轮周向振动响应信号的峰值因子对裂纹长度扩展最敏感，均方根敏感度最低。因此，合适的振动响应信号监测位置和故障特征参数直接影响齿轮故障的成功检测。

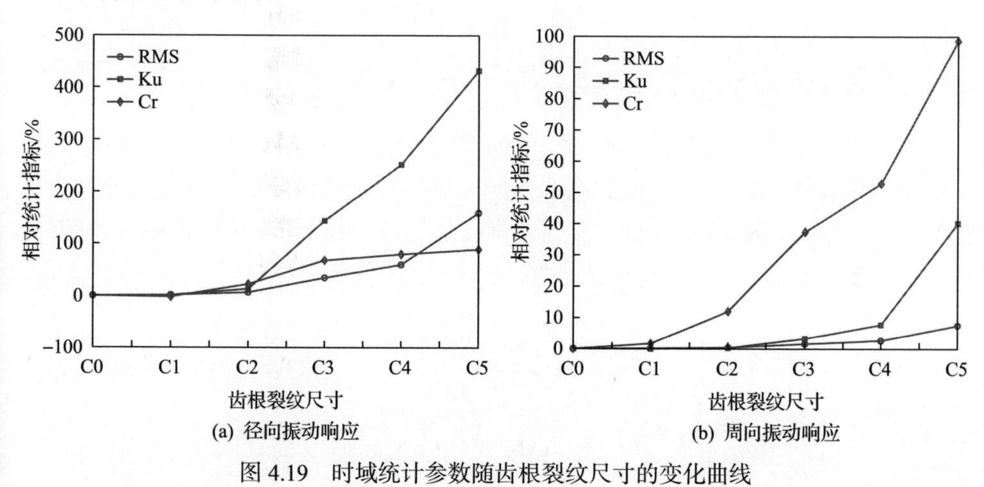

(a) 径向振动响应　(b) 周向振动响应

图 4.19　时域统计参数随齿根裂纹尺寸的变化曲线

4.3　行星轮系轮齿塑性偏转变形动力学模拟方法

开式齿根裂纹轮齿因载荷过大、材料缺陷、长时间运行等因素的影响易产生轮齿整体塑性偏转变形。McFadden 等[16,17]在其齿根裂纹轮齿故障试验研究中观测到失效轮齿引起的加速度传感器响应信号幅值调制与相位调制的混淆现象。针对该问题，Mark 等[18]指出基于疲劳裂纹导致轮齿刚度弱化而引起轮齿弹性变形改变的理由，难以解释上述幅值与相位调制的混淆现象，并开展了轮齿弯曲疲劳损伤的试验研究，对开式裂纹轮齿的塑性偏转变形进行了测量，开式裂纹轮齿塑性偏转变形如图 4.20 所示。同时指出，轮齿损伤产生的轮齿塑性偏转变形可能是造成上述混淆现象的重要激励，但是并未给出轮齿塑性偏转变形是如何影响齿轮啮合激励的理论解释，以及如何建立轮齿塑性偏转变形的刚度与误差耦合非线性激励精确计算模型和算法。

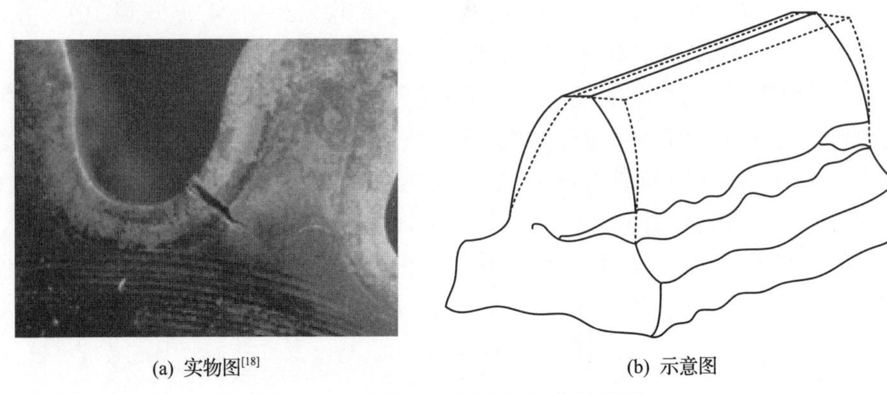

(a) 实物图[18]　　(b) 示意图

图 4.20　开式裂纹轮齿塑性偏转变形

4.3.1　轮齿塑性偏转变形刚度与误差耦合非线性激励计算模型

当轮齿塑性偏转变形发生后，轮齿齿廓将会偏离其理论位置，轮齿整体偏转变形示意图如图 4.21 所示，图中实线齿廓为变形前理论齿廓位置，虚线齿廓为塑性偏转变形后的实际齿廓位置。为了得到轮齿塑性偏转变形在作用线上产生的位

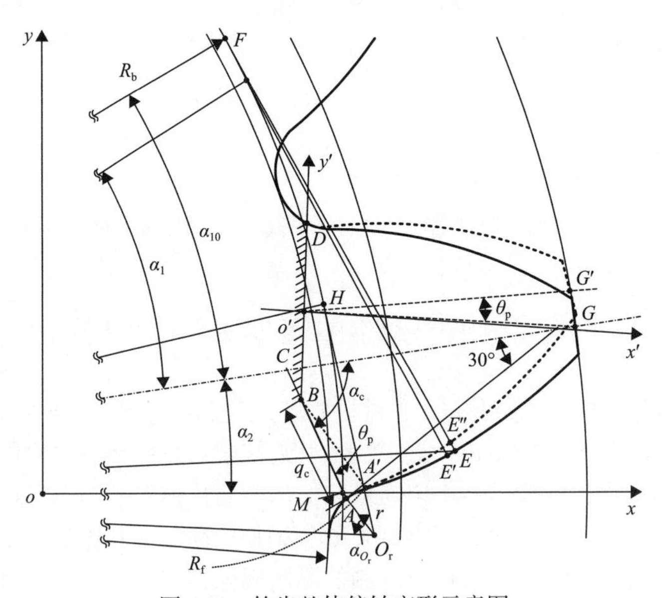

图 4.21　轮齿整体偏转变形示意图

移，建立了原点位于齿轮几何中心的全局坐标系 xoy，x 轴以原点 o 为起始点，指向渐开线齿廓与基圆交点为正方向，y 轴以垂直于 x 轴向上为正方向。假设齿根裂纹深度扩展路径为直线 AB，裂纹深度与倾斜角分别为 q_c 和 α_c。此时，轮齿被看成以 BD 为固定端的悬臂梁，将围绕 BD 中点 o' 偏转，其中 B 点为齿根裂纹扩展尖端部分，D 点与裂纹起始扩展点 A 位于 30°切线法确定的危险截面上，关于轮齿理论中心线对称。为便于计算，建立了以 BD 为 y' 轴、BD 中点 o' 为原点的局部坐标系。假设出现齿根裂纹 AB 时，轮齿塑性变形的偏转角度为 θ_p，理论齿廓上的 E' 点偏移至啮合作用线上的 E'' 点位置处，齿顶中点 G 偏移至 G' 处，啮合位置将由点 E 偏移至点 E'' 处，E 点与 E'' 点之间的距离即为所要计算的轮齿塑性偏转引起的啮合作用线上的位移。

从轮齿塑性偏转示意图中的尺寸关系可得，齿根圆角圆心 O_r 的坐标 x_{O_r} 和 y_{O_r} 分别为

$$\begin{cases} x_{O_r} = \left(R_f + r\right)\cos\angle O_r oM \\ y_{O_r} = \left(R_f + r\right)\sin\angle O_r oM \end{cases} \tag{4.28}$$

式中，R_f 为齿根圆半径；r 为齿根圆角半径。

当齿根圆半径 R_f 小于或等于基圆半径 R_b，同时线段 HO_r 与齿廓的交点位于非渐开线齿廓部分时，即当 $r \leqslant (R_b^2 - R_f^2)/(2R_f)$ 时，可得

$$\begin{cases} \angle O_r oM = \dfrac{\pi}{2} - \alpha_{O_r} \\ \alpha_{O_r} = \arccos\dfrac{r}{R_f + r} \end{cases} \tag{4.29}$$

此外，

$$\begin{cases} \angle O_r oM = \dfrac{\pi}{2} - \alpha_{O_r} - \angle MoH \\ \alpha_{O_r} = \arccos\dfrac{R_b}{R_f + r} \end{cases} \tag{4.30}$$

式中，

$$\angle MoH = \tan\left(\frac{\pi}{2} - \alpha_{O_r}\right) - \frac{r}{R_b} \tag{4.31}$$

A 点的坐标 x_A 和 y_A 分别为

$$\begin{cases} x_A = \dfrac{-b_1 - \sqrt{b_1^2 - 4a_1c_1}}{2a_1} \\ y_A = k_{AO_r} x_A + b_{AO_r} \end{cases} \tag{4.32}$$

式中，

$$\begin{cases} a_1 = 1 + k_{AO_r}^2 \\ b_1 = 2k_{AO_r} b_{AO_r} - 2x_{O_r} - 2k_{AO_r} y_{O_r} \\ c_1 = x_{O_r}^2 + y_{O_r}^2 - 2b_{AO_r} y_{O_r} + b_{AO_r}^2 - r^2 \end{cases} \tag{4.33}$$

$$\begin{cases} k_{AO_r} = -\tan\left(\dfrac{\pi}{3} - \alpha_2\right) \\ b_{AO_r} = (R_f + r)\left[\tan\left(\dfrac{\pi}{3} - \alpha_2\right)\cos\angle O_r oM - \sin\angle O_r oM\right] \end{cases} \tag{4.34}$$

同样地，B 点的坐标可表示为

$$\begin{cases} x_B = \dfrac{-b_2 - \sqrt{b_2^2 - 4a_2c_2}}{2a_2} \\ y_B = k_{AB} x_B + b_{AB} \end{cases} \tag{4.35}$$

式中，

$$\begin{cases} a_2 = 1 + k_{AB}^2 \\ b_2 = 2k_{AB} b_{AB} - 2x_A - 2k_{AB} y_A \\ c_2 = x_A^2 + y_A^2 - 2b_{AB} y_A + b_{AB}^2 - q_c^2 \end{cases} \tag{4.36}$$

$$\begin{cases} k_{AB} = -\tan(\alpha_c - \alpha_2) \\ b_{AB} = y_A - k_{AB} x_A \end{cases} \tag{4.37}$$

A 点与 D 点关于轮齿中心线 oG 对称，D 点的坐标为

$$\begin{cases} x_D = \dfrac{2\tan\alpha_2 y_A + (1 - \tan^2\alpha_2) x_A}{1 + \tan^2\alpha_2} \\ y_D = \tan\alpha_2 (x_A + x_B) - y_A \end{cases} \tag{4.38}$$

因此，局部坐标原点 o'，即 BD 中点的坐标为

$$\begin{cases} x_{o'} = \dfrac{1}{2}(x_B + x_D) \\ y_{o'} = \dfrac{1}{2}(y_B + y_D) \end{cases} \tag{4.39}$$

局部坐标系 $x'o'y'$的 x'正半轴在全局坐标系 xoy 中转过的角度，即 x'轴正向与 x 轴正向之间的角度，以逆时针为正方向为

$$\theta_0 = \arctan\frac{x_B - x_D}{y_D - y_B} \tag{4.40}$$

渐开线齿廓上 E'点的坐标为

$$\begin{cases} x_{E'} = R_\mathrm{b}\sqrt{1+(\alpha_1+\alpha_2)^2}\cos\left[\alpha_1+\alpha_2-\arctan(\alpha_1+\alpha_2)\right] \\ y_{E'} = R_\mathrm{b}\sqrt{1+(\alpha_1+\alpha_2)^2}\sin\left[\alpha_1+\alpha_2-\arctan(\alpha_1+\alpha_2)\right] \end{cases} \tag{4.41}$$

将 E'点的坐标从全局坐标系 xoy 转换到局部坐标系 $x'o'y'$，可得

$$\begin{bmatrix} x'_{E'} \\ y'_{E'} \end{bmatrix} = \begin{bmatrix} \cos\theta_0 & -\sin\theta_0 \\ \sin\theta_0 & \cos\theta_0 \end{bmatrix}^{-1} \begin{bmatrix} x_{E'} - x_{o'} \\ y_{E'} - y_{o'} \end{bmatrix} \tag{4.42}$$

当轮齿塑性偏转角度为 θ_p 时，E'点移动至 E''点，E''点在局部坐标系 $x'oy'$中的坐标为

$$\begin{cases} x'_{E''} = R\cos(\theta+\theta_\mathrm{p}) \\ y'_{E''} = R\sin(\theta+\theta_\mathrm{p}) \end{cases} \tag{4.43}$$

式中，

$$\begin{cases} R = \sqrt{x_{E'}^2 + y_{E'}^2} \\ \theta = \arctan\dfrac{y_{E'}}{x_{E'}} \end{cases} \tag{4.44}$$

将 E''点的坐标从局部坐标系转换至全局坐标系，可得

$$\begin{bmatrix} x_{E''} \\ y_{E''} \end{bmatrix} = \begin{bmatrix} x_{o'} \\ y_{o'} \end{bmatrix} + \begin{bmatrix} \cos\theta_0 & -\sin\theta_0 \\ \sin\theta_0 & \cos\theta_0 \end{bmatrix} \begin{bmatrix} x'_{E''} \\ y'_{E''} \end{bmatrix} \tag{4.45}$$

由于 E''点在直线 EF 上，其坐标应满足直线 EF 的方程，即

$$y_{E''}=-\frac{x_{E''}}{\tan\left(\alpha_{10}+\alpha_2\right)}+\frac{R_{\mathrm{b}}}{\sin\left(\alpha_{10}+\alpha_2\right)} \tag{4.46}$$

对于一个确定的啮合位置 E，即给定一个 α_{10} 值，通过式(4.28)～式(4.46)，总可以搜索到一个对应的 α_1 值，这样 E''点的全局坐标即可由式(4.45)求得。

点 E 的全局坐标可表示为

$$\begin{cases}x_E=R_{\mathrm{b}}\sqrt{1+\left(\alpha_{10}+\alpha_2\right)^2}\cos\left[\alpha_{10}+\alpha_2-\arctan\left(\alpha_{10}+\alpha_2\right)\right]\\ y_E=R_{\mathrm{b}}\sqrt{1+\left(\alpha_{10}+\alpha_2\right)^2}\sin\left[\alpha_{10}+\alpha_2-\arctan\left(\alpha_{10}+\alpha_2\right)\right]\end{cases} \tag{4.47}$$

因此，点 E 与点 E''之间的距离可根据式(4.48)计算：

$$\delta_{EE''}=\sqrt{\left(x_E-x_{E''}\right)^2+\left(y_E-y_{E''}\right)^2} \tag{4.48}$$

根据建立的轮齿塑性偏转变形激励几何计算模型，可得到轮齿塑性偏转变形引起的啮合位置沿啮合线方向的位移，结合提出的齿轮啮合刚度与误差耦合非线性激励算法，可实现轮齿塑性偏转变形对综合啮合刚度、齿间载荷分配系数及承载静态传递误差等齿轮动态啮合激励参数的影响分析，为研究轮齿塑性偏转变形对行星轮系振动响应的影响特性奠定理论基础。

4.3.2　轮齿塑性偏转变形故障非线性激励分析

齿根裂纹深度及轮齿塑性偏转角如表 4.4 所示。其中，除健康轮齿外，A 组定义了裂纹深度为 0.5mm 时(小裂纹)不同轮齿塑性偏转角值，B 组定义了裂纹深度为 1.5mm 时(大裂纹)不同轮齿塑性偏转角值。行星轮系参数如表 4.2 所示。为了避免啮合线外尖角接触，对太阳轮与行星轮轮齿进行齿顶修形，归一化修形量为 1.5，修形长度为 0.3。假设太阳轮轮齿发生塑性偏转变形，根据推导的轮齿塑性偏转变形计算方法，太阳轮发生不同轮齿塑性偏转角时齿轮轮齿塑性偏转沿啮

表 4.4　齿根裂纹深度及轮齿塑性偏转角

轮齿故障	参数值(q_{c}, θ_{p})					
A 组	TC-A0	TC-A1	TC-A2	TC-A3	TC-A4	TC-A5
	(0,0)	(0.5,0)	(0.5,0.1)	(0.5,0.2)	(0.5,0.4)	(0.5,0.6)
B 组	TC-B0	TC-B1	TC-B2	TC-B3	TC-B4	TC-B5
	(0,0)	(1.5,0)	(1.5,0.1)	(1.5,0.2)	(1.5,0.4)	(1.5,0.6)

注：q_{c} 为齿根裂纹深度，mm；θ_{p} 为轮齿塑性偏转角，°。

合线的位移如图 4.22 所示，啮合线上的偏转位移从齿根到齿顶近似线性增大。Mark 等[18]在其试验研究中测量了轮齿塑性偏转变形导致的齿廓在啮合线上的位移，结果表明，啮合线上的齿廓偏转位移从齿根到齿顶近似线性增大，证明了提出的轮齿塑性偏转变形几何计算模型的有效性。

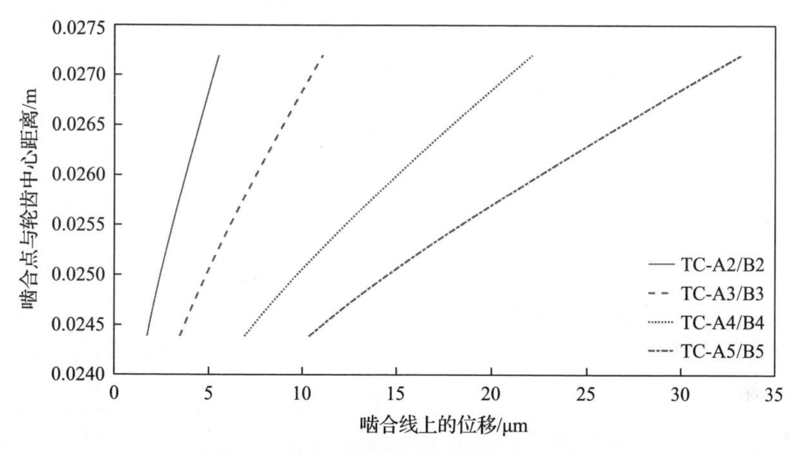

图 4.22　齿轮轮齿塑性偏转沿啮合线的位移

当齿根裂纹深度为 0.5mm 时，可以得到 A 组轮齿故障中不同轮齿塑性偏转角对太阳轮-行星轮齿轮副综合啮合刚度(K)、齿间载荷分配系数(L_{sf})以及非承载静态传递误差(δ_{STE})的影响，齿根裂纹与轮齿偏转变形对啮合参数的影响(A 组)如图 4.23 所示。其中，TC-A0 代表健康轮齿对应的啮合参数，此时 δ_{STE} 为一常量，等于设计齿侧间隙值的一半。当轮齿发生齿根裂纹而没有发生塑性偏转变形时，如 TC-A1，综合啮合刚度幅值小幅降低。此时，δ_{STE} 仍为一常量，若不考虑轮齿接触分离，则此时没有误差动态激励。当轮齿发生塑性偏转变形时，综合啮合刚度幅值降低，相比齿根裂纹的影响，轮齿偏转对综合啮合刚度的影响更加明显。由于轮齿塑性偏转变形与齿顶修形的共同作用，综合啮合刚度曲线在单双齿交替过渡区域出现突然增大的现象，即图 4.23(a)中所示刚度曲线的尖角部分，这也会成为齿轮系统的动态刚度激励。轮齿塑性偏转对齿间载荷分配系数具有较大影响，偏转角越大，该齿对分担的载荷比例降低，将增加相邻齿对承受的载荷，增加相邻齿对发生故障失效的可能性，与齿根裂纹的影响类似。齿轮塑性偏转变形的出现将会在单齿啮合区域以及单双齿交替过渡区域产生时变误差激励，即时变 δ_{STE}，如图 4.23(c)所示，其幅值随偏转角的增大而增大。

当齿根裂纹深度为 1.5mm 时，齿根裂纹与轮齿偏转变形对啮合参数的影响(B 组)如图 4.24 所示。除裂纹尺寸不同外，轮齿塑性偏转角与 A 组轮齿故障相同。齿根裂纹尺寸增加将会进一步弱化齿轮啮合刚度，降低故障齿对的承载能力，即

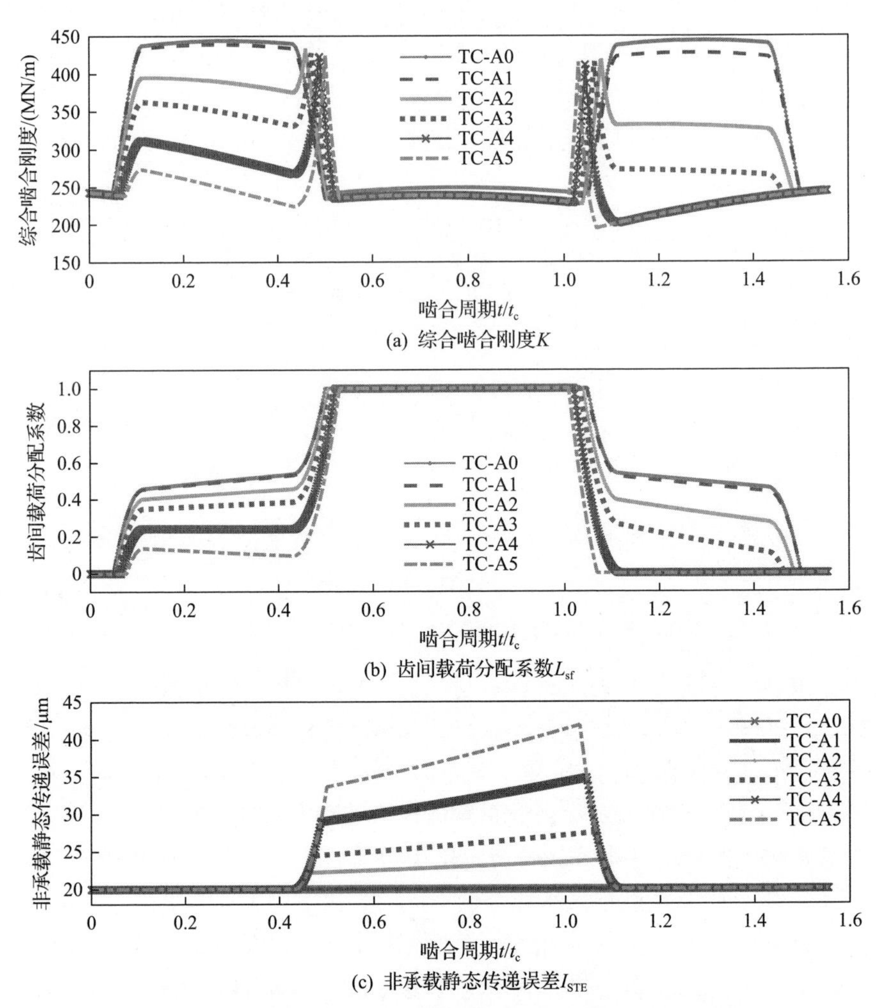

(a) 综合啮合刚度K

(b) 齿间载荷分配系数L_{sf}

(c) 非承载静态传递误差I_{STE}

图 4.23　齿根裂纹与轮齿偏转变形对啮合参数的影响(A 组)

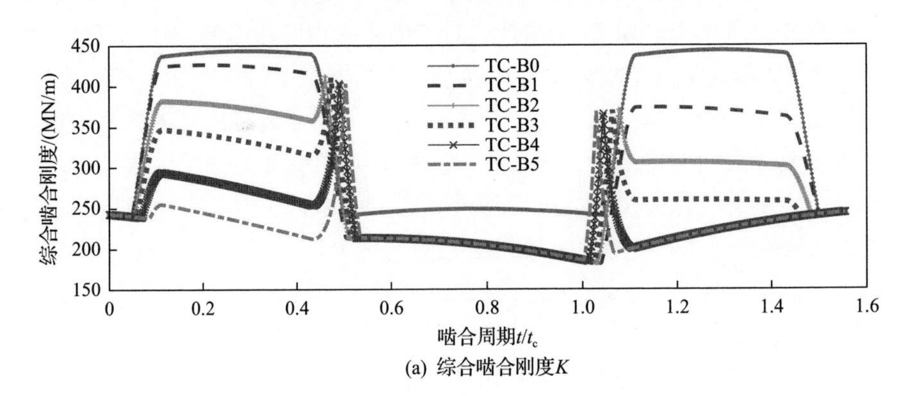

(a) 综合啮合刚度K

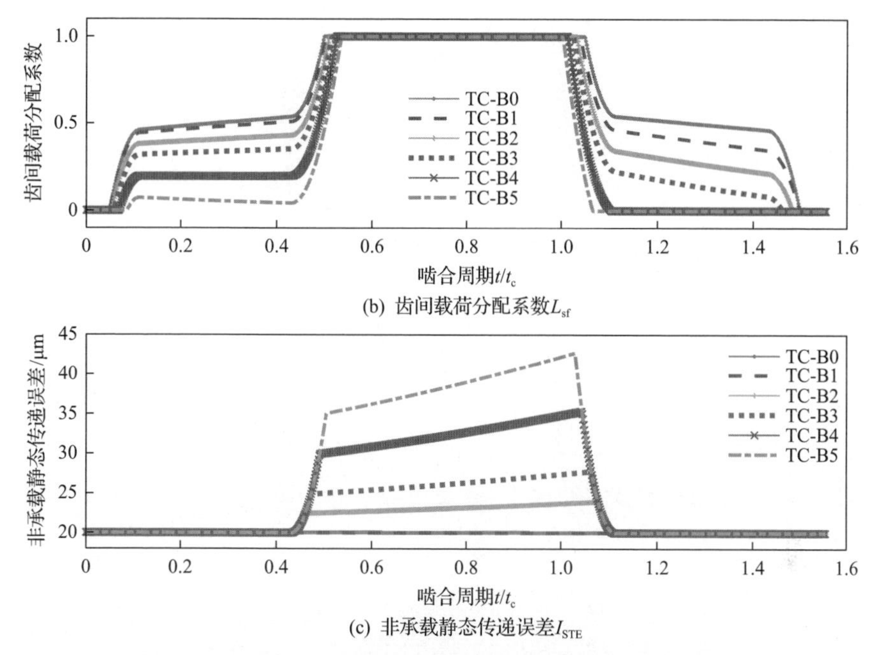

(b) 齿间载荷分配系数L_{sf}

(c) 非承载静态传递误差I_{STE}

图 4.24　齿根裂纹与轮齿偏转变形对啮合参数的影响(B 组)

减小裂纹轮齿的齿间载荷分配系数；由于 δ_{STE} 仅受齿廓偏差(这里指轮齿塑性偏转变形引起的齿廓偏离理想位置)的影响，齿根裂纹尺寸的增加不会改变 δ_{STE} 误差激励。A、B 两组轮齿故障中，只考虑齿根裂纹故障而不考虑轮齿塑性偏转变形的影响，如 TC-A1，仅使故障轮齿参与啮合的综合啮合刚度幅值降低，而对综合啮合刚度的相位影响较小；不同的是，存在轮齿塑性偏转变形时，如 TC-A2～TC-A5，不仅明显影响综合啮合刚度和位移激励的幅值，同时还将改变综合啮合刚度的相位，这说明轮齿塑性偏转变形除引起齿轮系统振动响应幅值调制外，还是引起相位调制的原因之一。

当齿根裂纹与轮齿发生塑性偏转变形时，齿轮综合啮合刚度与齿间载荷分配系数等动态激励参数与载荷作用大小有关，不同载荷对啮合参数的影响如图 4.25 所示。可以看出，综合啮合刚度和齿间载荷分配系数随载荷幅值的增大而增大，双齿啮合区占啮合周期的比例增大，即实际重合度增大，这表明增大载荷幅值有利于减弱齿根裂纹、轮齿塑性偏转变形等轮齿故障对啮合参数的影响。同时，载荷增大将使综合啮合刚度和齿间载荷分配系数在单双齿交替过渡区域变化更加平缓。在轮齿塑性偏转变形与齿顶修形共同作用下，综合啮合刚度曲线中尖角部分对应啮合位置的误差函数值等于 0，因此综合啮合刚度尖角部分的幅值不会因载荷的变化而变化。

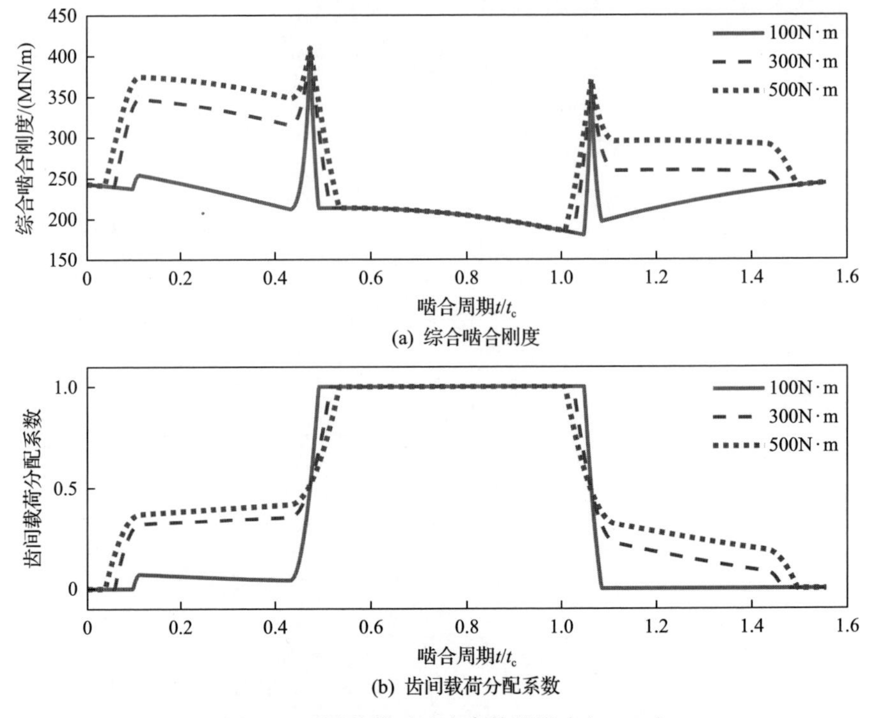

(a) 综合啮合刚度

(b) 齿间载荷分配系数

图 4.25　不同载荷对啮合参数的影响(TC-B3)

4.3.3　行星轮系轮齿塑性偏转变形故障振动响应特征

当轮齿发生故障时，如齿根裂纹故障、轮齿塑性偏转变形等，齿轮系统动态响应将会发生变化。其中与齿轮转频相关的动态激励将对啮合频率及其谐波频率成分产生调制作用，为齿轮故障监测提供可能性。

内齿圈-行星轮构成的内啮合齿轮副综合啮合刚度如图 4.26 所示。为方便观测，表 4.4 的 A、B 两组轮齿故障中，每组仅显示 4 种轮齿故障对行星轮系振动响应特性影响的结果。太阳轮-行星轮 1 啮合动态响应(A 组)如图 4.27 所示。

与健康轮齿(如 TC-A0、TC-B0)相比，当轮齿发生齿根裂纹故障而不考虑轮齿塑性偏转变形时(如 TC-A1、TC-B1)，动态啮合力与动态传递误差均会被改变。与切片式齿根裂纹对行星轮系动态特性影响类似,TC-A1 代表齿根裂纹扩展初期，即小裂纹故障，该裂纹引起的齿轮啮合刚度降低幅度较小，引起的行星轮系动态响应时域曲线与健康轮齿相比，几乎观察不到二者的区别，这就导致从行星轮系时域振动响应中较难检测初期裂纹。

太阳轮-行星轮 1 啮合动态响应(B 组)如图 4.28 所示。与齿根裂纹引起啮合刚度弱化和行星轮系动态响应特性的改变相比，齿轮轮齿塑性偏转变形对行星轮

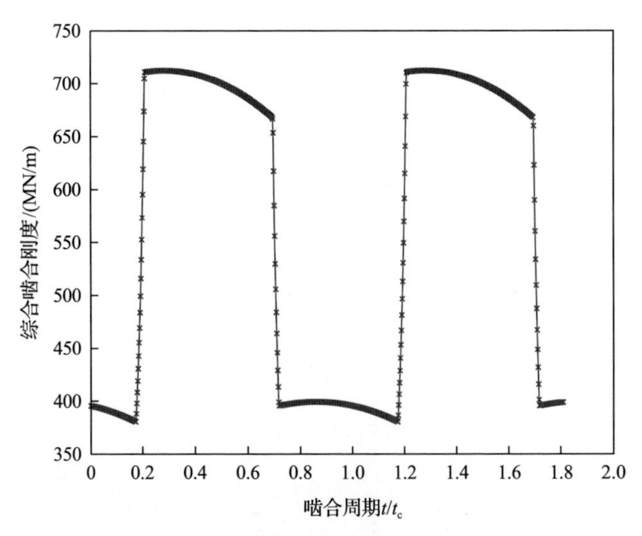

图 4.26　内齿圈-行星轮构成的内啮合齿轮副综合啮合刚度

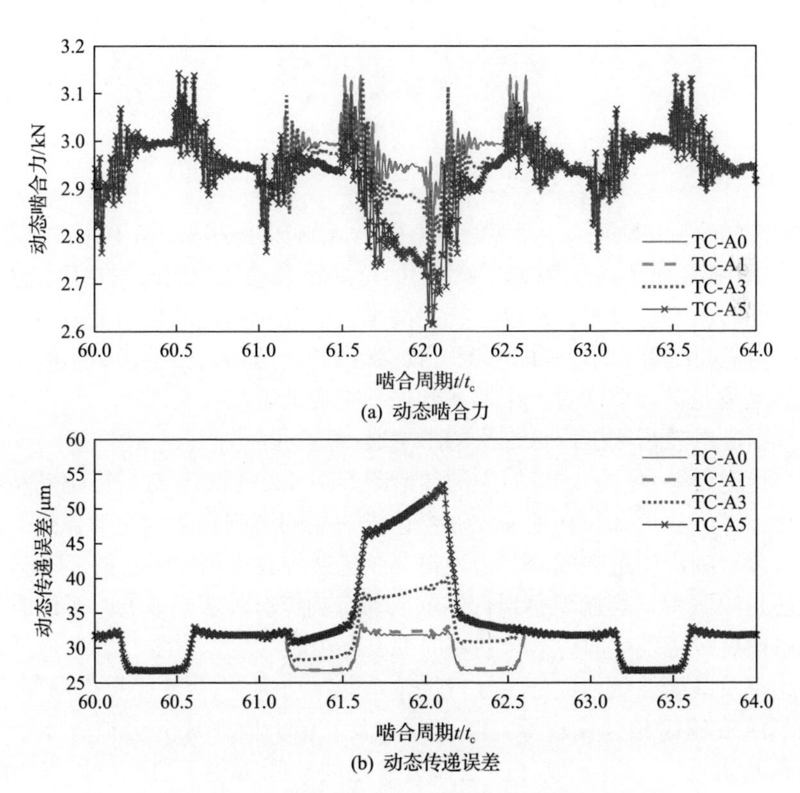

图 4.27　太阳轮-行星轮 1 啮合动态响应(A 组)

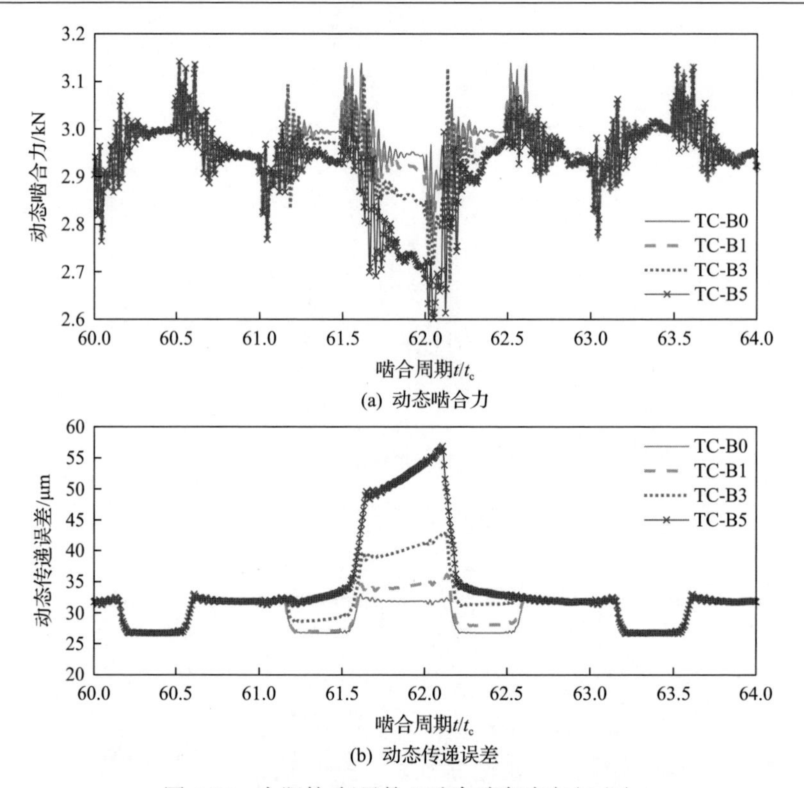

(a) 动态啮合力

(b) 动态传递误差

图 4.28 太阳轮-行星轮 1 啮合动态响应(B 组)

系振动响应的改变更为明显，即使偏转角很小，影响也很明显，如 TC-A3 和 TC-B3。图 4.27 和图 4.28 显示，与齿根裂纹引起的行星轮系动态响应改变相比，轮齿塑性偏转变形同时改变综合啮合刚度与误差激励，因此对系统的影响更大，该结论与 Mark 等[18]通过试验测试得到的结论一致，即由轮齿弯曲疲劳损伤引起的塑性偏转变形必然是齿轮健康监测过程中监测到振动响应改变的主要原因，与之相比，由齿根裂纹引起的轮齿刚度降低带来的影响显得微不足道。

动态传递误差(见图 4.28)对应的频谱图如图 4.29 所示。对行星轮系动态传递误差进行频谱分析可知，初期裂纹亦会造成明显的调制现象，在啮合频率及其谐波频率成分周围产生边频成分。当齿根裂纹扩展到较大尺寸时，如 TC-B1，无论在时域还是频域中，均能观察到行星轮系动态响应有较明显改变。可以看出，当行星轮系没有故障发生时，啮合频率周围没有边频产生，如图中 TC-B0 所示，此时啮合频率及其谐波频率成分主导行星轮系的振动响应。当轮齿发生局部故障时，如齿根裂纹或轮齿塑性偏转等，啮合频率及其谐波频率成分会被故障频率成分调制，在其附近产生边频成分，相邻边频之间的间隔等于故障轮齿参与啮合的频率。随着轮齿故障程度的加剧，边频幅值逐渐增大，但是啮合频率成分的幅值几乎不受影响。

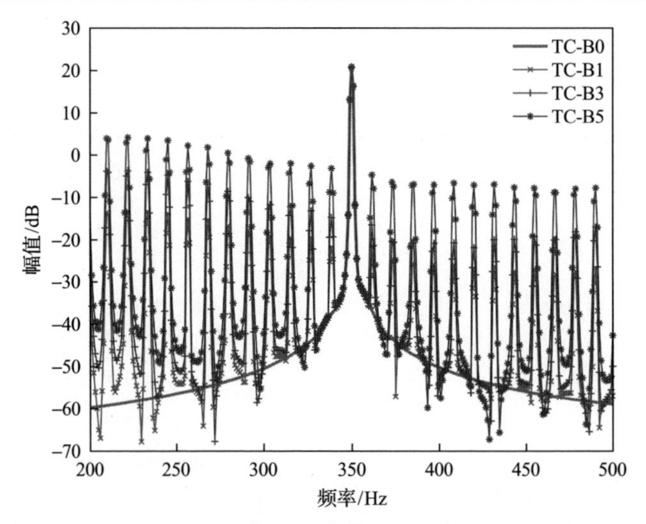

图 4.29　动态传递误差(见图 4.28)对应的频谱图

参 考 文 献

[1] Shao Y M, Chen Z G. Dynamic features of planetary gear set with tooth plastic inclination deformation due to tooth root crack[J]. Nonlinear Dynamics, 2013, 74(4): 1253-1266.

[2] Chen Z G, Shao Y M. Dynamic simulation of spur gear with tooth root crack propagating along tooth width and crack depth[J]. Engineering Failure Analysis, 2011, 18(8): 2149-2164.

[3] Chen Z G, Shao Y M. Dynamic features of a planetary gear system with tooth crack under different sizes and inclination angles[J]. Journal of Vibration and Acoustics, 2013, 135(3): 1-12.

[4] Chen Z G, Shao Y M. Dynamic simulation of planetary gear with tooth root crack in ring gear[J]. Engineering Failure Analysis, 2013, 31: 8-18.

[5] Liu Y H, Shi Z Q, Liu X A, et al. Mesh stiffness model for spur gear with opening crack considering deflection[J]. Engineering Failure Analysis, 2022, 139: 106518.

[6] Liu J, Pang R, Li H, et al. Influence of support stiffness on vibrations of a planet gear system considering ring with flexible support[J]. Journal of Central South University, 2020, 27(8): 2280-2290.

[7] Fakher C, Tahar F, Riadh H, et al. Influence of manufacturing errors on the dynamic behavior of planetary gears[J]. The International Journal of Advanced Manufacturing Technology, 2006, 27(7-8): 738-746.

[8] Han H Z, Zhao Z F, Tian H X, et al. Fault feature analysis of planetary gear set influenced by cracked gear tooth and pass effect of the planet gears[J]. Engineering Failure Analysis, 2021, 121: 105162.

[9] Shen Z X, Qiao B J, Yang L H, et al. Fault mechanism and dynamic modeling of planetary gear with gear wear[J]. Mechanism and Machine Theory, 2021, 155: 104098.

[10] Luo W, Qiao B J, Shen Z X, et al. Investigation on the influence of spalling defects on the dynamic performance of planetary gear sets with sliding friction[J]. Tribology International, 2021, 154: 106639.

[11] Lewicki D G, Ballarini R. Effect of rim thickness on gear crack propagation path[J]. Journal of Mechanical Design, 1997, 119(1): 88-95.

[12] Doğan O, Yuce C, Karpat F. Effects of rim thickness and drive side pressure angle on gear tooth root stress and fatigue crack propagation life[J]. Engineering Failure Analysis, 2021, 122: 105260.

[13] Yang L, Wang L, Yu W, et al. Investigation of tooth crack opening state on time varying meshing stiffness and dynamic response of spur gear pair[J]. Engineering Failure Analysis, 2021, 121: 105181.

[14] Chen Z G, Zhang J, Zhai W M, et al. Improved analytical methods for calculation of gear tooth fillet-foundation stiffness with tooth root crack[J]. Engineering Failure Analysis, 2017, 82: 72-81.

[15] Chaari F, Fakhfakh T, Haddar M. Analytical modelling of spur gear tooth crack and influence on gearmesh stiffness[J]. European Journal of Mechanics A/Solids, 2009, 28(3): 461-468.

[16] McFadden P D, Smith J D. A signal processing technique for detecting local defects in a gear from the signal average of the vibration[J]. Proceedings of the Institution of Mechanical Engineers, Part C: Journal of Mechanical Engineering Science, 1985, 199(4): 287-292.

[17] McFadden P D. Detecting fatigue cracks in gears by amplitude and phase demodulation of the meshing vibration[J]. Journal of Vibration, Acoustics, Stress, and Reliability in Design, 1986, 108(2): 165-170.

[18] Mark W D, Reagor C P, McPherson D R. Assessing the role of plastic deformation in gear-health monitoring by precision measurement of failed gears[J]. Mechanical Systems and Signal Processing, 2007, 21(1): 177-192.

第 5 章　齿轮传动制造与安装误差的动力学模拟方法

机械装备对行星轮系传动提出了越来越高的动态性能要求，如高转速、大载荷、长寿命和低噪声等。然而，行星轮系在制造和安装中将不可避免地产生误差。制造安装误差导致行星轮之间载荷分配[1]及齿向载荷分布不均[2],引起振动和噪声加剧，已成为制约行星轮系传动向高转速、高可靠性和低噪声发展的重要因素。因此，开展行星轮系制造安装误差动力学建模研究，分析制造安装误差激励与行星轮系动态振动响应和啮合力的关系，阐明行星轮系系统在制造安装误差下的振动特征和均载特性具有重要的意义。

5.1　行星轮系制造安装误差类型

制造误差是影响行星轮之间载荷分配的一项重要因素，一般情况下，可以将制造误差分为三类：①制造误差是时不变的并且与安装不相关，这类误差随着行星轮系旋转保持不变，如行星架孔位置误差；②制造误差是时不变的，但是与安装相关，这类误差的特点是，一旦行星轮系完成安装，误差会保持不变，如齿厚误差；③制造误差是时变的并且与安装相关，这类误差不仅和安装相关，而且随着行星架转动一直变化，这种误差的典型例子是几何偏心误差。下面简单介绍行星轮系两种典型制造误差，即几何偏心误差和行星轮孔位置误差，如图 5.1 所示[2]。

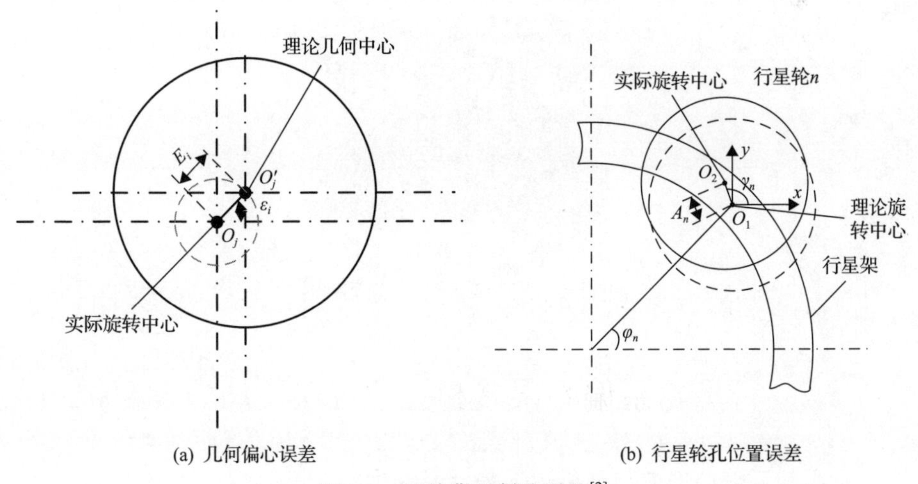

图 5.1　两种典型制造误差[2]

几何偏心误差是指构件的理论几何中心和实际旋转中心存在偏差，如图 5.1(a)

所示。O_j'为理论几何中心，O_j为实际旋转中心，当构件绕旋转中心点O_j旋转时，构件几何中心点O_j'的轨迹是以O_j为圆心、E_i为半径的圆。行星轮孔位置误差定义为行星轮旋转中心对理论位置的偏离，如图 5.1(b)所示，O_1为行星轮理论旋转中心，O_2为行星轮实际旋转中心。

行星架孔位置误差主要是指安装不对中误差，它是构件的中心线相对于理论位置产生了倾斜或偏移，Palermo 等[3]定义了 5 类不对中，分别是啮合面平行不对中、啮合面角度不对中、垂直啮合面平行不对中、垂直啮合面角度不对中和轴向偏移，安装不对中误差类型如图 5.2 所示[3]。行星轮系实际制造安装过程中通常同时存在多种类型不对中误差。

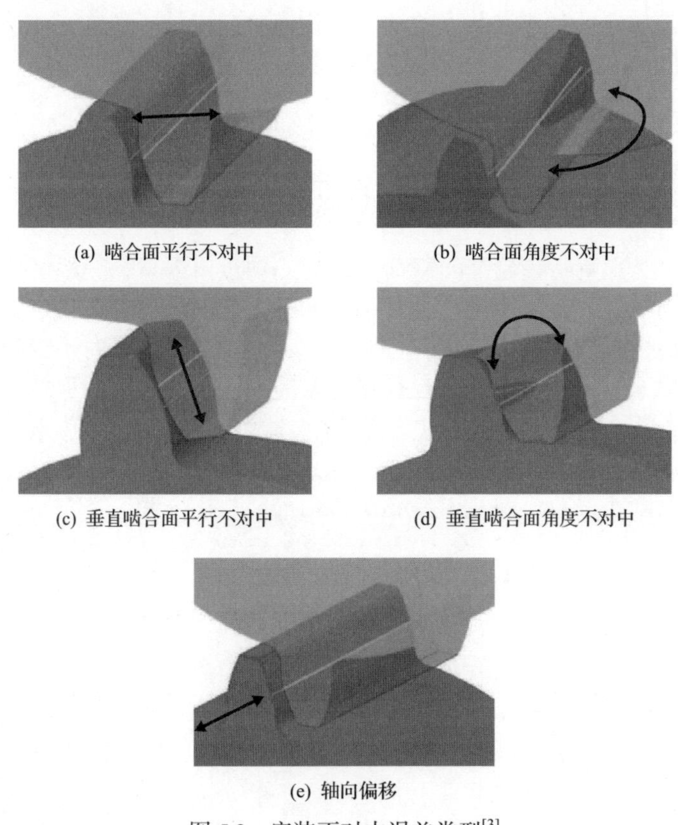

(a) 啮合面平行不对中　(b) 啮合面角度不对中

(c) 垂直啮合面平行不对中　(d) 垂直啮合面角度不对中

(e) 轴向偏移

图 5.2　安装不对中误差类型[3]

5.2　行星轮系偏心误差和孔位置误差动力学模拟

5.2.1　行星轮系偏心误差和孔位置误差计算模型

当进行行星轮系偏心误差和孔位置误差分析时，需要将误差引起的齿廓表面相对于理想齿廓位置的偏移投影到啮合线上[4]。由于行星轮系构件较多，需要保证误差投影到与该构件相关联的每条啮合线上[5]。目前，大部分模型仅考虑误差引起的位移激励，忽略了齿廓啮合点位置改变造成的啮合刚度变化。本节以行星轮系中太阳轮和行星轮偏心误差为例，详述行星齿轮误差的模拟研究。

当行星轮系中某个或几个构件同时存在偏心误差时，该齿轮的基圆半径将随着旋转中心旋转，啮合线也相应地随着基圆旋转而改变，太阳轮和行星轮的平面运动如图 5.3 所示。轴承变形同样会导致齿轮中心的移动，影响啮合线的方向。除偏心误差外，轴承变形这一影响因素也将在模型中考虑。

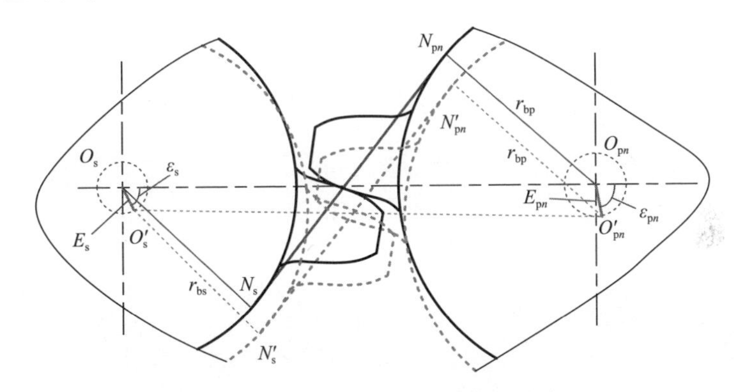

图 5.3　太阳轮和行星轮的平面运动

当太阳轮和行星轮旋转运动时，轮齿间的接触点沿着啮合线移动，对于渐开线齿轮啮合，啮合力沿着啮合线方向传递，因此以啮合线方向的变形表示齿轮啮合变形，并通过计算太阳轮-行星轮未变形轮齿间的渗透量确定[6]。太阳轮和行星轮的位置确定后，根据渐开线齿轮的形状，可以确定啮合变形。为了表示啮合变形，任意选择太阳轮和行星轮的初始位置作为参考，通常以第 1 个行星轮和太阳轮在节点啮合的位置作为初始位置，其他的行星轮和太阳轮的啮合位置根据行星轮系的啮合相位关系确定，啮合相位与太阳轮齿数、中心构件的旋转方向有关[7]。

行星轮系每个构件的偏心误差可以用两个参数描述，分别是幅值 E_j 和初始角 ε_j。当理论旋转中心 O'_j 绕着实际旋转中心 O_j 旋转时，啮合线由 N_sN_{pn} 变成 $N'_sN'_{pn}$，轮齿间会产生间隙或者重叠，因此行星轮系中有的轮齿处于啮合状态，有的轮齿处于分离状态。

在一定载荷作用下，太阳轮水平方向和竖直方向分别移动 x_s 和 y_s，旋转方向转动角 $\omega_st+\theta_s$，第 i 个行星轮水平方向和竖直方向分别移动 x_{pn} 和 y_{pn}，旋转方向转动角 $\omega_{pn}t+\theta_{pn}$，旋转方向的转动角引起太阳轮中心从 O'_s 移动到 O'''_s，而第 n

个行星轮的中心从 O'_{pn} 移动到 O'''_{pn}，平面移动将从太阳轮中心开始由 O'_s 移动到 O'''_s，第 n 个行星轮中心由 O'''_{pn} 移动到 O''_{pn}，偏心误差引起的啮合位置和啮合线变化如图 5.4 所示。另外，齿轮中心的最终位置可以通过以下两个步骤等效实现，即旋转移动以及平移移动将中心由 O_j 移动到 O''_j，齿轮中心的等效移动如图 5.5 所示。

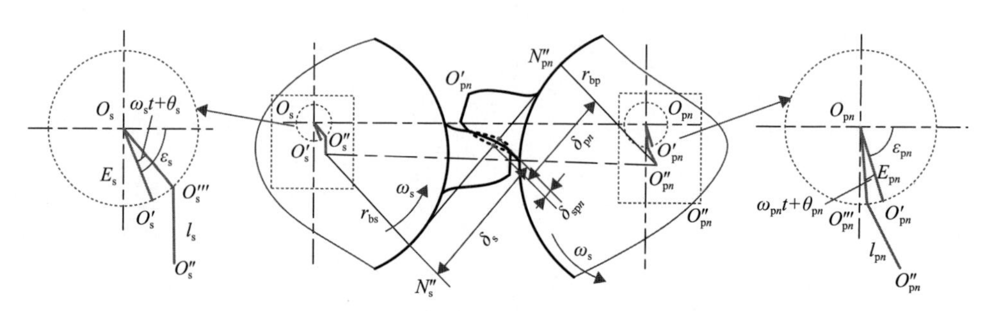

图 5.4　偏心误差引起的啮合位置和啮合线变化

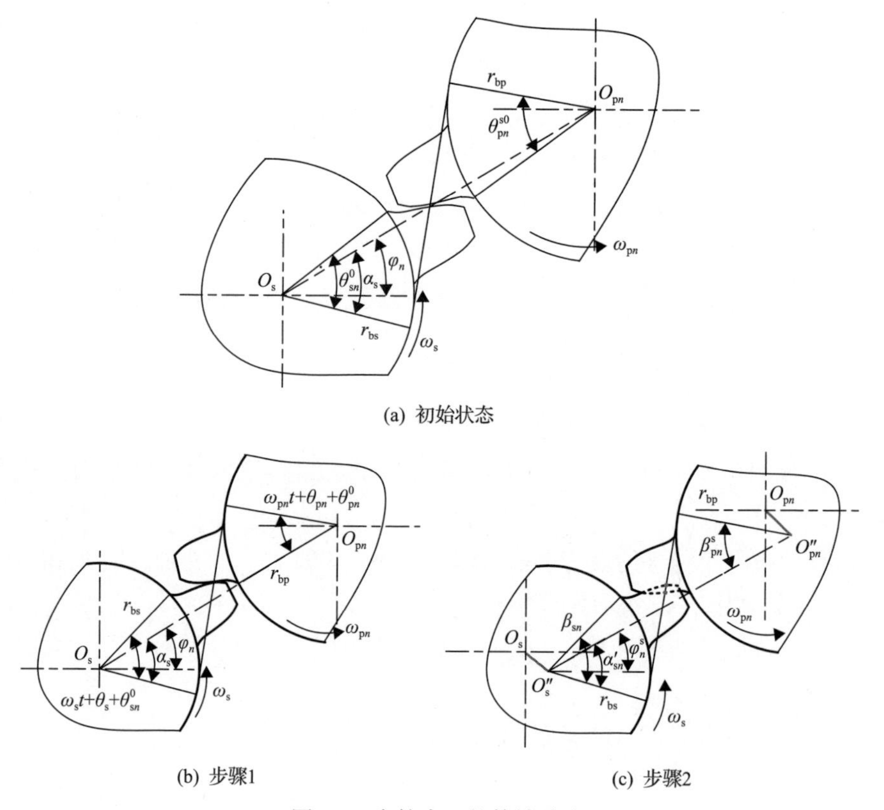

(a) 初始状态

(b) 步骤1　　(c) 步骤2

图 5.5　齿轮中心的等效移动

由于偏心误差和轴承变形的影响，太阳轮-行星轮和行星轮-齿圈之间的中心距以及压力角都发生了改变，太阳轮-行星轮和行星轮-齿圈新的中心距为

$$d'_{in} = \sqrt{d_{in\_x}^2 + d_{in\_y}^2} \tag{5.1}$$

$$\begin{aligned} d_{in\_x} = & R_{\mathrm{c}} \cos\varphi_n + x_{\mathrm{p}n} - x_i + E_{\mathrm{p}n} \cos\left(\omega_{\mathrm{p}} t + \varepsilon_{\mathrm{p}n} + \theta_{\mathrm{p}n}\right) + A_{\mathrm{p}n} \cos\gamma_{\mathrm{p}n} \\ & - E_i \cos\left(\omega_i t + \varepsilon_i + \theta_{in}\right) \end{aligned} \tag{5.2}$$

$$\begin{aligned} d_{in\_y} = & R_{\mathrm{c}} \sin\varphi_n + y_{\mathrm{p}n} - y_i + E_{\mathrm{p}n} \sin\left(\omega_{\mathrm{p}} t + \varepsilon_{\mathrm{p}n} + \theta_{\mathrm{p}n}\right) + A_{\mathrm{p}n} \sin\gamma_{\mathrm{p}n} \\ & - E_i \sin\left(\omega_i t + \varepsilon_i + \theta_{in}\right) \end{aligned} \tag{5.3}$$

式中，i=r 代表行星轮-齿圈啮合；i=s 代表太阳轮-行星轮啮合；φ_n 为第 n 个行星轮的位置角度；ω_i 为构件 i 相对于行星架的角速度。

新的压力角为

$$\alpha'_{in} = \alpha \cos\frac{r_{\mathrm{b}i} + s_1 r_{\mathrm{bp}}}{d'_{in}} \tag{5.4}$$

啮合变形 δ_{ipn} 表示为

$$\delta_{\mathrm{i}pn} = r_{\mathrm{bi}} \beta_{in} + s_1 r_{\mathrm{bp}} \beta_{\mathrm{p}n}^i + s_2 d'_{in} \sin\alpha'_{in} \tag{5.5}$$

式中，β_{in} 和 $\beta_{\mathrm{p}n}^i$ 分别为构件 i 和行星轮的啮合角，可用来确定相互啮合齿轮的位置，如图 5.5 所示。

太阳轮/齿圈的啮合角为

$$\beta_{in} = \alpha'_{in} - \alpha_i + s_2\left(\varphi_n^i - \varphi_n\right) + \theta_{in}^0 + s_1\left(\omega_i t + \theta_i\right) \tag{5.6}$$

第 n 个行星轮的啮合角为

$$\beta_{\mathrm{p}n}^i = \alpha'_{in} - \alpha_i + s_2\left(\varphi_n^i - \varphi_n\right) + \theta_{\mathrm{p}n}^{i0} + s_1\left(\omega_{\mathrm{p}} t + \theta_{\mathrm{p}n}\right) \tag{5.7}$$

式中，i=s 代表太阳轮-行星轮啮合，相应地 s_1=1，s_2= −1；i=r 代表行星轮-齿圈啮合，相应地 s_1= −1，s_2=1；φ_n^i 为太阳轮/齿圈和第 n 个行星轮中心连线与水平线的夹角；θ_{in}^0 为无误差情况下与第 n 个行星轮啮合的太阳轮/齿圈初始啮合角；$\theta_{\mathrm{p}n}^{i0}$ 为无误差情况下与太阳轮/齿圈啮合的第 n 个行星轮的初始啮合角。

啮合刚度是行星轮传动系统重要的内激励因素，即使没有任何制造误差和安装误差，由于轮齿交替啮合而产生的啮合刚度内激励，也会导致行星传动出现振动。对于正常的齿轮啮合，啮合刚度是一个以两相邻齿进入啮合为间隔的周期函数。作为行星轮系动力学模型的输入条件，啮合刚度需要在求解动力学方程前预先给出。

计算啮合刚度的基本过程是固定从动轮，调整主动轮的位置使它们刚好处于接触状态，然后对齿轮加载得到该啮合位置的啮合刚度，旋转从动轮重复以上步骤，最终得到在一系列旋转角度下的啮合刚度曲线。当太阳轮、行星轮和齿圈存在偏心误差时，如果仍然采用正常的啮合刚度作为激励条件，则会出现以下问题：①偏心误差的出现使得啮合线绕着实际旋转中心旋转，因而重合度不再是固定的，啮合刚度的周期也随着中心距的变化而变化；②偏心误差会影响啮合齿轮的啮合位置，带来啮合刚度幅值的差异。

啮合刚度是参与啮合的各对轮齿的综合效应，与轮齿的变形、齿根弹性引起的附加变形和局部接触变形相关。啮合位置的不同会导致啮合刚度的差异，本节将以实际的啮合位置计算齿轮的啮合刚度。偏心行星轮系啮合刚度计算如图 5.6 所示，啮合线和未变形的齿廓交点作为啮合力的作用点。

根据能量法，齿轮的弯曲刚度、剪切刚度和轴向压缩刚度表示为

$$
\begin{aligned}
\frac{1}{K_{\mathrm{b}}} &= \int_0^d \frac{(d-x)\cos\alpha_1 - h\sin\alpha_1}{2EI_x}\mathrm{d}x \\
&= \int_{-\alpha_1}^{\alpha_2} \frac{3\left\{1+\cos\alpha_1\left[(\alpha_2-\alpha)\sin\alpha-\cos\alpha\right]\right\}^2(\alpha_2-\alpha)\cos\alpha}{2EL\left[\sin\alpha+(\alpha_2-\alpha)\cos\alpha\right]}\mathrm{d}\alpha
\end{aligned}
\tag{5.8}
$$

$$
\frac{1}{K_{\mathrm{s}}} = \int_0^d \frac{1.2\cos^2\alpha_1}{GA_x}\mathrm{d}x = \int_{-\alpha_1}^{\alpha_2} \frac{1.2(1+\nu)(\alpha_2-\alpha)\cos\alpha\cos^2\alpha_1}{GL\left[\sin\alpha+(\alpha_2-\alpha)\cos\alpha\right]}\mathrm{d}\alpha \tag{5.9}
$$

$$
\frac{1}{K_{\mathrm{a}}} = \int_0^d \frac{\sin^2\alpha_1}{EA_x}\mathrm{d}x = \int_{-\alpha_1}^{\alpha_2} \frac{(\alpha_2-\alpha)\cos\alpha\cos^2\alpha_1}{2EL\left[\sin\alpha+(\alpha_2-\alpha)\cos\alpha\right]}\mathrm{d}\alpha \tag{5.10}
$$

式中，α_1 为式(5.6)和式(5.7)对应的啮合角，对于太阳轮，$\alpha_1=\beta_{sn}-\alpha_{s2}$；对于第 n 个行星轮，$\alpha_1=\beta_{pn}^{s}-\alpha_{sn}$，内啮合齿轮和外啮合齿轮相似，同样采用实际啮合位置计算时齿轮的弯曲刚度、剪切刚度和压缩刚度；α_2 为基圆半齿厚所对中心角，如图 5.6(b)所示。

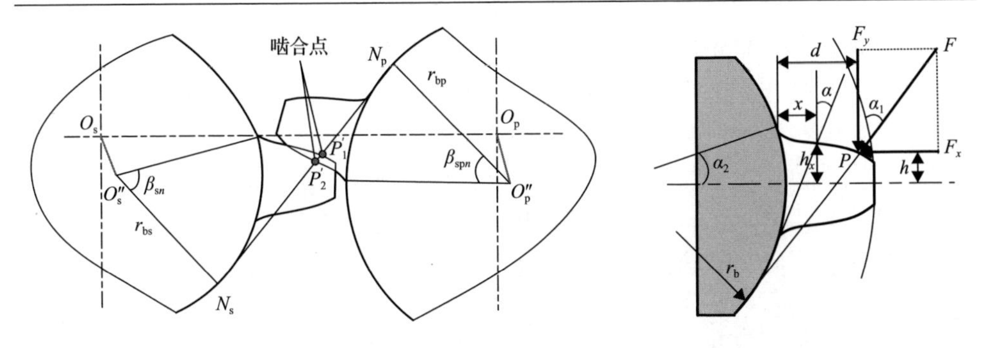

(a) 偏心行星轮系的啮合位置　　(b) 直齿轮变截面悬臂梁模型

图 5.6　偏心行星轮系啮合刚度计算

太阳轮-行星轮或齿圈-行星轮一对轮齿的啮合刚度表示为

$$K_{ip}=\left(\frac{1}{K_{bi}}+\frac{1}{K_{si}}+\frac{1}{K_{ai}}+\frac{1}{K_{fi}}+\frac{1}{K_{si}}+\frac{1}{K_{bp}}+\frac{1}{K_{sp}}+\frac{1}{K_{ap}}+\frac{1}{K_{fp}}+\frac{1}{K_{H}}\right)^{-1} \tag{5.11}$$

式中，K_f 为齿根弹性变形引起的刚度；K_H 为 Hertz 接触刚度；i=s，r，分别对应太阳轮和齿圈。

齿轮啮合的综合啮合刚度是所有参与啮合齿对的啮合刚度之和，由于中心距变化及轮齿弹性变形影响，轮齿是否处于啮合状态不再取决于重合度，而是取决于太阳轮/齿圈和行星轮的啮合角是否位于啮合角度范围内。因此，太阳轮和行星轮 n 的综合啮合刚度表示为

$$K_{spn}=\begin{cases}\sum_{k=1}^{M}K_{spn}^{k}, & \gamma_{snl}\leqslant\beta_{sn}^{k}\leqslant\gamma_{snu},\ \gamma_{pnl}\leqslant\beta_{pns}^{k}\leqslant\gamma_{pnu}\\ 0, & \beta_{sn}^{k}<\gamma_{snl},\ \beta_{sn}^{k}>\gamma_{snu},\ \beta_{pns}^{k}<\gamma_{pnl},\ \beta_{pns}^{k}>\gamma_{pnu}\end{cases} \tag{5.12}$$

式中，

$$\gamma_{snl}=\frac{d_{sn}'\sin\alpha_{sn}'-\sqrt{r_{as}^{2}-r_{bs}^{2}}}{r_{bp}} \tag{5.13}$$

$$\gamma_{snu}=\tan\left(\arccos\frac{r_{bs}}{r_{as}}\right) \tag{5.14}$$

$$\gamma_{pnl}=\frac{d_{sn}'\sin\alpha_{sn}'-\sqrt{r_{ap}^{2}-r_{bp}^{2}}}{r_{bs}} \tag{5.15}$$

$$\gamma_{\mathrm{p}n\mathrm{u}}=\tan\left(\arccos\frac{r_{\mathrm{bp}}}{r_{\mathrm{ap}}}\right) \tag{5.16}$$

式中，$K_{\mathrm{sp}n}^{k}$ 为太阳轮和行星轮 n 第 k 个齿对啮合刚度；M 为太阳轮和行星轮 n 总的啮合齿数；r_{as} 和 r_{ap} 分别为太阳轮和行星轮的齿顶圆半径。

齿圈和行星轮 n 的综合啮合刚度为

$$K_{\mathrm{rp}n}=\begin{cases}\sum\limits_{k=1}^{M'}K_{\mathrm{rp}n}^{k}, & \gamma_{\mathrm{r}n\mathrm{l}}\leqslant\beta_{\mathrm{r}n}^{k}\leqslant\gamma_{\mathrm{r}n\mathrm{u}},\gamma_{\mathrm{r}n\mathrm{l}}\leqslant\beta_{\mathrm{p}n\mathrm{r}}^{k}\leqslant\gamma_{\mathrm{r}n\mathrm{u}}\\ 0, & \beta_{\mathrm{r}n}^{k}<\gamma_{\mathrm{r}n\mathrm{l}},\beta_{\mathrm{r}n}^{k}>\gamma_{\mathrm{r}n\mathrm{u}},\beta_{\mathrm{p}n\mathrm{r}}^{k}<\gamma_{\mathrm{r}n\mathrm{l}},\beta_{\mathrm{p}n\mathrm{r}}^{k}>\gamma_{\mathrm{r}n\mathrm{u}}\end{cases} \tag{5.17}$$

式中，

$$\gamma_{\mathrm{r}n\mathrm{l}}=\frac{\sqrt{r_{\mathrm{ar}}^{2}-r_{\mathrm{br}}^{2}}-d_{\mathrm{r}n}'\sin\alpha_{\mathrm{r}n}'}{r_{\mathrm{bp}}} \tag{5.18}$$

$$\gamma_{\mathrm{s}n\mathrm{u}}=\tan\left(\arccos\frac{r_{\mathrm{bp}}}{r_{\mathrm{ap}}}\right) \tag{5.19}$$

$$\gamma_{\mathrm{p}n\mathrm{l}}=\tan\left(\arccos\frac{r_{\mathrm{br}}}{r_{\mathrm{ar}}}\right) \tag{5.20}$$

$$\gamma_{\mathrm{p}n\mathrm{u}}=\frac{\sqrt{r_{\mathrm{ap}}^{2}-r_{\mathrm{bp}}^{2}}-d_{\mathrm{r}n}'\sin\alpha_{\mathrm{r}n}'}{r_{\mathrm{bs}}} \tag{5.21}$$

式中，$K_{\mathrm{rp}n}^{k}$ 为齿圈和行星轮 n 第 k 个齿对啮合刚度；M' 为齿圈和行星轮 n 总的啮合齿数；r_{ar} 为齿圈的齿顶圆半径。

5.2.2 行星轮系偏心误差的动态特性分析

假设太阳轮为输入构件，旋转方向为逆时针方向，行星架为输出构件，齿圈保持固定。太阳轮上的输入扭矩为 600N·m，而行星架上的输出扭矩为 2000N·m。行星轮系的主要参数如表 5.1 所示。采用固定步长四阶龙格-库塔法对行星轮系微分方程进行求解。

将本节提出模型的计算结果和 Kahraman 模型[4]的计算结果进行对比。Kahraman 模型中啮合刚度以矩形波代替，偏心误差仅考虑为位移激励。为方便对比，Kahraman 模型中的啮合刚度同样采用能量法得到，并将 Kahraman 模型命名为方法 1，本节提出的模型命名为方法 2。当太阳轮偏心误差 E_s=300μm 时，两种方法计算的啮合刚度对比如图 5.7 所示。方法 1 得到的啮合刚度是周期为 $T_m=2\pi/\omega_m$ 的近似矩形波，而方法 2 得到的啮合刚度中所有啮合周期内啮合刚度幅值、频率和相位都发生变化。幅值的差异是由啮合位置变化引起的，而频率和相位的差异是由时变啮合区域导致的，其中太阳轮-行星轮的时变啮合区域由式(5.13)和式(5.16)决定，齿圈-行星轮的时变啮合区域由式(5.18)和式(5.21)决定。

当太阳轮偏心误差 E_s=300μm、啮合刚度 f_m=3500Hz 时，两种方法计算的行星轮 1 旋转方向振动位移对比如图 5.8 所示。两种方法计算的位移频谱中，啮合频率及其谐波频率附近都存在边频，如图 5.8 中的区域 A、B、C 和 D。方法 2 的结

表 5.1　行星轮系的主要参数

参数	太阳轮	齿圈	行星轮	行星架
齿数	30	70	20	—
模数/mm	1.7	1.7	1.7	—
压力角/(°)	21.34	21.34	21.34	—
质量/kg	1.38	1.764	0.531	9
转动惯量/(kg · m^2)	4.6×10^{-4}	7.0×10^{-3}	7.5×10^{-5}	8.1×10^{-3}
支撑刚度/(N/m)	10^8	10^8	10^8	10^8
扭转刚度/(N · m/rad)	0	5.54×10^6	0	0
齿宽/mm	25	25	25	—

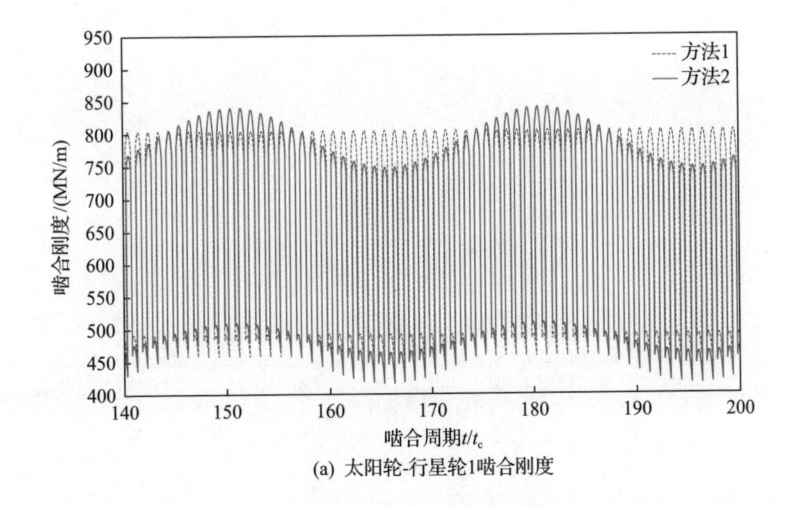

(a) 太阳轮-行星轮1啮合刚度

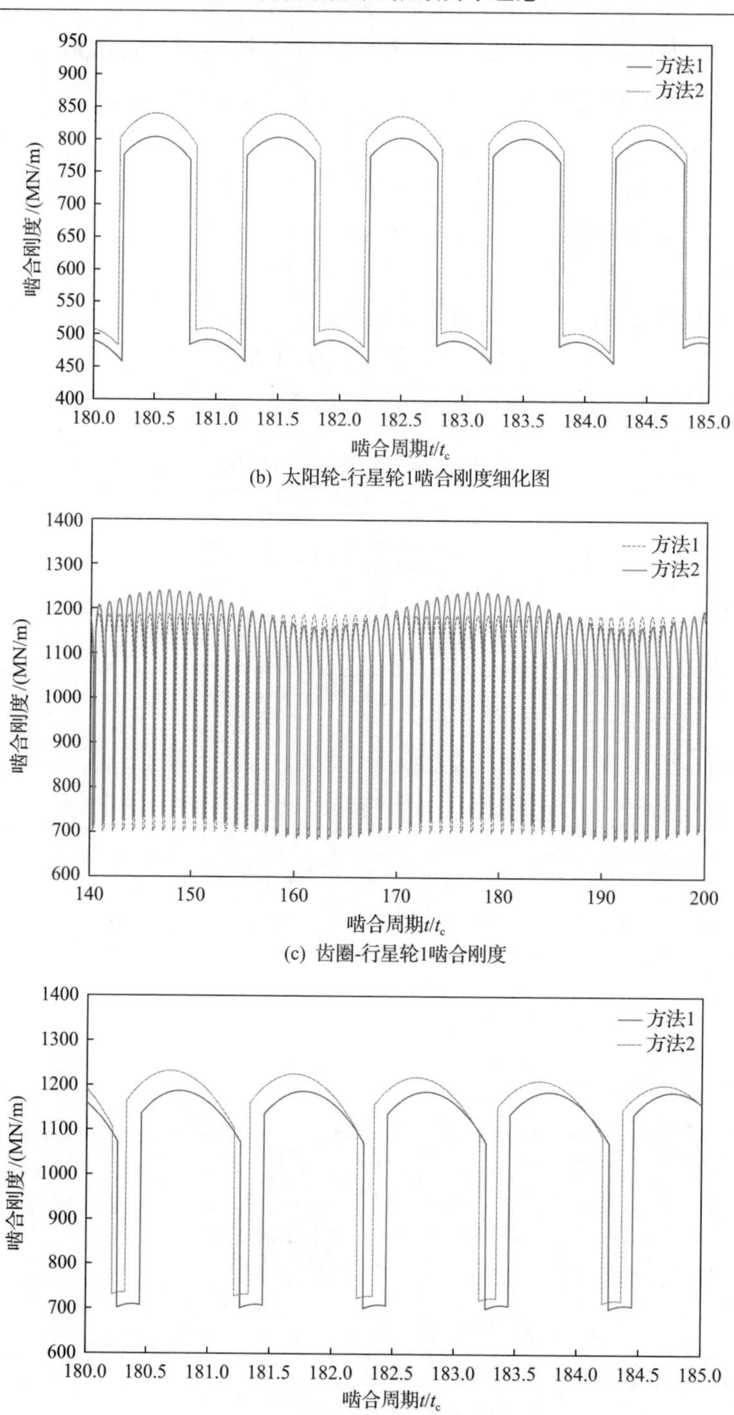

(b) 太阳轮-行星轮1啮合刚度细化图

(c) 齿圈-行星轮1啮合刚度

(d) 齿圈-行星轮1啮合刚度细化图

图 5.7　两种方法计算的啮合刚度对比(偏心误差 E_s=300μm，啮合刚度 f_m=3500Hz)

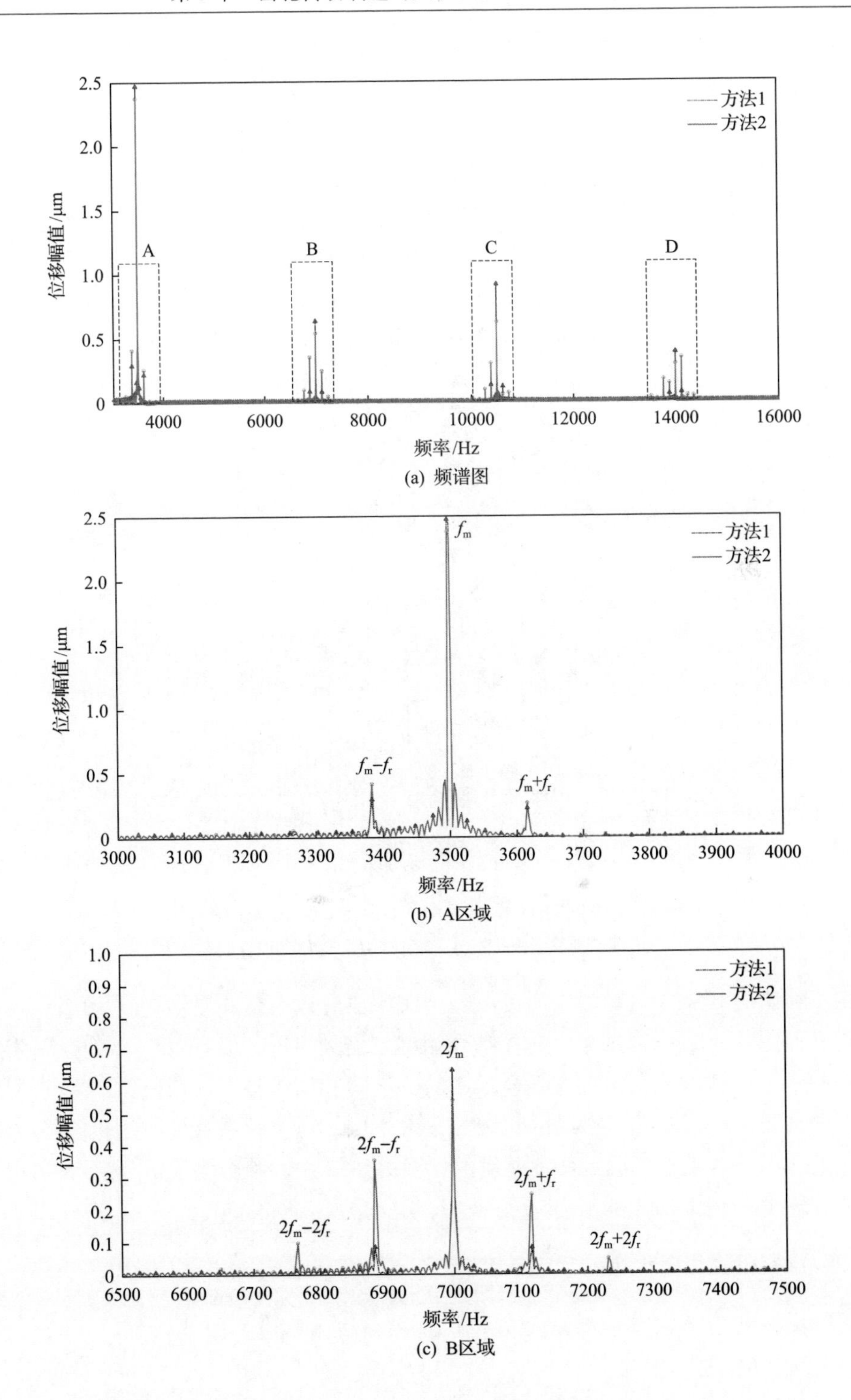

(a) 频谱图

(b) A区域

(c) B区域

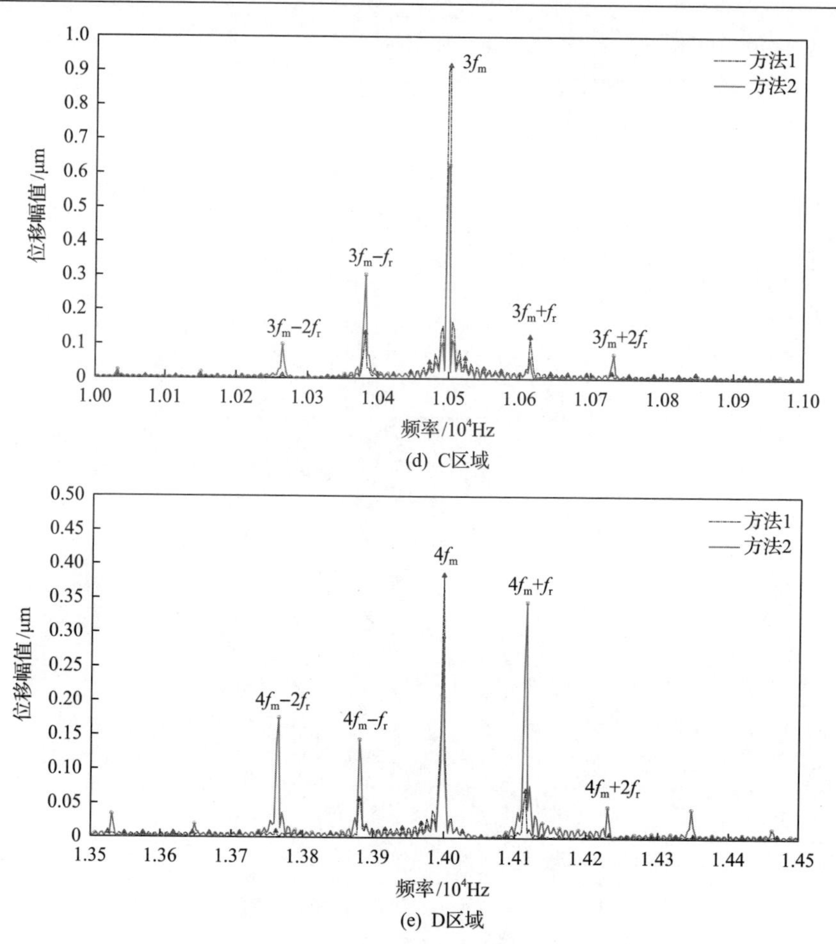

(d) C区域

(e) D区域

图 5.8　两种方法计算的行星轮 1 旋转方向振动位移对比

（偏心误差 E_s=20μm，啮合刚度 f_m=3500Hz）

果中，在啮合频率二倍频附近，可以看到频率成分以一倍和二倍转频为间隔的边频带；而方法 1 的计算结果中，在啮合频率二倍频附近，仅有以一倍转频为间隔的边频带。同样的现象出现在啮合频率的一倍频和四倍频，这种现象产生的原因在于两种方法中行星轮系激励的差异，方法 1 中，行星轮系系统在正弦位移激励和刚度激励下，动态响应是幅值调制的；而方法 2 中，啮合刚度每个啮合周期内幅值、频率和相位都各不相同，因此动态响应是复杂调制的。

5.2.3　行星轮孔位置误差的动态特性分析

行星轮孔位置误差会导致部分行星轮提前进入啮合，改变行星轮间载荷分配[4]。行星轮孔位置由幅值和角度两个参数确定(见图 5.1(b))，相同幅值下误差的角度对行星轮的载荷分配具有很大的影响[2]，因此对不同角度的行星轮孔位置误差分别进行分析。当啮合频率为 1114Hz，行星轮 1 孔位置误差 A_{p1}=100μm、γ_{p1}=0 时，两种方法计算的太阳轮-行星轮啮合刚度结果对比如图 5.9 所示。与方法 1 相比，方法 2 中太阳轮和四个行星轮的双齿啮合区及单齿啮合区的起始点都发生了改变，且变化的趋势各不相同。

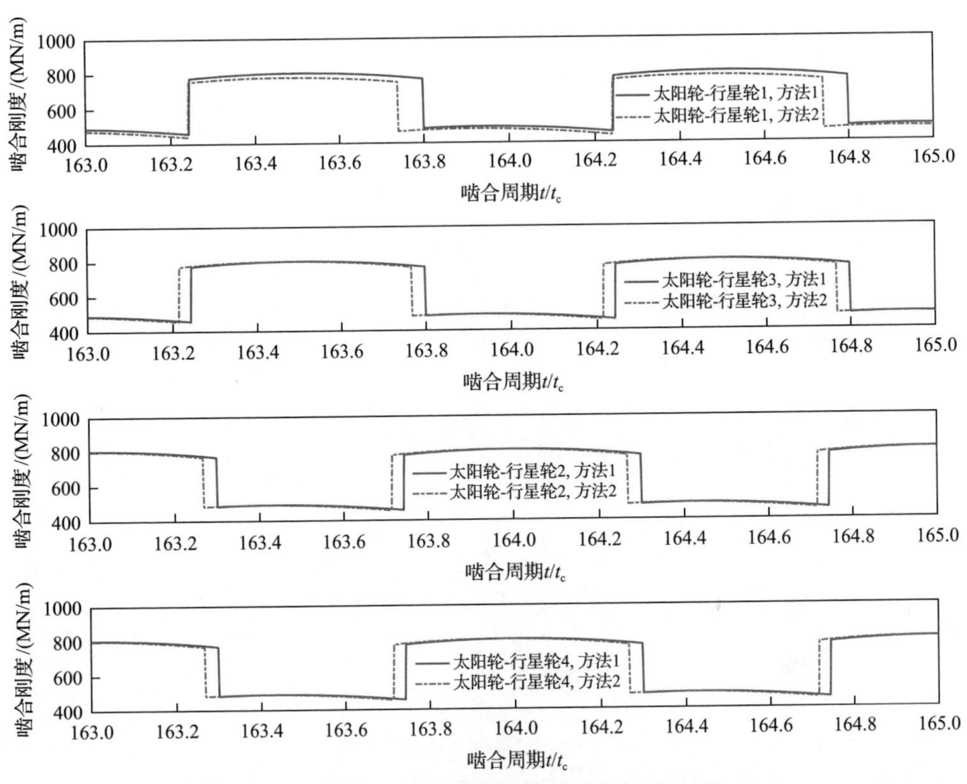

图 5.9　两种方法计算的太阳轮-行星轮啮合刚度结果对比
（行星轮 1 孔位置误差 A_{p1}=100μm, γ_{p1}=0）

当行星轮 1 孔位置误差 A_{p1}=100μm、γ_{p1}=0 时，两种方法计算的行星轮 1 径向位移结果对比如图 5.10 所示。两种方法计算得到的行星轮 1 径向位移存在较大差异，其频谱对比显示，方法 1 中啮合频率的一倍频幅值较小，能量主要集中于啮合频率的二倍频和三倍频，而方法 2 中啮合频率的一倍频幅值较大。这种现象产生的原因可能是：根据行星轮系啮合相位关系[7]，对于分析的行星轮系，对角线上的两个行星轮与太阳轮(或齿圈)的啮合相位完全相同，相邻的两个行星轮与太阳轮(齿圈)的啮合相位相差 180°，0.5 个啮合周期后，行星轮系的状态与初始状态相同，因此方法 1 中啮合频率二倍频幅值较大；而方法 2 中考虑了行星轮孔位置对啮合刚度的影响(见图 5.9)，行星轮系无法在 0.5 个啮合周期后回到原始状态，因此方法 2 中啮合频率一倍频的幅值较大。

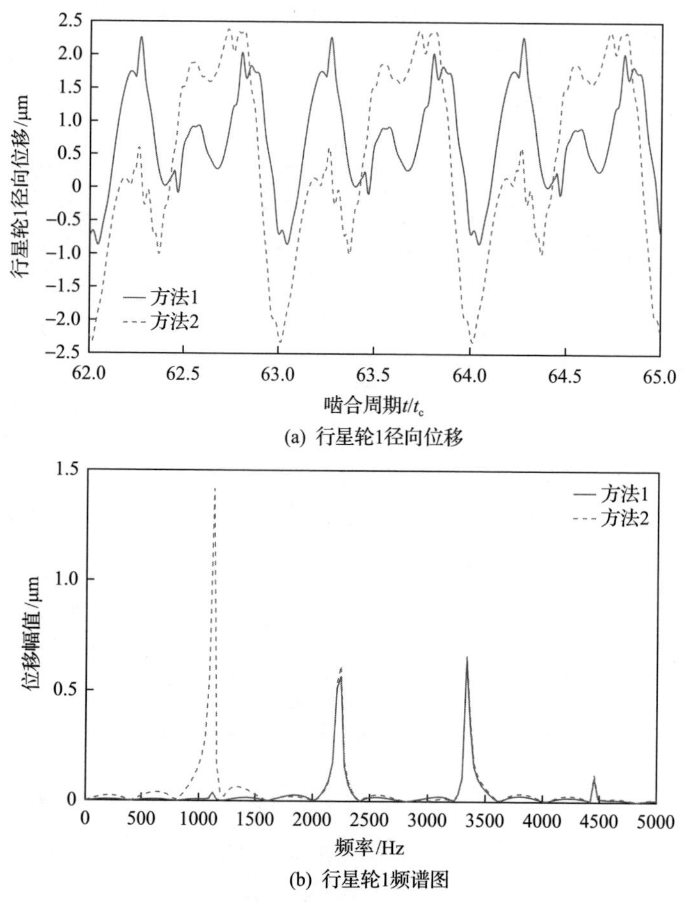

(a) 行星轮1径向位移

(b) 行星轮1频谱图

图 5.10 两种方法计算的行星轮 1 径向位移结果对比
(行星轮 1 孔位置误差 A_{p1}=100μm, γ_{p1}=0)

当行星轮 1 孔位置误差 A_{p1}=100μm、$\gamma_{p1}=-\pi/2$ 时，两种方法计算的太阳轮-行星轮啮合刚度结果对比如图 5.11 所示。与行星轮 1 孔位置误差初始角度 γ_{p1}=0 类似，太阳轮和四个行星轮的啮合双齿区和单齿区都发生了变化，与偏心误差不同的是，存在行星轮孔位置误差时，太阳轮和行星轮啮合刚度的周期仍为啮合周期。

当行星轮 1 孔位置误差 A_{p1}=100μm、$\gamma_{p1}=-\pi/2$ 时，两种方法计算的行星轮 1 径向位移结果对比如图 5.12 所示。两种方法得到的行星轮 1 径向位移的幅值形状相似，仅存在相位的差别；频谱对比图显示，方法 2 中啮合频率一倍频幅值有所增大，而啮合频率的二倍频及其以上倍频的幅值几乎相同。

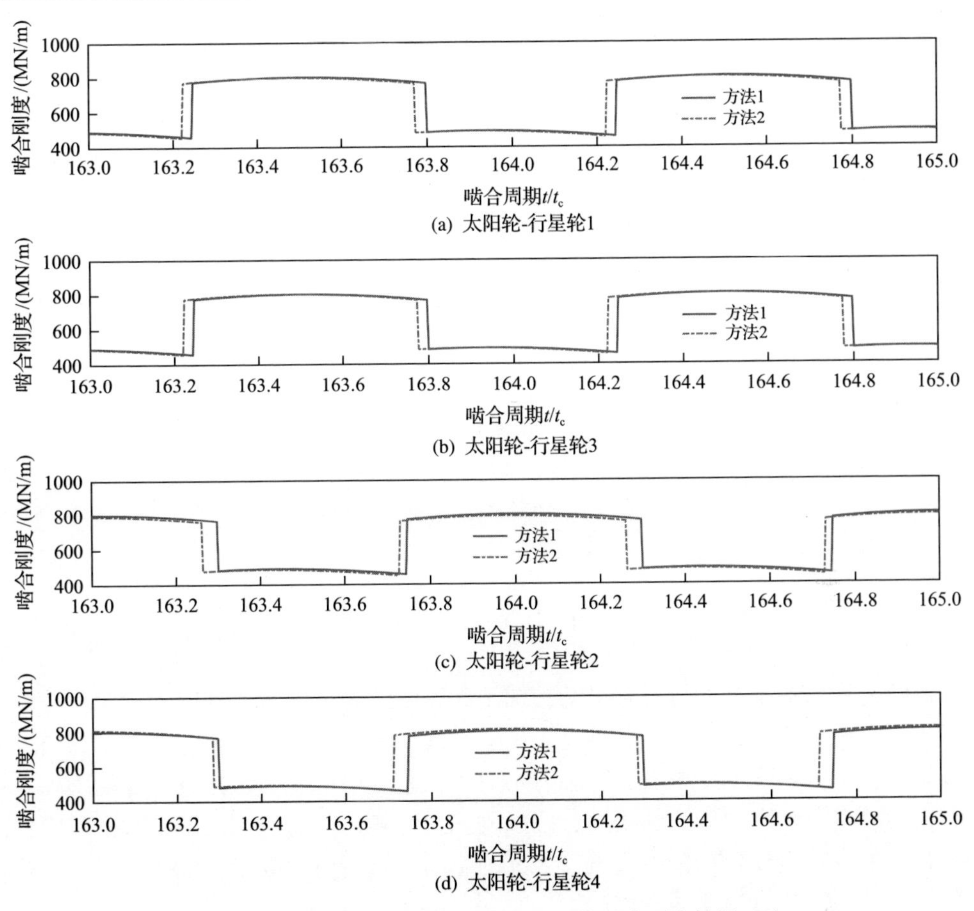

(a) 太阳轮-行星轮1

(b) 太阳轮-行星轮3

(c) 太阳轮-行星轮2

(d) 太阳轮-行星轮4

图 5.11　两种方法计算的太阳轮-行星轮啮合刚度结果对比
（行星轮 1 孔位置误差 A_{p1}=100μm, $\gamma_{p1}=-\pi/2$）

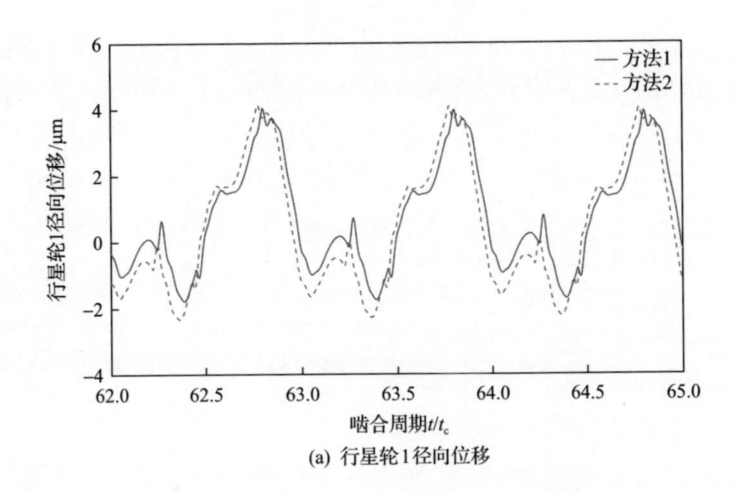

(a) 行星轮1径向位移

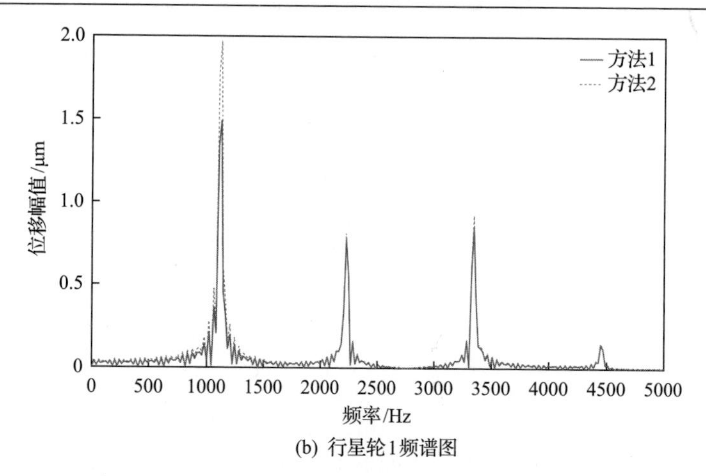

(b) 行星轮1频谱图

图 5.12　两种方法计算的行星轮 1 径向位移结果对比

（行星轮 1 孔位置误差 A_{p1}=100μm, $\gamma_{p1}=-\pi/2$）

5.3　行星轮系不对中误差动力学模拟

安装不对中误差是行星轮系结构加工和安装过程中经常出现的一种误差。根据啮合齿轮中心线倾斜或偏移状态，旋转轴线不对中误差分为平行不对中、角度不对中和平行角度不对中。旋转轴线不对中误差会引起轮齿齿向载荷分配不均、齿轮接触应力和弯曲应力的增加，并加剧振动和噪声。为阐明旋转轴线不对中误差对行星轮系振动特征及齿向载荷分配的影响，进行行星架旋转轴线不对中和行星轮旋转轴线不对中误差建模。

5.3.1　行星轮系不对中误差计算模型

行星架示意图如图 5.13 所示。在固定坐标系 $o\text{-}xyz$ 中，定义了旋转轴线不对中误差，坐标系的原点 o 位于行星架中心处，坐标系的 z 轴与行星架的轴线重合。行星架和行星轮旋转轴线不对中误差如图 5.14 所示。没有任何不对中误差的行星架轴线与 z 轴重合；当行星架存在旋转轴线不对中误差时，行星架和行星轮的轴线均发生偏离，行星架中心由 o 点移动到 o'点，$o'G$ 为行星架新的轴线。

行星轮 n 轴向方向上，离圆心距离为 z 的点 k 在坐标系 $o\text{-}xyz$ 中的坐标为

$$\begin{cases} x_k = x_0 + z\tan\Phi \\ y_k = y_0 + \dfrac{z\tan\theta}{\cos\Phi} \\ z_k = z \end{cases} \tag{5.22}$$

式中，x_0、y_0为行星架中心沿坐标轴 x 和 y 偏离的距离，当 $x_0=0$ 且 $y_0=0$ 时，行星架旋转轴线角度不对中；Φ 为行星架轴线与平面 xz 的夹角；θ 为行星架轴线在平面 xz 的投影与 z 轴的夹角。当 $\Phi=0$ 和 $\theta=0$ 时，为旋转轴线平行不对中；当 $\sqrt{x_0^2+y_0^2}\neq 0$ 且 $\sqrt{\theta^2+\Phi^2}\neq 0$ 时，为旋转轴线角度平行不对中。

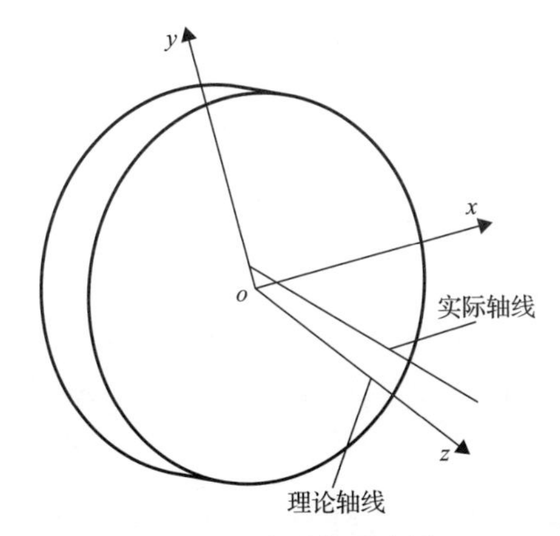

图 5.13　行星架示意图

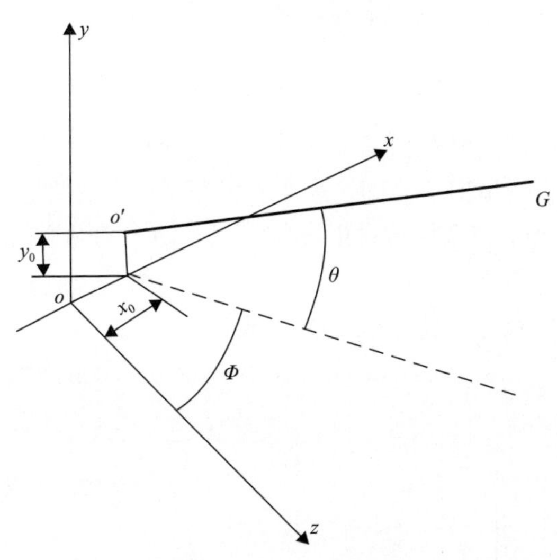

图 5.14　行星架和行星轮旋转轴线不对中误差

正常的太阳轮-行星轮和齿圈-行星轮啮合时每个啮合线都位于啮合平面内，当行星架存在旋转轴线不对中误差时，行星架和所有行星轮倾斜相同的位置将造成太阳轮-行星轮以及齿圈-行星轮的啮合状态与正常行星轮系齿轮啮合存在差别，假设存在旋转轴线角度不对中时齿轮间的接触形式与正常啮合齿轮之间的接触相同，即仍为线接触[8]。采用分段法离散方法，将啮合线接触线划分为多个接触点，每个接触点的初始间隙可以通过由旋转轴线不对中引起位置偏差向啮合线

方向投影确定，行星轮 n 上点 k 沿啮合线上位移为

$$e_{snk} = -x_k \sin(\varphi_{sn} + \Omega_c t) + y_k \cos(\varphi_{sn} + \Omega_c t) \tag{5.23}$$

不对中引起的行星轮与齿圈啮合线上位移为

$$e_{rnk} = -x_k \sin(\varphi_{rn} + \Omega_c t) + y_k \cos(\varphi_{rn} + \Omega_c t) \tag{5.24}$$

当行星轮 n 存在旋转轴线不对中误差时，行星轮 n 的轴线产生偏离，新的轴线随着行星架一同旋转，其轴线在与行星架一同旋转的坐标系中保持不变，而太阳轮和行星轮 n 以及齿圈和行星轮 n 的啮合线也随着行星架一同旋转，同样在与行星架一同旋转的坐标系中保持不变，因此行星轮旋转轴线不对中在啮合线上的投影并不随着时间的变化而改变，如行星轮孔位置误差一样，为时不变误差。行星轮孔位置误差可以视为行星轮旋转轴线平行不对中误差，由于行星轮 n 旋转轴线不对中误差，行星轮 n 上点 k 在太阳轮-行星轮啮合线上的位移为

$$e_{snk} = -x_k \sin\varphi_{sn} + y_k \cos\varphi_{sn} \tag{5.25}$$

行星轮 n 上点 k 在齿圈-行星轮啮合线上的位移为

$$e_{rnk} = -x_k \sin\varphi_{rn} + y_k \cos\varphi_{sn} \tag{5.26}$$

行星轮系的动态模型建立如第 4 章所述，整个模型建立在以行星架名义转速转动的动坐标系中，行星架、齿圈、太阳轮及行星轮各含有 5 个自由度，分别为两个弯曲自由度 x、y，一个扭转自由度 θ_z，以及两个摆动自由度 θ_x、θ_y，太阳轮和行星轮以及行星轮和齿圈的啮合由一系列并联的弹簧组成，构件在 x 和 y 方向的摆动刚度分别表示为 $K_{j\theta_x}$ 和 $K_{j\theta_y}$ (j=c, r, s, p)。

太阳轮-行星轮 n 动态模型示意图如图 5.15 所示，太阳轮上坐标为 (a_s, b_s, c_s) 的点 H_s 的振动位移为

$$\boldsymbol{u}_s = \begin{bmatrix} x_s \\ y_s \\ 0 \end{bmatrix} + \begin{bmatrix} \theta_{sx} \\ \theta_{sy} \\ \theta_{sz} \end{bmatrix} (a_s i + b_s j + c_s k) = \begin{bmatrix} x_s + c_s\theta_{sy} - b_s\theta_{sz} \\ y_s - c_s\theta_{sx} + a_s\theta_{sz} \\ 0 + b_s\theta_{sx} - a_s\theta_{sy} \end{bmatrix} \tag{5.27}$$

式中，点 H_s 的坐标可以表示为

$$\begin{cases} a_s = r_{bs}\cos\varphi_{sn} - l\sin\varphi_{sn} \\ b_s = r_{bs}\sin\varphi_{sn} + l\cos\varphi_{sn} \\ c_s = c_i \end{cases} \tag{5.28}$$

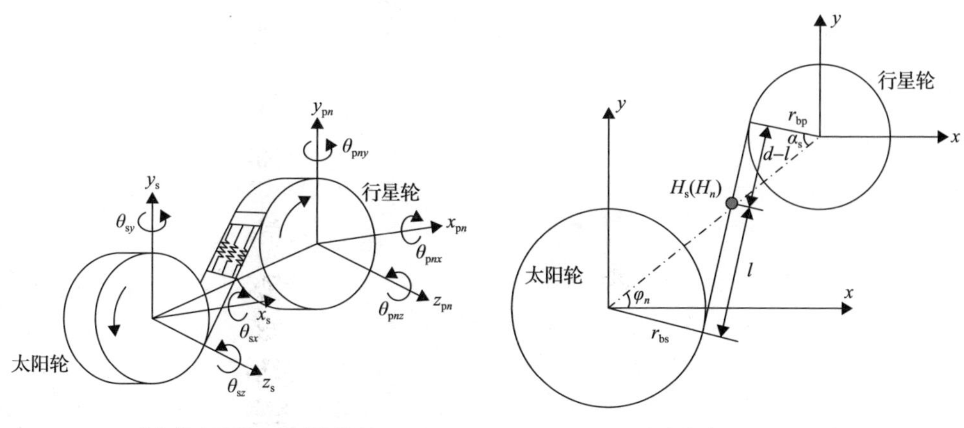

(a) 太阳轮-行星轮三维动态模型　　(b) 太阳轮-行星轮二维示意图

图 5.15　太阳轮-行星轮 n 动态模型示意图

与太阳轮上点 H_s 相接触的行星轮点设为 H_n，H_n 在行星轮 n 的坐标系中可以表示为

$$\begin{cases} a_{pn} = -r_{bp}\cos\varphi_{sn} + (d-l)\sin\varphi_{sn} \\ b_{pn} = -r_{bp}\sin\varphi_{sn} - (d-l)\cos\varphi_{sn} \\ c_{pn} = c_i \end{cases} \tag{5.29}$$

点 H_n 的移动位移为

$$\boldsymbol{u}_{pn} = \begin{bmatrix} x_{pn} \\ y_{pn} \\ 0 \end{bmatrix} + \begin{bmatrix} \theta_{pnx} \\ \theta_{pny} \\ \theta_{pnz} \end{bmatrix} (a_{pn}i + b_{pn}j + c_{pn}k) = \begin{bmatrix} x_{pn} + c_{pn}\theta_{pny} - b_{pn}\theta_{pnz} \\ y_{pn} - c_{pn}\theta_{pnx} + a_{pn}\theta_{pnz} \\ 0 + b_{pn}\theta_{pnx} - a_{pn}\theta_{pny} \end{bmatrix} \tag{5.30}$$

太阳轮和行星轮 n 的接触点 H_s-H_n 沿着啮合线方向的变形为[9]

$$\begin{aligned} \bar{\delta}_{n,H}^{sp} &= (u_s - u_{pn})(-\sin\varphi_{sn}i + \cos\varphi_{sn}j) + e_{pn,H} \\ &= \cos\varphi_{sn}(y_s - y_{pn} + c\theta_{pnx} - c\theta_{sx}) + \sin\varphi_{sn}(x_{pn} - x_s + c\theta_{pny} - c\theta_{sy}) \\ &\quad + r_{bs}\theta_{sz} + r_{bp}\theta_{pnz} + e_{pn,H} \end{aligned} \tag{5.31}$$

式中，$e_{pn,H}$ 为行星架、行星轮旋转轴线不对中以及齿向修形引起的间隙。

太阳轮和行星轮 n 在接触点 H_s-H_n 处的啮合力表示为

$$F_{n,H}^{sp} = h_{n,H}^{sp} K_{n,H}^{sp} \left(\bar{\delta}_{n,H}^{sp} - u\right) \tag{5.32}$$

式中，u 为齿侧间隙。

太阳轮和行星轮 n 总的啮合力为

$$F_{\mathrm{s}}^{\mathrm{p}n}=\sum_{j=1}^{J}\sum_{i=1}^{I}h_{n,j,i}^{\mathrm{sp}}K_{n,j,i}^{\mathrm{sp}}\delta_{n,j,i}^{\mathrm{sp}} \tag{5.33}$$

式中，$h_{n,j,i}^{\mathrm{sp}}$ 为接触系数；I 为太阳轮和行星轮沿齿宽方向“切片”的个数；J 为啮合的齿对个数；$K_{n,j,i}^{\mathrm{sp}}$ 为太阳轮-行星轮 n 第 j 对轮齿第 i 段的啮合刚度；当 $\delta_{n,j,i}^{\mathrm{sp}}>0$ 时，$h_{n,j,i}^{\mathrm{sp}}=1$；当 $\delta_{n,j,i}^{\mathrm{sp}}\leqslant 0$ 时，$h_{n,j,i}^{\mathrm{sp}}=0$。

接触点 H_{s}-H_n 处的接触力作用于太阳轮上的力矩为

$$\boldsymbol{M}_{n,H}^{\mathrm{sp}}=\begin{bmatrix}\boldsymbol{a}_{\mathrm{s}}\\ \boldsymbol{b}_{\mathrm{s}}\\ \boldsymbol{c}_{\mathrm{s}}\end{bmatrix}\begin{bmatrix}\boldsymbol{F}_{n,H}^{\mathrm{sp}}\cos\varphi_{\mathrm{s}n}\\ \boldsymbol{F}_{n,H}^{\mathrm{sp}}\sin\varphi_{\mathrm{s}n}\\ 0\end{bmatrix}=\begin{bmatrix}\boldsymbol{cF}_{n,H}^{\mathrm{sp}}\cos\varphi_{\mathrm{s}n}\\ \boldsymbol{cF}_{n,H}^{\mathrm{sp}}\sin\varphi_{\mathrm{s}n}\\ -\boldsymbol{F}_{n,i}^{\mathrm{sp}}r_{\mathrm{bs}}\end{bmatrix} \tag{5.34}$$

行星轮 n 和太阳轮上所有接触点的啮合力作用于太阳轮上的力矩为

$$\boldsymbol{M}_{n}^{\mathrm{sp}}=\begin{bmatrix}\sum_{j=1}^{J}\sum_{i=1}^{I}c_iF_{n,i,j}^{\mathrm{sp}}\cos\varphi_{\mathrm{s}n}\\ \sum_{j=1}^{J}\sum_{i=1}^{I}c_iF_{n,i,j}^{\mathrm{sp}}\sin\varphi_{\mathrm{s}n}\\ \sum_{j=1}^{J}\sum_{i=1}^{I}-F_{n,i,j}^{\mathrm{sp}}r_{\mathrm{bs}}\end{bmatrix} \tag{5.35}$$

行星轮 n 和太阳轮上所有接触点的啮合力作用于行星轮 n 上的力矩为

$$\boldsymbol{M}_{n}^{\mathrm{ps}}=\begin{bmatrix}\sum_{j=1}^{J}\sum_{i=1}^{I}-c_iF_{n,i,j}^{\mathrm{sp}}\cos\varphi_{\mathrm{s}n}\\ \sum_{j=1}^{J}\sum_{i=1}^{I}-c_iF_{n,i,j}^{\mathrm{sp}}\sin\varphi_{\mathrm{s}n}\\ \sum_{j=1}^{J}\sum_{i=1}^{I}F_{n,i,j}^{\mathrm{sp}}r_{\mathrm{bs}}\end{bmatrix} \tag{5.36}$$

与太阳轮和行星轮的啮合类似，行星轮 n 和齿圈轴向距离原点为 c_i 的点的啮合变形为

$$\begin{aligned}\delta_{n,j,i}^{\mathrm{rp}}&=\cos\varphi_{\mathrm{r}n}\left(y_{\mathrm{r}}-y_{\mathrm{p}n}+c_i\theta_{\mathrm{p}nx}-c_i\theta_{\mathrm{r}x}\right)\\&\quad+\sin\varphi_{\mathrm{r}n}\left(x_{\mathrm{p}n}-x_{\mathrm{r}}+c_i\theta_{\mathrm{p}ny}-c_i\theta_{\mathrm{r}y}\right)+r_{\mathrm{br}}\theta_{\mathrm{r}z}-r_{\mathrm{bp}}\theta_{\mathrm{p}nz}+e_{\mathrm{r}n,j,i}\end{aligned} \tag{5.37}$$

行星轮-齿圈的作用力对齿圈的力矩为

$$
\boldsymbol{M}_n^{\mathrm{rp}}=\sum_{j=1}^{J}\sum_{i=1}^{I}\begin{bmatrix}\boldsymbol{a}_{\mathrm{r}}\\ \boldsymbol{b}_{\mathrm{r}}\\ \boldsymbol{c}\end{bmatrix}\begin{bmatrix}F_{n,j,i}^{\mathrm{rp}n}\sin\varphi_{\mathrm{r}n}\\ -F_{n,j,i}^{\mathrm{rp}n}\cos\varphi_{\mathrm{r}n}\\ 0\end{bmatrix}=\begin{bmatrix}\sum_{j=1}^{J}\sum_{i=1}^{I}c_iF_{n,j,i}^{\mathrm{rp}n}\cos\varphi_{\mathrm{r}n}\\ \sum_{j=1}^{J}\sum_{i=1}^{I}c_iF_{n,j,i}^{\mathrm{rp}n}\sin\varphi_{\mathrm{r}n}\\ \sum_{j=1}^{J}\sum_{i=1}^{I}-F_{n,j,i}^{\mathrm{rp}n}r_{\mathrm{br}}\end{bmatrix} \tag{5.38}
$$

行星轮-齿圈的作用力对行星轮的力矩为

$$
\boldsymbol{M}_n^{\mathrm{pr}}=\sum_{j=1}^{J}\sum_{i=1}^{I}\begin{bmatrix}\boldsymbol{a}_{\mathrm{p}n}^{\mathrm{r}}\\ \boldsymbol{b}_{\mathrm{p}n}^{\mathrm{r}}\\ \boldsymbol{c}\end{bmatrix}\begin{bmatrix}-F_{n,j,i}^{\mathrm{rp}n}\sin\varphi_{\mathrm{r}n}\\ F_{n,j,i,x}^{\mathrm{rp}n}\cos\varphi_{\mathrm{r}n}\\ 0\end{bmatrix}=\begin{bmatrix}\sum_{j=1}^{J}\sum_{i=1}^{I}-c_iF_{n,j,i}^{\mathrm{rp}n}\cos\varphi_{\mathrm{r}n}\\ \sum_{j=1}^{J}\sum_{i=1}^{I}-c_iF_{n,j,i}^{\mathrm{rp}n}\sin\varphi_{\mathrm{r}n}\\ \sum_{j=1}^{J}\sum_{i=1}^{I}F_{n,j,i}^{\mathrm{rp}n}r_{\mathrm{br}}\end{bmatrix} \tag{5.39}
$$

行星架和行星轮 n 的变形表示为

$$
\delta_n^{\mathrm{cp}}=\begin{bmatrix}\delta_{n,x}^{\mathrm{cp}}\\ \delta_{n,y}^{\mathrm{cp}}\\ \delta_{n,z}^{\mathrm{cp}}\end{bmatrix}=\begin{bmatrix}\boldsymbol{x}_{\mathrm{c}}-\boldsymbol{x}_{\mathrm{p}n}-\boldsymbol{R}_{\mathrm{c}}\theta_{\mathrm{c}z}\sin\varphi_n\\ \boldsymbol{y}_{\mathrm{c}}-\boldsymbol{y}_{\mathrm{p}n}+\boldsymbol{R}_{\mathrm{c}}\theta_{\mathrm{c}z}\cos\varphi_n\\ 0\end{bmatrix} \tag{5.40}
$$

行星轮和行星架的接触力为

$$
\boldsymbol{F}_n^{\mathrm{cp}}=\boldsymbol{K}_{\mathrm{p}}\delta_n^{\mathrm{cp}}=\boldsymbol{K}_{\mathrm{p}}\begin{bmatrix}\boldsymbol{x}_{\mathrm{c}}-\boldsymbol{x}_{\mathrm{p}n}-\boldsymbol{R}_{\mathrm{c}}\theta_{\mathrm{c}z}\sin\varphi_n\\ \boldsymbol{y}_{\mathrm{c}}-\boldsymbol{y}_{\mathrm{p}n}+\boldsymbol{R}_{\mathrm{c}}\theta_{\mathrm{c}z}\cos\varphi_n\\ 0\end{bmatrix} \tag{5.41}
$$

行星架和行星轮的相互作用力对行星轮的作用力矩为

$$
\begin{aligned}
\boldsymbol{M}_n^{\mathrm{cp}}&=\begin{bmatrix}\boldsymbol{M}_{n,x}^{\mathrm{cp}}\\ \boldsymbol{M}_{n,y}^{\mathrm{cp}}\\ \boldsymbol{M}_{n,z}^{\mathrm{cp}}\end{bmatrix}\\
&=\begin{bmatrix}\boldsymbol{K}_{\theta x}\left(\theta_{\mathrm{p}nx}-\theta_{\mathrm{c}x}\right)\\ \boldsymbol{K}_{\theta x}\left(\theta_{\mathrm{p}ny}-\theta_{\mathrm{c}y}\right)\\ \boldsymbol{K}_{\mathrm{p}x}\left(\boldsymbol{x}_{\mathrm{c}}-\boldsymbol{x}_{\mathrm{p}n}-\boldsymbol{R}_{\mathrm{c}}\theta_{\mathrm{c}z}\sin\varphi_n\right)\boldsymbol{R}_{\mathrm{c}}\theta_{\mathrm{c}z}\sin\varphi_n-\boldsymbol{K}_{\mathrm{p}x}\left(\boldsymbol{y}_{\mathrm{c}}-\boldsymbol{y}_{\mathrm{p}n}+\boldsymbol{R}_{\mathrm{c}}\theta_{\mathrm{c}z}\cos\varphi_n\right)\boldsymbol{R}_{\mathrm{c}}\theta_{\mathrm{c}z}\cos\varphi_n\end{bmatrix}
\end{aligned} \tag{5.42}
$$

行星架上力矩为

$$\boldsymbol{M}_n^{\mathrm{pc}}=\begin{bmatrix}\boldsymbol{M}_{n,x}^{\mathrm{pc}}\\\boldsymbol{M}_{n,y}^{\mathrm{pc}}\\\boldsymbol{M}_{n,z}^{\mathrm{pc}}\end{bmatrix}=-\begin{bmatrix}\boldsymbol{M}_{n,x}^{\mathrm{cp}}\\\boldsymbol{M}_{n,y}^{\mathrm{cp}}\\\boldsymbol{M}_{n,z}^{\mathrm{cp}}\end{bmatrix}\tag{5.43}$$

行星架的力和力矩平衡方程为

$$\begin{cases}m_{\mathrm{c}}\left(\ddot{x}_{\mathrm{c}}-2\omega_{\mathrm{c}}\dot{y}_{\mathrm{c}}-\omega_{\mathrm{c}}^2x_{\mathrm{c}}\right)+\sum\limits_{n=1}^{N}K_{\mathrm{p}}\delta_{n,x}^{\mathrm{cp}}+K_{\mathrm{c}}x_{\mathrm{c}}=0\\m_{\mathrm{c}}\left(\ddot{y}_{\mathrm{c}}+2\omega_{\mathrm{c}}\dot{x}_{\mathrm{c}}-\omega_{\mathrm{c}}^2y_{\mathrm{c}}\right)+\sum\limits_{n=1}^{N}K_{\mathrm{p}}\delta_{n,y}^{\mathrm{cp}}+K_{\mathrm{c}}y_{\mathrm{c}}=0\\I_{\mathrm{c}x}\ddot{\theta}_{\mathrm{c}x}-K_{\mathrm{pu}}(\theta_{\mathrm{p}nx}-\theta_{\mathrm{c}x})-K_{\mathrm{c}\theta_x}\theta_{\mathrm{c}x}=0\\I_{\mathrm{c}y}\ddot{\theta}_{\mathrm{c}y}-K_{\mathrm{pu}}(\theta_{\mathrm{p}ny}-\theta_{\mathrm{c}y})-K_{\mathrm{c}\theta_y}\theta_{\mathrm{c}y}=0\\I_{\mathrm{c}z}\ddot{\theta}_{\mathrm{c}z}-\sum\limits_{n=1}^{N}K_{\mathrm{p}}\delta_{n,x}^{\mathrm{cp}}R_{\mathrm{c}}\sin\varphi_n+\sum\limits_{n=1}^{N}K_{\mathrm{p}}\delta_{n,y}^{\mathrm{cp}}R_{\mathrm{c}}\cos\varphi_n+K_{\mathrm{c}\theta_z}\theta_{\mathrm{c}z}=T_{\mathrm{c}}\end{cases}\tag{5.44}$$

齿圈的力和力矩平衡方程为

$$\begin{cases}m_{\mathrm{r}}\left(\ddot{x}_{\mathrm{r}}-2\omega_{\mathrm{c}}\dot{y}_{\mathrm{r}}-\omega_{\mathrm{c}}^2x_{\mathrm{r}}\right)-\sum\limits_{n=1}^{N}\sum\limits_{j=1}^{J}\sum\limits_{i=1}^{I}h_{n,j,i}^{\mathrm{rp}}K_{n,j,i}^{\mathrm{rp}}\delta_{n,j,i}^{\mathrm{rp}}\sin\varphi_{\mathrm{r}n}+K_{\mathrm{r}}x_{\mathrm{r}}=0\\m_{\mathrm{r}}\left(\ddot{y}_{\mathrm{r}}+2\omega_{\mathrm{c}}\dot{x}_{\mathrm{r}}-\omega_{\mathrm{c}}^2y_{\mathrm{r}}\right)+\sum\limits_{n=1}^{N}\sum\limits_{j=1}^{J}\sum\limits_{i=1}^{I}h_{n,j,i}^{\mathrm{rp}}K_{n,j,i}^{\mathrm{rp}}\delta_{n,j,i}^{\mathrm{rp}}\cos\varphi_{\mathrm{r}n}+K_{\mathrm{r}}y_{\mathrm{r}}=0\\I_{\mathrm{r}x}\ddot{\theta}_{\mathrm{s}x}-\sum\limits_{n=1}^{N}\sum\limits_{j=1}^{J}\sum\limits_{i=1}^{I}c_ih_{n,j,i}^{\mathrm{rp}}K_{n,j,i}^{\mathrm{rp}}\delta_{n,j,i}^{\mathrm{rp}}\cos\varphi_{\mathrm{r}n}+K_{\mathrm{r}\theta_x}\theta_{\mathrm{r}x}=0\\I_{\mathrm{r}y}\ddot{\theta}_{\mathrm{s}y}-\sum\limits_{n=1}^{N}\sum\limits_{j=1}^{J}\sum\limits_{i=1}^{I}c_ih_{n,j,i}^{\mathrm{rp}}K_{n,j,i}^{\mathrm{rp}}\delta_{n,j,i}^{\mathrm{rp}}\sin\varphi_{\mathrm{r}n}+K_{\mathrm{r}\theta_y}\theta_{\mathrm{r}y}=0\\I_{\mathrm{r}}\ddot{\theta}_{\mathrm{r}}+\sum\limits_{n=1}^{N}\sum\limits_{j=1}^{J}\sum\limits_{i=1}^{I}h_{n,j,i}^{\mathrm{rp}}K_{n,j,i}^{\mathrm{rp}}\delta_{n,j,i}^{\mathrm{rp}}r_{\mathrm{br}}+K_{\mathrm{r}\theta_z}\theta_{\mathrm{r}z}=0\end{cases}\tag{5.45}$$

太阳轮的力和力矩平衡方程为

$$
\begin{cases}
m_{\mathrm{s}}\left(\ddot{x}_{\mathrm{s}}-2\omega_{\mathrm{c}}\dot{y}_{\mathrm{s}}-\omega_{\mathrm{c}}^{2}x_{\mathrm{s}}\right)-\sum\limits_{n=1}^{N}\sum\limits_{j=1}^{J}\sum\limits_{i=1}^{I}h_{n,j,i}^{\mathrm{sp}}K_{n,j,i}^{\mathrm{sp}}\delta_{n,j,i}^{\mathrm{sp}}\sin\varphi_{\mathrm{s}n}+K_{\mathrm{s}}x_{\mathrm{s}}=0 \\
m_{\mathrm{s}}\left(\ddot{y}_{\mathrm{s}}+2\omega_{\mathrm{c}}\dot{x}_{\mathrm{s}}-\omega_{\mathrm{c}}^{2}y_{\mathrm{s}}\right)+\sum\limits_{n=1}^{N}\sum\limits_{j=1}^{J}\sum\limits_{i=1}^{I}h_{n,j,i}^{\mathrm{sp}}K_{n,j,i}^{\mathrm{sp}}\delta_{n,j,i}^{\mathrm{sp}}\cos\varphi_{\mathrm{s}n}+K_{\mathrm{s}}y_{\mathrm{s}}=0 \\
I_{\mathrm{s}x}\ddot{\theta}_{\mathrm{s}x}-\sum\limits_{n=1}^{N}\sum\limits_{j=1}^{J}\sum\limits_{i=1}^{I}c_{i}h_{n,j,i}^{\mathrm{sp}}K_{n,j,i}^{\mathrm{sp}}\delta_{n,j,i}^{\mathrm{sp}}\cos\varphi_{\mathrm{s}n}+K_{\mathrm{s}\theta_{x}}\theta_{\mathrm{s}x}=0 \\
I_{\mathrm{s}y}\ddot{\theta}_{\mathrm{s}y}-\sum\limits_{n=1}^{N}\sum\limits_{j=1}^{J}\sum\limits_{i=1}^{I}c_{i}h_{n,j,i}^{\mathrm{sp}}K_{n,j,i}^{\mathrm{sp}}\delta_{n,j,i}^{\mathrm{sp}}\sin\varphi_{\mathrm{s}n}+K_{\mathrm{s}\theta_{y}}\theta_{\mathrm{s}y}=0 \\
I_{\mathrm{s}z}\ddot{\theta}_{\mathrm{s}z}+\sum\limits_{n=1}^{N}\sum\limits_{j=1}^{J}\sum\limits_{i=1}^{I}h_{n,j,i}^{\mathrm{sp}}K_{n,j,i}^{\mathrm{sp}}\delta_{n,j,i}^{\mathrm{sp}}r_{\mathrm{bs}}+K_{\mathrm{s}\theta_{z}}\theta_{\mathrm{s}z}=T_{\mathrm{s}}
\end{cases}
\tag{5.46}
$$

行星轮 n 的力和力矩平衡方程为

$$
\begin{cases}
m_{\mathrm{p}}\left[\ddot{x}_{\mathrm{p}n}-2\omega_{\mathrm{c}}\dot{y}_{\mathrm{p}n}+\omega_{\mathrm{c}}^{2}\left(x_{\mathrm{p}n}+R_{\mathrm{c}}\cos\varphi_{n}\right)\right] \\
\quad+\sum\limits_{j=1}^{J}\sum\limits_{i=1}^{I}h_{n,j,i}^{\mathrm{sp}}K_{n,j,i}^{\mathrm{sp}}\delta_{n,j,i}^{\mathrm{sp}}\sin\varphi_{\mathrm{s}n}+\sum\limits_{j=1}^{J}\sum\limits_{i=1}^{I}h_{n,j,i}^{\mathrm{rp}}K_{n,j,i}^{\mathrm{rp}}\delta_{n,j,i}^{\mathrm{rp}}\sin\varphi_{\mathrm{r}n}-K_{\mathrm{p}}\delta_{nx}^{\mathrm{cp}}=0 \\
m_{\mathrm{p}}\left[\ddot{y}_{\mathrm{p}n}+2\omega_{\mathrm{c}}\dot{x}_{\mathrm{p}n}-\omega_{\mathrm{c}}^{2}\left(y_{\mathrm{p}n}+R_{\mathrm{c}}\sin\varphi_{n}\right)\right] \\
\quad-\sum\limits_{j=1}^{J}\sum\limits_{i=1}^{I}h_{n,j,i}^{\mathrm{sp}}K_{n,j,i}^{\mathrm{sp}}\delta_{n,j,i}^{\mathrm{sp}}\cos\varphi_{\mathrm{s}n}-\sum\limits_{j=1}^{J}\sum\limits_{i=1}^{I}h_{n,j,i}^{\mathrm{rp}}K_{n,j,i}^{\mathrm{rp}}\delta_{n,j,i}^{\mathrm{rp}}\cos\varphi_{\mathrm{r}n}-K_{\mathrm{p}}\delta_{n,y}^{\mathrm{cp}}=0 \\
I_{\mathrm{p}x}\ddot{\theta}_{\mathrm{p}nx}+K_{\mathrm{pu}}\left(\theta_{\mathrm{p}nx}-\theta_{\mathrm{c}x}\right)=0 \\
I_{\mathrm{p}y}\ddot{\theta}_{\mathrm{p}ny}+K_{\mathrm{pu}}\left(\theta_{\mathrm{p}ny}-\theta_{\mathrm{c}y}\right)=0 \\
I_{\mathrm{p}z}\ddot{\theta}_{\mathrm{p}nz}+\sum\limits_{j=1}^{J}\sum\limits_{i=1}^{I}h_{n,j,i}^{\mathrm{sp}}K_{n,j,i}^{\mathrm{sp}}\delta_{n,j,i}^{\mathrm{sp}}r_{\mathrm{bp}}-\sum\limits_{j=1}^{J}\sum\limits_{i=1}^{I}h_{n,j,i}^{\mathrm{rp}}K_{n,j,i}^{\mathrm{rp}}\delta_{n,j,i}^{\mathrm{rp}}r_{\mathrm{bp}}=0
\end{cases}
\tag{5.47}
$$

5.3.2　行星架和行星轮角度不对中误差的动态特性分析

利用建立的行星轮系旋转轴线不对中误差模型，以行星架角度不对中和行星轮角度不对中误差为例，分析不对中误差对行星轮系动态响应的影响。计算采用的行星轮系主要参数如表 5.1 所示。其中各齿轮的齿宽和质量有所变化。行星轮系存在三种振动模态，分别是行星轮模态、旋转模态和平移模态[10]。其中，行星轮模态是三个中心构件不振动，只有行星轮振动；旋转模态为三个中心构件同时做扭转振动，且各行星轮的振动状态相同；而平移模态是指三个中心构件同时做平移振动；得到的行星轮系的振动模态和固有频率如表 5.2 所示。

表 5.2　行星轮系的振动模态和固有频率

振动模态	固有频率/Hz
行星轮模态	f_1=4934.6，f_2=16742，f_3=22890
旋转模态	f_4=0，f_5=4372.4，f_6=5089.6，f_7=17311，f_8=24486，f_9=27239
平移模态	f_{10}=1532.7，f_{11}=2163，f_{12}=4219，f_{13}=5531.6，f_{14}=20356，f_{15}=24415

采用四阶龙格-库塔法求解行星轮系微分方程，太阳轮上输入扭矩为 600N·m，行星架上负荷扭矩为 2000N·m，行星架角度不对中误差对行星轮系的影响如图 5.16 所示。当激励频率或其谐波之一等于或接近固有频率时，系统可能发生共振。然而，由于行星轮系固有的对称特性，激励频率的某些谐波频率等于固有频率时不会激发行星轮系的共振[11]。对于具有等间隔行星轮的行星轮系，相位调谐抑制规律如表 5.3 所示。根据相位调谐抑制规律[11]，当 $\mathrm{mod}(lZ_s/N)=0,1,\cdots,N-1$ 时（mod 表示取余，Z_s 为太阳轮齿数，N 为行星轮个数，l 为谐波次数），啮合频率的 l 次谐波不会激发行星轮模态共振，因此只有奇次谐波才能激发行星轮模态共振；当 $\mathrm{mod}(lZ_s/N)\neq 0$ 时，啮合频率的 l 次谐波不会激发旋转模态共振，因而只有激励频率的偶次谐波才能激发旋转模态共振。如图 5.16 所示，对于没有任何误差的行

表 5.3　等间隔行星轮相位调谐抑制规律

振动模态	$k_l=\mathrm{mod}(lZ_s/N)$
行星轮模态	$k_l\neq 0, 1, N-1$
旋转模态	$k_l=0$
平移模态	$k_l=1$，$N-1$

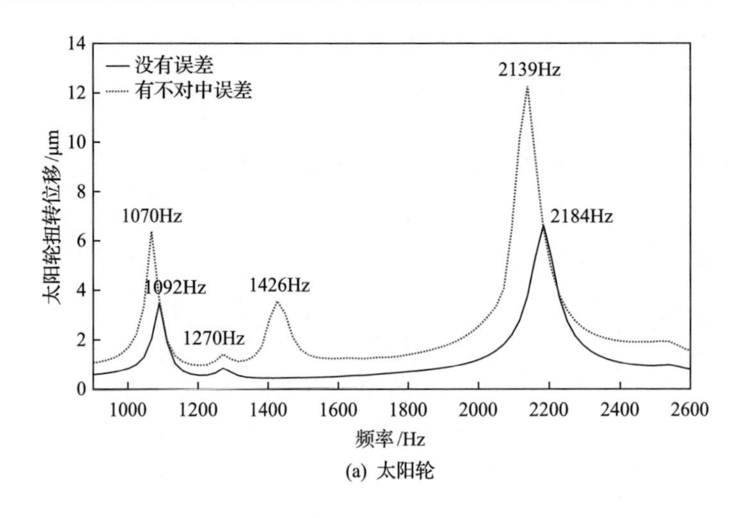

(a) 太阳轮

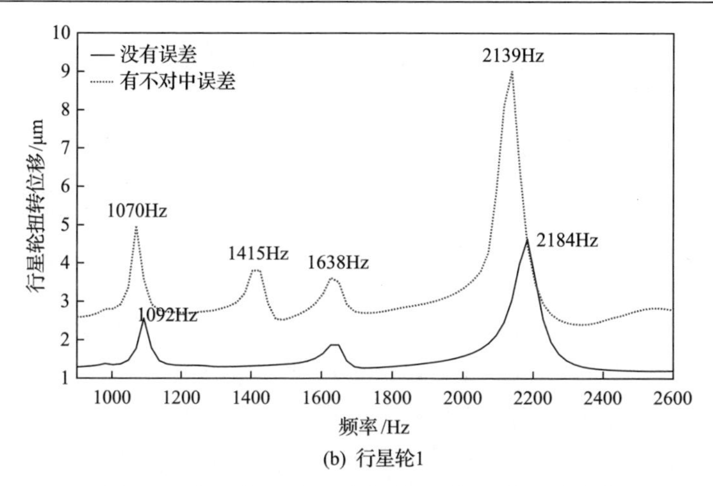

(b) 行星轮1

图 5.16　行星架角度不对中误差对行星轮系的影响

星轮系，太阳轮扭转振动在 1092Hz(=f_5/4，旋转模态)、1270Hz(=f_6/4，旋转模态)和 2184Hz(=f_5/2，旋转模态)频率处产生共振，行星轮 1 扭转振动在频率 1092Hz(=f_5/4，旋转模态)、1638Hz(≈f_1/3，行星轮模态)和 2184Hz(=f_5/2，旋转模态)频率处产生共振，完全满足相位调谐抑制规律。

当存在行星架角度不对中误差时，太阳轮分别在啮合频率为 1070Hz、1270Hz、1426Hz 和 2139Hz 时产生共振，由于行星架角度不对中误差，太阳轮和行星轮 1 在旋转方向上的共振频率分别从 1092Hz 和 2184Hz 降低到 1070Hz 和 2139Hz。可以推断，固有频率 f_5 从 4372.4Hz 降低到 4278Hz；这是因为行星架角度不对中误差引起太阳轮-行星轮和齿圈-行星轮沿齿宽局部啮合，太阳轮-行星轮和齿圈-行星轮的综合啮合刚度减小，因此系统的部分固有频率降低。另外，对于行星架角度不对中误差，太阳轮扭转振动和行星轮 1 扭转振动分别在频率 1426Hz 和 1415Hz 处产生共振，频率 1426Hz 等于新固有频率 f_5(=4278Hz)的三分之一。根据行星轮系相位调谐抑制原理，该频率不会激发旋转模态和行星轮模态共振，因此行星架的角度不对中改变了行星轮系的相位调谐抑制规律。

行星架角度不对中对太阳轮-行星轮啮合力的影响特性如图 5.17 所示。可以看出，处于对角线位置的行星轮具有相同的啮合力曲线。当行星架存在不对中误差时，太阳轮-行星轮的总啮合力被行星架转频的二倍频调制。调制频率为行星架转频的二倍频而不是行星架转频的原因是当行星架旋转半周后，沿齿面方向的载荷分布反转，但总啮合力保持不变。

行星轮 1 角度不对中对行星轮系动态特性的影响结果如图 5.18 所示。与行星架角度不对中类似，行星轮 1 存在角度不对中时，太阳轮扭转方向共振频率从 2184Hz 降低到 2162Hz，同时出现了新的共振频率 1448Hz。行星轮 1 扭转方向振动在新的频率 1047Hz、1393Hz、1537Hz 和 2094Hz 处产生了共振，频率 1537Hz 对应平移模态固有频率f_{10}，而频率 1047Hz、1393Hz 和 2094Hz 分别是频率 4188Hz 的 1/4、1/3 和 1/2；由于系统刚度降低，原固有频率f_{12}由 4219.4Hz 降低为 4188Hz。行星轮 1 角度不对中对太阳轮-行星轮啮合力的影响结果如图 5.19 所示。由于行星轮角度不对中属于时不变误差，啮合力仍是频率为啮合频率的周期曲线。

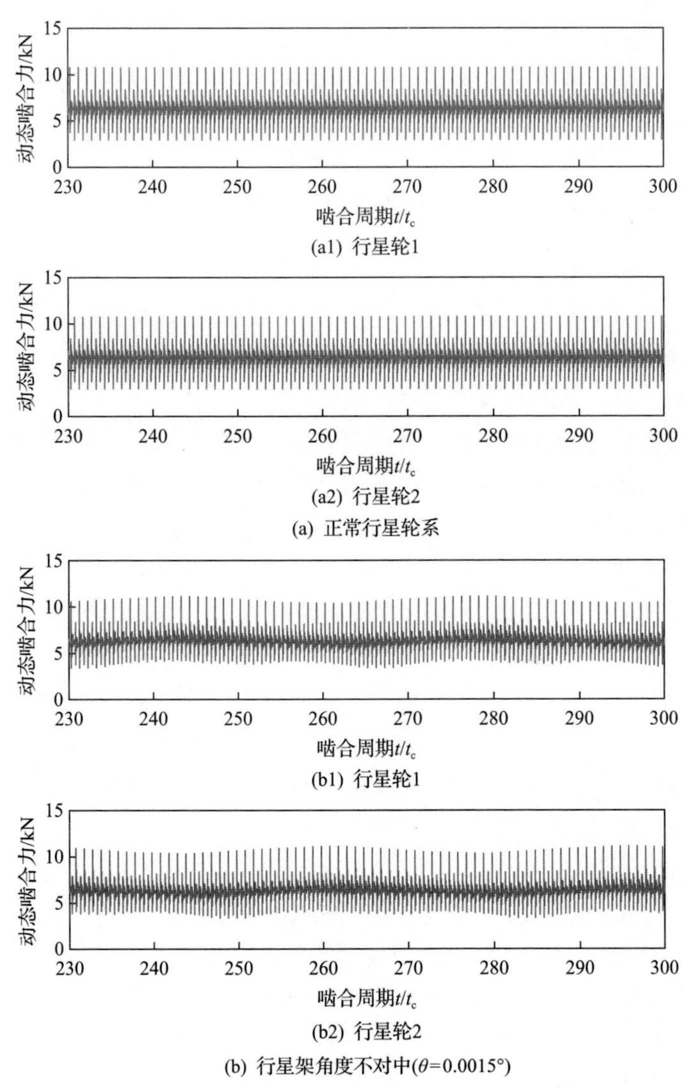

(a1) 行星轮1

(a2) 行星轮2

(a) 正常行星轮系

(b1) 行星轮1

(b2) 行星轮2

(b) 行星架角度不对中(θ=0.0015°)

图 5.17　行星架角度不对中对太阳轮-行星轮啮合力的影响特性

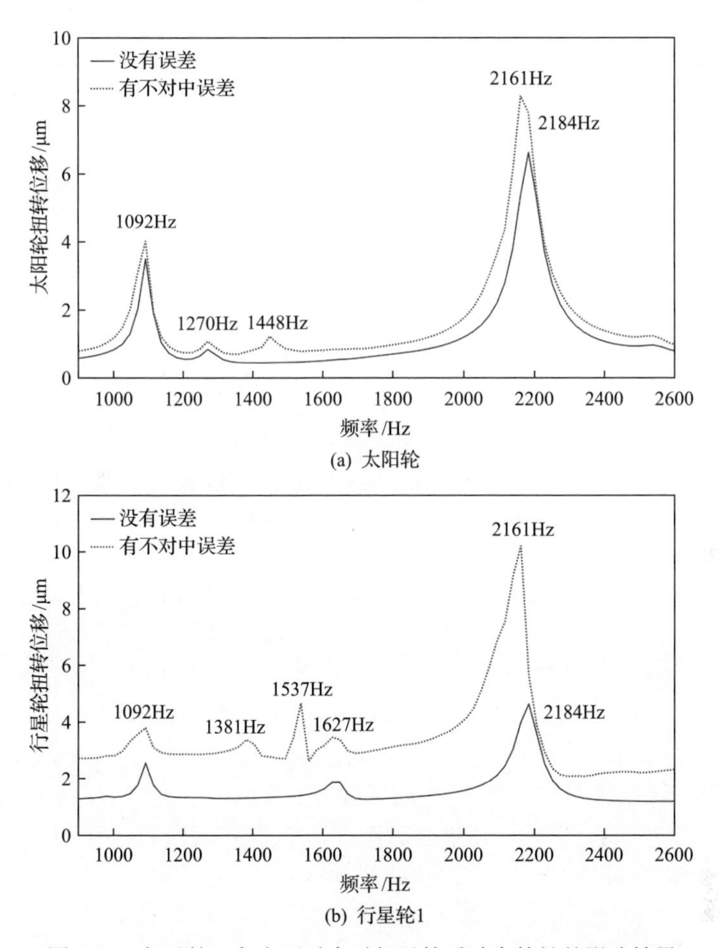

(a) 太阳轮

(b) 行星轮1

图 5.18　行星轮 1 角度不对中对行星轮系动态特性的影响结果

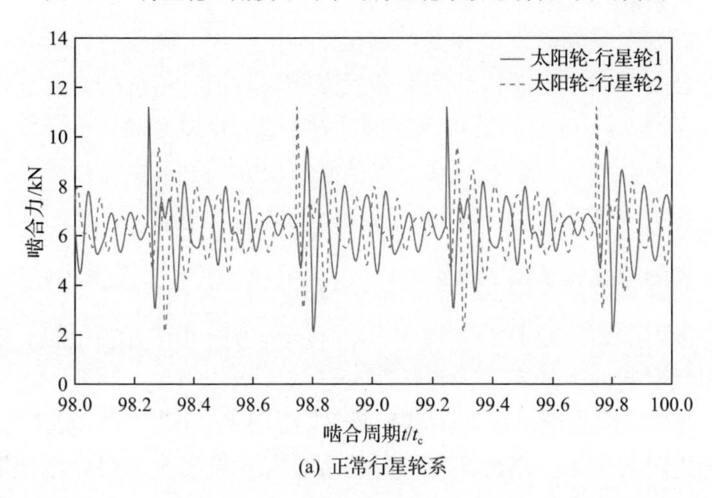

(a) 正常行星轮系

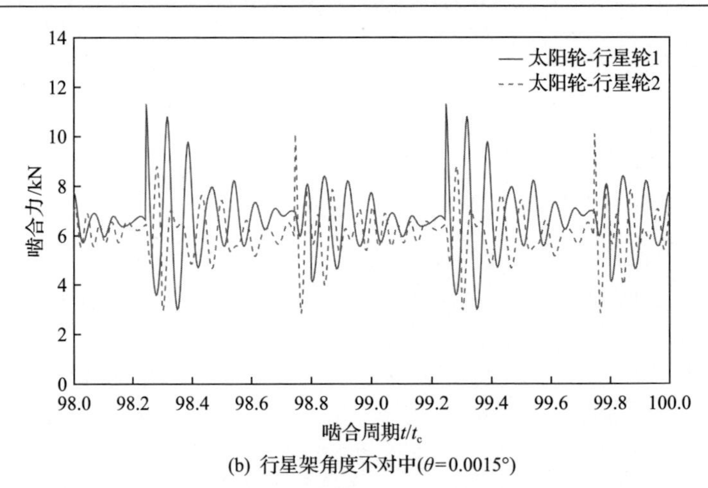

(b) 行星架角度不对中(θ=0.0015°)

图 5.19　行星轮 1 角度不对中对太阳轮-行星轮啮合力的影响结果

5.4　薄壁齿圈行星轮系动态特性模拟

由于在结构上采用多个行星轮均匀分担载荷，行星轮系机构具有体积小、重量轻、承载能力高等优点。然而，由于实际制造误差和轮齿变形的影响，各行星轮之间的载荷存在载荷分配不均现象，行星轮系结构的优点往往难以完全实现。为尽可能降低行星轮载荷分配不均的影响，在行星轮系设计中，通常采用均载装置改善行星轮系的载荷分配。薄壁齿圈作为行星轮系机构中常见的弹性变形元件，常用于改善行星轮之间的载荷分配。薄壁齿圈基体弹性变形增加了齿轮啮合的柔性，可以一定程度抵消行星轮系制造误差引起的行星轮载荷分配不均。然而，对于多啮合齿轮副和制造误差共同激励，各内啮合齿轮副之间以及同一啮合副不同啮合轮齿的变形受到齿圈基体变形和误差共同作用，造成各内啮合齿轮副之间以及同一啮合副不同啮合轮齿的变形相互影响。目前，传统的刚度模型尚未很好地解决薄壁齿圈-行星轮之间的接触建模问题，因而难以有效揭示薄壁齿圈和制造误差耦合激励下行星轮系动态特性。本节将主要介绍制造误差和柔性齿圈耦合激励下行星轮系动力学建模及动态响应。

5.4.1　薄壁齿圈行星轮系接触模型

内啮合齿圈的轮齿变形、接触变形与外啮合齿轮计算方法相似。对于薄壁齿圈，基础弹性引起的附加变形占弹性总变形的比例相当大，因此附加变形不能被忽略。这一点与较厚齿圈可以忽略基础弹性附加变形不同[12]。单独考虑齿圈-行星轮每个啮合齿对的变形，当齿圈和行星轮 n 的第 j 个啮合齿对处于接触状态时，弹性变形与初始间隙之差等于相对位移；当第 j 个啮合齿对处于分离状态时，弹性变形和初始间隙之和大于相对位移，其关系可以表示为

$$\begin{cases} w_n^{(j)} + \varepsilon_n^{(j)} - \delta_{\mathrm{r}n} > 0, & \text{分离} \\ w_n^j + \varepsilon_n^j - \delta_{\mathrm{r}n} = 0, & \text{接触} \end{cases} \tag{5.48}$$

式中，$w_n^{(j)}$ 为齿圈和行星轮 n 的第 j 个啮合齿对弹性变形；$\varepsilon_n^{(j)}$ 为初始间隙；$\delta_{\mathrm{r}n}$ 为齿圈和行星轮 n 的刚体位移。

$$\varepsilon_n^{(j)} = -E_{\mathrm{r}}\sin\left(\frac{w_{\mathrm{m}}}{z_{\mathrm{r}}}t + \varepsilon_{\mathrm{r}} - \varphi_{\mathrm{r}n}\right) + E_{\mathrm{p}n}\sin\left(\frac{w_{\mathrm{m}}}{z_{\mathrm{p}}}t + \varepsilon_{\mathrm{p}n} - \varphi_{\mathrm{r}n}\right) + A_{\mathrm{p}n}\sin\left(\gamma_{\mathrm{p}n} - \varphi_{\mathrm{r}n}\right) \tag{5.49}$$

$$\delta_{\mathrm{r}n} = \left(y_{\mathrm{r}} - y_{\mathrm{p}n}\right)\cos\varphi_{\mathrm{r}n} - \left(x_{\mathrm{r}} - x_{\mathrm{p}n}\right)\sin\varphi_{\mathrm{r}n} + r_{\mathrm{br}}\theta_{\mathrm{r}} - r_{\mathrm{bp}}\theta_{\mathrm{p}n} \tag{5.50}$$

弹性变形可以通过柔度影响系数得到，即

$$w_n^{(j)} = \sum_{k=1}^{N}\sum_{i=1}^{B_{\mathrm{r}}} a_{nk}^{ji} F_{rk}^{i} \tag{5.51}$$

式中，B_{r} 为所有齿圈和行星轮 n 可能处于接触齿对的最大数；$a_{nk}^{(j)(i)}$ 为柔度影响系数，是由作用于齿圈-行星轮 k 的第 i 个啮合齿对单位作用力引起的齿圈和行星轮 n 的第 j 个啮合齿对沿着啮合线方向的弹性变形，可以表示为

$$a_{nk}^{(j)(i)} = \begin{cases} w_{n\mathrm{b}}^{\mathrm{p}} + w_{n\mathrm{s}}^{\mathrm{p}} + w_{n\mathrm{a}}^{\mathrm{p}} + w_{n\mathrm{h}}^{\mathrm{p}} + w_{nk}^{\mathrm{p}} + w_{n\mathrm{b}}^{\mathrm{r}} + w_{n\mathrm{s}}^{\mathrm{r}} + w_{n\mathrm{a}}^{\mathrm{r}} + w_{n\mathrm{h}}^{\mathrm{r}} + w_{nk}^{\mathrm{r}}, & n = k, j = i \\ w_{nk}^{\mathrm{r}}, & n \neq k \text{ 或 } j \neq i \end{cases} \tag{5.52}$$

当 $n=k$，$j=i$ 时，啮合齿对的弹性变形包括十个部分，分别是齿圈和行星轮的轮齿弯曲变形 $w_{n\mathrm{b}}$、剪切变形 $w_{n\mathrm{s}}$、轴向压缩变形 $w_{n\mathrm{a}}$、接触变形 $w_{n\mathrm{h}}$ 及基础弹性引起的附加变形 w_{nk}。当 $n\neq k$ 或 $j\neq i$ 时，$a_{nk}^{(j)(i)}$ 仅等于齿圈基础弹性引起的附加变形 w_{nk}。

齿圈和行星轮的轮齿弯曲变形、剪切变形和轴向压缩变形的计算与外啮合齿轮类似，可以通过能量法得到。但是，外啮合齿轮通用的基础弹性引起的附加变形计算方法并不适用于薄壁齿圈。对齿圈基体弹性引起的轮齿附加变形，可以采用均匀弯曲的铁摩辛柯(Timoshenko)梁理论进行计算，方法是将齿圈简化成光滑的圆环，根据齿圈作用力与支撑边界条件将圆环分为 n+1 段，其中 n 为齿圈外部支撑的数目，每一段圆环都视为弯曲的铁摩辛柯梁，具有边界条件的等效弯曲梁如图 5.20 所示，变量 θ_k 表示弯曲梁上任意点的角位置，α_k 为弯曲梁第 k 段的中心角度。

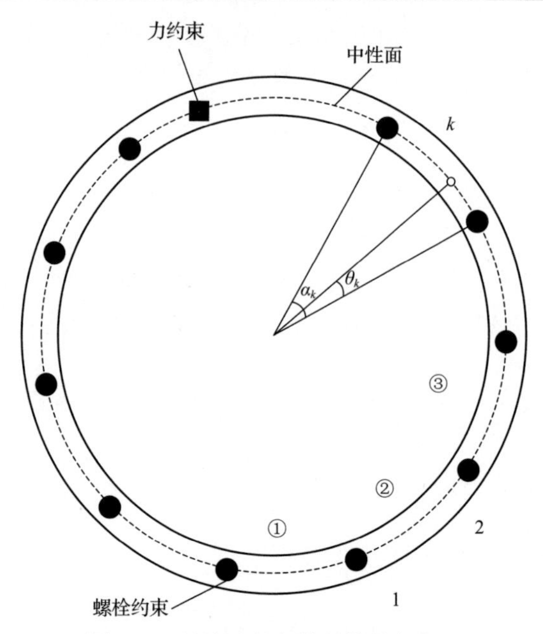

图 5.20　具有边界条件的等效弯曲梁

对于每一段铁摩辛柯梁，假设梁的横截面上的剪应变处处相同，梁旋转变形后横截面仍保持为平面，铁摩辛柯梁的变形关系为

$$\begin{cases} u(z,\theta_k)=u(\theta_k) \\ v(z,\theta_k)=v_0(\theta_k)+z\phi(\theta_k) \end{cases} \tag{5.53}$$

式中，$u(z,\theta_k)$ 为距离中性面距离为 z 的径向位移；$v(z,\theta_k)$ 为距离中性面距离为 z 的周向位移；$\phi(\theta_k)$ 为横截面的旋转角度。

由于没有分布力作用在梁上，铁摩辛柯梁中性面横向位移、周向位移和横截面绕中性轴的转动角度可以表示为[13]

$$\begin{cases} u^{(k)}(\theta_k)=-C_2^{(k)}-C_3^{(k)}\cos\theta_k+C_4^{(k)}\sin\theta_k-C_5^{(k)}\left(\theta_k\cos\theta_k+P_1\sin\theta_k\right) \\ \qquad\qquad +C_6^{(k)}\left(\theta_k\sin\theta_k-P_1\cos\theta_k\right) \\ v_0^{(k)}(\theta_k)=C_1^{(k)}+C_2^{(k)}\theta_k+C_3^{(k)}\sin\theta_k+C_4^{(k)}\cos\theta_k+C_5^{(k)}\theta_k\sin\theta_k+C_6^{(k)}\theta_k\cos\theta_k \\ \phi^{(k)}(\theta_k)=C_1^{(k)}\dfrac{1}{R}+C_2^{(k)}\dfrac{\theta_k}{R}+C_5^{(k)}P_2\cos\theta_k-C_6^{(k)}P_2\sin\theta_k \end{cases} \tag{5.54}$$

弯曲铁摩辛柯梁横截面法向力、切向力和弯曲力矩表达式为[13]

$$
\begin{cases}
N^{(k)}(\theta_k)=P_3\left(C_5^{(k)}\sin\theta_k+C_6^{(k)}\cos\theta_k\right)\\
V^{(k)}(\theta_k)=P_3\left(-C_5^{(k)}\cos\theta_k+C_6^{(k)}\sin\theta_k\right)\\
M^{(k)}(\theta_k)=C_2^{(k)}\dfrac{EI}{R^2}-P_3\left(C_5^{(k)}\sin\theta_k+C_6^{(k)}\cos\theta_k\right)
\end{cases}
\tag{5.55}
$$

式中，$C_i^{(k)}$ $(1\leqslant i\leqslant 6, 1\leqslant k\leqslant n+1)$ 为未知参数，需要通过给定边界条件确定；E 为弹性模量；I 为截面惯性矩；R 为齿圈中性面所在圆的半径；θ_k 为第 k 段弯曲梁的位置角度；P_1、P_2 和 P_3 为固定值，表示为

$$
\begin{cases}
P_1=\dfrac{R^2EGA^2+E^2IA-EIGA}{R^2GEA^2+E^2IA+EIGA}\\
P_2=\dfrac{2RGEA^2}{R^2GEA^2+E^2IA+EIGA}\\
P_3=\dfrac{2E^2IGA^2}{R^2GEA^2+E^2IA+EIGA}
\end{cases}
\tag{5.56}
$$

弯曲梁径向位移上距离中性面距离为 z 的点周向位移为

$$
\begin{aligned}
v^{(k)}(\theta_k)&=v_0^{(k)}+z\phi^{(k)}\\
&=\left(1+\frac{z}{R}\right)C_1^{(k)}+\left(1+\frac{z}{R}\right)C_2^{(k)}\theta_k+C_3^{(k)}\sin\theta_k+C_4^{(k)}\cos\theta_k\\
&\quad+\left(\theta_k\sin\theta_k+zP_2\cos\theta_k\right)C_5^{(k)}+\left(\theta_k\cos\theta_k-zP_2\sin\theta_k\right)C_6^{(k)}
\end{aligned}
\tag{5.57}
$$

齿圈基体被划分为 n+1 份均匀弯曲的铁摩辛柯梁，相邻两部分的弯曲梁通过边界条件连接，整个齿圈共含有 n 个固定支撑和 1 个力约束支撑。螺栓支撑是指齿圈与齿轮箱体通过螺栓固接在一起，因此螺栓支撑将齿圈该处的径向和切向位置完全约束，螺栓支撑位于齿圈中性面处，实际中的螺栓支撑处于齿圈外圆或接近齿圈外圆处，其边界条件为[13]

$$
\begin{cases}
u^{(k)}\left(z,\theta_k\right)=0\\
u^{(k)}\left(z,\theta_{k+1}\right)=0\\
v^{(k)}\left(z,\theta_k\right)=0\\
v^{(k)}\left(z,\theta_{k+1}\right)=0\\
\phi^{(k)}\left(\theta_k\right)=\phi^{(k)}\left(\theta_{k+1}\right)\\
M^{(k)}\left(\theta_k\right)=M^{(k)}\left(\theta_{k+1}\right)
\end{cases}
\tag{5.58}
$$

式中，$\theta_k=a_k$，$\theta_{k+1}=0$。

将式(5.54)～式(5.57)代入式(5.58)，可得

$$
\begin{cases}
\left(1+\dfrac{z}{R}\right)C_1^{(k)}+\left(1+\dfrac{z}{R}\right)C_2^{(k)}a_k+C_3^{(k)}\sin a_k+C_4^{(k)}\cos a_k+\cdots \\
\quad +\left(a_k\sin a_k+zP_2\cos a_k\right)C_5^{(k)}+\left(a_k\cos a_k-zP_2\sin a_k\right)C_6^{(k)}=0 \\
\left(1+\dfrac{h_1}{R}\right)C_1^{(k+1)}+C_4^{(k+1)}+h_1P_2C_5^{(k+1)}=0 \\
-C_2^{(k)}-C_3^{(k)}\cos a_k+C_4^{(k)}\sin a_k-C_5^{(k)}\left(a_k\cos a_k+P_1\sin a_k\right)+C_6^{(k)}\left(a_k\sin a_k\right. \\
\quad \left.-P_1\cos a_k\right)=0 \\
C_2^{(k+1)}+C_3^{(k+1)}+P_1C_6^{(k+1)}=0 \\
C_1^{(k)}\dfrac{1}{R}+C_2^{(k)}\dfrac{a_k}{R}+C_5^{(k)}P_2\cos a_k-C_6^{(k)}P_2\sin a_k-C_1^{(k+1)}\dfrac{1}{R}-P_2C_5^{(k+1)}=0 \\
C_2^{(k)}\dfrac{EI}{R^2}-P_3\left(C_5^{(k)}\sin a_k+C_6^{(k)}\cos a_k\right)-C_2^{(k+1)}\dfrac{EI}{R^2}+P_3C_6^{(k+1)}=0
\end{cases}
\tag{5.59}
$$

力约束是由作用在轮齿上的啮合力产生集中力和集中力矩并施加于中心面所在点，齿 j 啮合对齿 i 变形的贡献如图 5.21 所示，作用点上的径向力、切向力和

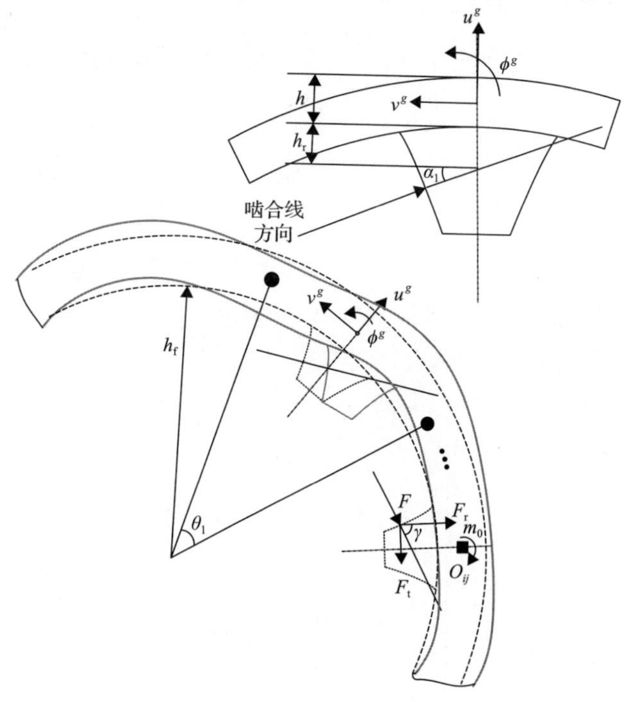

图 5.21　齿 j 啮合对齿 i 变形的贡献

力矩可以表示为[13]

$$
\begin{cases}
F_{\mathrm{r}} = F\cos\gamma \\
F_{\mathrm{t}} = F\sin\gamma \\
m = F_{\mathrm{t}}\left|OB\right| - F_{\mathrm{r}}\left|AB\right|
\end{cases}
\tag{5.60}
$$

式中，F 为轮齿上的啮合力。

力约束产生的边界条件是在相邻弯曲梁连接处产生集中力和力矩，可以表示为[13]

$$
\begin{cases}
u^{(k)}\left(\theta_k\right) = u^{(k)}\left(\theta_{k+1}\right) \\
v^{(k)}\left(\theta_k\right) = v^{(k)}\left(\theta_{k+1}\right) \\
\phi^{(k)}\left(\theta_k\right) = \phi^{(k)}\left(\theta_{k+1}\right) \\
N^{(k)}\left(\theta_k\right) - N^{(k)}\left(\theta_{k+1}\right) = F_{\mathrm{t}} \\
V^{(k)}\left(\theta_k\right) - V^{(k)}\left(\theta_{k+1}\right) = F_{\mathrm{r}} \\
M^{(k)}\left(\theta_k\right) - M^{(k)}\left(\theta_{k+1}\right) = m_0
\end{cases}
\tag{5.61}
$$

整个齿圈由 n+1 段弯曲铁摩辛柯梁组成，共包含 6(n+1)个约束条件，因此由支撑条件和力约束组成的方程组共含有 6(n+1)个线性方程，包含 6(n+1)个未知参数 $C_i^{(k)}$ ($1\leqslant i\leqslant 6, 1\leqslant k\leqslant n+1$)。对 6($n$+1)个线性方程进行求解得到未知参数 $C_i^{(k)}$，通过式(5.54)即可得到齿圈基体上任何位置的变形。假设齿圈-行星轮 n 的第 j 个啮合齿对处于齿圈基体圆环的第 g 段，由于基体弹性变形引起的齿圈-行星轮 n 的第 j 个啮合齿对的附加变形为

$$
w_n^{(j)} = \left[-\left(1+\frac{h_{\mathrm{r}}}{r_{\mathrm{f}}}\right)\left(v\left(\theta_1\right) - \frac{h}{2}\phi\left(\theta_1\right)\right) - \frac{h_{\mathrm{r}}}{r_{\mathrm{f}}}\frac{\partial u}{\partial\theta}\left(\theta_1\right)\right]\cos\alpha_1 + u\left(\theta_1\right)\sin\alpha_1 \tag{5.62}
$$

式中，h_{r} 为啮合线与轮齿中心线交点到齿圈齿顶圆距离，如图 5.21 所示；r_{f} 为齿圈内圆半径；θ_1 为齿圈-行星轮 n 的第 j 个啮合齿对在基体圆环第 g 段位置角度。

齿圈-行星轮 n 的啮合力为

$$
F_{\mathrm{r}n} = \sum_{j=1}^{B_{\mathrm{r}}} F_{\mathrm{r}n}^{(j)} \tag{5.63}
$$

太阳轮-行星轮 n 的啮合力表示为

$$
F_{\mathrm{s}n} = \sum_{j=1}^{B_{\mathrm{s}}} K_{\mathrm{s}n}^{(j)}\left(\delta_{\mathrm{s}n} - \varepsilon_n^{(j)}\right) \tag{5.64}
$$

5.4.2　轮孔位置误差和偏心误差对行星轮系动态特性的影响

以壁厚为 6mm、支撑数为 12 的薄壁齿圈行星轮系为例，分析行星轮孔位置误差、偏小误差与薄壁齿圈耦合作用下行星轮系的动态特性。由于行星轮齿间载荷分配对切向方向行星轮孔位置误差较为敏感，切向方向是行星轮孔位置误差方向与太阳轮和行星轮中心线垂直方向，因此本节将分析切向方向行星轮孔位置误差和薄壁齿圈对行星轮系的耦合影响。

动态均载系数是评估行星轮系动态特性的重要参数，定义为行星轮实际承担的动载荷与名义载荷之比[2]。对于一个特定的行星轮 i，动态均载系数包括太阳轮-行星轮动态均载系数和行星轮-齿圈动态均载系数，分别以 L_{spi} 和 L_{rpi} 表示。将不考虑齿圈基础弹性附加变形的齿圈称为刚性齿圈，在薄壁齿圈和刚性齿圈条件下，切向方向行星轮 1 孔位置误差对行星轮系最大均载系数的影响如图 5.22 所示。随着切向方向行星轮 1 孔位置误差在 0～400μm 内增大，两种齿圈情况下太阳轮-行星轮最大均载系数变化趋势相同，幅值最大相差 0.20；对于齿圈-行星轮啮合，齿圈轮体为弹性时齿圈和行星轮的最大动态均载系数小于齿圈轮体为刚性的情况，两者最大相差 0.44。

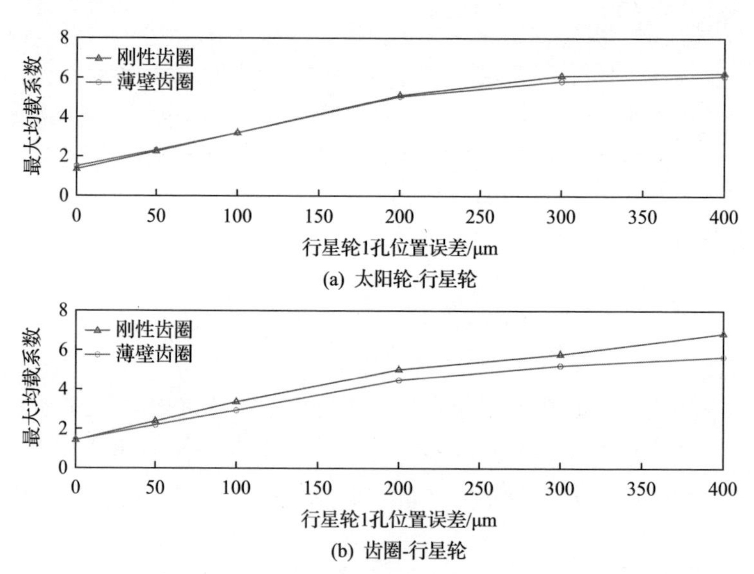

图 5.22　切向方向行星轮 1 孔位置误差对行星轮系最大均载系数的影响

行星轮 1 偏心误差为 50μm 时，刚性齿圈和薄壁齿圈条件下齿圈和行星轮 1 的动态传递误差及其频谱对比如图 5.23 所示。当齿圈为薄壁齿圈时，其频谱显示低频段不仅存在行星轮旋转频率 f_p，还包含与齿圈支撑相关的频率 f_e 和 $2f_e$（f_e=12f_c，

$f_c=f_m/Z_r$)；同时，啮合频率及其倍频两旁存在旁瓣 $mf_m \pm nf_e$，而频率 f_p 又调制了频率 $mf_m \pm nf_e$。因此，在薄壁齿圈和行星轮偏心耦合作用下，齿圈-行星轮 1 的动态传递误差呈现复杂的调制边频带。

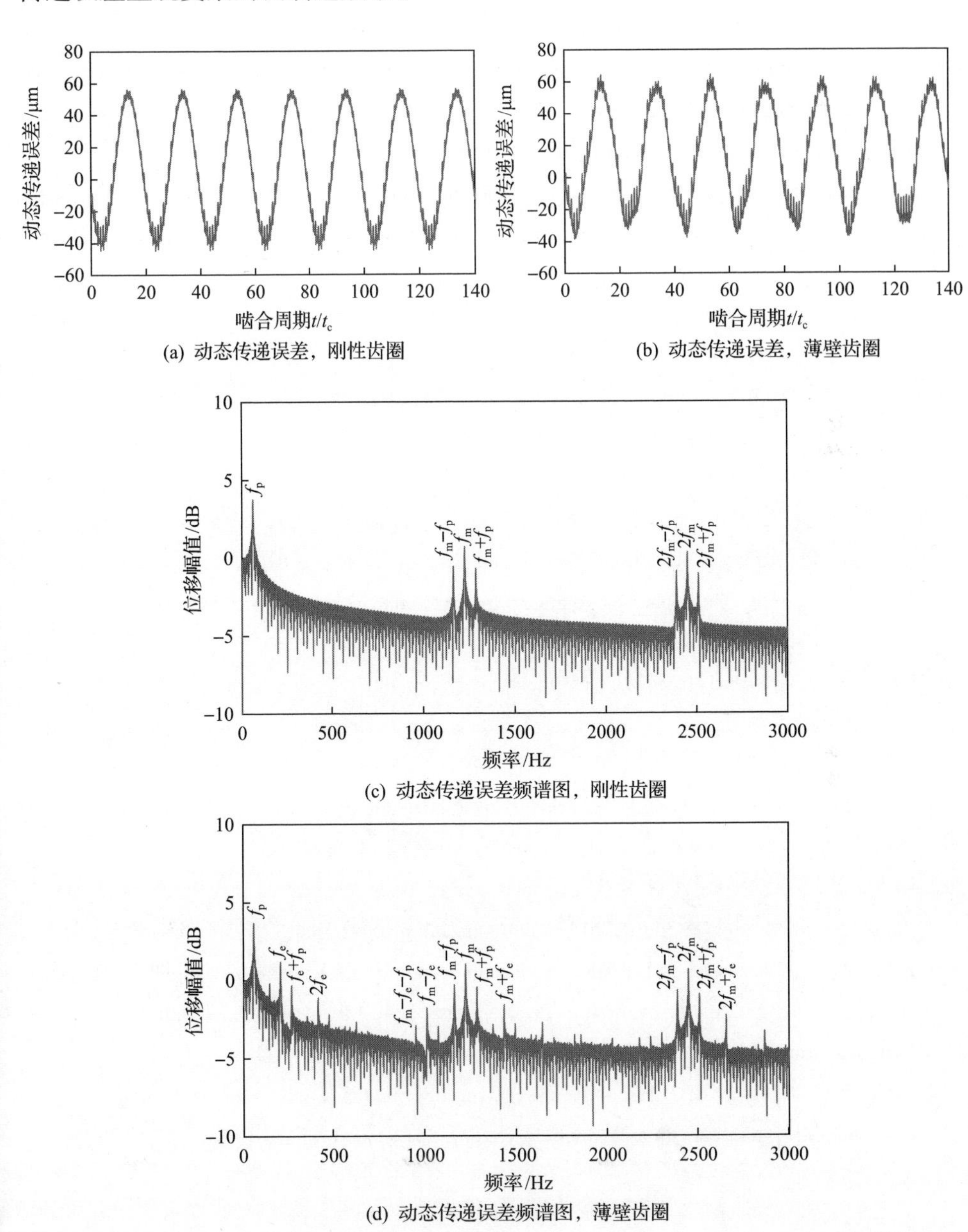

图 5.23　刚性齿圈和薄壁齿圈条件下齿圈和行星轮 1 的动态传递误差及其频谱对比（行星轮 1 偏心误差 E_{p1}=50μm）

参考文献

[1] Cao Z, Shao Y M, Rao M, et al. Effects of the gear eccentricities on the dynamic performance of a planetary gear set[J]. Nonlinear Dynamics, 2018, 91(1):1-15.

[2] Bodas A, Kahraman A. Influence of carrier and gear manufacturing errors on the static load sharing behavior of planetary gear sets[J]. JSME International Journal Series C Mechanical Systems, Machine Elements and Manufacturing, 2004, 47(3): 908-915.

[3] Palermo A, Mundo D, Hadjit R, et al. Multibody element for spur and helical gear meshing based on detailed three-dimensional contact calculations[J]. Mechanism and Machine Theory, 2013, 62: 13-30.

[4] Kahraman A. Load sharing characteristics of planetary transmissions[J]. Mechanism and Machine Theory, 1994, 29(8): 1151-1165.

[5] Chaari F, Fakhfakh T, Hbaieb R, et al. Influence of manufacturing errors on the dynamic behavior of planetary gears[J]. The International Journal of Advanced Manufacturing Technology, 2006, 27(7-8): 738-746.

[6] Zhao B, Huangfu Y, Ma H, et al. The influence of the geometric eccentricity on the dynamic behaviors of helical gear systems[J]. Engineering Failure Analysis, 2020, 118: 104907.

[7] Parker R G, Lin J. Mesh phasing relationships in planetary and epicyclic gears[J]. Journal of Mechanical Design, 2004, 126(2): 365-370.

[8] Houser D R, Harianto J, Talbot D. Gear mesh misalignment[J]. Gear Solutions, 2006, 6: 34-43.

[9] He S, Gunda R, Singh R. Inclusion of sliding friction in contact dynamics model for helical gears[J]. Journal of Mechanical Design, 2007, 129(1): 48-57.

[10] Lin J, Parker R G. Analytical characterization of the unique properties of planetary gear free vibration[J]. Journal of Vibration and Acoustics, 1999, 121(3): 316-321.

[11] Ambarisha V K, Parker R G. Suppression of planet mode response in planetary gear dynamics through mesh phasing[J]. Journal of Vibration and Acoustics, 2006, 128(2): 133-142.

[12] Liang X, Zuo M J, Patel T H. Evaluating the time-varying mesh stiffness of a planetary gear set using the potential energy method[J]. Proceedings of the Institution of Mechanical Engineers, Part C: Journal of Mechanical Engineering Science, 2014, 228(3): 535-547.

[13] Chen Z G, Shao Y M. Mesh stiffness of an internal spur gear pair with ring gear rim deformation[J]. Mechanism and Machine Theory, 2013, 69: 1-12.

第 6 章　滚动轴承结构与内激励计算

滚动轴承是各类机械装备的重要基础零部件，具有结构紧凑、机械效率高等优点。滚动轴承的精度、性能、寿命和可靠性对主机的精度、性能、寿命和可靠性起着决定性的作用。随着主机系统向着高速、重载以及静音等方向发展，对轴承的寿命、可靠性以及振动噪声特性提出了越来越高的要求，不仅要求滚动轴承安全、稳定、可靠地运行，还要求轴承具有高品质、长寿命、低振动和低噪声特性。在轴承动力学设计与分析中，系统激励是进行动力学分析的先决条件。本章主要从轴承系统结构出发，重点对轴承内激励类型进行介绍，并且给出位移激励和刚度激励的详细计算方法。

6.1　滚动轴承的基础知识

6.1.1　滚动轴承的结构组成

滚动轴承一般由外圈、滚动体、保持架和内圈组成，主要作用是支撑旋转轴和减小支承摩擦，实现基座与轴的相对旋转、往返直线运动或摆动。相对于滑动轴承，滚动轴承具有摩擦力矩小、润滑与维护简单、生产成本低等优点。滚动轴承的基本结构如图 6.1 所示[1]。

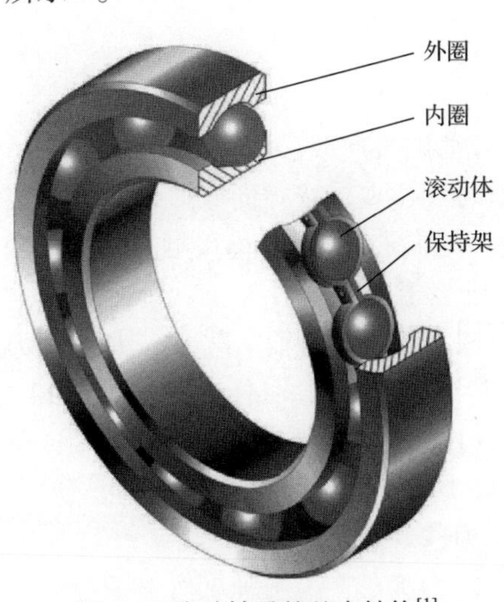

图 6.1　滚动轴承的基本结构[1]

6.1.2　滚动轴承的分类

滚动轴承种类繁多，分类标准也有差异，按产品扩展可分为轴承、组合轴承和轴承单元。其中，组合轴承是不同类型轴承组合而成的轴承，轴承单元以轴承为核心零件，对相关的其他功能零部件进行集成所形成的轴承功能部件(或组件、总成等)。滚动轴承的分类如图 6.2 所示。

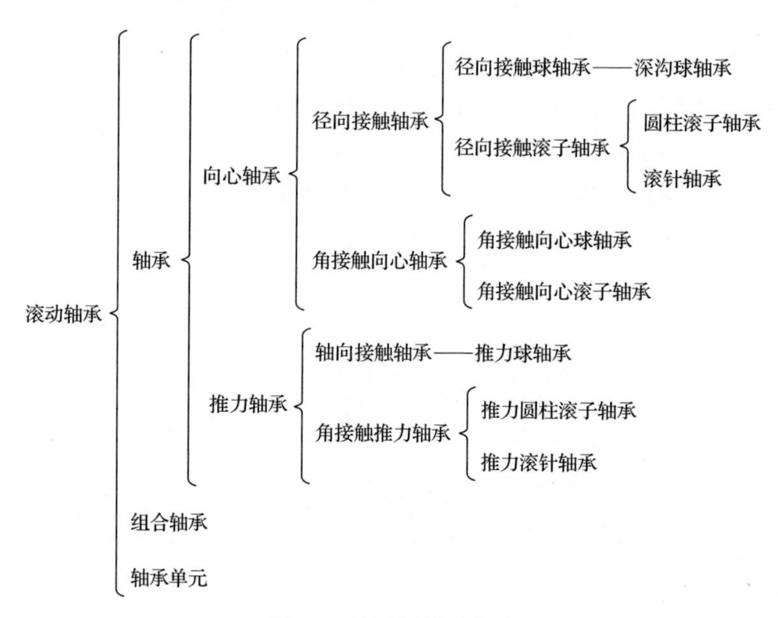

图 6.2　滚动轴承的分类

1. 按结构类型分类

1) 按滚动轴承承受载荷的方向或公称接触角分类

(1) 向心轴承。向心轴承主要承受径向载荷，其公称接触角为 0°～45°。按公称接触角又可分为径向接触向心轴承(公称接触角为 0°)和角接触向心轴承(公称接触角为大于 0°且小于或等于 45°)。

(2) 推力轴承。推力轴承主要承受轴向载荷，其公称接触角介于 45°～90°。按公称接触角又可分为轴向接触推力轴承(公称接触角为 90°)和角接触推力轴承(公称接触角为大于 45°且小于 90°)。

2) 按滚动体的种类分类

(1) 球轴承。滚动体为球。

(2) 滚子轴承。滚动体为滚子，滚子轴承按滚子种类又可分为圆柱滚子轴承、滚针轴承、圆锥滚子轴承和调心滚子轴承。

3) 按滚动轴承调心功能分类

(1) 调心轴承。滚道为球面形状，能适应两滚道轴心线间的角偏差及角运动。

(2) 非调心轴承。非调心轴承指的是能阻抗滚道间轴心线角偏移的轴承。

4) 按轴承滚动体的列数分类

(1) 单列轴承。具有一列滚动体。

(2) 双列轴承。具有两列滚动体。

(3) 多列轴承。具有两列以上的滚动体。

2. 按尺寸大小分类

滚动轴承按公称外径尺寸可分为以下几类：

(1) 微型轴承，公称外径尺寸小于 26mm。

(2) 小型轴承，公称外径尺寸为 26～60mm。

(3) 中小型轴承，公称外径尺寸为 60～120mm。

(4) 中大型轴承，公称外径尺寸为 120～200mm。

(5) 大型轴承，公称外径尺寸为 200～440mm。

(6) 特大型轴承，公称外径尺寸大于 440mm。

6.1.3　滚动轴承的应用

滚动轴承作为重要的关键基础部件，在航空航天、风电设备、精密机床、高速铁路、武器装备、工业设备等重要领域中得到广泛应用。轴承的运行状态对整个机械系统的精度、可靠性和寿命等性能有着重要影响，特别是机械设备朝着智能化、大型化和高速化方向发展，对轴承的寿命、可靠性及振动噪声特性提出了越来越高的要求，不仅要求滚动轴承安全、稳定、可靠地运行，不出现早期破坏，还要求它们具有高品质、长寿命、低振动和低噪声特性。例如，风力发电机要求轴承具有高可靠性，寿命可达 20 年；高铁要求轴承具备高速和高安全性等特点，保障其安全运行；数控机床要求轴承具有高精度和低噪声等优点。轴承的广泛应用及其重要性对滚动轴承的设计与分析提出了更高的要求。

6.2　滚动轴承内部激励类型与计算

6.2.1　滚动轴承内部激励类型

滚动轴承动力学分析中，系统激励是进行动力学分析的首要问题。激励是系统的输入，分为外部激励和内部激励，外部激励是指来自系统外部的激励，如主动力矩、负载阻力等；内部激励是指来自系统内部的激励。对于滚动轴承系统，内部激励可以归结为位移激励和刚度激励两部分[2]。因此，本节将从位移激励和刚度激励两方面进行详细的介绍。

位移激励是指由于位移的改变而影响轴承动力学响应的激励，如滚道波纹度的幅值、径向游隙的大小、滚道不对中、滚动体尺寸偏差和局部缺陷的尺寸等。

刚度激励是指由于刚度的改变而影响轴承动力学响应的激励，如波纹度造成的滚动体与内外圈之间的接触刚度、局部缺陷造成的滚动体与内外圈之间的接触刚度和油膜刚度等。

6.2.2　滚动轴承位移激励的计算

1. 滚动轴承波纹度

滚动轴承波纹度是指间距大于表面粗糙度但小于表面几何形状误差的表面几何不平度，属于微观和宏观之间的几何误差。滚动轴承的波纹度是在磨削过程中由振动引起的，磨削过程中的振幅越大，波纹度的波度值亦越大，波度值与振动体的振幅成正比。滚动轴承的波纹度包括内圈滚道波纹度、外圈滚道波纹度和滚子波纹度。本节主要以内外圈滚道波纹度为例，介绍位移激励和刚度激励的计算。

滚动轴承内圈滚道波纹度和外圈滚道波纹度分别如图 6.3 和图 6.4 所示。图 6.3 中虚线表示轴承内圈理想圆形滚道。当滚动体与理想滚道接触时，两者曲率半径处处相等。当轴承内圈滚道表面存在波纹度时，滚道表现为凹凸不平的曲线。当球经过凹陷时，滚动体位移随之下移 Π_1，当球经过凸起时，滚动体位移随之上升 Π_2。因此，波纹度的存在改变了滚动体位移，是一种位移激励。图 6.4 中虚线表示轴承外圈理想滚道，当滚动体与理想滚道接触时，两者曲率半径处处相等。当轴承内圈滚道表面存在波纹度时，滚道表现为凹凸不平的曲线。当球经过凸起时，

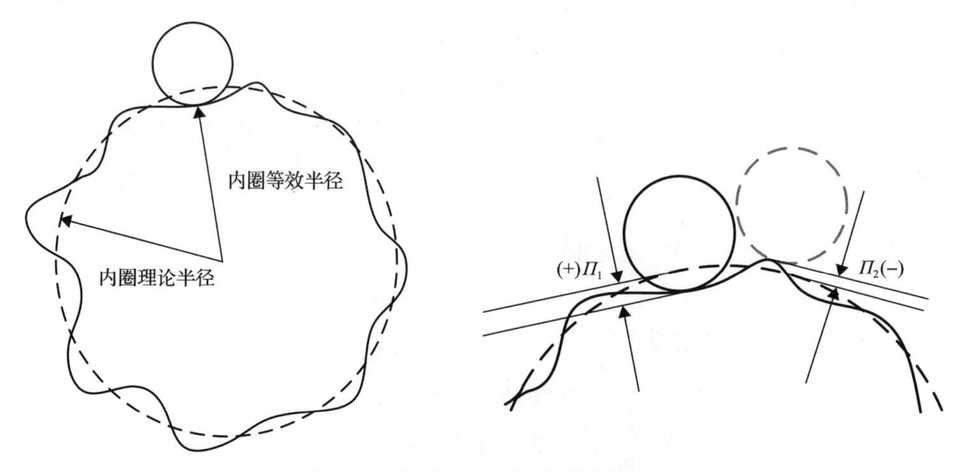

图 6.3　滚动轴承内圈滚道波纹度

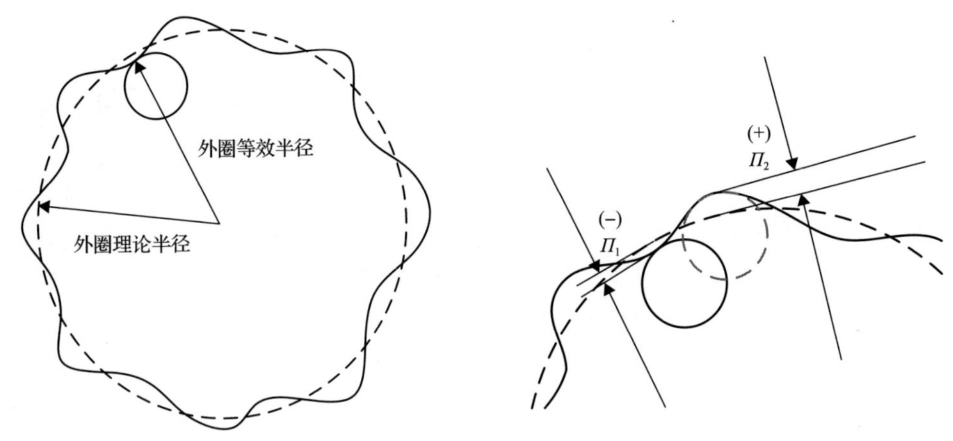

图 6.4　滚动轴承外圈滚道波纹度

滚动体位移随之下移 Π_1，当球经过凹陷时，滚动体位移随之上升 Π_2。

对于外圈滚道波纹度，如果波纹度幅值使得滚道等效半径大于理论半径，记为“+”，反之为“−”；而对于内圈滚道波纹度，如果波纹度幅值使得滚道等效半径大于理论半径，记为“−”，反之为“+”。

轴承波纹度引起滚动体沿轴承径向方向的位移随着内外圈波纹度幅值变化。滚动轴承波纹度如图 6.5 所示。假设在某一时刻 t_θ，滚动体转动角度为θ，则滚动体中心位置的径向位移为[3]

$$x_r = x_{r0} + \Pi_i + \Pi_o \tag{6.1}$$

式中，x_{r0} 为滚动体中心初始位移；Π_i 为内圈波纹度幅值；Π_o 为外圈波纹度幅值。

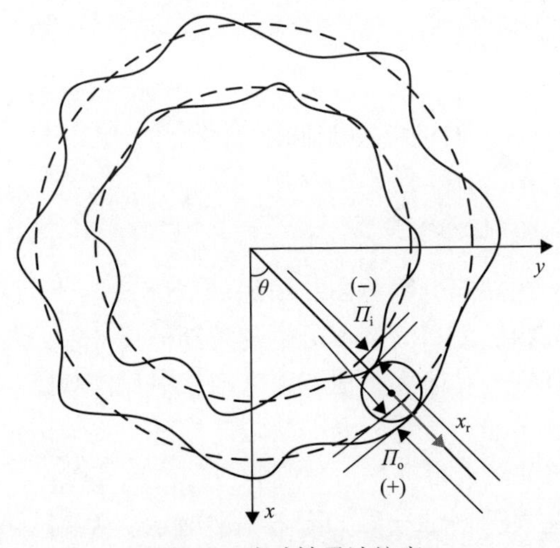

图 6.5　滚动轴承波纹度

2. 轴承游隙

轴承游隙是轴承滚动体与轴承内外圈壳体之间的间隙，即轴承在未安装于轴或轴承箱时，将其内圈或外圈的一方固定，然后使未被固定的一方做径向或轴向移动时的位移量[4]。根据移动方向，可分为径向游隙和轴向游隙。游隙的大小会影响轴承的滚动疲劳寿命、温升、噪声、振动等性能[5]。滚动轴承径向游隙示意图如图 6.6 所示。图 6.6(a)为滚动轴承初始状态游隙，当滚动轴承运转时，其运行状态游隙如图 6.6(b)所示，假设轴承外圈固定，则滚动体的径向位移可表示为[6]

$$x_{\mathrm{r}} = x_{\mathrm{r}0} - \frac{C}{2} \tag{6.2}$$

式中，C 为滚动轴承游隙值。

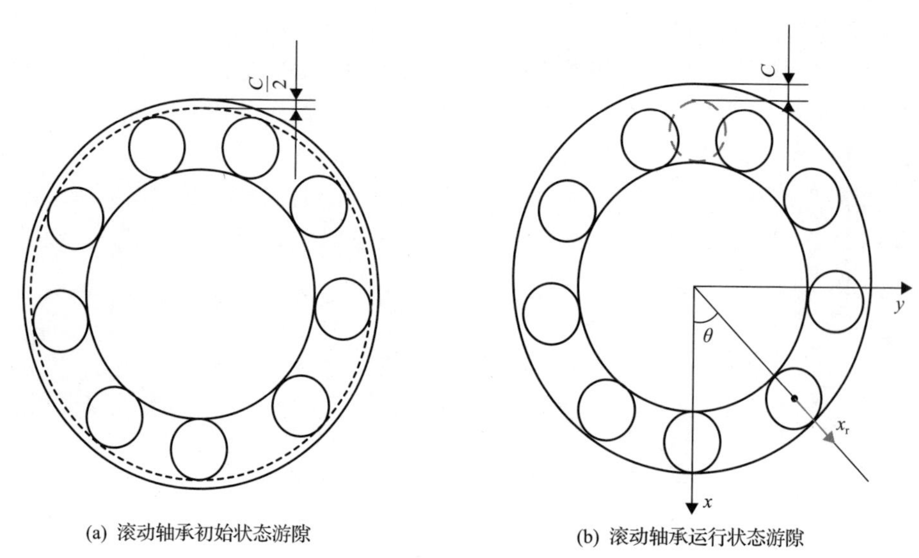

图 6.6　滚动轴承径向游隙示意图

3. 局部缺陷

滚动轴承滚道表面缺陷分为分布式缺陷和局部缺陷[7]。其中，分布式缺陷包括表面波纹度、表面粗糙度、滚道不对中及滚动体尺寸偏差等。分布式缺陷主要由制造误差、不合理安装和研磨磨损等因素引起。局部缺陷包括裂纹、凹坑、划痕、剥落、碎片及润滑油杂质等。局部缺陷产生的主要原因包括腐蚀、磨损、塑性变形、疲劳、润滑失效、电损伤、裂纹和设计缺陷等[8]。

滚动轴承滚道的典型局部缺陷如图 6.7(a)所示。从计算缺陷部位的刚度激励和位移激励的角度出发，根据缺陷的形貌特征将局部缺陷进行接触形态区域切分，可等效为 3 个坡面和多个台阶的组合，如图 6.7(b)所示。

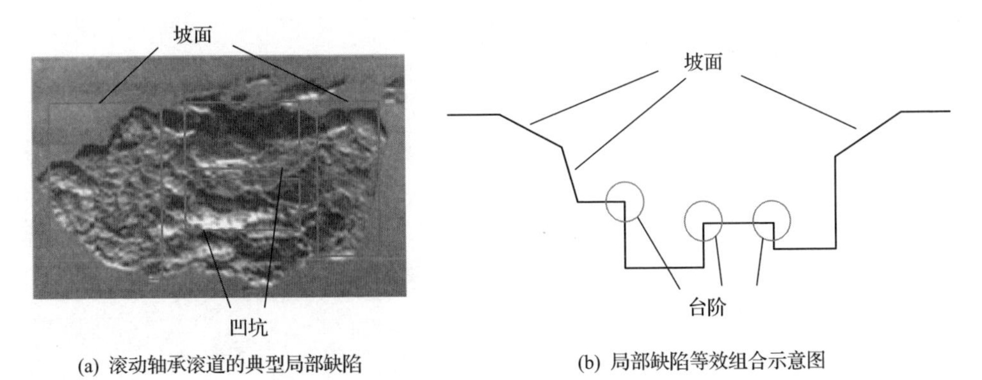

(a) 滚动轴承滚道的典型局部缺陷　(b) 局部缺陷等效组合示意图

图 6.7　滚动轴承滚道局部缺陷拆解示意图

滚动体与缺陷接触过程具有下坡、下台阶、上坡和上台阶等特点，如图 6.8 和图 6.9 所示。实际缺陷大多可用下坡、下台阶、上坡和上台阶等组合形式来表达。

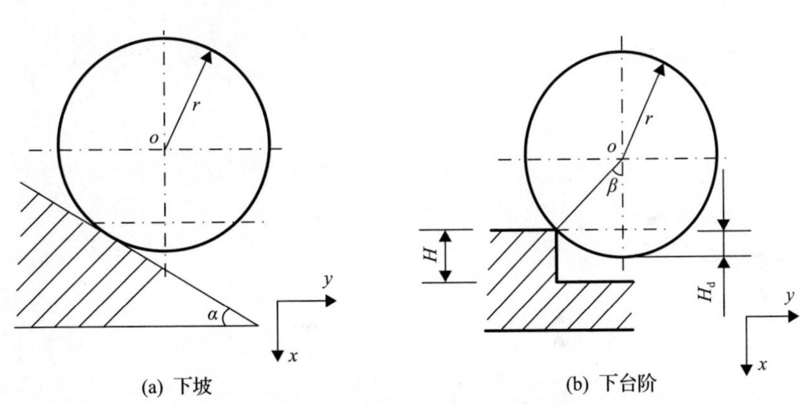

(a) 下坡　(b) 下台阶

图 6.8　滚动体进入缺陷示意图

r. 滚动体半径；α. 坡面角度；β. 滚动体与缺陷边缘接触角度

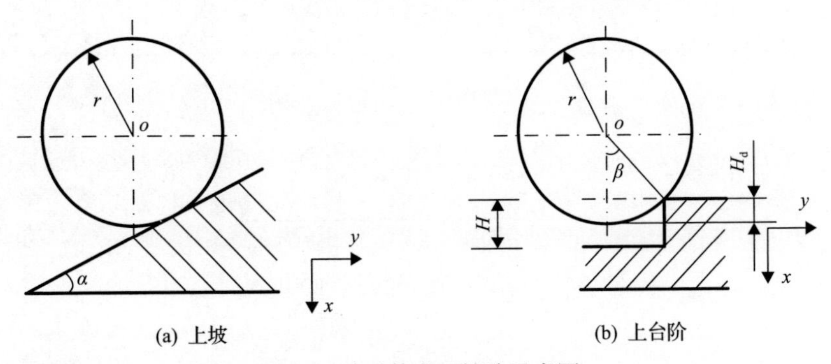

(a) 上坡　(b) 上台阶

图 6.9　滚动体离开缺陷示意图

滚动体通过缺陷时不仅会因材料的剥落而产生位移变化，导致激励的产生，而且由于滚动体与缺陷的接触位置和形貌的变化引起接触刚度的变化，从而导致轴承动力学特性变化，影响轴承的振动响应特征。

滚动体与斜面接触时，滚动体位移与坡面的角度相关，位移可表示为

$$x_{\mathrm{r}} = x_{\mathrm{r}0} \pm L\sin\alpha \tag{6.3}$$

式中，L 为滚动体滚过坡面的长度；$x_{\mathrm{r}0}$ 为滚动体中心初始位移；式中符号下坡时取“+”，上坡时取“–”。

图 6.8 中下台阶和图 6.9 中上台阶为滚动体与台阶形貌的接触，其对滚动体位移的影响与台阶的深度有关，滚动体位移可表示为

$$x_{\mathrm{r}} = x_{\mathrm{r}0} \pm H_{\mathrm{d}} \tag{6.4}$$

式中，H_{d} 为滚动体进入缺陷的深度；$x_{\mathrm{r}0}$ 为滚动体中心初始位移；式中符号下台阶时取“+”，上台阶时取“–”。

轴承滚道单点局部缺陷诱发的位移激励可用脉冲函数[9]或者矩形、三角形和半正弦等周期性脉冲函数[10]表征，如图 6.10 和图 6.11 所示。

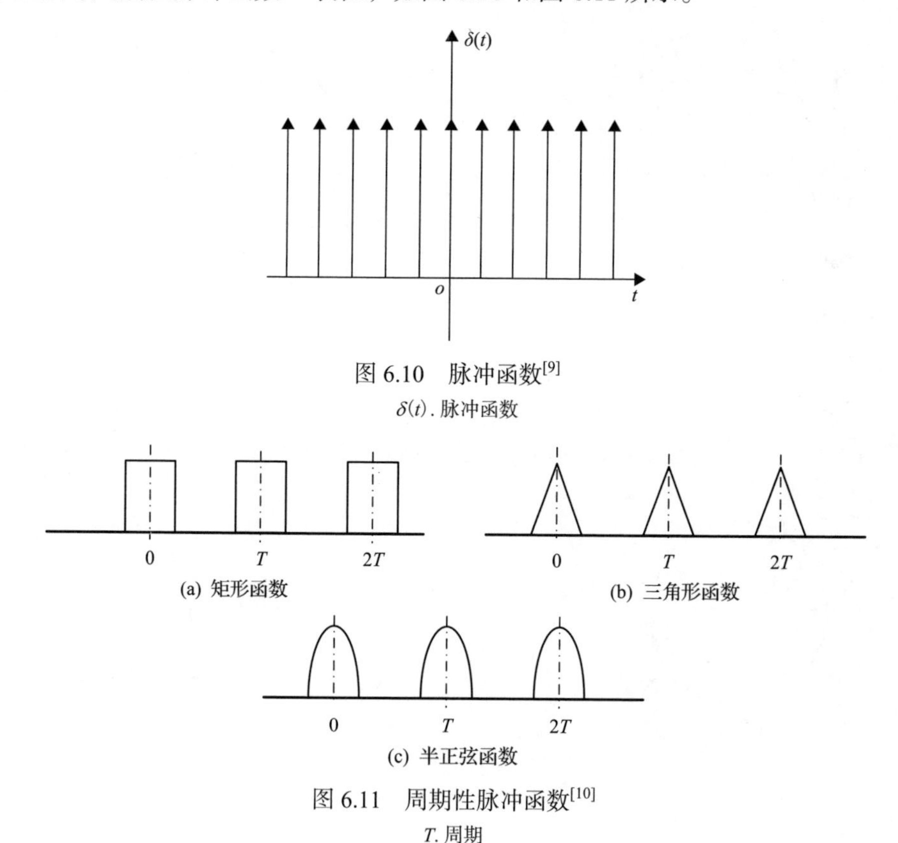

图 6.10　脉冲函数[9]

$\delta(t)$. 脉冲函数

(a) 矩形函数　(b) 三角形函数　(c) 半正弦函数

图 6.11　周期性脉冲函数[10]

T. 周期

脉冲函数$\delta(t)$忽略了脉冲宽度，无法表征缺陷的宽度和深度，而轴承的振动响应受缺陷形貌、尺寸和严重程度等影响显著。正弦函数和半正弦函数能灵活准确地表征滚动体经过局部缺陷时位移的变化。

以半正弦函数为例，对滚动体进入局部缺陷时的位移激励进行计算。如图 6.12 所示，当滚动体处于下台阶由 E 点进入局部缺陷时，$0 \leqslant \mathrm{mod}(\psi_{pj}, 2\pi) - \psi_{po} \leqslant \Phi$，滚子位移激励 H_d 用半正弦函数表示为[11]

$$H_{\mathrm{d}} = \Delta D \sin\left\{\frac{\pi}{\Phi}\left[\mathrm{mod}\left(\psi_{\mathrm{pj}}, 2\pi\right) - \psi_{\mathrm{po}}\right]\right\} \tag{6.5}$$

式中，Φ 为剥落缺陷对应滚动轴承中心的角度；ψ_{po} 为缺陷相对于 x 轴的角位置；ψ_{pj} 为滚动体中心的角位置；ΔD 为滚子进入缺陷的最大位移。

$$\Delta D = r - \sqrt{r^2 - (0.5L)^2} \tag{6.6}$$

当缺陷位于轴承外圈时，滚子的中心以保持架的转速 ω_c 相对外圈公转，此时滚动体中心的角位置 ψ_{pj} 表达式为

$$\psi_{\mathrm{pj}} = \frac{2\pi}{Z}(i-1) + \omega_{\mathrm{c}} t, \quad i = 1, 2, \cdots, Z \tag{6.7}$$

式中，Z 为滚动体数目。

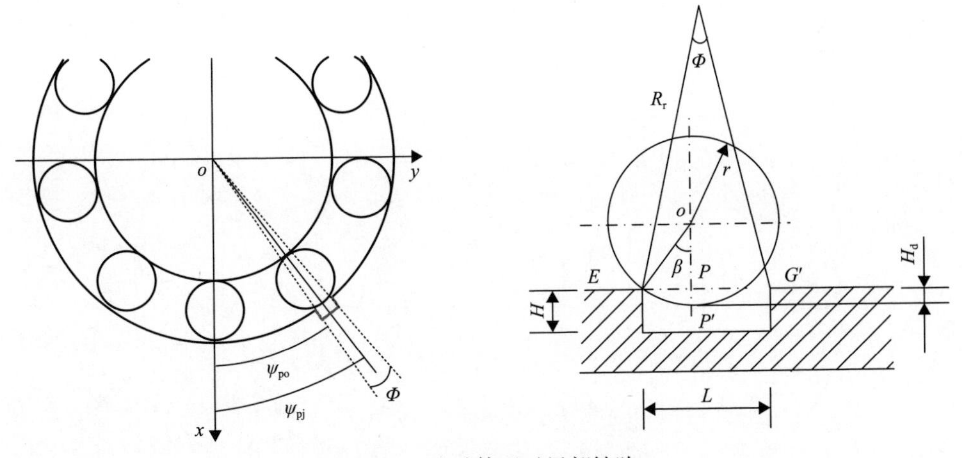

图 6.12　滚动体通过局部缺陷

滚动体通过局部缺陷时，即从滚动体进入局部缺陷到离开局部缺陷，用半正弦函数表达滚动体通过局部缺陷时的位移激励示意图如图 6.13 所示。

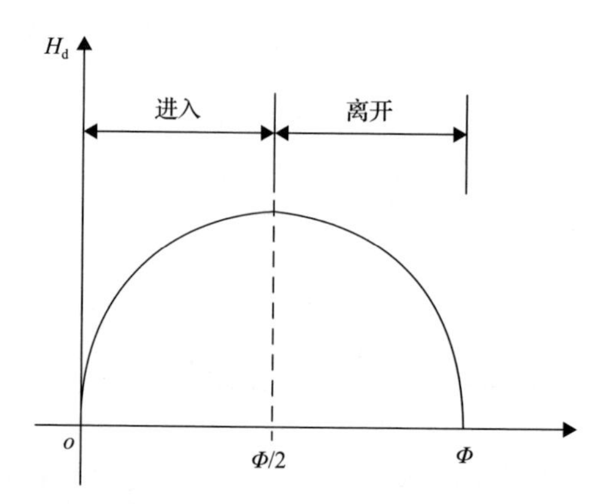

图 6.13　半正弦函数表达滚动体通过局部缺陷时的位移激励示意图

6.2.3　滚动轴承刚度激励的计算

1. 奇偶变换动刚度

滚动轴承在运转过程中，位于承载区的滚动体数目呈奇偶变换，从而导致轴承系统产生周期性振动，而且滚动轴承整体刚度在运转过程中呈周期性非线性变化。轴承承载区滚动体奇偶变换示意图如图 6.14 所示。轴承奇偶变换动刚度的计算公式为

$$K=\sum_{i=1}^{N}K_i\cos^2\left[\frac{2\pi}{Z}(i-1)\right] \tag{6.8}$$

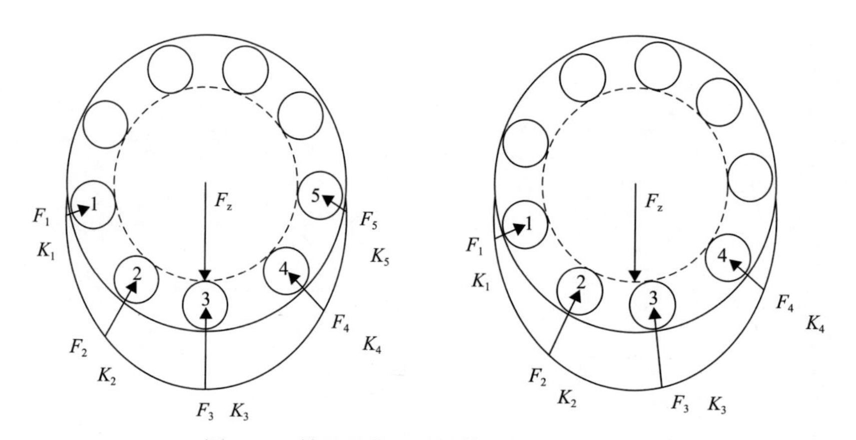

图 6.14　轴承承载区滚动体奇偶变换示意图

F_i. 第 i 个滚动体与滚道之间的作用力；F_z. 轴承载荷；K_i. 第 i 个滚动体与滚道之间的接触刚度

2. Hertz 接触刚度

滚动轴承滚动体与滚道之间的接触满足 Hertz 接触条件，两者之间的接触刚度可通过 Hertz 公式进行计算。滚动体与滚道之间的接触形式主要为点接触和线接触两种。以深沟球轴承和圆柱滚子轴承为例对点接触刚度和线接触刚度进行计算。

1) 点接触刚度计算

无载荷状态下，球轴承的滚子与滚道只接触于一点，在外载荷 Q 作用下接触点扩展为一个封闭的椭圆接触面，如图 6.15 所示。

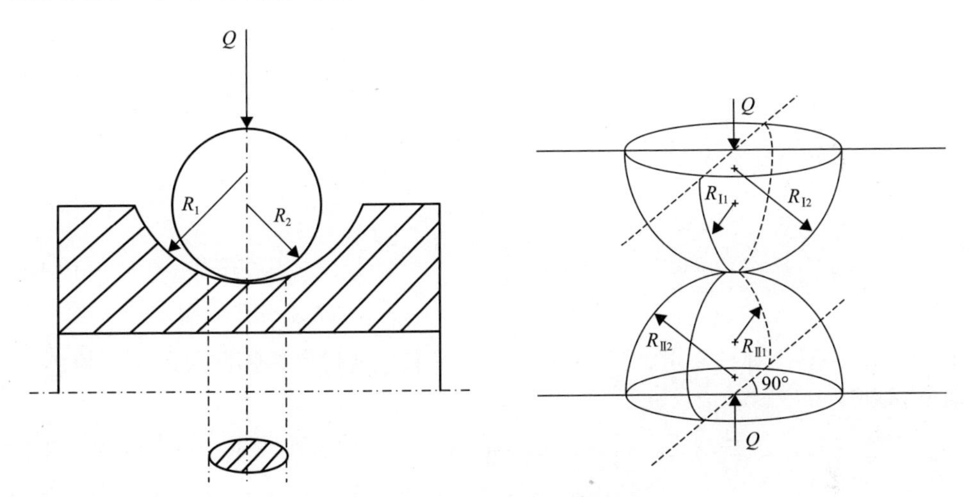

图 6.15　球与滚道的点接触示意图

R_{I1}. 球体 I 在主平面 1 的曲率半径；R_{I2}. 球体 I 在主平面 2 的曲率半径；
R_{II1}. 球体 II 在主平面 1 的曲率半径；R_{II2}. 球体 II 在主平面 2 的曲率半径

对于球轴承，球与滚道之间的接触形式为球-球点接触形式。根据球轴承几何结构特点，采用 Hertz 接触理论来计算球与内、外圈滚道之间的接触刚度。

设球为接触体 I，内、外圈为接触体 II；定义凸面为正面，凹面为负面。定义通过球和滚道接触面法线且与轴承径向平面平行的平面为第 1 主平面，通过球心的轴向平面为第 2 主平面；以下标 1 标注第 1 主平面，下标 2 标注第 2 主平面。球与内圈滚道接触副的主曲率分别表示为[3]

$$\rho_{I1}=\frac{2}{d_b},\quad \rho_{I2}=\frac{2}{d_b},\quad \rho_{II1}=\frac{2}{D_i},\quad \rho_{II2}=-\frac{1}{r_i} \tag{6.9}$$

球与外圈滚道接触副的主曲率分别表示为

$$\rho_{\mathrm{I1}}=\frac{2}{d_{\mathrm{b}}},\ \ \rho_{\mathrm{I2}}=\frac{2}{d_{\mathrm{b}}},\ \ \rho_{\mathrm{II1}}=-\frac{2}{D_{\mathrm{o}}},\ \ \rho_{\mathrm{II2}}=-\frac{1}{r_{\mathrm{o}}} \tag{6.10}$$

式中，d_{b} 为球的直径；D_{i} 为内圈滚道直径；D_{o} 为外圈滚道直径；r_{i} 为内圈沟曲率半径；r_{o} 为外圈沟曲率半径。

接触副的曲率之和为

$$\rho_{\mathrm{s}}=\rho_{\mathrm{I1}}+\rho_{\mathrm{I2}}+\rho_{\mathrm{II1}}+\rho_{\mathrm{II2}} \tag{6.11}$$

接触副的曲率之差为

$$\rho_{\mathrm{k}}=\frac{\left(\rho_{\mathrm{I2}}-\rho_{\mathrm{I1}}\right)+\left(\rho_{\mathrm{II2}}-\rho_{\mathrm{II1}}\right)}{\rho_{\mathrm{i}}} \tag{6.12}$$

等效弹性模量的表达式为

$$\frac{2}{E^{*}}=\frac{1-\nu_1^2}{E_1}+\frac{1-\nu_2^2}{E_2} \tag{6.13}$$

式中，E^{*} 为等效弹性模量；E_1 和 E_2 分别为球和滚道材料的弹性模量；ν_1 和 ν_2 分别为球和滚道材料的泊松比。

根据 Hertz 接触理论，将球与轴承滚道考虑为光滑弹性体，只存在弹性接触变形，并服从胡克定理，且接触面的尺寸与接触体表面曲率半径相比很小。接触椭圆尺寸、接触变形和接触压力的表达式分别为[3]

$$\begin{cases} a=\left(\dfrac{6\kappa^2\mathrm{F}}{\pi E^{*}\rho_{\mathrm{s}}}\right)^{\frac{1}{3}}Q^{\frac{1}{3}} \\ b=\left(\dfrac{6\mathrm{F}}{\pi\kappa E^{*}\rho_{\mathrm{s}}}\right)^{\frac{1}{3}}Q^{\frac{1}{3}} \\ \delta=\left(\dfrac{4.5\mathrm{E}^3\rho_{\mathrm{s}}}{\pi^2\kappa^2E^{*2}\mathrm{F}}\right)^{\frac{1}{3}}Q^{\frac{1}{3}} \end{cases} \tag{6.14}$$

式中，κ 、E 和 F 分别为椭圆参数、第一类和第二类全椭圆积分，其表达式分别为

$$
\begin{cases}
\kappa = 1.0339\left(\dfrac{\rho_{\mathrm{I}1}+\rho_{\mathrm{I}2}}{\rho_{\mathrm{II}1}+\rho_{\mathrm{II}2}}\right)^{0.6360} \\
\mathrm{E} = 1.5277 + 0.6023\ln\dfrac{\rho_{\mathrm{I}1}+\rho_{\mathrm{I}2}}{\rho_{\mathrm{II}1}+\rho_{\mathrm{II}2}} \\
\mathrm{F} = 1.0003 + 0.5968\dfrac{\rho_{\mathrm{II}1}+\rho_{\mathrm{II}2}}{\rho_{\mathrm{I}1}+\rho_{\mathrm{I}2}}
\end{cases}
\tag{6.15}
$$

球与内圈滚道或者外圈滚道之间的接触刚度可以表示为

$$
K' = \sqrt{\frac{\pi^2\kappa^2 E^{*2}\mathrm{F}}{4.5\mathrm{E}^3\rho_{\mathrm{s}}}} \tag{6.16}
$$

球与内、外圈滚道之间的总接触刚度表达式为

$$
K = \left(\frac{1}{K_{\mathrm{i}}^n} + \frac{1}{K_{\mathrm{o}}^n}\right)^{-n} \tag{6.17}
$$

式中，n 为载荷-变形指数，对于球轴承，n=3/2，对于圆柱滚子轴承，n=10/9。

2) 线接触刚度计算

若滚子与滚道表面的母线为直线，或者滚子与滚道表面的母线为曲率相等的曲线，则在无载荷状态下，滚子与滚道接触于一条线，在外载荷作用下接触线扩展为近似的矩形面或梯形面。外载荷作用下线接触示意图如图 6.16 所示。在接触线的两端伴随着较大的边缘集中应力。实际制造过程中，轴承滚子具有一定的凸度或者修形，滚子与滚道仍接触于一条线，属于线接触。

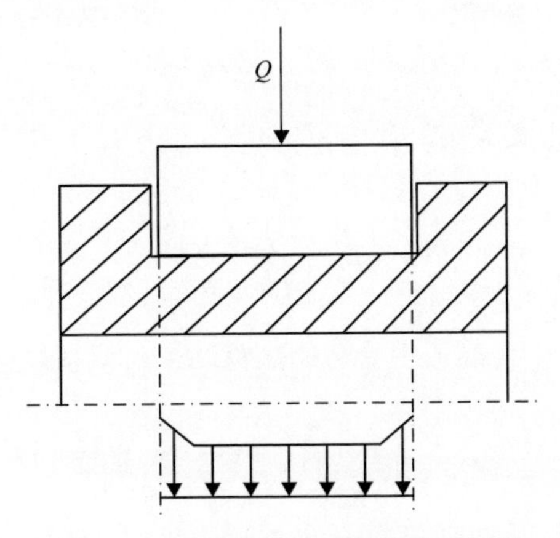

图 6.16　外载荷作用下线接触示意图

理想的线接触是两个具有光滑表面圆柱体沿素线的互相接触，其中接触体1与接触体2等长，线接触示意图如图6.17所示[12]。此时，接触线将扩展为矩形接触面，其应力分布为如图6.17(b)所示的半椭圆柱面。其中在接触区内的最大应力为

$$\begin{cases} p_{\max} = \sqrt{E^{*}Ql\pi R} \\ R = \left(\dfrac{1}{R_1} + \dfrac{1}{R_2} \right)^{-1} \\ E^{*} = \left(\dfrac{1-\nu_1^2}{E_1} + \dfrac{1-\nu_2^2}{E_2} \right)^{-1} \end{cases} \tag{6.18}$$

式中，l 为滚子长度；Q 为滚子载荷；R_1 和 R_2 分别为两接触体的半径。

矩形接触面半宽为

$$a = \sqrt{4RQl\pi E^{*}} \tag{6.19}$$

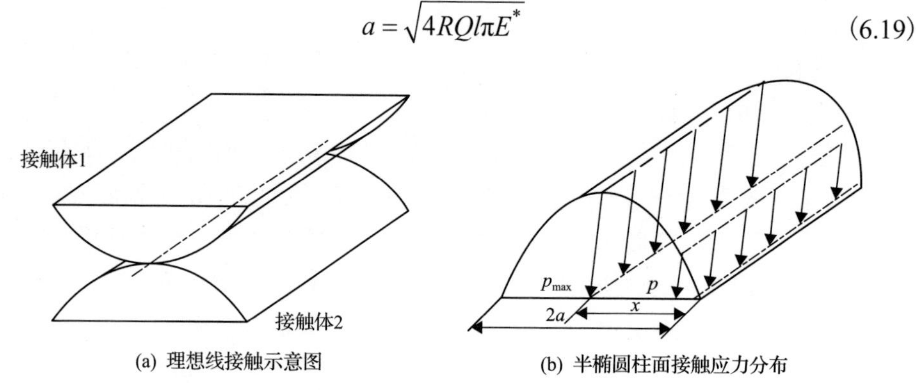

(a) 理想线接触示意图　(b) 半椭圆柱面接触应力分布

图 6.17　线接触示意图[12]

在接触面宽度 $-b < x < b$ 内，任意点的接触应力为

$$p = p_{\max}\sqrt{1 - \left(\frac{x}{a} \right)^2} \tag{6.20}$$

根据文献[13]中滚子在滚道中受载的试验结果，线接触弹性变形可以表示为

$$\delta = 3.81\left(\frac{1-\nu_1^2}{\pi E_1} + \frac{1-\nu_2^2}{\pi E_2} \right)^{0.9} \frac{Q^{0.9}}{l^{0.8}} \tag{6.21}$$

式中，对于钢材的轴承，泊松比 $\nu_1 = \nu_2 = 0.3$，弹性模量 $E_1 = E_2 = 2.06 \times 10^{-5}\text{N/mm}^2$，式(6.21)可变换为

$$\delta = 3.84 \times 10^{-5} \frac{Q^{0.9}}{l^{0.8}} \tag{6.22}$$

滚子与滚道之间的接触刚度为

$$K_{\mathrm{h}} = \frac{\mathrm{d}Q}{\mathrm{d}\delta} = \frac{10}{9} \delta^{\frac{1}{9}} \left(\frac{l^{0.8}}{3.84 \times 10^{-5}} \right)^{\frac{10}{9}} \tag{6.23}$$

3. 滚子端面与滚道挡边刚度

根据点 Hertz 接触理论，在载荷 Q 的作用下，两个物体由于弹性变形而形成接触区 S_{c}，S_{c} 内的接触应力 p_{c} 满足条件：

$$\iint_{S_{\mathrm{c}}} p_{\mathrm{c}}(x, y) \mathrm{d}x\mathrm{d}y = Q \tag{6.24}$$

接触体表面的位移由两部分组成，即接触体的位移 δ_1 和 δ_2，Hertz 接触示意图如图 6.18 所示。

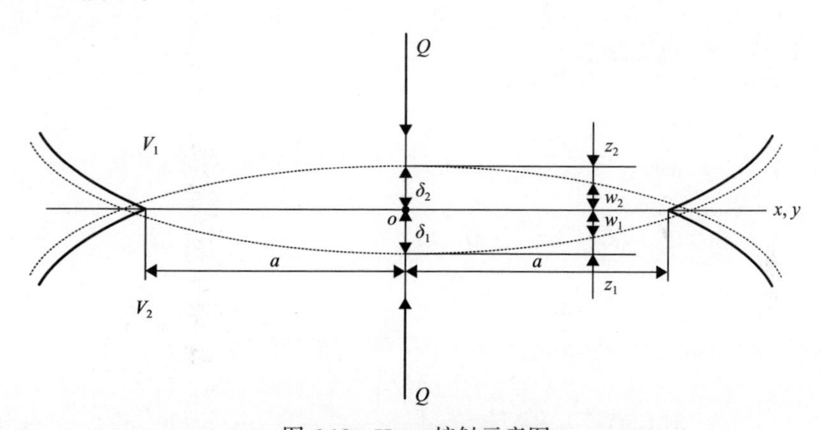

图 6.18　Hertz 接触示意图

V_1. 球体 1；V_2. 球体 2；w_1. 球体 1 任意位置变形；w_2. 球体 2 任意位置变形；δ_1. 球体 1 中心变形；δ_2. 球体 2 中心变形

δ_1 和 δ_2 的弹性趋近量为

$$\delta = \delta_1 + \delta_2 = w_1(o) + w_2(o) \tag{6.25}$$

式中，$w_1(o)$ 和 $w_2(o)$ 分别为原点处的弹性位移。

由于 $w_1(x,y)$、$w_2(x,y)$、$z_1(x,y)$ 和 $z_2(x,y)$ 是原点外的点相对于接触平面的位移，在接触区，这些位移满足的变形协调条件为

$$w_1 + w_2 + z_1 + z_2 = \delta_1 + \delta_2 \tag{6.26}$$

式中，z_1 和 z_2 分别为两个未变形物体表面对应点到初始接触点之间的垂直距离。

$$\frac{1}{\pi E^*}\iint_{S_c}\frac{p\left(x',y'\right)\mathrm{d}x'\mathrm{d}y'}{\sqrt{\left(x-x'\right)^2+\left(y-y'\right)^2}}=\delta-z\left(x,y\right)=\delta-Ax^2-By^2 \tag{6.27}$$

式中，A 和 B 为曲率关联参数。当接触表面的几何参数确定后，可以确定 A 和 B 为常量。

$$\begin{cases}\dfrac{B-A}{B+A}=\rho_k\\ B-A=\dfrac{1}{2}\left|\left(\rho_{\mathrm{I}1}-\rho_{\mathrm{I}2}\right)+\left(\rho_{\mathrm{II}1}-\rho_{\mathrm{II}2}\right)\right|\\ B+A=\dfrac{1}{2}\rho_{\mathrm{s}}\end{cases} \tag{6.28}$$

将点接触问题转化为在接触区 S_c 内寻找一个与作用载荷 Q 平衡的接触压力 $p_c(x,y)$，它产生的物体表面的位移满足变形协调方程。

Hertz 假定接触区 S_c 为一椭圆，其长半轴与短半轴长度分别为 a 和 b，在 S_c 内的压应力分布为半椭球函数

$$\iint_{S_c} p_0\sqrt{1-\left(\frac{x}{a}\right)^2-\left(\frac{y}{b}\right)^2}\,\mathrm{d}x\mathrm{d}y=\frac{2}{3}\pi abp_0=Q \tag{6.29}$$

式中，p_0 为椭圆中心处的最大压应力。

接触压力 $p_c(x',y')$ 在 (x,y) 点产生的位移为[2]

$$w\left(x,y\right)=\frac{1-\nu^2}{\pi E^*}\iint_{S_c}\frac{p_0\sqrt{1-\left(\dfrac{x'}{a}\right)^2-\left(\dfrac{y'}{b}\right)^2}}{\sqrt{\left(x-x'\right)^2+\left(y-y'\right)^2}}\mathrm{d}x'\mathrm{d}y' \tag{6.30}$$

基于椭圆积分，求出任意点的位移，即

$$\begin{cases}w(x,y)=\dfrac{1-\nu^2}{E^*}\left(L-Mx^2-Ny^2\right)\\ L=p_0b\mathrm{E}\\ M=\dfrac{bp_0}{a^2\kappa^2}\left(\mathrm{F}-\mathrm{E}\right)\\ N=\dfrac{bp_0}{a^2\kappa^2}\left(\dfrac{a^2}{b^2}\mathrm{E}-\mathrm{F}\right)\end{cases} \tag{6.31}$$

因此，式(6.27)可以表示为

$$\frac{1}{\pi E^*}\iint_{S_c}\frac{p_0\sqrt{1-\left(\frac{x'}{a}\right)^2-\left(\frac{y'}{b}\right)^2}}{\sqrt{\left(x-x'\right)^2+\left(y-y'\right)^2}}\mathrm{d}x'\mathrm{d}y''=\frac{1}{E^*}\left(L-Mx^2-Ny^2\right) \tag{6.32}$$

弹性趋势量可以表示为

$$\begin{cases}\delta=\dfrac{bp_0}{E^*}\mathrm{F}\\ b=\sqrt{1-\kappa^2}a\\ a=\left[\dfrac{3\mathrm{E}Q}{2\pi\left(1-\kappa^2\right)\left(A+B\right)E^*}\right]^{\frac{1}{3}}\end{cases} \tag{6.33}$$

载荷-变形关系为

$$Q_\mathrm{f}=K\delta^{\frac{3}{2}} \tag{6.34}$$

滚子与内圈大挡边的接触刚度为

$$K_\mathrm{f}=Q_\mathrm{f}\delta^{-\frac{3}{2}} \tag{6.35}$$

4. 波纹度表面的 Hertz 接触刚度计算方法

当滚动轴承的滚道表面不存在波纹度时，滚道表面为光滑曲面，滚动体与滚道之间接触面的曲率半径始终为恒定值。当轴承内圈滚道或外圈滚道存在波纹度时，任意位置处波纹度的曲率半径 $R_{\mathrm{w}s}$ 表示为

$$R_{\mathrm{w}s}=\frac{1}{\rho_{\mathrm{w}s}} \tag{6.36}$$

式中，$\rho_{\mathrm{w}s}$ 为主曲率。

当球轴承滚道的表面存在波纹度时，滚道表面由光滑曲面变为波纹曲面，滚道表面的曲率半径随波纹位置的变化而变化，不再为恒定值。当轴承内圈滚道存在波纹度时，球与内圈滚道接触副的主曲率分别表示为

$$\rho_{11}=\frac{2}{d_\mathrm{b}},\quad \rho_{12}=\frac{2}{d_\mathrm{b}},\quad \rho_{\mathrm{II1w}}=\frac{1}{R_{\mathrm{w}s}},\quad \rho_{\mathrm{II2}}=-\frac{1}{r_\mathrm{i}} \tag{6.37}$$

当轴承外圈滚道存在波纹度时，球与外圈滚道接触副的主曲率分别表示为

$$\rho_{\text{I}1}=\frac{2}{d_{\text{b}}},\quad \rho_{\text{I}2}=\frac{2}{d_{\text{b}}},\quad \rho_{\text{II}1\text{w}}=-\frac{1}{R_{\text{w}s}},\quad \rho_{\text{II}2}=-\frac{1}{r_{\text{o}}} \tag{6.38}$$

根据式(6.11)～式(6.17)，求解滚动体与存在波纹度的内、外圈滚道之间的接触刚度 K_{wi} 和 K_{wo}。

5. *局部缺陷影响下的接触刚度*

本节以球轴承和滚动轴承为例，介绍局部缺陷影响下接触刚度的计算方法。当滚动体经过缺陷时，可等效为上坡、下坡、上台阶和下台阶的组合。根据滚动体与局部缺陷的接触状态，分为单点接触、两点接触和三点接触。

下坡和上坡为滚动体与斜面的接触，滚动体与坡面之间的接触刚度可按照点接触的 Hertz 接触刚度进行计算。

当下台阶进入缺陷和上台阶离开缺陷时，滚动体与缺陷只有一个接触点，接触刚度为单点接触刚度。单点接触示意图如图 6.19 所示。

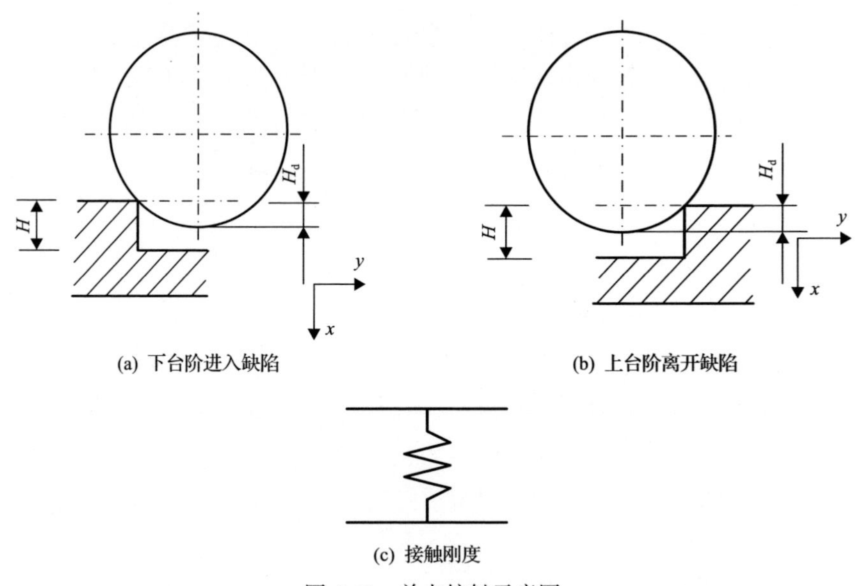

图 6.19　单点接触示意图

当下台阶进入缺陷或者上台阶离开缺陷且进入最大深度小于缺陷深度时，滚动体与缺陷有两个接触点，总体接触刚度为两个刚度的并联。两点接触示意图如图 6.20 所示。

当滚动体下台阶进入缺陷且进入最大深度小于缺陷深度时，滚动体与缺陷有两个接触点，总体接触刚度为两个刚度的并联；当下台阶进入缺陷且滚动体与缺

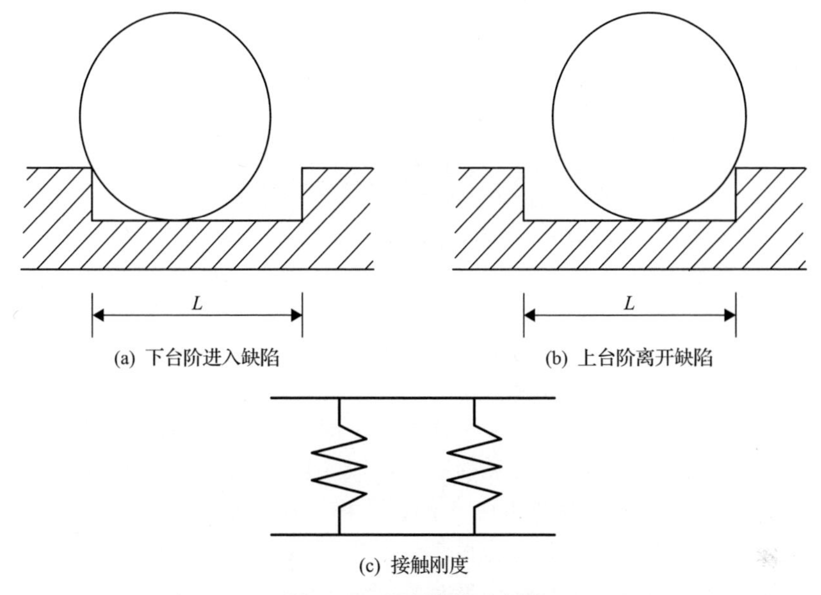

图 6.20　两点接触示意图

陷有三个接触点时，总体接触刚度为三个刚度的并联。滚动体从进入缺陷到离开缺陷，滚动体与局部故障边缘之间的接触关系取决于局部故障的形状、尺寸和滚动体的直径。因此，需要根据实际局部缺陷形貌进行拆解切分，求解相应的接触刚度。

6. 油膜刚度

油膜刚度是指油膜承载力对油膜压缩变形的导数，即油膜承载力增量与油膜厚度增量的比值：

$$K = \frac{\Delta F_{\mathrm{n}}}{\Delta x_{\mathrm{n}}}$$

两个相对运动物体的摩擦表面之间相对运动产生的动压效应而形成流体动压润滑，两个摩擦表面被一层具有一定厚度的黏性润滑油膜隔开，且由油膜产生的压力来平衡外载荷。油膜分布与弹性变形示意图如图 6.21 所示。

润滑油液的流动可通过雷诺方程获得，一般工况条件下弹性流体润滑计算的普遍形式的雷诺方程为[14]

$$\frac{\partial}{\partial x_{\mathrm{h}}}\left(\frac{\rho}{12\eta^{*}} h^{3} \frac{\partial p}{\partial x_{\mathrm{h}}}\right)+\frac{\partial}{\partial y_{\mathrm{b}}}\left(\frac{\rho}{12\eta^{*}} h^{3} \frac{\partial p}{\partial y_{\mathrm{b}}}\right)=u_{\mathrm{r}} \frac{\partial(ph)}{\partial x_{\mathrm{h}}}+\frac{\partial(ph)}{\partial t} \tag{6.39}$$

式中，p 为油膜压力；t 为时间；u_{r} 为瞬时平均速度；y_{b} 为物体的宽度方向；ρ 为润滑油密度；η^{*} 为等效黏度。

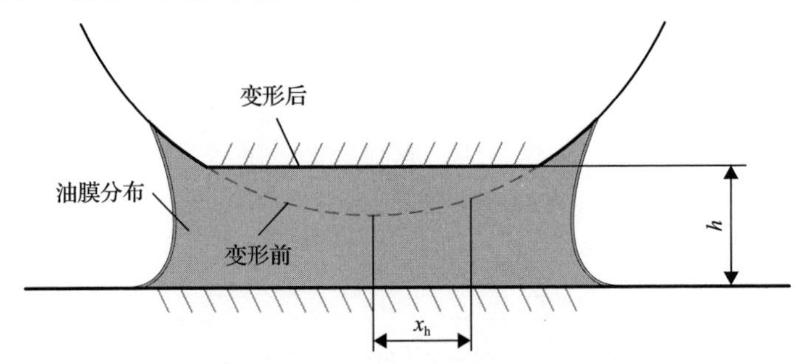

图 6.21　油膜分布与弹性变形示意图

h. 油膜厚度；x_h. 物体的滑动方向

在弹性流体动压润滑下，润滑剂的油膜厚度直接影响两个摩擦面间的动力学特性，油膜厚度一直是弹性流体动压润滑研究中的重要问题。通过雷诺方程求解可获得油膜厚度和刚度，但是雷诺方程的求解过程复杂且难以收敛。Dowson[15]提出了等温条件下椭圆接触弹性流体动压润滑下油膜厚度计算的修正公式，在滚动轴承点接触问题下，无量纲最小油膜厚度为

$$H_{\min} = 3.63\overline{U}^{0.68}\overline{G}^{0.49}\overline{Q}^{-0.073}\left(1-e_{\mathrm{p}}{}^{-0.68\varsigma}\right) \tag{6.40}$$

式中，e_{p}为载荷分布因子；$\overline{G}$、$\overline{Q}$和$\overline{U}$为滚动体与滚道之间的无量纲材料参数、无量纲载荷和无量纲速度；ς为滚动体与滚道间接触变形椭圆长轴与短轴比(椭圆率)。

$$\begin{cases} \overline{G} = \lambda E^* \\ \overline{Q} = \dfrac{Q}{E^*\overline{R}^2} \\ \overline{U} = \dfrac{n_0 U}{2E^* R_{\mathrm{d}}} \\ \varsigma = \dfrac{a}{b} \end{cases} \tag{6.41}$$

式中，R_{d}为滚动体与滚道间的当量半径；U为滚动体与滚道之间的润滑剂卷吸速度。

$$R_{\mathrm{d}} = R_{\mathrm{r}}(1-\gamma) \tag{6.42}$$

式中，γ为滚动体直径与节圆直径之比。

$$\gamma = \frac{d_{\mathrm{b}}}{d_{\mathrm{m}}} \tag{6.43}$$

式中，d_{b} 为滚动体直径；d_{m} 为滚动体中心圆直径，即轴承的节圆直径。

对于滚动体与内圈接触区域和滚动体与外圈接触区域，滚动体与内外滚道之间的油膜速度为

$$\begin{cases} U_{\mathrm{i}} = \dfrac{d_{\mathrm{m}}}{2}\left[(1-\gamma)(\omega_{\mathrm{i}} - \omega_{\mathrm{m}}) + \gamma\omega_{\mathrm{R}}\right] \\ U_{\mathrm{o}} = \dfrac{d_{\mathrm{m}}}{2}\left[(1+\gamma)\omega_{\mathrm{m}} + \gamma\omega_{\mathrm{R}}\right] \\ R_{\mathrm{d}} = R_{\mathrm{r}}(1-\gamma) \end{cases} \tag{6.44}$$

滚动体与滚道间的最小油膜厚度为

$$h_{\min} = H_{\min} R \tag{6.45}$$

接触区的油膜厚度曲线示意图如图 6.22 所示。可以看出，除出口处的微小区域外，接触区内的油膜厚度几乎不变，一般认为其等于中心油膜厚度，接触区内油膜压力分布接近 Hertz 接触压力分布。在出口处的微小区域，由于出口区表面的弹性变形较小，滚动体与滚道间的间隙减小，形成颈缩。颈缩处的油膜厚度为最小油膜厚度。

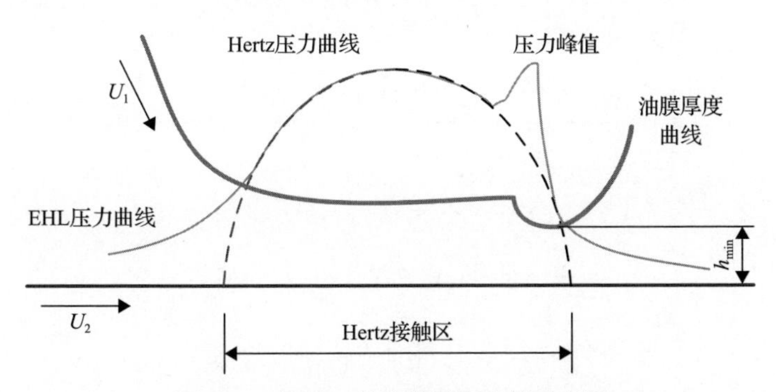

图 6.22　接触区的油膜厚度曲线示意图

$h_{\min}$. 最小油膜厚度；U_1. 滚动体卷吸速度；U_2. 滚道卷吸速度

弹性流体润滑下的油膜刚度为载荷与油膜厚度的一阶偏导数。假设速度参数、材料参数、椭圆率为常数，油膜刚度表示为[15]

$$K_{\mathrm{oil}} = \frac{\mathrm{d}Q}{\mathrm{d}h_{\min}} = 6.4066 h_{\mathrm{him}}^{-14.986} \overline{U}^{9.1577} \overline{G}^{6.7123} E^{*} R^{15.6896} \left(1 - e_{\mathrm{p}}^{-0.68\varsigma}\right)^{15.6896} \tag{6.46}$$

在弹性流体润滑工况下，滚动体与内外圈的综合接触刚度为

$$K = \frac{K_{\mathrm{H}} K_{\mathrm{oil}}}{K_{\mathrm{H}} + K_{\mathrm{oil}}} \tag{6.47}$$

式中，K_{H} 为 Hertz 接触刚度。

6.3 滚动轴承动力学建模方法

6.3.1 滚动轴承运动学分析

滚动轴承内外圈运动十分简单，但是滚动体的运动十分复杂，绕轴承轴线进行公转的同时，还要绕自身轴承进行自转。因此，滚动轴承的运动学主要是研究滚动体运动规律和计算方法。在滚动轴承中，深沟球轴承最具有代表性，因此本节以深沟球轴承为例，分析轴承外圈、内圈、滚动体和保持架之间的运动关系。

深沟球轴承运动关系示意图如图 6.23 所示。假设深沟球轴承内外圈都旋转，假设逆时针旋转为正，顺时针旋转为负，轴承外圈的转速为 N_{e}，内圈转速为 N_{i}，且假设滚动体为纯滚动，不考虑轴承各部件间的摩擦和润滑影响，滚动体转速为 N_{c}。因此，滚动体与轴承内外圈在接触点位置具有相同的线速度，即滚动体上 B 点的圆周线速度与轴承外圈的圆周线速度 v_B 相同，滚动体上 A 点的圆周线速度与轴承内圈的圆周线速度 v_A 相同。对于深沟球轴承，其接触角 $\alpha = 0°$，即不考虑接触角的影响。C 为滚动体的中心，则对应滚动体的圆周线速度 v_C 等于滚动体的公转线速度，且 v_C 是 v_B 和 v_A 的平均值，即

$$v_C = \frac{v_B + v_A}{2} = \frac{\pi\left(d_{\mathrm{m}} - D_{\mathrm{b}}\right)N_{\mathrm{i}} + \pi\left(d_{\mathrm{m}} + D_{\mathrm{b}}\right)N_{\mathrm{e}}}{2} \tag{6.48}$$

滚动体的公转线速度为

$$N_{\mathrm{c}} = \frac{v_C}{\pi d_{\mathrm{m}}} = \frac{1}{2}\left[\left(N_{\mathrm{i}} + N_{\mathrm{e}}\right) + \left(N_{\mathrm{e}} - N_{\mathrm{i}}\right)\frac{D_{\mathrm{b}}}{d_{\mathrm{m}}}\right] \tag{6.49}$$

保持架相对于轴承外圈和轴承内圈的旋转速度分别为

$$N_{\mathrm{ce}} = N_{\mathrm{c}} - N_{\mathrm{e}} = \frac{1}{2}\left(N_{\mathrm{i}} - N_{\mathrm{e}}\right)\left(1 - \frac{D_{\mathrm{b}}}{d_{\mathrm{m}}}\right) \tag{6.50}$$

$$N_{\mathrm{ci}} = N_{\mathrm{c}} - N_{\mathrm{i}} = \frac{1}{2}\left(N_{\mathrm{e}} - N_{\mathrm{i}}\right)\left(1 + \frac{D_{\mathrm{b}}}{d_{\mathrm{m}}}\right) \tag{6.51}$$

根据滚动轴承的实际工作情况，滚动轴承的外圈固定，内圈转动，即外圈旋转频率为 $f_{\mathrm{o}}=0$。

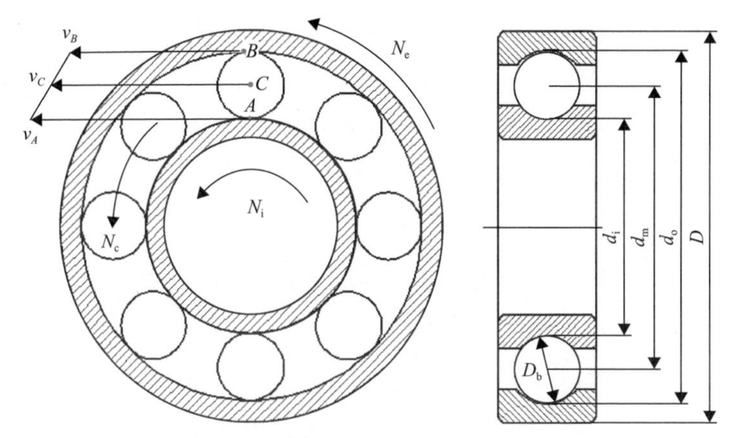

图 6.23　深沟球轴承运动关系示意图

d_i. 内滚道沟底直径；d_o. 外滚道沟底直径；D. 外径

滚动轴承内、外圈的相对转动频率为

$$f_r = f_i - f_o = f_i \tag{6.52}$$

保持架旋转频率 f_c 为

$$f_c = \frac{f_i}{2}\left(1 - \frac{D_b}{d_m}\right) \tag{6.53}$$

内圈相对保持架的旋转频率是指轴承内圈某一固定点通过保持架某一固定点的频率，这个相对频率 f_{ci} 为

$$f_{ci} = \frac{f_i}{2}\left(1 + \frac{D_b}{d_m}\right) \tag{6.54}$$

假设滚动体数量为 Z，则滚动体通过内圈滚道的频率 f_{BPFi} 和通过外圈滚道的频率 f_{BPFo} 分别为

$$\begin{cases} f_{BPFi} = Zf_{ci} \\ f_{BPFo} = Zf_c \end{cases} \tag{6.55}$$

滚动体绕自身轴的旋转频率 f_b 为

$$f_b = \frac{f_i}{2}\left[1 - \left(\frac{D_b}{d_m}\right)^2\right]\frac{d_m}{D_b} \tag{6.56}$$

6.3.2　滚动轴承动力学分析

轴承动力学分析的建模方法主要有牛顿-欧拉方程建模法、拉格朗日动力学方

程建模法和有限元建模法。牛顿-欧拉方程建模主要根据牛顿第二定律建立动力学方程组进行建模，拉格朗日动力学方程建模通过引入广义坐标根据拉格朗日动力学原理建立动力学模型，有限元建模是指将结构离散为各种单元，并组成计算模型的方法。本节主要介绍牛顿-欧拉方程建模法和拉格朗日动力学方程建模法。

1. 牛顿-欧拉方程建模法

滚动轴承系统可以简化为集中弹簧-质量模型，如图 6.24 所示。滚动轴承位移示意图如图 6.25 所示，根据轴承运动学的假设，以发生变形前的轴承中心位置 o 为坐标原点，不考虑游隙的影响，轴承内圈位移在第 j 个滚动体上引起的径向变形 δ_j 可表示为

$$\delta_j = x\cos\theta_j + y\sin\theta_j \tag{6.57}$$

式中，x 为轴承内圈质心在竖直方向的位移；y 为轴承内圈质心在水平方向的位移；θ_j 为第 j 个滚动体的角位置。

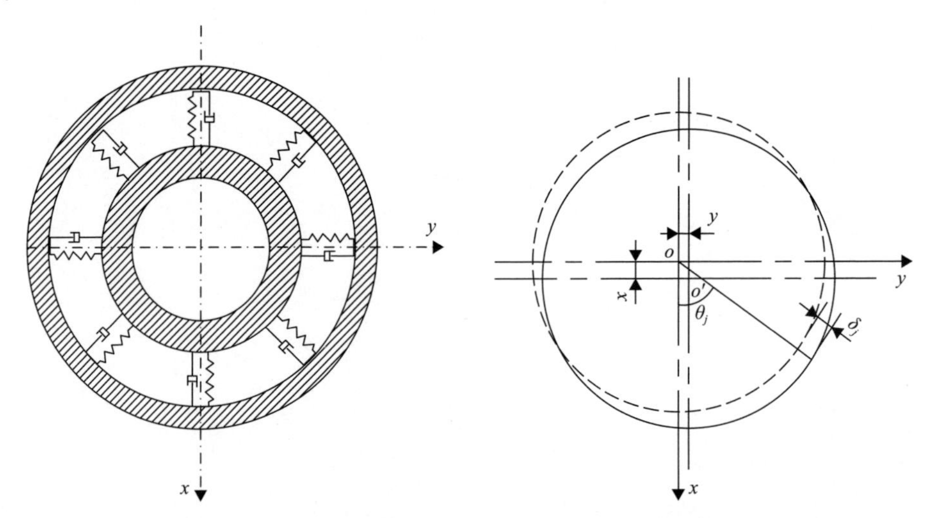

图 6.24　滚动轴承集中弹簧-质量模型　　　　图 6.25　滚动轴承位移示意图

仅考虑内圈在 x 和 y 方向的位移、速度和加速度，滚动轴承系统动力学方程的表达式为

$$\begin{cases} m\ddot{x} + c\dot{x} + K_{\mathrm{e}}\sum_{j=1}^{z}\lambda_j\delta^n\cos\theta_j = F_x \\ m\ddot{y} + c\dot{y} + K_{\mathrm{e}}\sum_{j=1}^{z}\lambda_j\delta^n\sin\theta_j = F_y \end{cases} \tag{6.58}$$

式(6.58)可采用四阶龙格-库塔法进行微分方程迭代求解，从而获得轴承系统的振动响应。

2. 拉格朗日动力学方程建模法

滚动轴承广义坐标系如图 6.26 所示，可以用来描述轴承各部件之间的相对运动。在 xoy 平面内研究轴承运动，轴承内圈采用内圈中心在绝对坐标系中的坐标 (x_a,y_a)，轴承外圈采用外圈中心相对内圈中心的坐标 (x_b,y_b)，轴承滚子采用滚子中心相对内圈中心的极坐标 (ρ_j,ψ_j) $(j=1,2,\cdots,Z)$。

系统的广义坐标定义为

$$\boldsymbol{q}=\begin{bmatrix} x_a & y_a & x_b & y_b & \rho_1 & \rho_2 & \cdots & \rho_Z \end{bmatrix}^{\mathrm{T}} \tag{6.59}$$

利用拉格朗日方程，在广义坐标系下描述轴承的运动，得到实测波纹度圆柱滚子轴承的动力学方程为

$$\frac{\mathrm{d}}{\mathrm{d}t}\left(\frac{\partial T}{\partial \dot{q}_k}\right)-\frac{\partial T}{\partial q_k}+\frac{\partial V}{\partial q_k}+\frac{\partial R}{\partial \dot{q}_k}=Q_k \tag{6.60}$$

式中，q_k 为第 k 个广义坐标；Q_k 为对应于第 k 个广义坐标的广义力；R 为轴承系统的总耗散能；T 为轴承系统的总动能；V 为轴承系统的总势能。

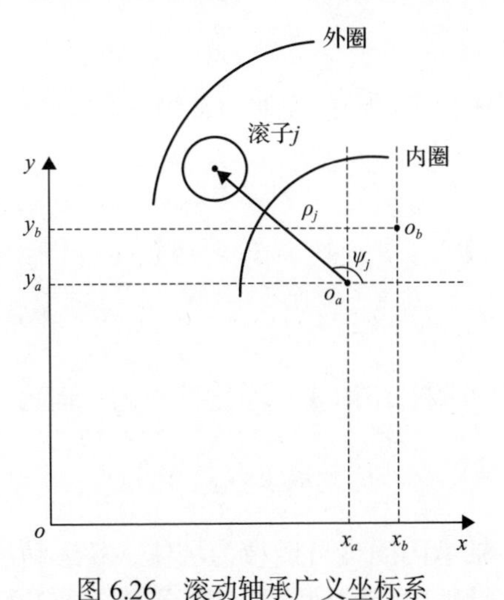

图 6.26　滚动轴承广义坐标系

如图 6.27 所示，滚子在外圈坐标系中的位置角用 θ_j 表示，滚子在内圈坐标系中的位置角用 ψ_j 表示，第 j 个滚子的方位角可以统一表示为

$$\theta_j=\theta_1+(j-1)\Delta\theta \tag{6.61}$$

式中，$\Delta\theta$ 为滚子的间隔角。

$$\Delta\theta=\frac{2\pi}{Z} \tag{6.62}$$

根据图 6.27 中滚子与内、外圈的几何关系，得到滚子在内圈坐标系中的位置角 ψ_j 表达式为

$$\psi_j=\theta_j-\arcsin\frac{x_b\sin\theta_j-y_b\cos\theta_j}{\rho_j} \tag{6.63}$$

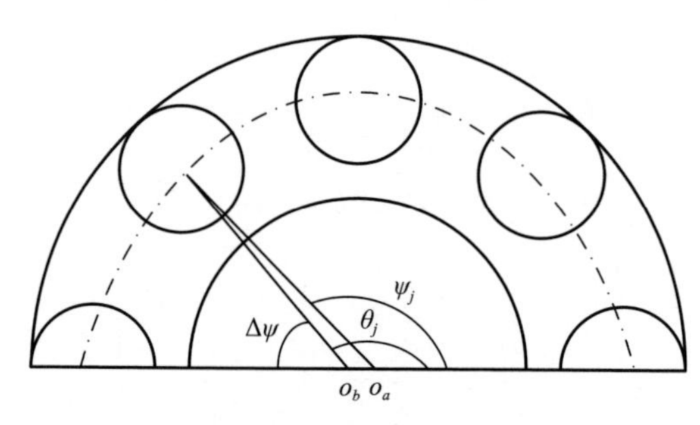

图 6.27　滚子的位置角

滚子的公转角速度即为保持架角速度

$$\dot{\varphi}_j=\omega_{\mathrm{c}} \tag{6.64}$$

轴承外圈可视为刚体，其运动速度即为其中心点在绝对坐标系中位置的导数，轴承外圈动能 T_{o} 计算公式为

$$T_{\mathrm{o}}=\frac{1}{2}m_{\mathrm{o}}\left[\left(\dot{x}_a+\dot{x}_b\right)^2+\left(\dot{y}_a+\dot{y}_b\right)^2\right] \tag{6.65}$$

式中，m_{o} 为轴承外圈质量。

外圈的势能 V_{o}，即外圈在绝对坐标系中的重力势能为

$$V_{\mathrm{o}}=m_{\mathrm{o}}g\left(y_a+y_b\right) \tag{6.66}$$

与轴承外圈相同，轴承内圈也可以视为刚体，其运动速度为其中心点在绝对坐标系中位置的导数，轴承内圈的动能 T_{i} 包括平动动能和转动动能，计算公式为

$$T_{\mathrm{i}}=\frac{1}{2}m_{\mathrm{i}}\left(\dot{x}_a^2+\dot{y}_a^2\right)+\frac{1}{2}J_{\mathrm{i}}\omega_{\mathrm{i}}^2 \tag{6.67}$$

式中，m_{i}为轴承内圈的质量；J_{i}为轴承内圈的转动惯量；ω_{i}为轴承内圈转动角速度。

内圈的势能 V_{i}，即内圈在绝对坐标系中的重力势能为

$$V_{\mathrm{i}} = m_{\mathrm{i}} g y_a \tag{6.68}$$

与轴承的内外圈相同，轴承的滚动体也看成刚体。滚子的动能 T_{r} 可分为滚子的平动动能和滚子的转动动能，计算公式为

$$T_{\mathrm{r}} = \frac{1}{2} m_j \left(\dot{\boldsymbol{\rho}}_j + \dot{\boldsymbol{r}}_a\right)\left(\dot{\boldsymbol{\rho}}_j + \dot{\boldsymbol{r}}_a\right) + \frac{1}{2} J_{\mathrm{r}} \omega_{\mathrm{r}}^2 \tag{6.69}$$

式中，m_j为 j 号滚子的质量；J_{r}为滚子的转动惯量。滚子中心的位置向量为

$$\dot{\boldsymbol{\rho}}_j = \rho_j \cos\varphi_j \boldsymbol{i} + \rho_j \sin\varphi_j \boldsymbol{j} \tag{6.70}$$

式中，$\boldsymbol{i}$ 为绝对坐标系 x 轴方向的单位向量；$\boldsymbol{j}$ 为绝对坐标系 y 轴方向的单位向量。

内圈中心的位置向量为

$$\boldsymbol{r}_j = x_a \boldsymbol{i} + y_a \boldsymbol{j} \tag{6.71}$$

将式(6.70)和式(6.71)代入式(6.69)，可得

$$\begin{aligned} T_{\mathrm{r}} = \frac{1}{2} m_j (&\dot{\rho}_j^2 + \rho_j^2 \dot{\psi}_j^2 + \dot{x}_a^2 + \dot{y}_a^2 + 2\dot{x}_a \dot{\rho}_j \cos\varphi_j - 2\dot{x}_a \rho_j \dot{\psi}_j \sin\varphi_j \\ &+ 2\dot{y}_a \dot{\rho}_j \sin\varphi_j + 2\dot{y}_a \rho_j \dot{\psi}_j \cos\varphi_j) + \frac{1}{2} J_{\mathrm{r}} \omega_{\mathrm{r}}^2 \end{aligned} \tag{6.72}$$

滚子势能 V_{r}是所有滚子在绝对坐标系下重力势能的总和，计算公式为

$$V_{\mathrm{r}} = \sum_{j=1}^{z} m_j g \left[\rho_j \sin\left(\psi_j + \frac{\pi}{2}\right) + y_a\right] \tag{6.73}$$

与内外圈相同，保持架也可看成刚体，轴承保持架引导方式为外圈引导，保持架中心和外圈中心始终重合，保持架的动能 T_{c}包括保持架的平动动能和转动动能，可以表示为

$$T_{\mathrm{c}} = \frac{1}{2} m_{\mathrm{c}} \left[\left(\dot{x}_a + \dot{x}_b\right)^2 + \left(\dot{y}_a + \dot{y}_b\right)^2\right] + \frac{1}{2} J_{\mathrm{c}} \omega_{\mathrm{c}}^2 \tag{6.74}$$

式中，m_{c}为保持架的质量；J_{c}为保持架的转动惯量。

保持架的势能 V_c，即保持架在绝对坐标系中的重力势能为

$$V_c = m_c g(y_a + y_b) \tag{6.75}$$

将轴承各部件的动能和势能分别相加，可以得到系统的动能和势能。

6.3.3　滚动轴承动力学模型求解

滚动轴承动力学模型包含非线性接触、变波纹度、游隙等多种非线性因素，综合考虑微分方程数值解法的精度和效率，采用四阶龙格-库塔法进行求解。龙格-库塔法实际上是间接使用泰勒级数法的一种算法。泰勒级数法可以用来求解常微分方程，但由于计算过程烦琐，一般只用于最初几个点的数值求解。

若 $y(x)$ 在 $[a,b]$ 上存在 $p+1$ 阶连续导数，则由泰勒级数展开为

$$y(x_{k+1}) = y(x_k) + hy'(x_k) + \cdots + \frac{h^p}{p!}y^{(p)}(x_k) + \frac{h^{p+1}}{(p+1)!}y^{(p+1)}(\xi) \tag{6.76}$$

式中，$x_k < \xi < x_{k+1}$。

利用近似值 $y_k^{(j)}$ $(j=0,1,\cdots,p)$ 代替真实值 $y(x)$，且略去泰勒展开式的截断误差项，有

$$y_{k+1} = y_k + hy_k' + \frac{h^2}{2!}y_k'' + \cdots + \frac{h^p}{(p)!}y^{(p)} \tag{6.77}$$

常用的龙格-库塔法是四阶龙格-库塔法，其公式为

$$\begin{cases} y_{k+1} = y_k + \dfrac{h}{6}(K_1 + 2K_2 + 2K_3 + K_4) \\ K_1 = f(x_k, y_k) \\ K_2 = f\left(x_k + \dfrac{h}{2}, y_k + \dfrac{h}{2}K_1\right) \\ K_3 = hf\left(x_k + \dfrac{h}{2}, y_k + \dfrac{h}{2}K_1\right) \\ K_4 = hf(x_k + h, y_k + hK_3) \end{cases} \tag{6.78}$$

对于求解高阶微分方程（或方程组）的数值解，一般将其进行降阶处理，变为求解一阶微分方程组

$$\begin{cases} y^{(n)} = f\left(x, y, y', \cdots, y^{(n-1)}\right) \\ y(x_0) = y_0,\quad y'(x_0) = y_0',\quad \cdots,\quad y^{(n-1)}(x_0) = y_0^{(n-1)} \end{cases} \tag{6.79}$$

引入新变量 $y=z_1, y'=z_2, \cdots, y^{(n-1)}=z_n$，则 n 阶微分方程的初值问题转化为求解如下一阶方程组：

$$\begin{cases} z_1' = z_2 \\ z_2' = z_3 \\ \quad\vdots \\ z_{n-1}' = z_n \\ z_n' = f\left(x, y_1, y_2, \cdots, y_n\right) \\ z_1\left(x_0\right) = y_0,\quad z_2\left(x_0\right) = y_0',\quad \cdots,\quad z_n\left(x_0\right) = y_0^{(n-1)} \end{cases} \tag{6.80}$$

6.3.4　滚动轴承动力学分析算例

以 6205 深沟球轴承为例，对正常轴承和外圈局部缺陷轴承进行动力学响应计算。6205 深沟球轴承的几何参数和仿真物理参数如表 6.1 所示。

表 6.1　6205 深沟球轴承的几何参数和仿真物理参数

参数	参数值
公称孔径 d/mm	25
公称外径 D/mm	52
轴承宽度 B/mm	15
内圈沟曲率半径 r_{i}/mm	4.09
外圈沟曲率半径 r_{o}/mm	4.17
分度圆直径 D_{m}/mm	38.5
内圈直径 D_{i}/mm	30.562
外圈直径 D_{o}/mm	46.438
球直径 d_{b}/mm	7.938
径向游隙 C_{r}/mm	0.03
滚子数量 N_{b}/个	9
接触角 α/(°)	0
质量 m/kg	0.5
阻尼系数 c/(N·s/m)	150

根据式(6.9)和式(6.10)，得到滚动体与内圈和外圈内滚道接触副的主曲率分别为

$\rho_{\mathrm{iI1}}=0.2520\mathrm{mm}^{-1}$，$\rho_{\mathrm{iI2}}=0.2520\mathrm{mm}^{-1}$，$\rho_{\mathrm{iII1}}=0.0654\mathrm{mm}^{-1}$，$\rho_{\mathrm{iII2}}=-0.2445\mathrm{mm}^{-1}$

$\rho_{\mathrm{oI1}}=0.2520\mathrm{mm}^{-1}$，$\rho_{\mathrm{oI2}}=0.2520\mathrm{mm}^{-1}$，$\rho_{\mathrm{oII1}}=-0.0431\mathrm{mm}^{-1}$，$\rho_{\mathrm{oII2}}=-0.2398\mathrm{mm}^{-1}$

根据式(6.11)和式(6.12)，轴承内圈与滚动体接触副的曲率和与曲率差为

$$\rho_{\mathrm{si}}=\rho_{\mathrm{iI1}}+\rho_{\mathrm{iI2}}+\rho_{\mathrm{iII1}}+\rho_{\mathrm{iII2}}=0.3249\mathrm{mm}^{-1}$$

$$\rho_{\mathrm{ki}}=\frac{(\rho_{\mathrm{iI2}}-\rho_{\mathrm{iI1}})+(\rho_{\mathrm{iII2}}-\rho_{\mathrm{iII1}})}{\rho_{\mathrm{si}}}=0.9538$$

轴承外圈与滚动体接触副的曲率和与曲率差为

$$\rho_{\mathrm{so}}=\rho_{\mathrm{oI1}}+\rho_{\mathrm{oI2}}+\rho_{\mathrm{oII1}}+\rho_{\mathrm{oII2}}=0.2211\mathrm{mm}^{-1}$$

$$\rho_{\mathrm{ko}}=\frac{(\rho_{\mathrm{oI2}}-\rho_{\mathrm{oI1}})+(\rho_{\mathrm{oII2}}-\rho_{\mathrm{oII1}})}{\rho_{\mathrm{so}}}=-0.8896$$

根据式(6.13)～式(6.16)，滚动轴承内、外圈与滚动体的接触刚度为

$$K_{\mathrm{i}}=28.702\mathrm{MN/mm}^{1.5}$$

$$K_{\mathrm{o}}=24.942\mathrm{MN/mm}^{1.5}$$

由式(6.17)可得，滚动轴承内外圈与滚动体之间的总接触刚度为

$$K=\left(\frac{1}{K_{\mathrm{i}}^{\frac{3}{2}}}+\frac{1}{K_{\mathrm{o}}^{\frac{3}{2}}}\right)^{-\frac{3}{2}}=9.4442\mathrm{MN/mm}^{1.5}$$

计算得到的6205深沟球轴承的动力学响应结果如图6.28所示。可以看出，

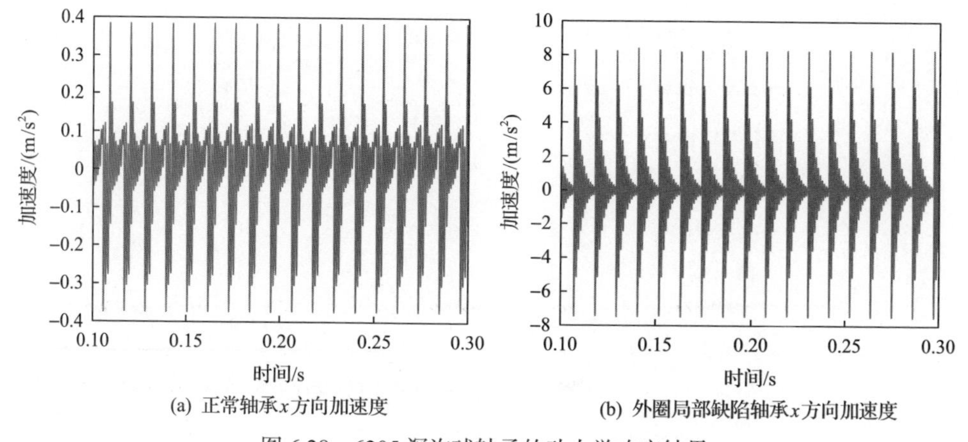

(a) 正常轴承x方向加速度　　(b) 外圈局部缺陷轴承x方向加速度

图6.28　6205深沟球轴承的动力学响应结果

正常轴承的加速度最大振幅较小，约为 0.4m/s^2，轴承存在局部缺陷时的加速度最大振幅较大，约为 8.5m/s^2，这是局部缺陷所致位移激励和刚度激励综合作用的结果。轴承正常时，振动响应表现为周期性冲击波形，冲击波形的间隔为外圈通过频率的倒数，这主要是由轴承运转过程中奇偶变换动刚度引起的。轴承存在局部缺陷时，振动响应也表现为周期性冲击波形，且冲击波形逐渐衰减至平稳，冲击波形的间隔也为外圈通过频率的倒数，这主要是由轴承运转过程中滚动体通过局部缺陷时位移激励和动刚度激励导致的。

在滚动轴承试验台(BVT-5)(见图 6.29)进行了正常轴承和局部剥落缺陷轴承的振动测试，对轴承动力学模型和仿真结果进行了验证。试验台架包括基座、驱动电机、传动芯轴和加载力臂，试验轴承为 6206 深沟球轴承。假设垂直于轴向的方向为 x 方向，滚动轴承试验测试结果如图 6.30 所示。可以看出，正常轴承振动幅值较小，且噪声比较明显，冲击波形被淹没；当轴承外圈存在局部缺陷时，轴承振动幅值增大，且轴承系统振动响应表现为周期性冲击波形，且冲击波形逐渐衰

(a) 试验台架

(b) 加载力臂和待测轴承

图 6.29　滚动轴承试验台(BVT-5)

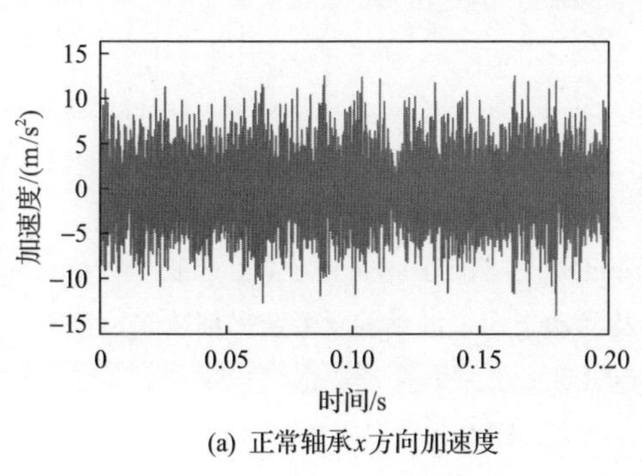

(a) 正常轴承x方向加速度

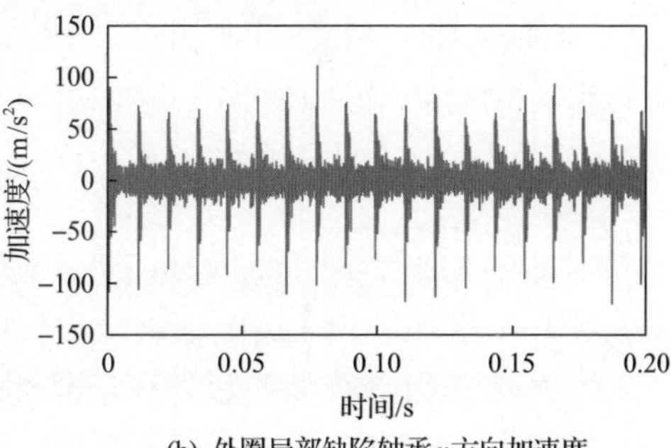

(b) 外圈局部缺陷轴承x方向加速度

图 6.30　滚动轴承试验测试结果

减至平稳，冲击波形的间隔为外圈通过频率的倒数，试验结果与仿真分析结果一致，从而验证了模型的正确性。

参考文献

[1] 邓四二, 贾群义, 薛进学. 滚动轴承设计原理[M]. 2 版. 北京: 中国标准出版社, 2014.

[2] Harris T A, Kotzalas M N. Rolling Bearing Analysis-Essential Concepts of Bearing Technology[M]. 5th ed. Boca Ration: Taylor and Francis, 2007.

[3] 时博阳, 邵毅敏, 丁晓喜. 轴承实测波纹度的动力学建模与振动特性分析方法[J]. 轴承, 2019, (5): 35-40.

[4] Liu J, Shi Z F, Shao Y M, Vibration characteristics of a ball bearing considering point lubrication and nonuniform surface waviness[J]. The International Journal of Acoustics and Vibration, 2018, 23(3): 355-361.

[5] Xu M M, Feng G J, He Q B, et al. Vibration characteristics of rolling element bearings with different radial clearances for condition monitoring of wind turbine[J]. Applied Sciences, 2020, 10(14): 4731.

[6] Xu M M, Han Y Y, Sun X Q, et al. Vibration characteristics and condition monitoring of internal radial clearance within a ball bearing in a gear-shaft-bearing system[J]. Mechanical Systems and Signal Processing, 2022, 165: 108280.

[7] 冈本纯三. 球轴承的设计计算[M]. 黄志强, 罗继伟, 译. 北京: 机械工业出版社, 2003.

[8] Tandon N, Choudhury A. A review of vibration and acoustic measurement methods for the detection of defects in rolling element bearings[J]. Tribology International, 1999, 32(8): 469-480.

[9] McFadden P D, Smith J D. Model for the vibration produced by a single point defect in a rolling element bearing[J]. Journal of Sound and Vibration, 1984, 96(1): 69-82.

[10] Tandon N, Choudhury A. A Theoretical model to predict the vibration response of rolling bearings in a rotor bearing system to distributed defects under radial load[J]. Journal of Tribology, 2000, 122(3): 609-615.

[11] Liu J, Shao Y M. An improved analytical model for a lubricated roller bearing including a localized defect with different edge shapes[J]. Journal of Vibration and Control, 2018, 24(17): 3894-3907.

[12] Palmgren A. Ball and Roller Bearing Engineering[M]. 3rd ed. Burbank: Philadephia, 1959.

[13] 剡昌锋, 康建雄, 苑浩, 等. 考虑弹流润滑及滑动作用下滚动轴承系统局部缺陷位移激励动力学建模[J]. 振动与冲击, 2018, 37(5): 56-64.

[14] Harria T A, Kotzalas M N. 滚动轴承分析[M]. 北京: 机械工业出版社, 2015.

[15] Dowson D. Elastohydrodynamic and micro-elastohydrodynamic lubrication[J]. Wear, 1995, 190(2): 125-138.

第 7 章　滚动轴承波纹度表征及动力学响应

滚动轴承的波纹度、圆度和表面粗糙度是零部件表面的一种几何不平度，对轴承振动均有不同程度的影响。随着加工精度的提高，表面粗糙度和几何形状误差对滚动轴承振动噪声的影响逐步减小，而波纹度的影响仍然比较突出，是影响滚动轴承振动、噪声、疲劳的主要因素之一[1]。滚动轴承波纹度是由机械加工系统的振动形成的有一定周期性的形状和起伏的特征量度，轴承滚道表面存在波纹度时，波纹度不仅会引起周期性的位移激励，还会使滚动体与滚道之间的接触刚度发生周期性变化，导致滚动体与滚道之间接触力周期性变化，造成轴承及转子系统产生异常振动噪声和疲劳破坏。通过建立动力学模型，分析滚动轴承波纹度诱发的振动特征，对避免轴承与转子系统的异常振动与失效有重要的意义。

本章将主要介绍滚动轴承波纹度的表征方法，并重点围绕不同波纹度表征方法下的滚动轴承内激励计算，分析滚动轴承波纹度激励下的动力学响应特征。

7.1　滚动轴承波纹度表征方法

滚动轴承存在波纹度时，滚动体所经过的内外圈滚道表现为凹凸不平的波纹曲线，如图 7.1(a)所示。若把波纹度曲线在直角坐标空间展开，其形状如图 7.1(b)

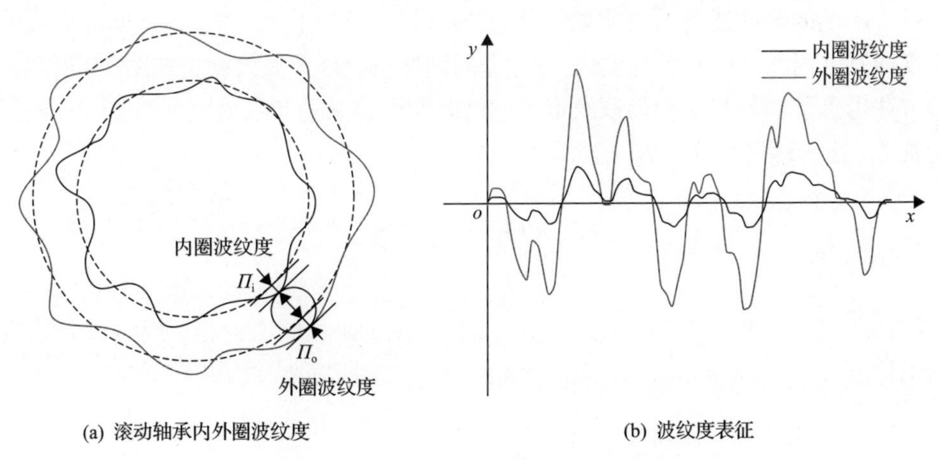

(a) 滚动轴承内外圈波纹度　　(b) 波纹度表征

图 7.1　滚动轴承内、外圈波纹度及其表征

所示。因此，可以采用模拟函数的方法，对滚动轴承波纹度进行表征[2,3]。

1. 周期性正弦函数

轴承波纹度的表征采用单一周期性正弦函数，仅考虑均匀波纹度引起的时变位移激励。假设滚动轴承滚道表面波纹度的形状为正弦波形，周期性正弦函数波纹度如图 7.2 所示。假设波纹度的波长远大于滚动体与滚道之间的 Hertz 接触面积的尺寸，在任意位置 L_{w} 处，对应波纹度 $\varPi$ 可表示为[4]

$$\varPi = \varPi_{\mathrm{w}} \sin \frac{2\pi L_{\mathrm{w}}}{\lambda_{\mathrm{w}}} \tag{7.1}$$

式中，$\varPi_{\mathrm{w}}$ 为波纹度最大幅值；λ_{w} 为波纹度平均波长。

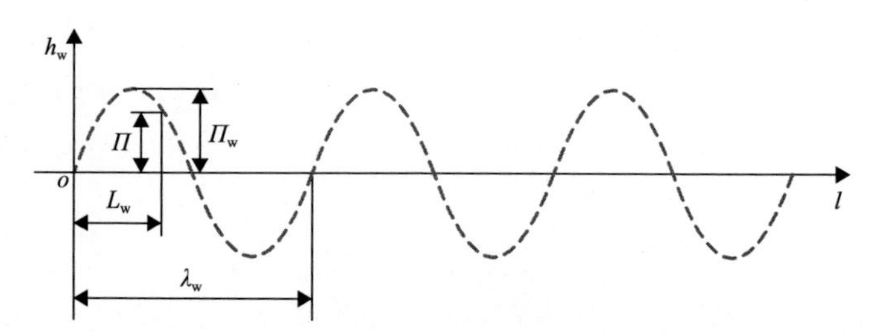

图 7.2　周期性正弦函数波纹度

h_{w}. 波纹度高度；l. 波纹度周向位移；L_{w}. 波纹度任意位置；λ_{w}. 波纹度平均波长

2. 非周期性正弦函数

由于周期性正弦函数波纹度的表征方法仅考虑了均匀波纹度引起的时变位移激励，不能准确描述均匀与非均匀分布波纹度诱发的滚动体与滚道之间时变接触刚度激励。因此，Liu 等[5]提出了一种非周期性正弦函数波纹度，如图 7.3 所示。该方法考虑了均匀与非均匀波纹度引起的时变位移激励和接触刚度激励，在任意位置 $L_{\mathrm{w}s}$ 处，对应波纹度 $\varPi$ 表示为

$$\varPi = \sum_{s=1}^{N_{\mathrm{w}}} \varPi_{\mathrm{w}s} \sin \frac{2\pi L_{\mathrm{w}s}}{\lambda_{\mathrm{w}s}} \tag{7.2}$$

式中，N_{w} 为波纹度总个数；$\varPi_{\mathrm{w}s}$ 为第 s 个波纹度的最大幅值；$\lambda_{\mathrm{w}s}$ 为第 s 个波纹度的平均波长。

3. 随机数矩阵滤波器

波纹度具有随机性，周期和非周期正弦函数的表征方法不能准确表征波纹度

的特点。随机数矩阵滤波器的波纹度函数可以根据模拟的波纹度曲线，通过随机矩阵来表征波纹度的随机性(见图 7.4)，再通过二维高斯滤波器(见图 7.5)产生波纹度的基础变化幅值(见图 7.6)，最后基于滤波器生成波纹度曲线(见图 7.7)，实现波纹度的精准表征。

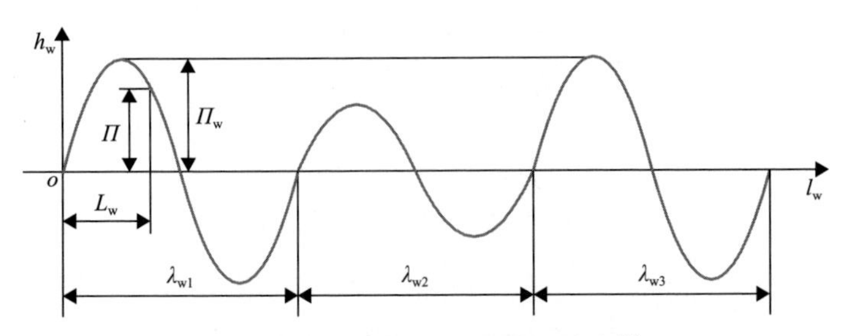

图 7.3　非周期性正弦函数波纹度[5]

λ_{w1}. 第 1 个波纹度的平均波长；λ_{w2}. 第 2 个波纹度的平均波长；λ_{w3}. 第 3 个波纹度的平均波长

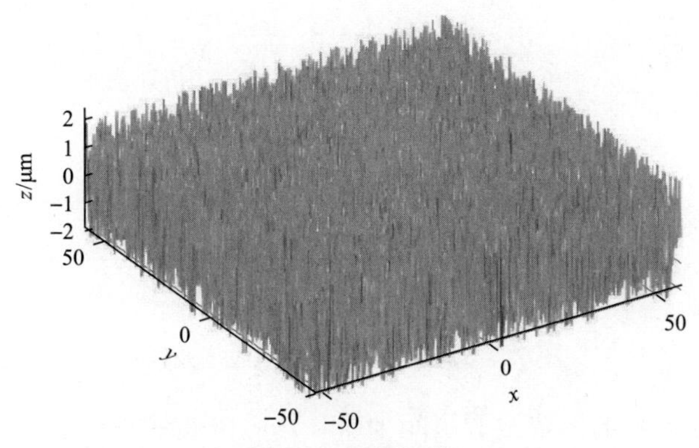

图 7.4　随机矩阵

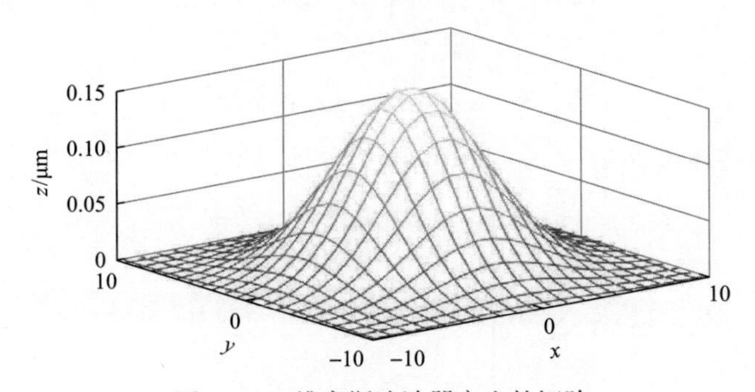

图 7.5　二维高斯滤波器产生的矩阵

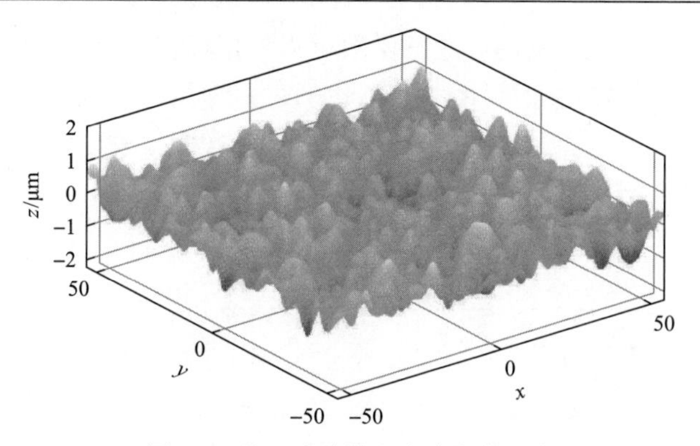

图 7.6　基于滤波器生成波纹度矩阵

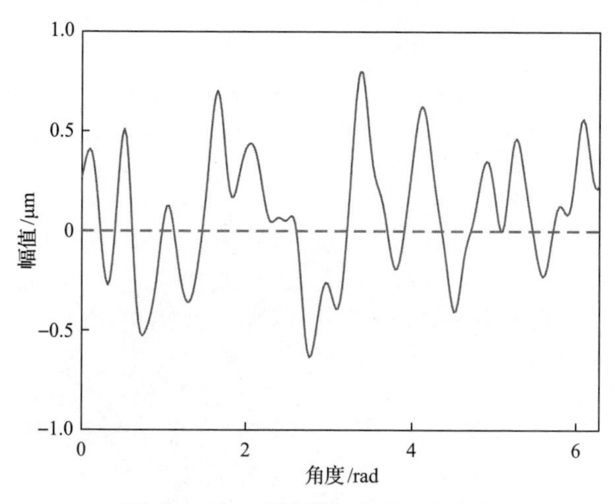

图 7.7　基于滤波器生成波纹度曲线

采用均匀分布函数生成[0,1]区间上服从均匀分布的随机矩阵 $\boldsymbol{R}$, 均匀分布函数表示为

$$f\left(x,y\right)=\begin{cases}\dfrac{1}{A}, & \left(x,y\right)\in D\\ 0, & \left(x,y\right)\notin D\end{cases} \tag{7.3}$$

生成的随机矩阵记为

$$\boldsymbol{R}=\begin{bmatrix} a_{11} & a_{12} & \dots & a_{1N}\\ a_{21} & a_{22} & \dots & a_{2N}\\ \vdots & \vdots & & \vdots\\ a_{N1} & a_{N2} & \dots & a_{NN}\end{bmatrix} \tag{7.4}$$

高斯函数 $G(x,y)$ 的表达式为

$$G(x,y)=\frac{1}{2\pi\sigma^2}\exp\left[-\frac{(x-\mu)^2+(y-\mu)^2}{2\sigma^2}\right] \tag{7.5}$$

式中，σ 为均值；μ 为方差。

通过调节均值和方差，生成具有一定宽度和高度的高斯滤波器，其幅值与模拟波纹度相似，生成的高斯滤波器矩阵表示为

$$\boldsymbol{G}=\begin{bmatrix} b_{11} & b_{12} & \dots & b_{1N} \\ b_{21} & a_{22} & \dots & b_{2N} \\ \vdots & \vdots & & \vdots \\ b_{N1} & b_{N2} & \dots & b_{NN} \end{bmatrix} \tag{7.6}$$

将矩阵 $\boldsymbol{R}$ 和 $\boldsymbol{G}$ 进行傅里叶变换，通过卷积定理和反傅里叶变换生成表面波纹度矩阵 $\boldsymbol{Z}$，即

$$\boldsymbol{Z}=\mathrm{FFT}^{-1}\left(\mathrm{FFT}(\boldsymbol{R})\cdot\mathrm{FFT}(\boldsymbol{G})\right) \tag{7.7}$$

式中，FFT 为傅里叶变换；FFT^{-1} 为反傅里叶变换。

通过计算均方根值和峰峰值，采用切片法在波纹度矩阵中筛选所需滚道表面波纹度表征的曲线。

4. 实测波纹度曲线数字化的插值精确表征方法

滚动轴承波纹度的测量结果可以用图形或者数据两种方式输出。图形输出的波纹度不利于数字化处理，需要离散化。离散化的方法是通过等角度从轴承波纹度曲线图上获得相应的幅值，形成波纹度的等角度幅值序列。

以角度 θ' 对波纹度图形进行等间隔抽样，实测波纹度等间隔抽样示意图如图 7.8 所示。获得原始波纹度序列为

$$\begin{cases} A_{\mathrm{i}}(\theta')=S\left(\rho_{\mathrm{i}}(\theta')\right) \\ A_{\mathrm{o}}(\theta')=S\left(\rho_{\mathrm{o}}(\theta')\right) \\ A_{\mathrm{r}}(\theta')=S\left(\rho_{\mathrm{r}}(\theta')\right) \end{cases} \tag{7.8}$$

式中，A_{i} 为内圈原始波纹度序列；A_{o} 为外圈原始波纹度序列；A_{r} 为滚子原始波纹度序列。

原始波纹度序列是根据实测波纹度抽样得到的结果，其精度不能满足动力学仿真中采样频率的要求，需要对原始波纹度序列进行精度提升。对于高精度的模型分析，当其数据长度和分辨率不足时，可采用拓延和插值补点法获得其角度序

列，从而实现波纹度数据的精确表达[3]。

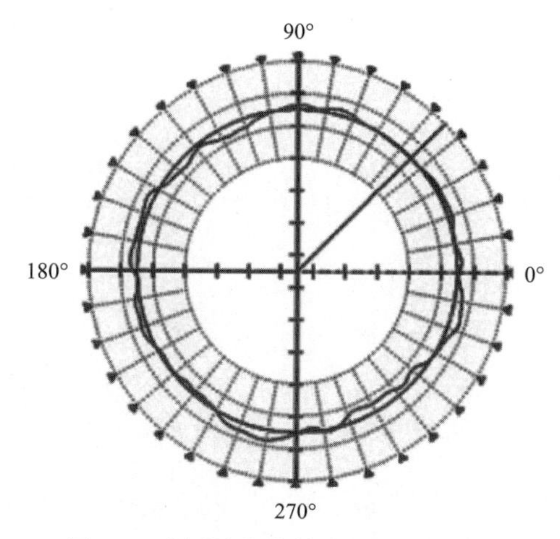

图 7.8　实测波纹度等间隔抽样示意图

插值补点法可采用线性插值、多项式插值和样条曲线插值等方法，以采样时间序列对应的角度序列 α_j、β_j、ψ_j 和 ϕ_j 对原始波纹序列 A_i、A_o 和 A_r 进行插值处理，得到新的波纹度序列 w_i、w_o、w_ri 和 w_ro，即

$$\begin{cases} w_\mathrm{i}(\alpha_j) = R_\mathrm{s}\left[A_\mathrm{i}(\theta'), \alpha_j\right] \\ w_\mathrm{o}(\beta_j) = R_\mathrm{s}\left[A_\mathrm{o}(\theta'), \beta_j\right] \\ w_\mathrm{ri}(\psi_j) = R_\mathrm{s}\left[A_\mathrm{r}(\theta'), \psi_j\right] \\ w_\mathrm{ro}(\phi_j) = R_\mathrm{s}\left[A_\mathrm{r}(\theta'), \phi_j\right] \end{cases} \tag{7.9}$$

式中，$w_\mathrm{i}(\alpha_j)$ 为 G_j 点在内圈上的波纹度；$w_\mathrm{o}(\beta_j)$ 为 H_j 点在外圈上的波纹度；$w_\mathrm{r}(\psi_j)$ 为 H_j 点在滚动体上的波纹度；$w_\mathrm{r}(\phi_j)$ 为 G_j 点在滚动体上的波纹度。角度序列 α_j、β_j、ψ_j 和 ϕ_j 为

$$\begin{cases} \alpha_j = (\omega_\mathrm{i} - \omega_\mathrm{c})t + \dfrac{2\pi}{z}(k-1) \\ \beta_j = \omega_\mathrm{c} t + \dfrac{2\pi}{z}(k-1) \\ \psi_j = \omega_\mathrm{r} t \\ \phi_j = \omega_\mathrm{r} t + \pi \end{cases} \tag{7.10}$$

式中，t 为时间序列；ω_c 为保持架转动角速度；ω_i 为内圈转动角速度；ω_r 为滚动体自转角速度，可根据采样频率获得。

$$t = 0, \Delta t, 2\Delta t, \cdots, n\Delta t\ ,\quad \Delta t = \frac{1}{f_s} \tag{7.11}$$

式中，f_s 为采样频率。

7.2　考虑波纹度的刚度和位移激励算法

7.2.1　周期性正弦函数表征的波纹度

1. 刚度激励计算

刚度激励为滚动体与内、外圈滚道之间的总接触刚度诱发的激励。根据 Hertz 接触刚度计算方法，以点接触为例，根据式(6.17)得到滚动体与内、外圈滚道之间的总接触刚度为[6]

$$K_e = \left(\frac{1}{K_i^n} + \frac{1}{K_o^n}\right)^{-n} \tag{7.12}$$

式中，n 为载荷-变形指数，对于球轴承，n=3/2，对于圆柱滚子轴承，n=10/9。

2. 位移激励计算

根据式(7.1)，在波纹度初始幅值 Π_0 影响下，轴承内圈波纹度 Π_i 和外圈波纹 Π_o 表达式为

$$\begin{cases} \Pi_i = \Pi_0 + \Pi_w \sin\dfrac{2\pi L_w}{\lambda_w} \\ \Pi_o = \Pi_0 + \Pi_w \sin\dfrac{2\pi L_w}{\lambda_w} \end{cases} \tag{7.13}$$

任意位置 L_w 与波纹度平均波长 λ_{ws} 的表达式为

$$L_w = \begin{cases} \theta_j d_i，\text{内圈波纹度} \\ \theta_j d_o，\text{外圈波纹度} \end{cases} \tag{7.14}$$

$$\lambda_{ws} = \begin{cases} \dfrac{2\pi d_i}{N_w}，\text{内圈波纹度} \\ \dfrac{2\pi d_o}{N_w}，\text{外圈波纹度} \end{cases} \tag{7.15}$$

式中，d_i 为滚动轴承内圈直径；d_o 为滚动轴承外圈直径；N_w 为波纹度波数，即一

个圆周长度中所含的波纹度数目；θ_j为第j个滚动体在任一时间t的角位置。

$$\theta_j=\begin{cases}\dfrac{2\pi}{Z}(j-1)+\omega_{\mathrm{c}}t, & \text{外圈}\\ \dfrac{2\pi}{Z}(j-1)+(\omega_{\mathrm{c}}-\omega_{\mathrm{i}})t, & \text{内圈}\end{cases} \tag{7.16}$$

第j个滚动体在任意角位置θ_j处的径向位移激励为

$$\Delta x=\Pi_{\mathrm{i}}+\Pi_{\mathrm{o}} \tag{7.17}$$

综合内、外圈的运动，考虑轴承径向游隙，第j个滚动体在任意角位置θ_j处的变形量为

$$\delta_j=(x_1-x_2)\cos\theta_j+(y_1-y_2)\sin\theta_j-C_{\mathrm{r}}+\Pi_{\mathrm{i}}+\Pi_{\mathrm{o}} \tag{7.18}$$

式中，x_1和y_1为轴承内圈质心的位移；x_2和y_2为轴承外圈质心的位移；C_{r}为径向游隙。

7.2.2　非周期性正弦函数表征的波纹度

1. 刚度激励计算

当滚道表面存在波纹度时，滚道表面由光滑曲面变为波纹曲面，滚道表面的曲率半径随波纹位置的变化而变化，不再为恒定值。波纹度的曲率半径R_s可以表示为

$$R_s=\frac{1}{\rho_s} \tag{7.19}$$

式中，ρ_s为曲率。

根据式(7.2)，在任意位置L_{ws}，非周期性正弦函数表征的波纹度的曲率ρ_{ws}为

$$\rho_{\mathrm{ws}}=\frac{\left|\Pi_{\mathrm{ws}}\left(\dfrac{2\pi}{\lambda_{\mathrm{ws}}}\right)^2\sin\dfrac{2\pi L_{\mathrm{ws}}}{\lambda_{\mathrm{ws}}}\right|}{\left[1+\Pi_{\mathrm{ws}}^2\left(\dfrac{2\pi}{\lambda_{\mathrm{ws}}}\right)^2\cos^2\dfrac{2\pi L_{\mathrm{ws}}}{\lambda_{\mathrm{ws}}}\right]^{\frac{3}{2}}} \tag{7.20}$$

根据式(7.19)和式(7.20)，采用非周期性正弦函数表征的波纹度的曲率半径R_{ws}表示为

$$R_{ws}=\frac{1}{\rho_{ws}}=\frac{\left[1+\Pi_{ws}^{2}\left(\frac{2\pi}{\lambda_{ws}}\right)^{2}\cos^{2}\frac{2\pi L_{ws}}{\lambda_{ws}}\right]^{\frac{3}{2}}}{\left|\Pi_{ws}\left(\frac{2\pi}{\lambda_{ws}}\right)^{2}\sin\frac{2\pi L_{ws}}{\lambda_{ws}}\right|} \tag{7.21}$$

第 s 个波纹度的平均波长 λ_{ws} 表达式为

$$\lambda_{ws}=\begin{cases}\theta_{ws}d_{i}，\text{内圈波纹度}\\ \theta_{ws}d_{o}，\text{外圈波纹度}\end{cases} \tag{7.22}$$

式中，θ_{ws} 为第 s 个波纹度对应的弧度角，且满足如下关系式：

$$\sum_{s=1}^{N_{w}}\theta_{ws}=2\pi \tag{7.23}$$

任意位置 L_{ws} 为

$$L_{ws}=\begin{cases}d_{i}\theta_{dj}，\text{内圈波纹度}\\ d_{o}\theta_{dj}，\text{外圈波纹度}\end{cases} \tag{7.24}$$

式中，θ_{dj} 为第 j 个滚动体在任一时间 t 时的角位置。

$$\theta_{dj}=\begin{cases}\frac{2\pi}{Z}(j-1)+\omega_{c}t+\theta_{0x}, & \text{外圈}\\ \frac{2\pi}{Z}(j-1)+(\omega_{c}-\omega_{i})t+\theta_{0x}， & \text{内圈}\end{cases} \tag{7.25}$$

式中，j 代表第 j 个滚动体，j=1,2,⋯,Z；θ_{0x} 为第 1 个滚动体相对于 x 轴的初始角位置。

以点接触为例，内圈滚道存在波纹度时，球与内圈滚道接触副的主曲率分别表示为

$$\rho_{\mathrm{I}1}=\frac{2}{d_{b}}，\ \rho_{\mathrm{I}2}=\frac{2}{d_{b}}，\ \rho_{\mathrm{II}1}=\frac{1}{R_{ws}}，\ \rho_{\mathrm{II}2}=-\frac{1}{r_{i}} \tag{7.26}$$

外圈滚道存在波纹度时，球与外圈滚道接触副的主曲率分别表示为

$$\rho_{\mathrm{I}1}=\frac{2}{d_{b}}，\ \rho_{\mathrm{I}2}=\frac{2}{d_{b}}，\ \rho_{\mathrm{II}1}=-\frac{1}{R_{ws}}，\ \rho_{\mathrm{II}2}=-\frac{1}{r_{o}} \tag{7.27}$$

则接触副的曲率和为

$$\begin{cases}\rho_{\mathrm{w}}=\rho_{\mathrm{I}1}+\rho_{\mathrm{II}1}+\rho_{\mathrm{I}2}+\rho_{\mathrm{II}2}\\ \rho_{\mathrm{w}1}=\rho_{\mathrm{I}1}+\rho_{\mathrm{II}1}\\ \rho_{\mathrm{w}2}=\rho_{\mathrm{I}2}+\rho_{\mathrm{II}2}\end{cases}\tag{7.28}$$

等效弹性模量的表达式见式(6.13)，滚动体与内圈或者外圈滚道之间的接触刚度 K' 见式(6.16)。

2. 位移激励计算

非周期性正弦函数表征的波纹度可以描述均匀和非均匀波纹度引起的时变位移激励。由式(7.2)可得非周期性正弦函数表征的内圈波纹度 $\varPi_{\mathrm{iw}}$ 和外圈波纹 $\varPi_{\mathrm{ow}}$ 为

$$\begin{cases}\varPi_{\mathrm{iw}}=\sum\limits_{s=1}^{N_{\mathrm{w}}}\left(\varPi_{0s}+\varPi_{\mathrm{w}s}\sin\dfrac{2\pi L_{\mathrm{w}s}}{\lambda_{\mathrm{w}s}}\right)\\ \varPi_{\mathrm{ow}}=\sum\limits_{s=1}^{N_{\mathrm{w}}}\left(\varPi_{0s}+\varPi_{\mathrm{w}s}\sin\dfrac{2\pi L_{\mathrm{w}s}}{\lambda_{\mathrm{w}s}}\right)\end{cases}\tag{7.29}$$

式中，$\varPi_{0s}$ 为波纹度初始幅值。

第 j 个滚动体在任意角位置 $\theta_{\mathrm{d}j}$ 处的径向位移激励为

$$\Delta x=\varPi_{\mathrm{iw}}+\varPi_{\mathrm{ow}}\tag{7.30}$$

综合内外圈的运动、轴承径向游隙和非周期性正弦函数表征的波纹度，第 j 个滚动体在任意角位置 $\theta_{\mathrm{d}j}$ 处的径向变形量为

$$\delta_j=(x_1-x_2)\cos\theta_j+(y_1-y_2)\sin\theta_j-\gamma+\varPi_{\mathrm{iw}}+\varPi_{\mathrm{ow}}\tag{7.31}$$

7.3　滚动轴承波纹度表征动力学响应算例

7.3.1　考虑滚动轴承波纹度的刚度激励计算

以 6308 深沟球轴承为例，基于非周期正弦函数波纹度表征方法，分析滚道表面波纹度的波数和幅值对滚动体与轴承内、外圈滚道之间接触刚度的影响。6308 深沟球轴承的几何参数如表 7.1 所示[2]，轴承材料性模量 E=207GPa，泊松比 ν=0.3。

表 7.1　6308 深沟球轴承的几何参数[2]

参数	参数值
内径 D_{ii}/mm	40
外径 D_{oo}/mm	90
宽度 B_h/mm	23
钢球中心圆直径 D/mm	65
钢球直径 d_b/mm	15.081
钢球个数 Z/个	10
外圈直径 D_2/mm	74.4
外圈沟曲率半径 r_o/mm	8.01
内圈沟曲率半径 r_i/mm	7.665
外圈滚道直径 D_o/mm	80.088
内圈滚道直径 D_i/mm	49.912
径向游隙 C_r/μm	1
接触角 α/(°)	0

根据滚动轴承几何参数和材料参数，当轴承滚道表面不存在波纹度时，计算滚动体与内、外圈滚道的接触刚度。

根据式(7.26)和式(7.27)，可以得到滚动体与内、外圈滚道接触副的主曲率，分别为

$$\rho_{\mathrm{iI1}}=0.1326\mathrm{mm}^{-1},\ \rho_{\mathrm{iI2}}=0.1326\mathrm{mm}^{-1},\ \rho_{\mathrm{iII1}}=0.0401\mathrm{mm}^{-1},\ \rho_{\mathrm{iII2}}=-0.1305\mathrm{mm}^{-1}$$

$$\rho_{\mathrm{oI1}}=0.1305\mathrm{mm}^{-1},\ \rho_{\mathrm{oI2}}=0.1305\mathrm{mm}^{-1},\ \rho_{\mathrm{oII1}}=-0.0250\mathrm{mm}^{-1},\ \rho_{\mathrm{oII2}}=-0.1248\mathrm{mm}^{-1}$$

因此，根据式(7.28)计算得到内、外圈与接触副的曲率和，分别为

$$\rho_{\mathrm{si}}=\rho_{\mathrm{iI1}}+\rho_{\mathrm{iI2}}+\rho_{\mathrm{iII1}}+\rho_{\mathrm{iII2}}=0.1748\mathrm{mm}^{-1}$$

$$\rho_{\mathrm{so}}=\rho_{\mathrm{oI1}}+\rho_{\mathrm{oI2}}+\rho_{\mathrm{oII1}}+\rho_{\mathrm{oII2}}=0.1154\mathrm{mm}^{-1}$$

内、外圈与滚动体接触副的椭圆参数、第一类和第二类全椭圆积分计算如下：

$$\kappa_{\mathrm{i}}=1.0339\left(\frac{\rho_{\mathrm{i1}}}{\rho_{\mathrm{i2}}}\right)^{0.6360}=16.8045$$

$$\mathrm{E_i} = 1.5277 + 0.6023\ln\frac{\rho_{i1}}{\rho_{i2}} = 4.1683$$

$$\mathrm{F_i} = 1.0003 + 0.5968\frac{\rho_{i2}}{\rho_{i1}} = 1.0077$$

$$\kappa_o = 1.0339\left(\frac{\rho_{o1}}{\rho_{o2}}\right)^{0.6360} = 5.5005$$

$$\mathrm{E_o} = 1.5277 + 0.6023\ln\frac{\rho_{o1}}{\rho_{o2}} = 3.1106$$

$$\mathrm{F_o} = 1.0003 + 0.5968\frac{\rho_{o2}}{\rho_{o1}} = 1.0434$$

将上述计算结果代入式(6.16)，得到单个滚动体在任意角位置θ_{dj}处时，滚动体与内、外圈滚道之间的接触刚度K_i和K_o，计算结果如图7.9所示。可以看出，轴承滚道表面不存在波纹度时，单个滚动体与正常内、外圈滚道之间的接触刚度为恒定值。

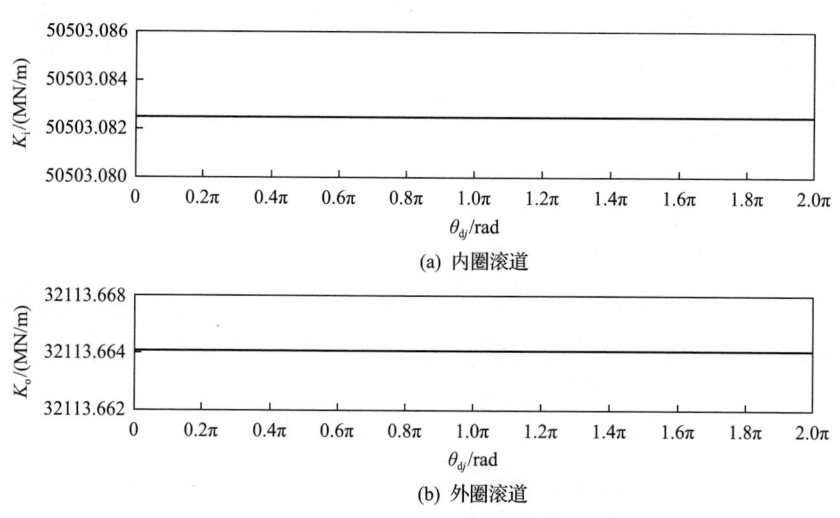

图 7.9　单个滚动体与内、外圈滚道之间的接触刚度

轴承滚道存在波纹度且采用非周期性正弦函数进行表征时，由式(7.19)～式(7.24)可得滚动体与内、外圈滚道接触的主曲率分别为

$$\rho_{\mathrm{iI1}} = 0.1326\,\mathrm{mm}^{-1}, \quad \rho_{\mathrm{iI2}} = 0.1326\,\mathrm{mm}^{-1}$$

$$\rho_{\mathrm{iII1}} = \frac{2\left|\Pi_{\mathrm{ws}}\left(\dfrac{2\pi}{\lambda_{\mathrm{ws}}}\right)^2 \sin\dfrac{2\pi L_{\mathrm{ws}}}{\lambda_{\mathrm{ws}}}\right|}{\left[1+\Pi_{\mathrm{ws}}^2\left(\dfrac{2\pi}{\lambda_{\mathrm{ws}}}\right)^2 \cos^2\dfrac{2\pi L_{\mathrm{ws}}}{\lambda_{\mathrm{ws}}}\right]^{\frac{3}{2}}}, \quad \lambda_{\mathrm{ws}} = \theta_{\mathrm{ws}} d_{\mathrm{i}}, \quad L_{\mathrm{w}} = d_{\mathrm{i}}\theta_{\mathrm{d}j}$$

$$\rho_{\mathrm{iII2}} = -0.1305\,\mathrm{mm}^{-1}$$

$$\rho_{\mathrm{oI1}} = 0.1326\mathrm{mm}^{-1}, \quad \rho_{\mathrm{oI2}} = 0.1326\mathrm{mm}^{-1}$$

$$\rho_{\mathrm{oII1}} = \frac{2\left|\Pi_{\mathrm{ws}}\left(\dfrac{2\pi}{\lambda_{\mathrm{ws}}}\right)^2 \sin\dfrac{2\pi L_{\mathrm{ws}}}{\lambda_{\mathrm{ws}}}\right|}{\left[1+\Pi_{\mathrm{ws}}^2\left(\dfrac{2\pi}{\lambda_{\mathrm{ws}}}\right)^2 \cos^2\dfrac{2\pi L_{\mathrm{ws}}}{\lambda_{\mathrm{ws}}}\right]^{\frac{3}{2}}}, \quad \lambda_{\mathrm{ws}} = \theta_{\mathrm{ws}} d_{\mathrm{o}}, \quad L_{\mathrm{w}} = d_{\mathrm{o}}\theta_{\mathrm{d}j}$$

$$\rho_{\mathrm{oII2}} = -0.1248\mathrm{mm}^{-1}$$

将上述结果代入式(6.16)，求解滚动体与存在波纹度的内、外圈滚道之间的接触刚度 K_{iw} 和 K_{ow}。当内、外圈波纹度波数 N_{w} 分别为 5、8 和 11，最大幅值 Π_{ws}=8μm，初始幅值 Π_{0s}=0 时，滚动轴承波纹度波数对单个滚动体与内、外圈滚道之间接触刚度的影响如图 7.10 所示。可以看出，单个滚动体与含波纹度的内、外圈滚道之间的接触刚度随波纹度波数的增加而增大。

当内、外圈波纹度最大幅值 Π_{ws} 分别为 4μm、8μm 和 12μm，初始幅值 Π_{0s}=0，波纹度波数 N_{w}=8 时，波纹度最大幅值对单个滚动体与内、外圈滚道之间接触刚度的影响如图 7.11 所示。可以看出，单个滚动体与含波纹度的内、外圈滚道之间

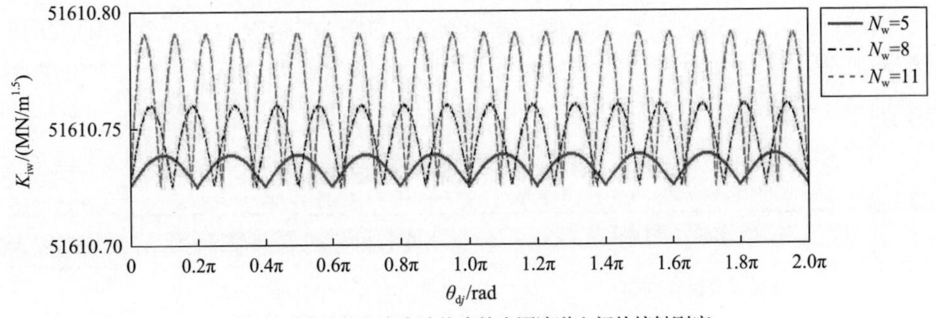

(a) 单个滚动体与存在波纹度的内圈滚道之间的接触刚度

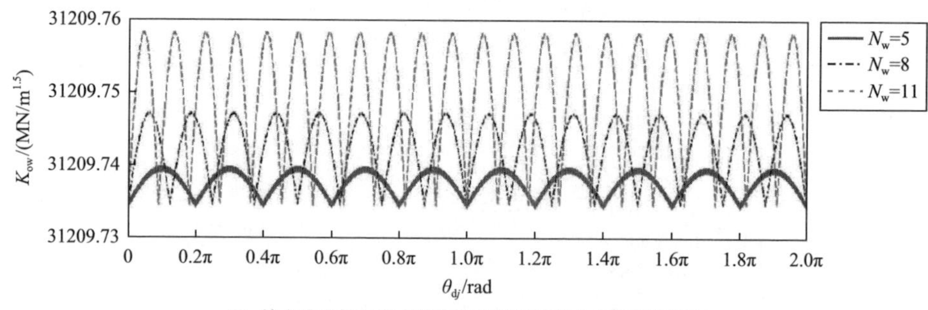

(b) 单个滚动体与存在波纹度的外圈滚道之间的接触刚度

图 7.10　滚动轴承波纹度波数对单个滚动体与内、外圈滚道之间接触刚度的影响

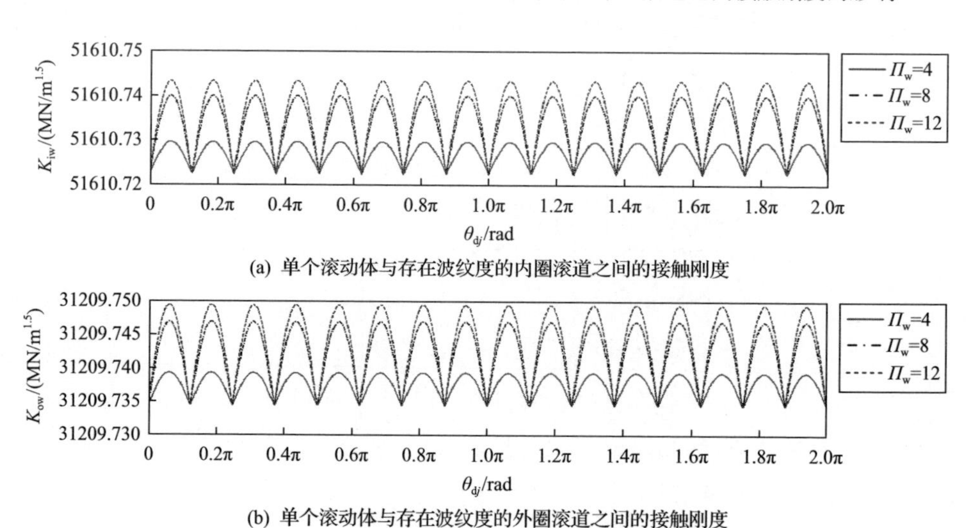

(a) 单个滚动体与存在波纹度的内圈滚道之间的接触刚度

(b) 单个滚动体与存在波纹度的外圈滚道之间的接触刚度

图 7.11　波纹度最大幅值对单个滚动体与内、外圈滚道之间接触刚度的影响

的接触刚度均随波纹最大幅值的增加而增大。

7.3.2　基于实测波纹度曲线的轴承动力学响应计算

以 NU307E 圆柱滚子轴承为例，对实测波纹度进行精确表征并建立轴承动力学模型，分析实测波纹度曲线精确表征方法下的轴承动力学响应。NU307E 圆柱滚子轴承主要参数如表 7.2 所示。

表 7.2　NU307E 圆柱滚子轴承主要参数

参数	参数值
外圈滚道直径 D_o/mm	70.2
内圈滚道直径 D_i/mm	46.2

续表

参数	参数值
滚子直径 D_r/mm	12
滚子数 Z/个	13
滚子-滚道接触长度 l/mm	14
外圈质量 m_o/kg	0.212
内圈质量 m_i/kg	0.115
滚子质量 m_r/kg	0.0124
保持架质量 m_c/kg	0.1
弹性模量 E/MPa	2100
泊松比 ν	0.28
结构阻尼系数 c_s/(N · s/m)	46.2

1. 滚动轴承实测波纹度图像提取

NU307E 圆柱滚子轴承波纹度测量参照《滚动轴承　圆度和波纹度误差测量及评定方法》(GB/T 32324—2015)[7]，仪器测量方式为工作台旋转式，滤波器类型为高斯滤波器，滤波范围为每转 1～50 波数，测量结果输出为图形记录式。通过该波纹度检测方法完成轴承内圈、外圈和滚动体 3 个零件实际波纹度分布的测量，NU307E 圆柱滚子轴承实测波纹度提取如图 7.12 所示。

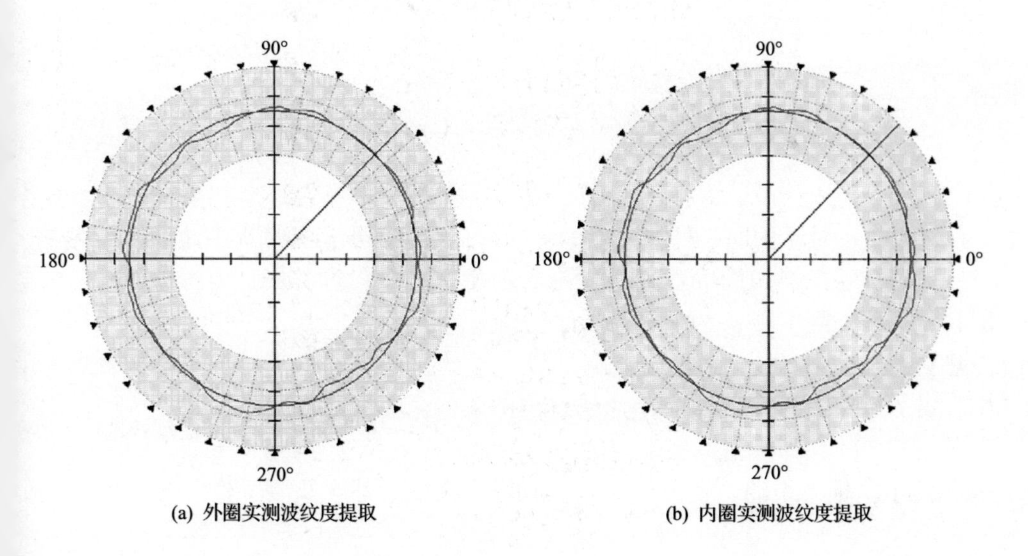

(a) 外圈实测波纹度提取　　(b) 内圈实测波纹度提取

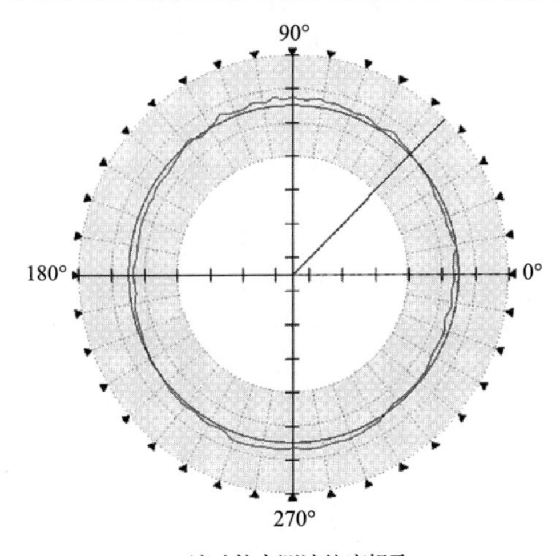

(c) 滚动体实测波纹度提取

图 7.12 NU307E 圆柱滚子轴承实测波纹度提取

2. 实测波纹度曲线插值精确表征方法

基于实测波纹度曲线插值精确表征方法的轴承动力学响应分析，具体计算流程为：采用集中参数法，以内圈、外圈和滚动体的波纹度为位移激励，建立包含外圈、内圈和滚动体波纹度的轴承动力学模型，并利用拉格朗日方程得到含波纹度轴承的两自由度振动方程，获得轴承波纹度插值序列，采用四阶龙格-库塔法求解振动方程获得轴承的振动特征。

对轴承实测波纹度图形以角度 θ' 对波纹度图形进行等间隔抽样，获得 90 个轮廓均匀点，即每点之间间隔角度 $\Delta\theta'=4°$。根据式(7.8)可得

$$\begin{cases} A_{\mathrm{i}}(\theta') = S\big(\rho_{\mathrm{i}}(\theta')\big)_{\Delta\theta'=4°} \\ A_{\mathrm{o}}(\theta') = S\big(\rho_{\mathrm{o}}(\theta')\big)_{\Delta\theta'=4°} \\ A_{\mathrm{r}}(\theta') = S\big(\rho_{\mathrm{r}}(\theta')\big)_{\Delta\theta'=4°} \end{cases} \tag{7.32}$$

建立滚动轴承内圈、外圈及滚子坐标系，描述轴承运转过程中滚动体与内、外圈位置关系。以内圈中心 o_{i} 为坐标原点建立动坐标系 $o_{\mathrm{i}}x_{\mathrm{i}}y_{\mathrm{i}}$，内圈坐标系随内圈自转；以外圈中心 o_{o} 为坐标原点建立静坐标系 $o_{\mathrm{o}}x_{\mathrm{o}}y_{\mathrm{o}}$；以滚子中心 o_{r} 为坐标原点建立动坐标系 $o_{\mathrm{r}}x_{\mathrm{r}}y_{\mathrm{r}}$，滚子坐标系随滚子公转和自转。滚子与内圈的接触点为 G_{r}，滚子与外圈的接触点为 H_{r}，G_{r} 在内圈坐标系中的位置角，即 $o_{\mathrm{i}}G_{\mathrm{r}}$ 与轴 x_{i} 的夹角为α_{r}，H_{r} 在外圈坐标系中的位置角为 β_{r}，H_{r} 在滚子坐标系中的位置角为ψ_{r}，G_{r} 在滚子坐标系中的位置角为 φ_{r}，滚动轴承内圈、外圈及滚子坐标系如图 7.13 所示。

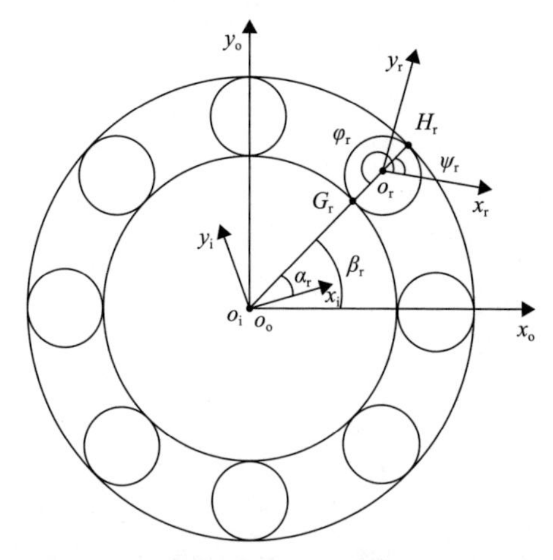

图 7.13　滚动轴承内圈、外圈及滚子坐标系

根据图 7.13 中描述的位置和运动关系，设定轴承外圈静止、内圈转动，根据式(7.10)，获得内、外圈和滚子在任意时刻的角度序列 α_j、β_j、ψ_j 和 ϕ_j。

根据式(7.8)，采用分段三次 Hermite 插值多项式插值法，以角度序列 α_j、β_j、ψ_j 和 ϕ_j 对原始波纹序列 A_{i}、A_{o}、A_{r} 进行插值处理，得到新的波纹度序列为

$$\begin{cases} w_{\mathrm{i}}\left(\alpha_j\right)=R_{\mathrm{s}}\left(A_{\mathrm{i}}\left(\theta'\right)_{\Delta\theta'=4^\circ},\alpha_j\right) \\ w_{\mathrm{o}}\left(\beta_j\right)=R_{\mathrm{s}}\left(A_{\mathrm{o}}\left(\theta'\right)_{\Delta\theta'=4^\circ},\beta_j\right) \\ w_{\mathrm{ri}}\left(\psi_j\right)=R_{\mathrm{s}}\left(A_{\mathrm{r}}\left(\theta'\right)_{\Delta\theta'=4^\circ},\psi_j\right) \\ w_{\mathrm{ro}}\left(\phi_j\right)=R_{\mathrm{s}}\left(A_{\mathrm{r}}\left(\theta'\right)_{\Delta\theta'=4^\circ},\phi_j\right) \end{cases} \tag{7.33}$$

综上所述，可以得到轴承外圈、内圈和滚动体波纹度序列 w_{o}、w_{i} 和 w_{r} 的角域曲线，滚动轴承圆柱滚子轴承插值角域曲线如图 7.14 所示。

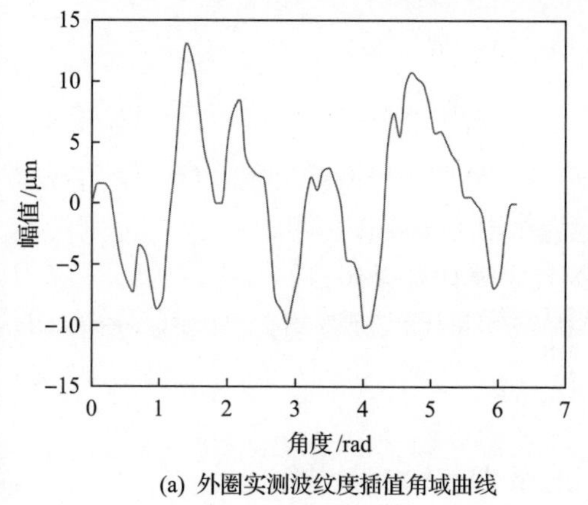

(a) 外圈实测波纹度插值角域曲线

(b) 内圈实测波纹度插值角域曲线

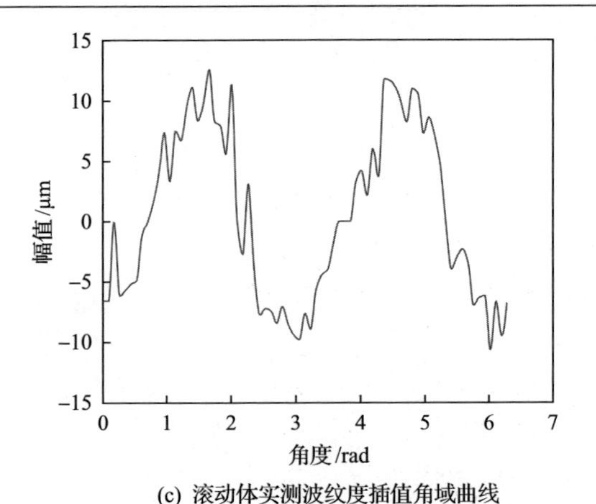

(c) 滚动体实测波纹度插值角域曲线

图 7.14　滚动轴承圆柱滚子轴承插值角域曲线

3. 滚动轴承动力学建模及振动响应分析

在轴承运转过程中，由于波纹度的影响，轴承内圈的中心坐标可以通过外圈的中心坐标表示[7]，即

$$\begin{cases} x_{\mathrm{i}} = x_{\mathrm{o}} + \dfrac{1}{z}\displaystyle\sum_{k=1}^{z}\left[w_{\mathrm{o}}(\beta_k)\sin\theta_k - w_{\mathrm{i}}(\alpha_k)\sin\theta_k - w_{\mathrm{r}}(\psi_k)\sin\theta_k - w_{\mathrm{r}}(\phi_k)\sin\theta_k\right] \\ y_{\mathrm{i}} = y_{\mathrm{o}} + \dfrac{1}{z}\displaystyle\sum_{k=1}^{z}\left[w_{\mathrm{o}}(\beta_k)\sin\theta_k - w_{\mathrm{i}}(\alpha_k)\sin\theta_k - w_{\mathrm{r}}(\psi_k)\sin\theta_k - w_{\mathrm{r}}(\phi_k)\sin\theta_k\right] \end{cases} \tag{7.34}$$

式中，x_{o} 和 y_{o} 为外圈中心坐标；x_{i} 和 y_{i} 为内圈中心坐标；$w_{\mathrm{o}}(\beta_k)$ 为 H_k 点在外圈上的波纹度；$w_{\mathrm{i}}(\alpha_k)$ 为 G_k 点在内圈上的波纹度；$w_{\mathrm{r}}(\psi_k)$ 为 H_k 点在 k 滚动体上的波纹度；$w_{\mathrm{r}}(\phi_k)$ 为 H_k 点在 k 滚动体上的波纹度。

忽略滚动体质量，内圈的转动动能为常数，由拉格朗日方程方程可得

$$\begin{cases} m_{\mathrm{o}}\ddot{x}_{\mathrm{o}} + k_x x_{\mathrm{o}} + c_x\dot{x}_{\mathrm{o}} = F_x \\ m_{\mathrm{o}}\ddot{y}_{\mathrm{o}} + k_y y_{\mathrm{o}} + c_y\dot{y}_{\mathrm{o}} = F_y \end{cases} \tag{7.35}$$

式中，m_{o} 为外圈质量；m_{i} 为内圈质量；F_x、F_y 分别为外圈受到的激励力 F 在 x 轴和 y 轴上的分量，该力与内圈受力 F_{i} 互为作用力与反作用力；$F_{\mathrm{i}x}$、$F_{\mathrm{i}y}$ 分别为 F_{i} 在 x 轴和 y 轴上的分量，其值可由牛顿第二定律计算得到，即

$$\begin{cases} F_{\mathrm{i}x} = m_{\mathrm{i}}\ddot{x}_{\mathrm{i}} \\ F_{\mathrm{i}y} = m_{\mathrm{i}}\ddot{y}_{\mathrm{i}} \end{cases} \tag{7.36}$$

由式(7.34)～式(7.36)可得轴承外圈的振动响应方程，即

$$\begin{cases} (m_{\mathrm{o}}+m_{\mathrm{i}})\ddot{x}_{\mathrm{o}}+k_x x_{\mathrm{o}}+c_x\dot{x}_{\mathrm{o}} \\ =-m_{\mathrm{i}}\dfrac{1}{z}\sum\limits_{k=1}^{z}\left[w_{\mathrm{o}}(\beta_k)\sin\theta_k-w_{\mathrm{i}}(\alpha_k)\sin\theta_k-w_{\mathrm{r}}(\psi_k)\sin\theta_k-w_{\mathrm{r}}(\phi_k)\sin\theta_k\right]'' \\ (m_{\mathrm{o}}+m_{\mathrm{i}})\ddot{y}_{\mathrm{o}}+k_y y_{\mathrm{o}}+c_y\dot{y}_{\mathrm{o}} \\ =-m_{\mathrm{i}}\dfrac{1}{z}\sum\limits_{k=1}^{z}\left[w_{\mathrm{o}}(\beta_k)\sin\theta_k-w_{\mathrm{i}}(\alpha_k)\sin\theta_k-w_{\mathrm{r}}(\psi_k)\sin\theta_k-w_{\mathrm{r}}(\phi_k)\sin\theta_k\right]'' \end{cases} \tag{7.37}$$

设定轴转速为 1800r/min，预处理实测波纹度函数序列 w_{o}、w_{i} 和 w_{r}，代入轴承振动响应方程(7.37)，并采用四阶龙格-库塔法进行求解，获得的实测波纹度激励下 x 和 y 方向轴承外圈振动加速度曲线如图 7.15 所示，实测波纹度激励下 x

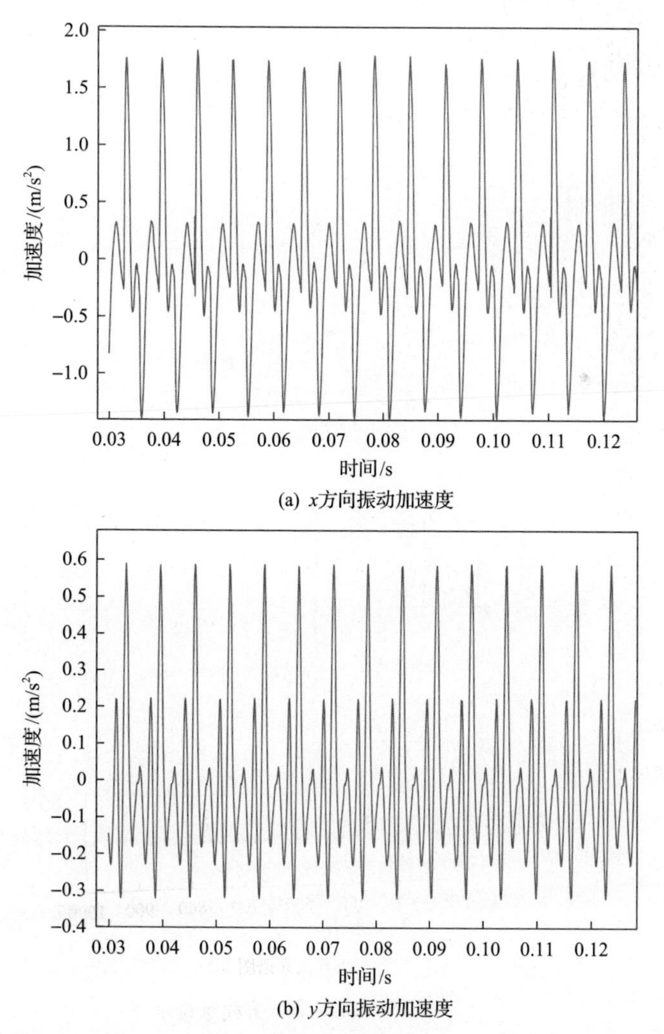

(a) x方向振动加速度

(b) y方向振动加速度

图 7.15　转速 1800r/min 时实测波纹度激励下 x 和 y 方向轴承外圈振动加速度曲线

和 y 方向轴承振动加速度频谱图如图 7.16 所示。从图 7.15 可以看出，轴承外圈振动响应呈现周期性冲击波形，x 方向最大幅值约为 2m/s^2，y 方向最大幅值约为 0.6m/s^2。从图 7.16 可以看出，轴承外圈特征频率理论值为 142.887Hz，x 方向特征频率为 155Hz，y 方向特征频率为 155.3Hz，与轴承外圈特征频率基本一致。

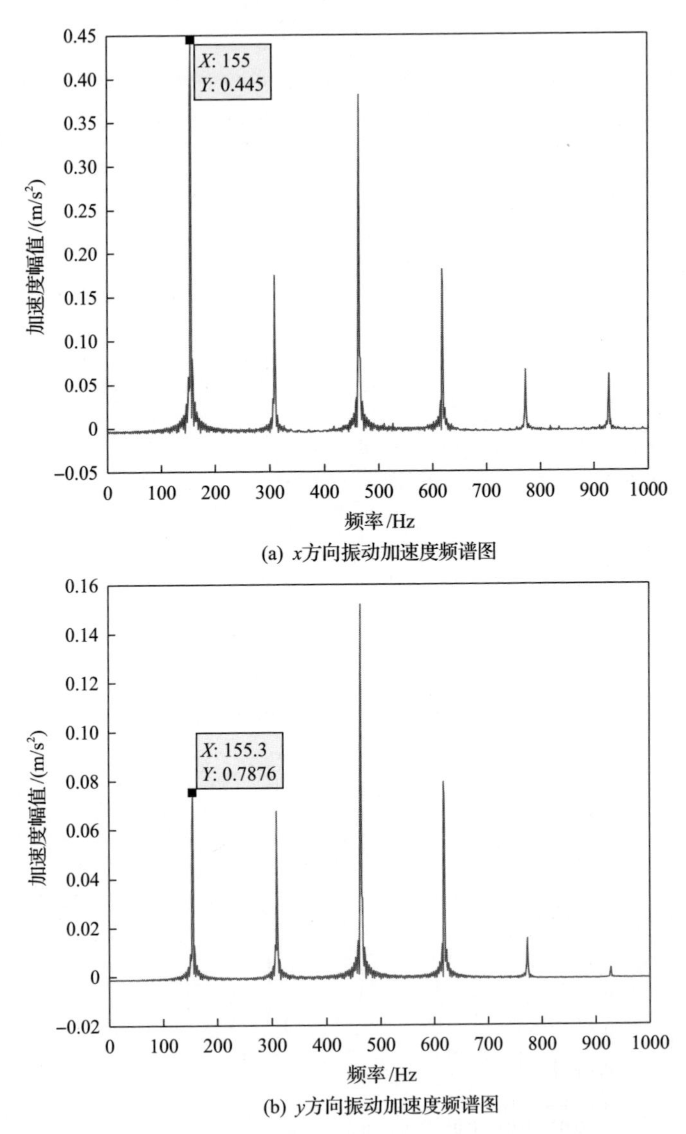

图 7.16　转速 1800r/min 时实测波纹度激励下 x 和 y 方向轴承振动加速度频谱图

参 考 文 献

[1] 孙敏杰, 安琦. 考虑三维波纹度影响的深沟球轴承振动噪声计算方法研究[J]. 华东理工大学学报(自然科学版), 2021, 47(4): 494-503.

[2] Harsha S P, Sandeep K, Prakash R. The effect of speed of balanced rotor on nonlinear vibrations associated with ball bearings[J]. International Journal of Mechanical Sciences, 2003, 45(4): 725-740.

[3] Singh S, Köpke U G, Howard C Q, et al. Analyses of contact forces and vibration response for a defective rolling element bearing using an explicit dynamics finite element model[J]. Journal of Sound and Vibration, 2014, 333(21): 5356-5377.

[4] Harsha S P, Sandeep K, Prakash R. Non-linear dynamic behaviors of rolling element bearings due to surface waviness[J]. Journal of Sound and Vibration, 2004, 272(3-5): 557-580.

[5] Liu J, Shi Z F, Shao Y. Vibration characteristics of a ball bearing considering point lubrication and nonuniform surface waviness[J]. International Journal of Acoustics and Vibration, 2018, 23(3): 355-361.

[6] 时博阳, 邵毅敏, 丁晓喜. 轴承实测波纹度的动力学建模与振动特性分析方法[J]. 轴承, 2019, (5): 35-40.

[7] 中国国家标准化管理委员会. 滚动轴承　圆度和波纹度误差测量及评定方法(GB/T 32324—2015)[S]. 北京: 中国标准出版社, 2015.

第 8 章　滚动轴承声振耦合分析

振动与噪声是滚动轴承的重要性能之一，直接影响机械装备的工作状态。高品质低噪声轴承是我国轴承工业战略目标之一，轴承的降噪技术是实现该目标的重要途径。在生产实践和理论研究中，通常通过控制振动加速度来间接控制轴承产品的噪声。对轴承振动和噪声的研究主要集中在振动学特征，而不考虑声学特性。声振耦合是把噪声和结构振动放在一个环境中同时考虑，通过引入声振耦合的概念，能够更真实地表征轴承实际工作状态下的噪声机理。本章主要介绍振动噪声响应分析方法，在此基础上引出滚动轴承声振耦合计算方法，并结合前面轴承波纹度的相关概念和算法，对波纹度激励下滚动轴承声振耦合响应进行计算和讨论。

8.1　振动噪声响应分析方法

8.1.1　有限元法

有限元法是将结构划分成有限个单元，单元之间通过节点相互连接，通过将每个单元建立的方程组联立成系统方程，并求解得到结构的近似解[1]。有限元法能够适应和解决许多复杂模型以及物理问题，被广泛应用于机械、土木工程等行业，涉及固体和流体力学、声学、热力学、电磁学等诸多方面。目前广泛应用的有限元分析软件有 ANSYS、NASTRAN、ABAQUS、MARC 等。在研究轴承-轴承座系统振动特性时，可以将轴承动力学模型的位移输出作为边界条件，利用有限元法计算相应输入条件下的轴承座结构的振动响应[2]。

动力学分析主要用来确定结构或构件的动力学特性，属于有限元法的一种。动力学分析内容广泛，包括模态分析、谐响应分析、瞬态分析和谱分析等。研究轴承振动响应一般采用瞬态动力学分析，又称为时间历程分析，主要用于确定承受任意随时间变化的载荷的结构动力学响应[3]。瞬态动力学分析可以确定结构在稳态载荷、瞬态载荷和简谐载荷的随意组合作用下随时间变化的位移、应变、应力及力[4]。其基本运动方程为

$$\boldsymbol{M}\ddot{\boldsymbol{u}}+\boldsymbol{C}\dot{\boldsymbol{u}}+\boldsymbol{K}\boldsymbol{u}=\boldsymbol{F}(t) \tag{8.1}$$

式中，$\boldsymbol{M}$ 为质量矩阵；$\boldsymbol{C}$ 为阻尼矩阵；$\boldsymbol{K}$ 为刚度矩阵；$\boldsymbol{F}(t)$ 为载荷向量；$\ddot{\boldsymbol{u}}$ 为节点加速度向量；$\dot{\boldsymbol{u}}$ 为节点速度向量；$\boldsymbol{u}$ 为节点位移向量。

对于任意给定时间 t，式(8.1)都可以看成一系列考虑了惯性力($\boldsymbol{M}\ddot{\boldsymbol{u}}$)和阻尼力($\boldsymbol{C}\dot{\boldsymbol{u}}$)的静力学平衡方程。

为了完整地描述声振耦合问题[5]，还需要考虑作用界面上流体压力载荷向量 $\boldsymbol{F}_{\mathrm{p}}$，此时运动方程为

$$\boldsymbol{M}\ddot{\boldsymbol{u}}+\boldsymbol{C}\dot{\boldsymbol{u}}+\boldsymbol{K}\boldsymbol{u}=\boldsymbol{F}(t)+\boldsymbol{F}_{\mathrm{p}} \tag{8.2}$$

流体压力载荷向量 $\boldsymbol{F}_{\mathrm{p}}$ 可以通过面积 S_{i} 上压力积分得到，即

$$\boldsymbol{F}_{\mathrm{p}}=\int_{S_{\mathrm{i}}} N'P\boldsymbol{n}\mathrm{d}S \tag{8.3}$$

式中，N'为位移单元形函数；$\boldsymbol{n}$ 为界面的单位法向量；P 为界面点压强。

进行瞬态动力学分析可以采用三种方法：完全法、缩减法、模态叠加法[6]。

(1)完全法。完全法采用完整的系统矩阵来计算结构瞬态响应(没有矩阵缩减)，是三种方法中功能最强的，允许包括各类非线性特性(塑性、大变形、大应变等)。

(2)缩减法。缩减法通过采用主自由度及缩减矩阵压缩问题规模来进行问题求解。主自由度处的位移被计算出后，可将解扩展到原有的完整自由度集上。

(3)模态叠加法。模态叠加法通过对模态分析得到的振型(特征向量)乘上因子并求和来计算结构的响应。

8.1.2　噪声辐射边界元法

边界元法是有限元法与点源函数理论相互结合而产生的，它是在有限元法的离散化技术的基础上，将有限元法按求解域而划分单元离散的概念移植到边界积分方程中。边界元法的基本思路是：首先将所研究问题的微分方程转换为在边界上定义的边界积分方程，并将边界表面划分为若干单元，且在各单元内对变量做插值处理，使积分方程成为只含有边界节点未知量的代数方程组，再求解方程组得出边界节点上的各待求量，并由此进一步求出分析域内的各种参数[7]。

与有限元法相比，边界元法具有以下主要优点：①有限元法对整个求解域进行离散，而边界元法只在求解域的边界上进行离散；②有限元法是全域数值方法，而边界元法在域内采用了物理问题或弹性力学的基本解和积分运算，数值计算只在边界上进行，它属于半解析半数值方法。边界元法减少了划分单元模型的工作量，减少了求解方程的个数，缩短了计算时间，减少了数据量，提高了计算精度，适用于复杂结构和无限界域问题。

噪声辐射边界元法的基础是声波方程。声音伴随着物体的振动而产生，声波是介质质点振动的传播，机械振动的声源和传播机械振动的弹性介质是声波产生

的两个重要条件，即声波或存在声波的空间，可以通过介质中的声压 p、质点速度 v 以及密度变化量 ρ' 来描述和表征[8]。声波方程主要包括动力学方程、连续性方程和物态方程，这也是理想流体介质的三个基本方程。

1. 动力学方程

假设介质为理想流体，即介质中不存在黏滞和热传导等使声波传播时产生热损耗的因素；介质相邻部分之间不会由于声波过程引起的温度差而产生热交换；在声波没有形成时，介质是静止不流动的，并且介质宏观上是均匀的。声波的动力学方程为

$$\rho_0 \frac{\partial v}{\partial t} = -\nabla p \tag{8.4}$$

式中，p 为介质质点声压；v 为介质质点速度，可表示为 $v_x i+v_y j+v_z k$；ρ_0 为介质密度；∇ 为梯度符号，可表示为 $\frac{\partial}{\partial x}i+\frac{\partial}{\partial y}j+\frac{\partial}{\partial z}k$。

式(8.4)为质点速度 v 与质点声压 p 之间的关系。

2. 连续性方程

连续性方程实际上就是质量守恒定律，即介质中因声波扰动，单位时间内流入体积元的质量与流出该体积元的质量之差应等于该体积元内质量的增加或减小，声波的连续性方程为

$$-\rho_0 \nabla v = \frac{\partial \rho'}{\partial t} \tag{8.5}$$

式中，$\nabla v = \frac{\partial v_x}{\partial x}+\frac{\partial v_y}{\partial y}+\frac{\partial v_z}{\partial z}$；$\rho'$ 为密度变化量。

式(8.5)为密度变化量 ρ' 与质点速度 v 之间的关系。

3. 物态方程

在没有声波扰动时，介质中的任一体积元的状态可采用静压强 P_0、热力学温度 T_0 及密度 ρ_0 表示。假设声波是绝热过程，即不考虑温度的影响，介质中的声压仅是密度的单值函数，声波过程中的状态方程可表示为

$$p = c_0^2 \rho' \tag{8.6}$$

式中，c_0 为声波在介质中的传播速度，即声速，不同的介质中声速不同。

式(8.6)为密度与质点声压 p 之间的关系。式(8.4)～式(8.6)即为描述理想流体介质的三个基本方程。将声波的物态方程(8.6)对 t 求偏导，并代入声波连续性方程(8.5)，可得

$$\rho_0 c_0^2 \nabla v_n = -\frac{\partial p}{\partial t} \tag{8.7}$$

将式(8.7)对 t 求偏导，并结合声波动力学方程(8.4)，可得声波的波动方程为

$$\nabla^2 p = \frac{1}{c_0^2}\frac{\partial^2 p}{\partial t^2} \tag{8.8}$$

式中，∇^2 为拉普拉斯算符，它在不同的坐标系中具有不同的形式，在直角坐标系中，$\nabla^2 = \frac{\partial^2}{\partial x^2} + \frac{\partial^2}{\partial y^2} + \frac{\partial^2}{\partial z^2}$。

结构声辐射示意图如图 8.1 所示。界面 S 包括有界区域 V；E 为结构的外部，Q 点为声辐射源，P 点为声场中的观测点，v_{n} 为源点 Q 的法向速度。根据 Helmholtz 积分方程，声场中任一点 P 的声压 $p(P)$ 变成边界面 S 上许多小单元积分的和，可表示为[9]

$$p(P) = \alpha \iint_S \left[\frac{\mathrm{e}^{-\mathrm{i}kR}}{R}\frac{\partial p(Q)}{\partial n} - \frac{\partial}{\partial n}\left(\frac{\mathrm{e}^{-\mathrm{i}kR}}{R}\right) p(Q) \right] \mathrm{d}S(Q) \tag{8.9}$$

式中，α 为与场点位置 P 有关的常数。

$$\alpha = \begin{cases} \dfrac{\pi}{4}, & \text{外场} \\ \dfrac{\pi}{2}, & \text{边界面} \\ 0, & \text{内场} \end{cases} \tag{8.10}$$

边界面表面声压与法向振动速度具有如下关系：

$$\frac{\partial p}{\partial n} = -\,\mathrm{j}\rho c k v_n \tag{8.11}$$

式中，k 为波数，$k=\omega/c_0$，ω为声波角频率；j 为虚数符号。

由式(8.9)可知，在无限介质中，当振动结构即封闭曲面 S 表面的法向振动速度确定后，求解 Helmholtz 积分方程就可以完全确定给定表面声压和空间各点的声压分布。

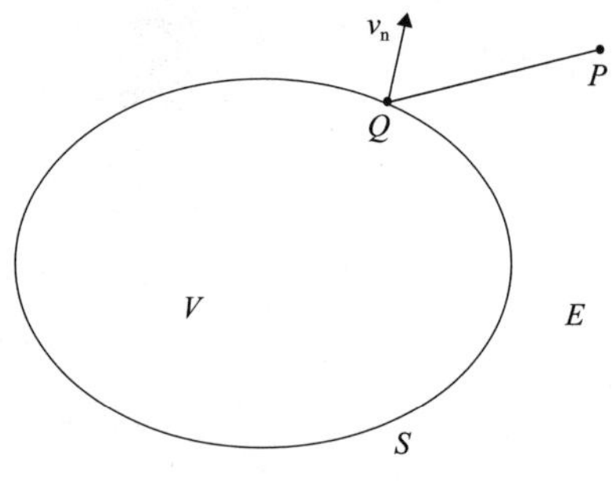

图 8.1 结构声辐射示意图

8.2 滚动轴承声振耦合分析计算

结构被放置于流体中，如轴承置于空气中，就会与流体产生接触。结构的振动引起接触流体的振动，从而产生声压。声音的传播作用到与流体接触的结构上，在结构上产生压力，引起结构的振动。结构的振动和声音的传播是相互的过程，结构振动可以产生声音，声音也可以产生振动。因此，将轴承动力学模型的位移输出作为边界条件，利用有限元法计算输入条件下轴承座结构的振动响应；再采用声学边界元法，以有限元分析得到的轴承座结构振动响应作为边界条件，研究轴承座结构的表面声学量和辐射噪声特性[10]。

滚动轴承的声振耦合算法以滚动轴承的动力学模型为基础，且将轴承座内表面考虑为一无质量的刚性介质层并存在微小刚性振动，求解动力学模型并通过轴承座内表面刚性位移映射法，实现轴承动力学模型的位移输出和轴承座有限元模型位移激励输入的耦合，并综合运用有限元法和边界元法，研究轴承-轴承座系统振动噪声特性。滚动轴承声振耦合处理流程如图 8.2 所示。

1. 动力学分析

以 6308 深沟球轴承为例，分析轴承-轴承座系统的振动噪声特性。6308 深沟球轴承的几何参数如表 7.1 所示。轴承径向游隙为 5μm，轴承内圈与转子的质量为 0.6kg，轴承外圈质量为 0.2955kg，内圈与外圈的阻尼系数都为 200N · s/m。对应的轴承座型号为 SN608，其几何参数如表 8.1 所示。轴承座材料采用 HT200 灰铸铁，密度为 7000kg/m^3，弹性模量为 135GPa，泊松比为 0.25，阻尼系数为 200N · s/m[11]。

由式(6.52)～式(6.55)可以求得轴承内圈旋转频率 f_i、保持架旋转频率 f_c、内圈相对于保持架的旋转频率 f_{ci}、滚动体通过外圈滚道频率 f_{BPFo} 和滚动体通过内圈滚道频率 f_{BPFi}，即 f_i=15Hz，f_c=5.76Hz，f_{ci}=5.76Hz，f_{BPFo}=46.08Hz，f_{BPFi}=73.92Hz。将轴承座内表面考虑为无质量的刚性介质层并存在微小刚性振动，轴承内、外圈

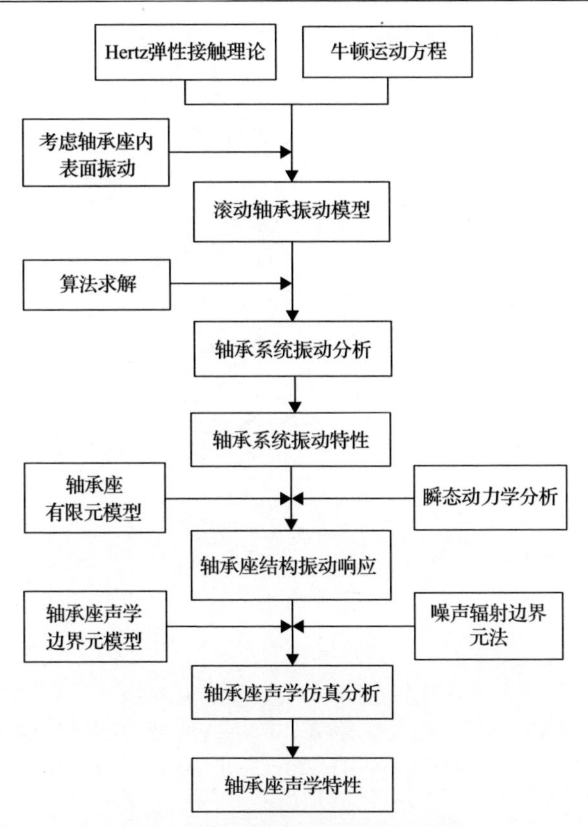

图 8.2　滚动轴承声振耦合处理流程

表 8.1　SN608 轴承座几何参数

参数	参数值
适用轴承内径 d_1/mm	35
轴承公称内径 d/mm	40
轴承外径 D_0/mm	90
内孔宽度 g/mm	43
最大宽度 B_{max}/mm	100
座地宽度 B_1/mm	60
孔距 J/mm	170
孔宽度 N/mm	15
孔长度 N_1/mm	20
总长度 L/mm	205
内孔直径中心线的距离 H/mm	60

都存在刚性位移，建立轴承-轴承座动力学模型，如图 8.3 所示。

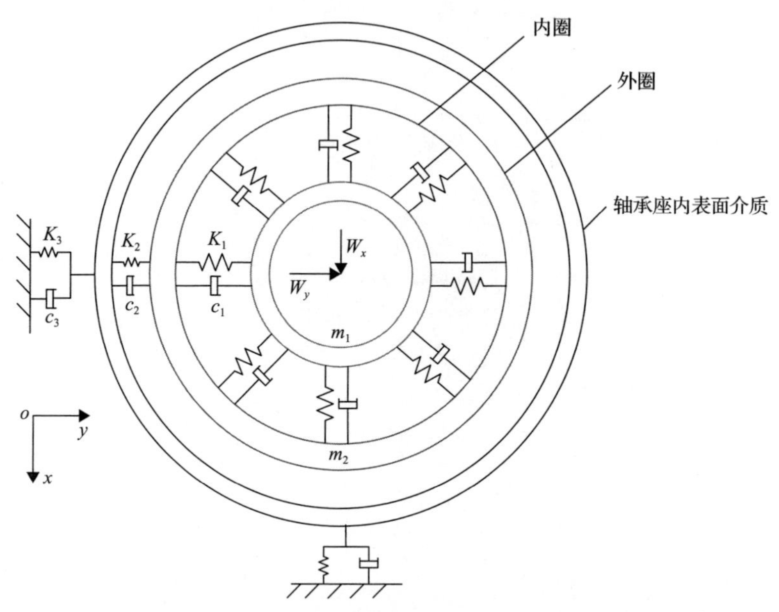

图 8.3　轴承-轴承座动力学模型

c_1.内圈阻尼系数；c_2.外圈阻尼系数；c_3.轴承座阻尼系数；K_1.滚动体与轴承内、外圈的接触刚度；K_2.轴承外圈的刚度；K_3.轴承座内表面刚度；m_1.轴承内圈与转轴的质量；m_2.轴承外圈质量；W_x.作用于转子上的径向力的 x 方向分量；W_y.作用于转子上的径向力的 y 方向分量

由图 8.3 所示的轴承-轴承座动力学模型，按式(6.58)可得轴承-轴承座动力学方程，即

$$\begin{cases} m_1\ddot{x}_1 + c_1\dot{x}_1 + F_{x1} = W_x \\ m_2\ddot{x}_2 + c_2\dot{x}_2 - F_{x1} + F_{x2} = 0 \\ c_3\dot{x}_3 - F_{x2} + K_3x_3 = 0 \\ m_1\ddot{y}_1 + c_1\dot{y}_1 + F_{y1} = W_y \\ m_2\ddot{y}_2 + c_2\dot{y}_2 - F_{y1} + F_{y2} = 0 \\ c_3\dot{y}_3 - F_{y2} + K_3y_3 = 0 \end{cases} \tag{8.12}$$

式中，x_1、y_1 为轴承内圈质心位移；x_2、y_2 为轴承外圈质心位移；x_3、y_3 为轴承座内表面介质层质心位移；F_{x1} 为滚动体作用于轴承内圈 x 方向的总回复力；F_{y1} 为滚动体作用于轴承内圈 y 方向的总回复力；F_{x2} 为滚动体作用于轴承外圈 x 方向的总回复力；F_{y2} 为滚动体作用于轴承外圈 y 方向的总回复力。

$$F_{x1} = K_1\sum_{j=1}^{N}\lambda_j\delta_j^n\cos\theta_j \tag{8.13}$$

$$F_{y1} = K_1 \sum_{j=1}^{N} \lambda_j \delta_j^n \sin\theta_j \tag{8.14}$$

式中，n 为载荷-变形指数，对于深沟球轴承，n=3/2；K_1 为滚动体与轴承内、外圈接触刚度，计算公式参考式(6.9)～式(6.17)；δ_j 为轴承内、外圈位移在第 j 个滚动体上引起的径向变形，计算公式参考式(6.57)。当$\delta_j \leqslant 0$ 时，滚动体与滚道不接触，也无接触弹性变形，λ_j=0；当$\delta_j > 0$ 时，接触变形为δ_j，λ_j=1。

作用于转子的径向力沿 x 方向的分量 W_x=2000N，作用于转子的径向力沿 y 方向的分量 W_y=0N，主轴转速为 900r/min。求解动力学方程(8.12)，可得轴承内、外圈的质心位移，如图 8.4 和图 8.5 所示，求解的时间步长 Δt=10^{-4}s。从图 8.4 和图 8.5 可以看出，轴承内圈和轴承外圈的质心位移均呈现周期性变化，且周期相同，均为 0.0217s，滚动体通过外圈滚道的频率 f_{BPFo}=46.08Hz，即周期性变化频率与滚动体通过外圈滚道的频率一致。

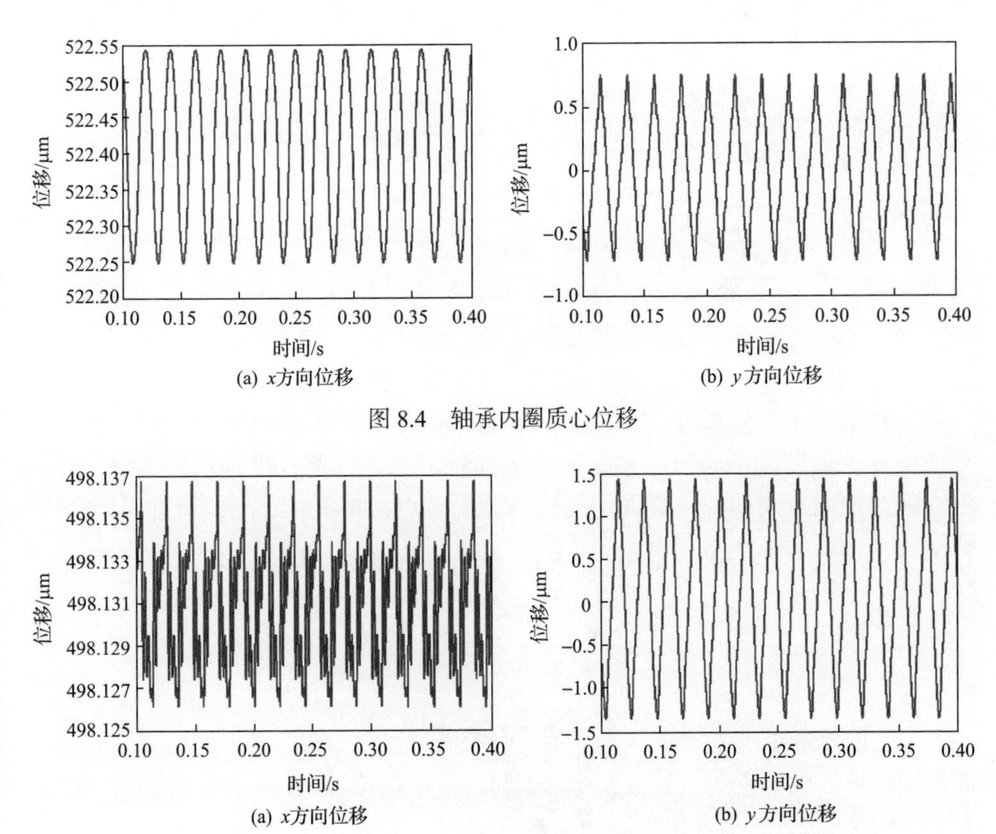

(a) x方向位移　(b) y方向位移

图 8.4　轴承内圈质心位移

(a) x方向位移　(b) y方向位移

图 8.5　轴承外圈质心位移

2. 振动响应分析

求解式(8.12)，可以得到轴承座内表面介质层的刚性位移 $x_3(t)$ 和 $y_3(t)$。将轴承动力学模型的振动输出作为激励导入轴承座有限元模型中，实现轴承动力学模型的位移输出和轴承座有限元模型位移激励输入的耦合。位移映射关系如图 8.6 所示。

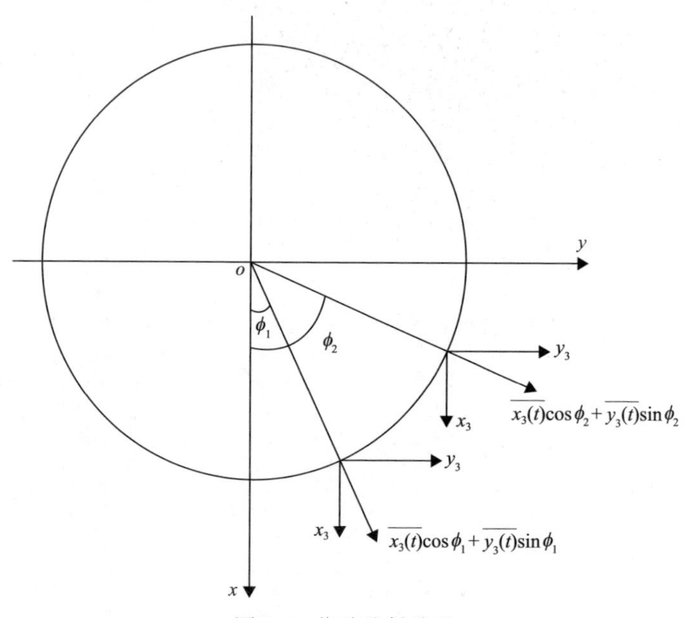

图 8.6　位移映射关系

为将轴承座内表面介质层质心位移引入轴承座三维有限元模型中，需要将刚性位移映射到轴承座有限元模型内表面各节点。因此，把轴承座有限元模型内表面在轴向方向的任一截面均分为 360 个节点，如图 8.7 所示。通过矢量合成，各节点在径向方向的位移激励 $\overline{r(\phi,t)}$ 与位移 $\overline{x_3(t)}$ 和 $\overline{y_3(t)}$ 之间的映射关系可以表示为

$$\overline{r(\phi,t)}=\overline{x_3(t)}\cos\phi+\overline{y_3(t)}\sin\phi \tag{8.15}$$

由于前述轴承动力学计算在二维平面内进行，假设在任一角位置ϕ处与轴承外圈相同宽度的轴向方向，各节点具有相同的径向位移激励 $\overline{r(\phi,t)}$。

在图 8.8 所示的轴承座节点 P_1、P_2 和 P_3 处，布置加速度传感器来研究轴承座的振动特性。采用软件的瞬态动力学分析模块对轴承座进行振动响应仿真计算。

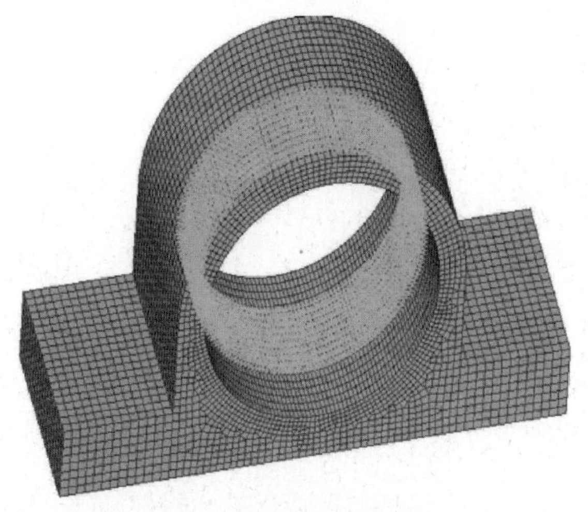

图 8.7　轴承座有限元模型

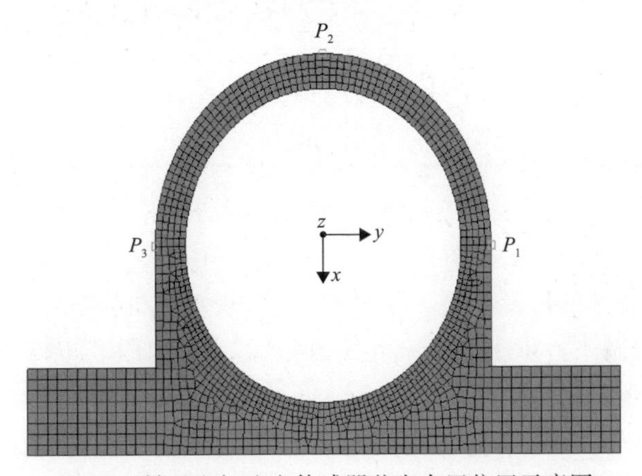

图 8.8　轴承座加速度传感器节点布置位置示意图

轴承座节点 P_1、P_2 和 P_3 处的法向加速度时域曲线如图 8.9 所示。节点法向加速度响应的峰峰值和 RMS 值对比如表 8.2 所示。从图 8.9 和表 8.2 可以看出，轴

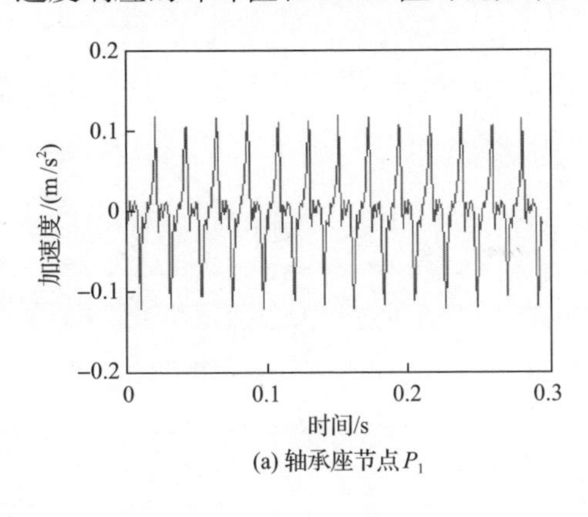

(a) 轴承座节点 P_1

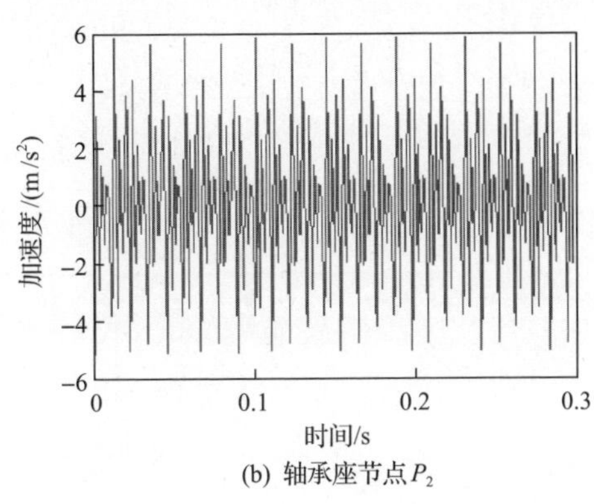

(b) 轴承座节点 P_2

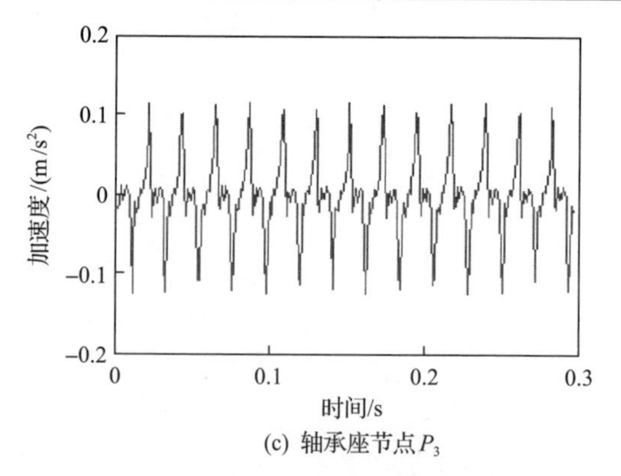

(c) 轴承座节点P_3

图 8.9　轴承座节点P_1、P_2和P_3处的法向加速度时域曲线

表 8.2　节点法向加速度响应的峰峰值和 RMS 值对比

节点	峰峰值/(m/s²)	RMS 值/(m/s²)
P_1	0.2409	0.0478
P_2	0.0011	0.0003
P_3	0.2409	0.0479

承座节点P_1和P_3处法向振动的波形、峰峰值和 RMS 值基本一致，即振动响应基本相同，且均大于轴承座节点 P_2处的振动响应。通过仿真分析方法，提取轴承座节点P_1点处的振动响应，来进一步分析轴承-轴承座系统振动噪声特性。

正常轴承激励下轴承座节点P_1的y方向加速度时域响应及其频谱图如图 8.10 所示。从图 8.10(a)可以看出，轴承座节点P_1处的y方向加速度呈现周期性，周期为 0.022s，与动力学模型计算得到的轴承内、外圈质心位移周期 0.0217s 一致。从图 8.10(b)可以看出，峰值频率成分包含了滚动体通过外圈滚道的频率 47.06Hz 及其高阶谐波频率成分 92.16Hz、139.2Hz、231.28Hz 和 323.4Hz。

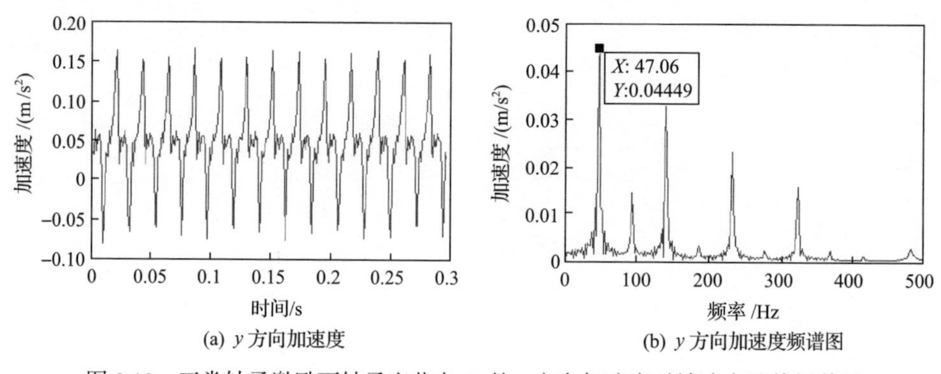

(a) y方向加速度　(b) y方向加速度频谱图

图 8.10　正常轴承激励下轴承座节点P_1的y方向加速度时域响应及其频谱图

3. 声学响应分析

轴承座边界元模型的边界条件主要是表面节点的法向振动，来源于瞬态分析得到的轴承座表面节点振动数据[12]。本节采用声学软件中的直接边界元法(direct boundary element method，DBEM)对轴承-轴承座系统进行分析。

正常轴承激励下的轴承座表面声压分布云图如图 8.11 所示。可以看出，轴承座表面声压分布在不同频率处不同，且表面声压最大值也不同。

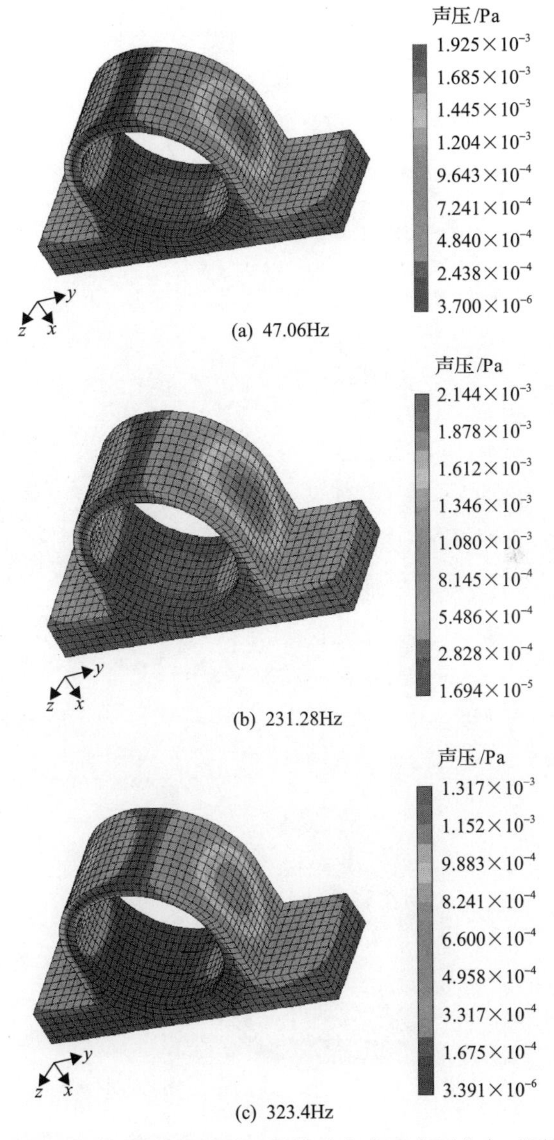

图 8.11　正常轴承激励下的轴承座表面声压分布云图

轴承座外表面声学量是计算场点噪声的基础，根据求解获得的轴承座外表面声学量分析结果，可进行系统规定场点的噪声计算分析。以轴承座几何中心为圆心建立一个半径为 0.2m 的边界元计算球面场点模型用以观察轴承座外部辐射声场特性，如图 8.12 所示。

图 8.12　边界元计算场点模型

不同频率下的轴承座场点声压云图如图 8.13 所示。可以看出，不同频率下，

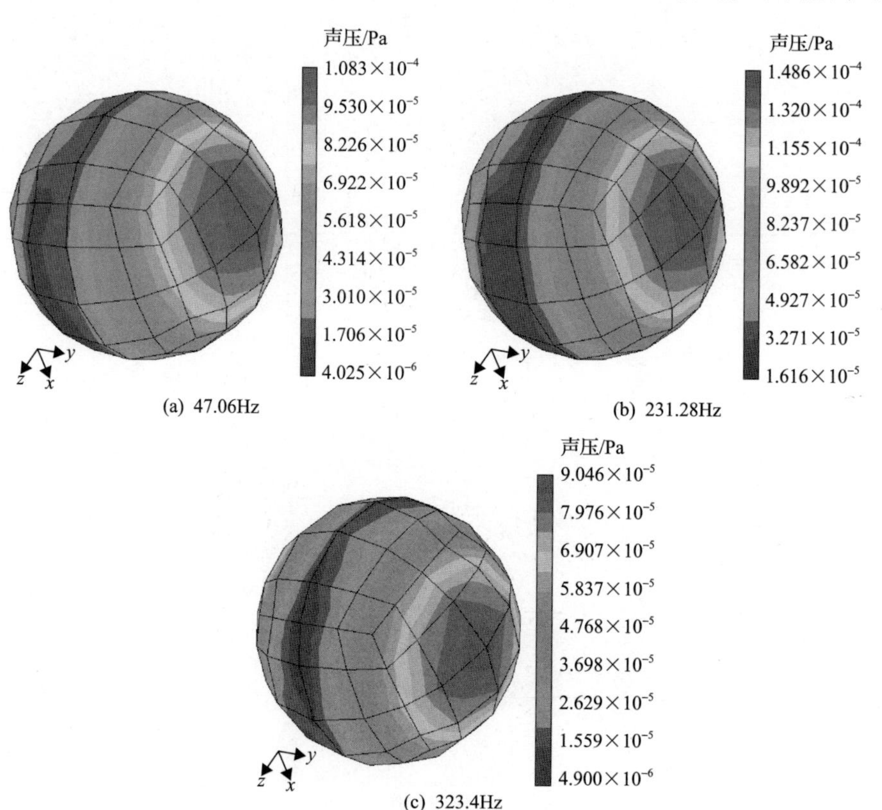

(a) 47.06Hz　(b) 231.28Hz　(c) 323.4Hz

图 8.13　不同频率下的轴承座场点声压云图

外场点声压分布不同，且场点声压最大值也不同。

沿球面声场的法向方向等距离设置场点 100、101、102、103 和 104，各场点距离为 0.05m，分析场点声压随距离的变化特性，如图 8.14 所示。

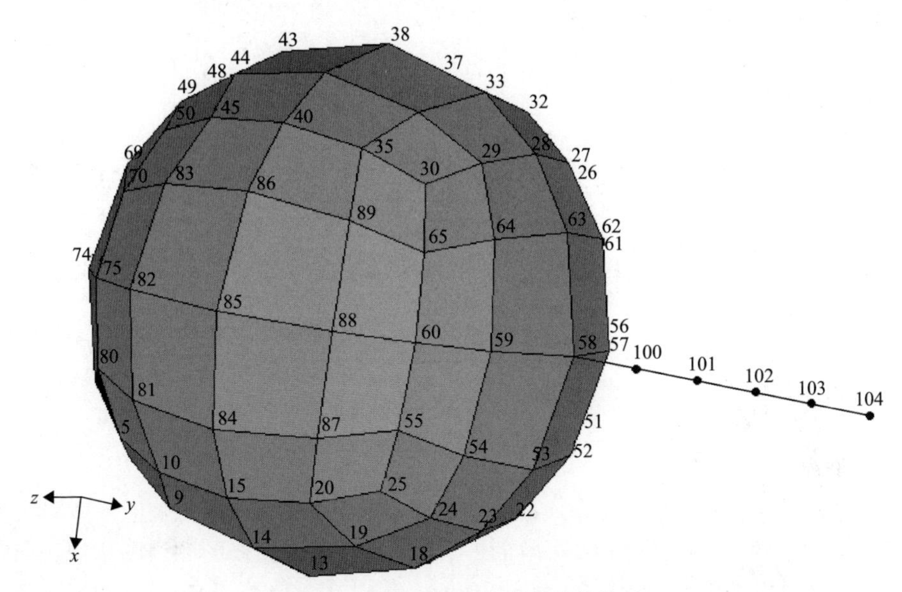

图 8.14　场点声压随距离的变化特性

图 8.15 为 6 个计算场点(点 58、点 100、点 101、点 102、点 103、点 104)的声压频域响应曲线。可以看出，在图 8.15 所示的频率范围内，沿同一径向方向的不同场点的声压频谱曲线波形相似，场点声压的峰值频率依次出现在 47.06Hz、138.16Hz、231.28Hz 和 323.4Hz 处，均以轴承滚动体通过外圈滚道的频率为基频。

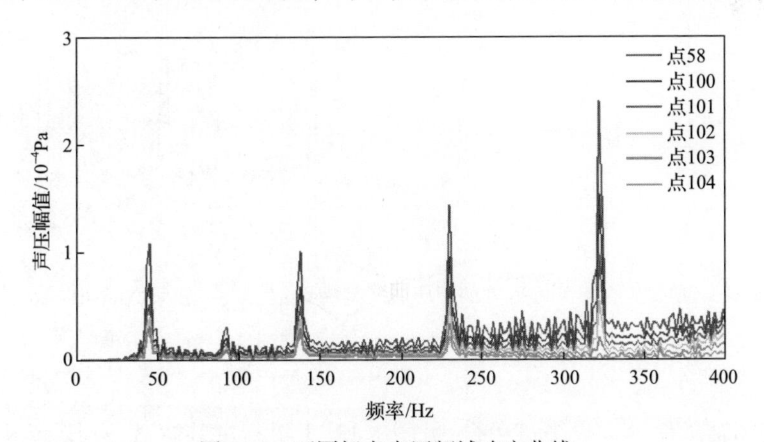

图 8.15　不同场点声压频域响应曲线

进一步分析场点声压峰值随场点位置的衰减特性，场点声压峰值频率处的峰值幅值和场点位置关系如图 8.16 所示。可以看出，随着场点距离的增大，声压峰值幅值呈非线性降低，且衰减程度逐渐变缓。

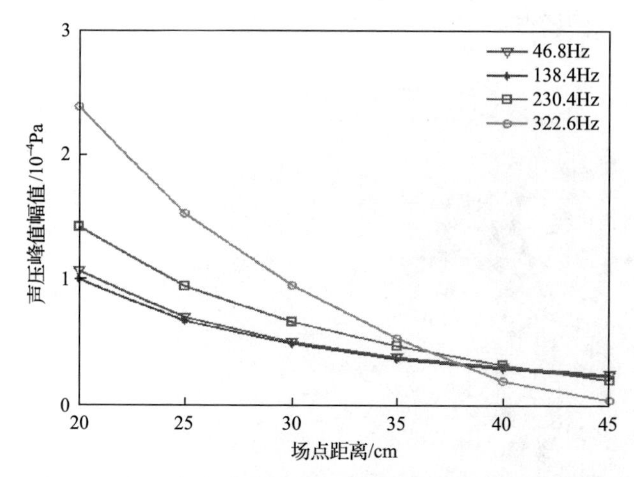

图 8.16　场点声压峰值频率处的峰值幅值和场点位置关系

轴承座表面节点 P_1 处的声压曲线与场点(点 58)的声压频域响应曲线对比如图 8.17 所示。可以看出，场点声压曲线与表面节点声压曲线的频谱图相似，但幅值不同。峰值频率均出现在 47.04Hz、139.2Hz、231.3Hz 和 323.4Hz 处，即滚动体通过外圈滚道频率及其倍频处。

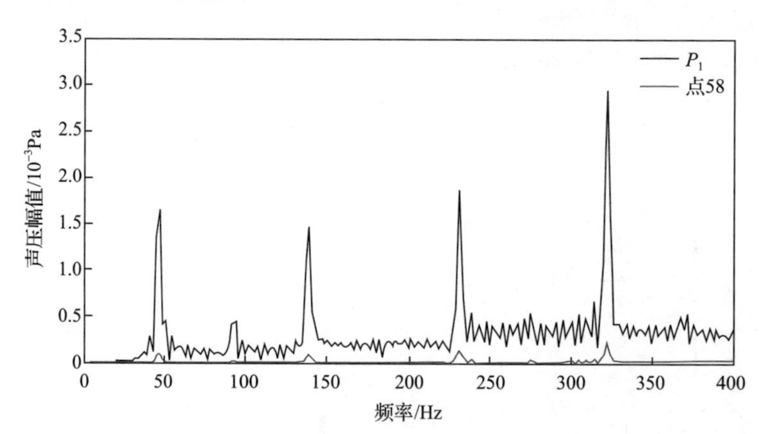

图 8.17　轴承座表面节点 P_1 处的声压曲线与场点(点 58)声压频域响应曲线对比

4. 试验验证

在滚动轴承振动与噪声试验台(见图 8.18)上进行试验测试，对轴承声振耦合分析结果进行验证。该试验台可以实现给定转速和径向力工况下轴承座振动和噪声的测试。当试验台运转平稳后，加速度传感器 3 采集的振动信号和声级计 2 采集的声音信号传输到 LMS 采集仪 1，并将振动和声音信号传输到计算机 6。试验装置中，声级计位置 4 由标定好的距离来确定，径向力加载由径向力加载装置 5 实现，转速调节由试验台架上的速度按钮控制。

图 8.18　滚动轴承振动与噪声试验台

1. LMS 采集仪；2. 声级计；3. 加速度传感器；4. 声级计位置；5. 径向力加载装置；6. 计算机

正常轴承激励下轴承座节点 P_2 的 y 方向加速度响应的仿真计算结果与试验测试结果对比如图 8.19 所示。可以看出，轴承外圈特征频率为 46.04Hz，仿真计算结果与试验测试结果基本一致。正常轴承激励下轴承座场点声压的仿真计算结果与试验测试结果对比如图 8.20 所示。可以看出，轴承外圈特征频率为 49.99Hz，试验测试结果与仿真计算结果基本一致，验证了轴承声振耦合算法的有效性。

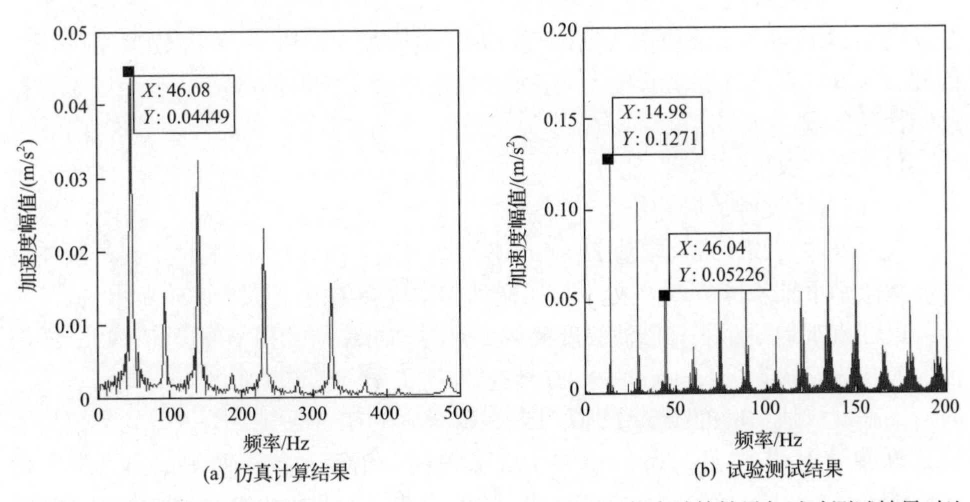

(a) 仿真计算结果　(b) 试验测试结果

图 8.19　正常轴承激励下轴承座节点 P_2 的 y 方向加速度响应的仿真计算结果与试验测试结果对比

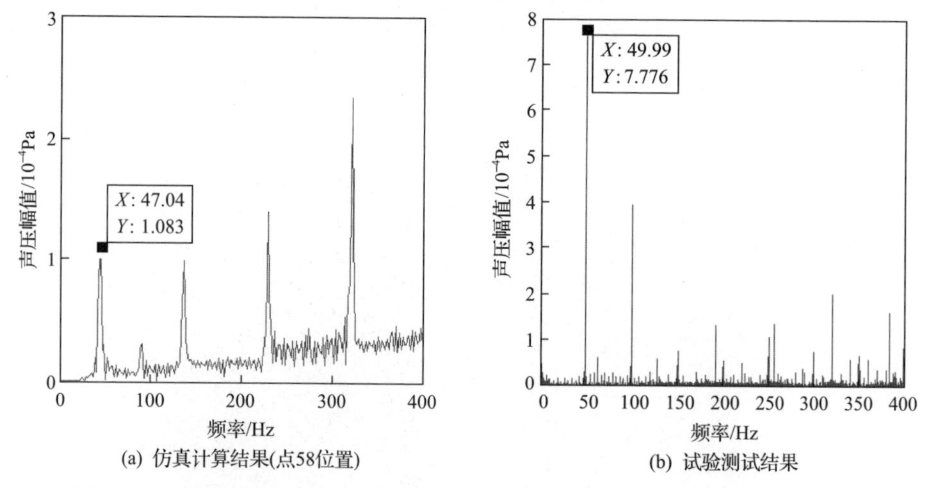

(a) 仿真计算结果(点58位置)　　(b) 试验测试结果

图 8.20　正常轴承激励下轴承座场点声压的仿真计算结果与试验测试结果对比

8.3　波纹度影响下声振耦合分析计算

轴承部件表面的波纹度会引起接触副变形产生周期性的变化，导致激励力周期性变化，引起轴承-轴承座系统的振动和噪声。因此，波纹度是引起滚动轴承振动噪声的重要因素之一[10]。本节主要介绍在轴承内、外圈波纹度影响和激励下轴承-轴承座系统振动特性并分析内圈和外圈波纹度参数对轴承-轴承座系统振动的影响特性。

1. 振动响应分析

由式(7.1)可知，波纹度表征函数主要是关于最大幅值 Π_w 和波数 N_w 的函数。因此，本节将主要分析轴承内、外圈波纹度波数和最大幅值对轴承-轴承座系统振动特性的影响。

1) 外圈波纹度的影响

(1) 波纹度波数的影响。

选取外圈波纹度最大幅值 Π_w=6μm，初始幅值 Π_0=1μm。在三种不同外圈波纹度波数激励下轴承座节点 P_1 处 y 方向振动加速度频谱响应如图 8.21 所示。振动响应频谱图直观地显示了外圈波纹度波数变化对轴承座振动频率的影响，当外圈波纹度波数 N_w 分别为 8、16 和 24 时，即波纹度波数与滚珠数目相等或成倍数关系时，加速度峰值对应的频率分别为 139.2Hz、231.4Hz 和 323.5Hz，分别是滚动体通过外圈滚道频率 f_{BPFo} 的三倍频、五倍频和七倍频；加速度峰值幅值分别为 0.1227m/s^2、0.3084m/s^2 和 0.4331m/s^2，随外圈波纹度波数的增大而增大。

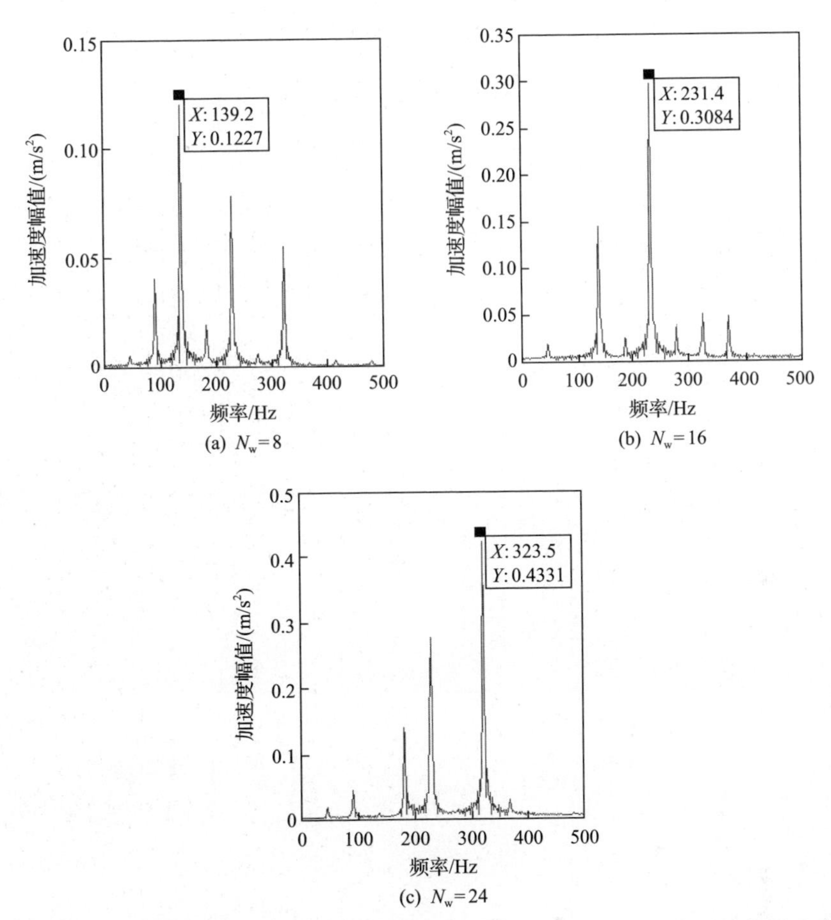

图 8.21　不同外圈波纹度波数激励下轴承座节点 P_1 处 y 方向振动加速度频谱响应

(2) 波纹度最大幅值的影响。

选取外圈波纹度波数 N_w=8，外圈波纹度初始幅值 Π_0=1μm。在三种不同外圈波纹度最大幅值激励下，轴承座节点 P_1 处 y 方向振动加速度时域响应及相应的频谱图如图 8.22～图 8.24 所示。可以看出，当外圈波纹度最大幅值 Π_w 分别为 2μm、6μm 和 10μm 时，P_1 处加速度时域响应的幅值不同，但呈现明显的周期特性，且周期均为 0.0217s；最大峰值频率分别为 139.2Hz、139.2Hz 和 231.4Hz，分别是滚动体通过外圈滚道频率 f_{BPFo} 的三倍频、三倍频和五倍频；加速度峰值幅值依次为 0.04728m/s^2、0.1277m/s^2 和 0.1591m/s^2，随外圈波纹度最大幅值的增大而增大。

2) 内圈波纹度的影响

(1) 波纹度波数的影响。

选取内圈波纹度最大幅值 Π_w=6μm，初始幅值 Π_0=1μm。在三种不同内圈波纹

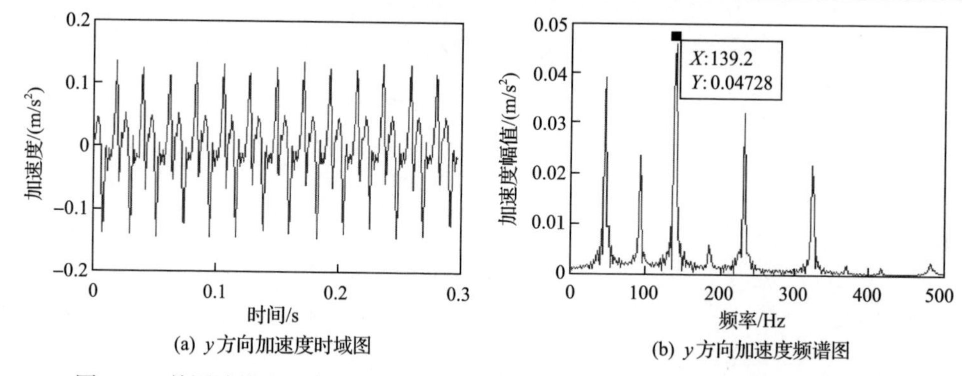

图 8.22　外圈波纹度最大幅值 Π_w=2μm 时轴承座节点 P_1 处 y 方向振动加速度时域响应及相应的频谱图

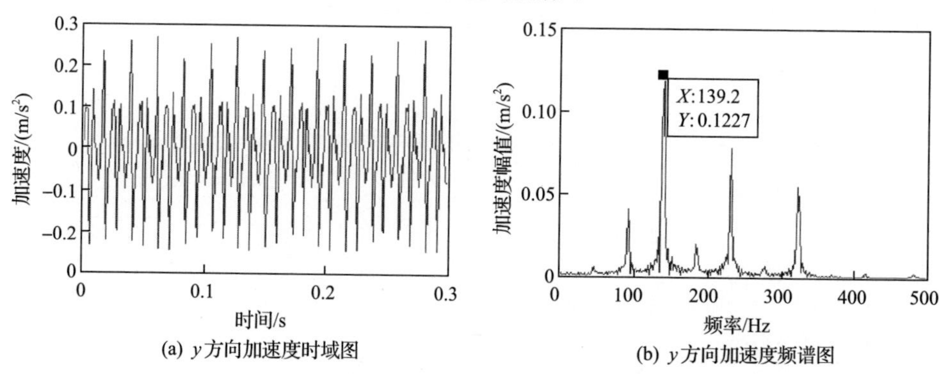

图 8.23　外圈波纹度最大幅值 Π_w=6μm 时轴承座节点 P_1 处 y 方向振动加速度时域响应及相应的频谱图

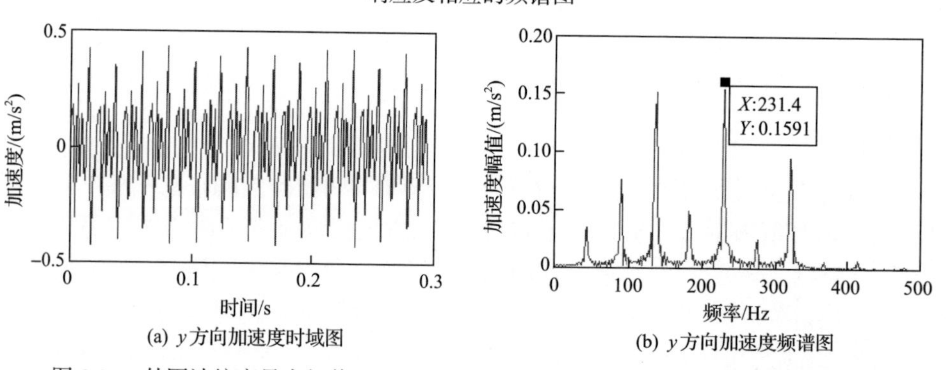

图 8.24　外圈波纹度最大幅值 Π_w=10μm 时轴承座节点 P_1 处 y 方向振动加速度时域响应及相应的频谱图

度波数激励下，轴承座节点 P_1 处 y 方向振动加速度频谱响应如图 8.25 所示。当内圈波纹度波数 N_w 分别为 8、16 和 24 时，即波纹度波数与滚珠数目相等或成倍数关系时，加速度峰值对应的频率分别为 223.5Hz、223.5Hz 和 296.1Hz，分别是滚动体通过内圈滚道频率 f_{BPFi} 的三倍频、三倍频和四倍频；加速度峰值幅值分别为

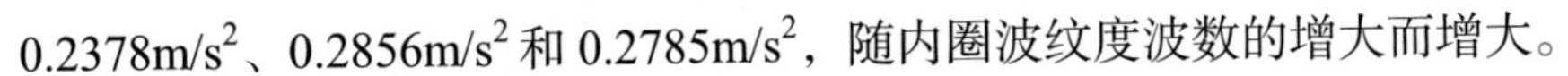

$0.2378\mathrm{m/s^2}$、$0.2856\mathrm{m/s^2}$ 和 $0.2785\mathrm{m/s^2}$，随内圈波纹度波数的增大而增大。

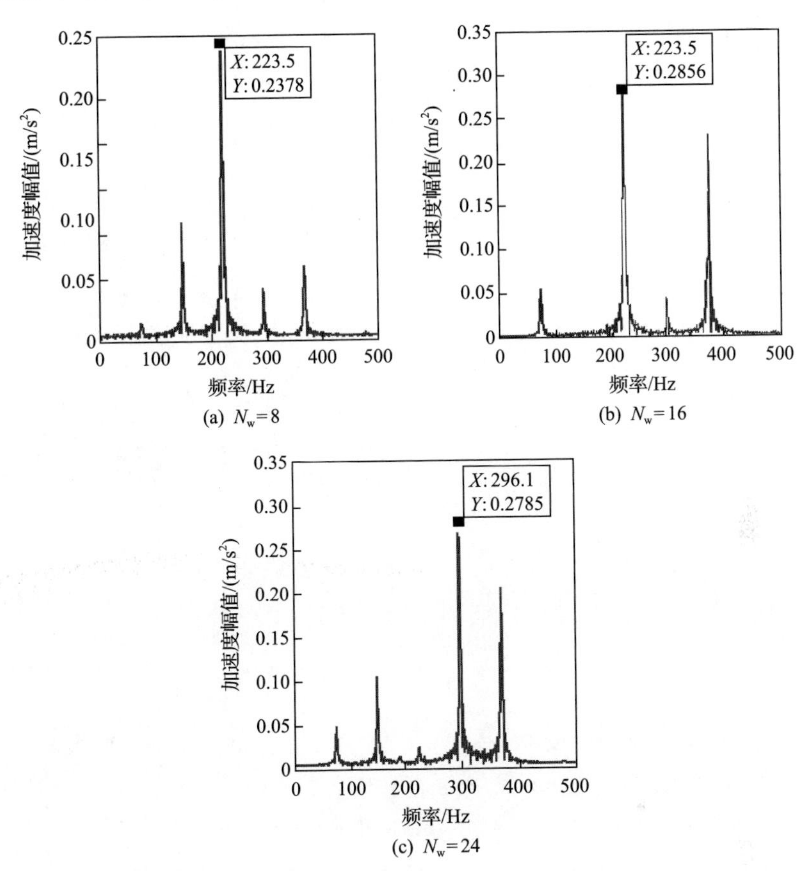

图 8.25 不同内圈波纹度波数激励下轴承座节点 P_1 处 y 方向振动加速度频谱响应

(2) 波纹度最大幅值的影响。

选取内圈波纹度波数 N_w=8，内圈波纹度初始幅值 Π_0=1μm。在三种不同内圈波纹度最大幅值激励下，轴承座节点 P_1 处 y 方向振动加速度时域响应及相应的频谱图如图 8.26～图 8.28 所示。可以看出，当内圈波纹度最大幅值 Π_w 分别为 2μm、6μm 和 10μm 时，P_1 处的加速度时域响应不同，但呈现明显的周期特性，且周期均为 0.0135s。加速度峰值对应的频率分别为 74.51Hz、223.5Hz 和 223.4Hz，分别是滚动体通过内圈滚道频率 f_{BPFi} 的三倍频、五倍频和五倍频；加速度峰值幅值依次为 $0.1058\mathrm{m/s^2}$、$0.2378\mathrm{m/s^2}$ 和 $0.2937\mathrm{m/s^2}$，随内圈波纹度最大幅值的增大而增大。

2. 声学响应分析

本节以滚动轴承波纹度激励下的轴承座表面节点振动响应为边界条件，分析轴承内、外圈波纹度波数和最大幅值对轴承-轴承座系统声学特性的影响。

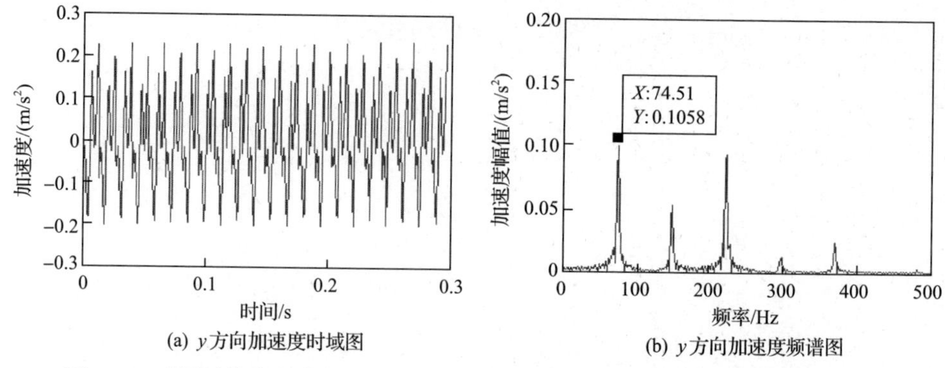

(a) y方向加速度时域图　(b) y方向加速度频谱图

图 8.26　内圈波纹度最大幅值 Π_w=2μm 时轴承座节点 P_1 处 y 方向振动加速度时域响应及相应的频谱图

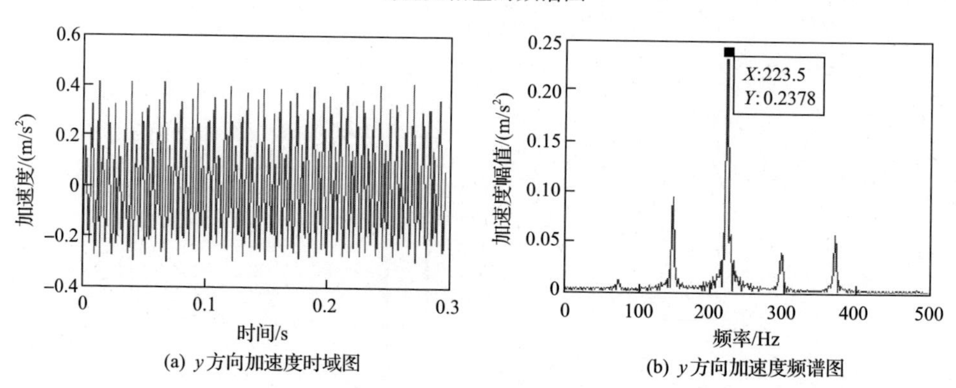

(a) y方向加速度时域图　(b) y方向加速度频谱图

图 8.27　内圈波纹度最大幅值 Π_w=6μm 时轴承座节点 P_1 处 y 方向振动加速度时域响应及相应的频谱图

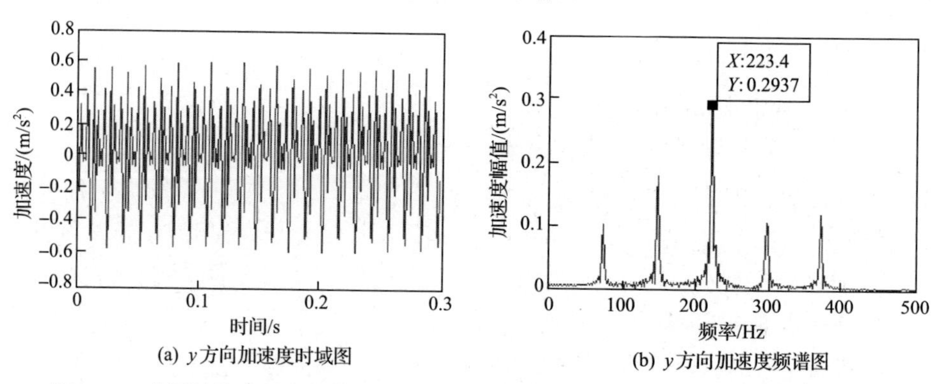

(a) y方向加速度时域图　(b) y方向加速度频谱图

图 8.28　内圈波纹度最大幅值 Π_w=10μm 时轴承座节点 P_1 处 y 方向振动加速度时域响应及相应的频谱图

1）外圈波纹度的影响

（1）外圈波纹度波数的影响。

选取外圈波纹度最大幅值 Π_w=6μm，初始幅值 Π_0=1μm。在三种不同外圈波纹度波数激励下，轴承座节点 P_1 处的声压响应频谱如图 8.29 所示。当外圈波纹度波数 N_w 分别为 8、16 和 24 时，即波纹度波数与滚珠数目相等或成倍数关系时，声压峰值对应的频率均为 92.16Hz，是滚动体通过外圈滚道频率 f_{BPFo} 的二倍频；声压峰值幅值依次为 0.002048Pa、0.003793Pa 和 0.00557Pa，随外圈波纹度波数的增大而增大。

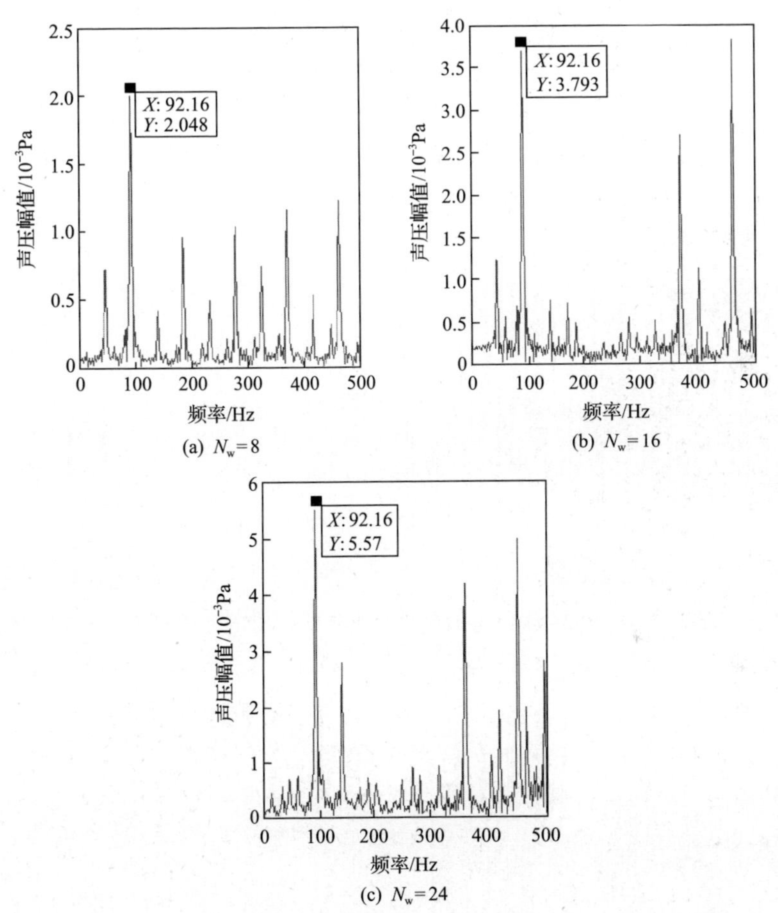

图 8.29　不同外圈波纹度波数激励下轴承座节点 P_1 处的声压响应频谱

(2) 波纹度最大幅值的影响。

选取外圈波纹度波数 N_w=8，外圈波纹度初始幅值 Π_0=1μm。在三种不同外圈波纹度最大幅值激励下，轴承座节点 P_1 处的声压时域响应及相应频谱图如图 8.30～图 8.32 所示。可以看出，当外圈波纹度最大幅值 Π_w 分别为 2μm、6μm 和 10μm 时，声压峰值对应的频率均为 92.16Hz，是滚动体通过外圈滚道频率 f_{BPFo} 的二倍频；声压峰值幅值依次为 0.001143Pa、0.002048Pa 和 0.002594Pa，随外圈波纹度最大幅值的增大而增大。

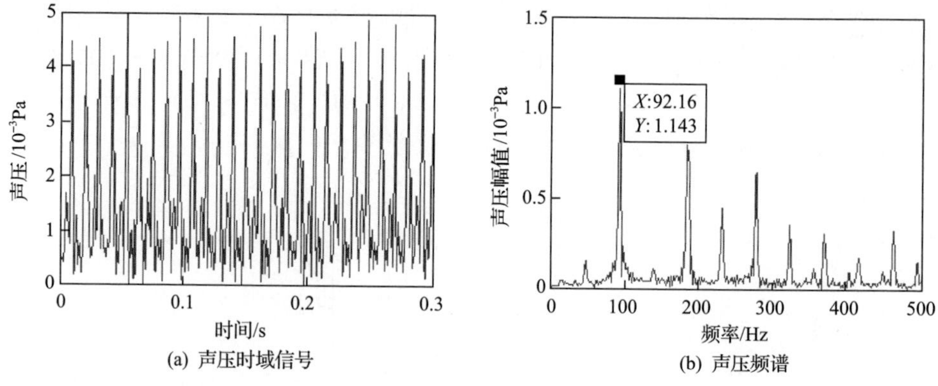

(a) 声压时域信号　　(b) 声压频谱

图 8.30　外圈波纹度最大幅值 Π_w=2μm 时轴承座节点 P_1 处的声压时域响应及相应频谱图

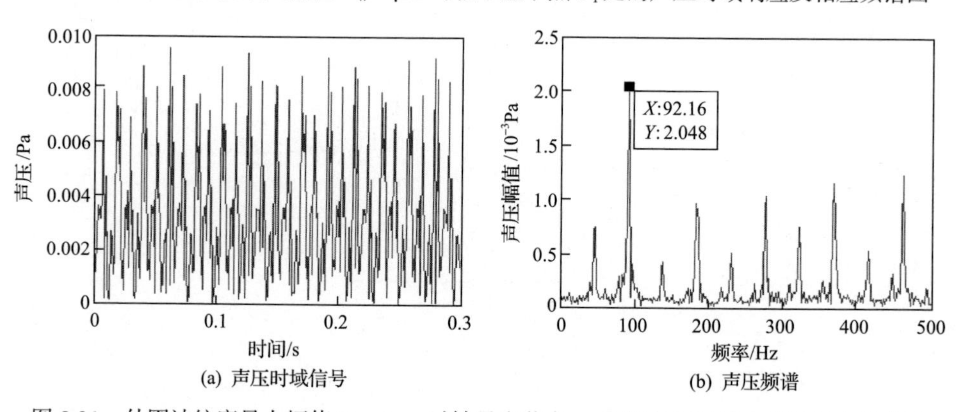

(a) 声压时域信号　　(b) 声压频谱

图 8.31　外圈波纹度最大幅值 Π_w=6μm 时轴承座节点 P_1 处的声压时域响应及相应频谱图

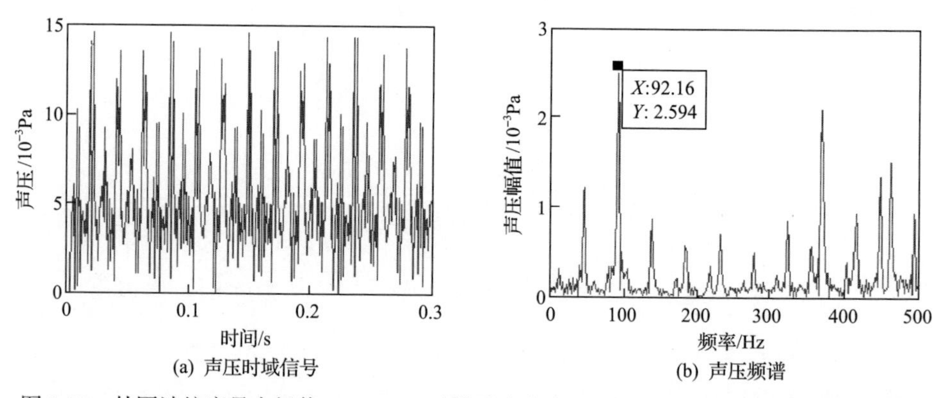

(a) 声压时域信号　　(b) 声压频谱

图 8.32　外圈波纹度最大幅值 Π_w=10μm 时轴承座节点 P_1 处的声压时域响应及相应频谱图

2) 内圈波纹度的影响

(1) 波纹度波数的影响。

选取内圈波纹度最大幅值 Π_w=6μm，内圈波纹度初始幅值 Π_0=1μm。在三种不同内圈波纹度波数激励下，轴承座节点 P_1 处的声压响应频谱如图 8.33 所示。当

内圈波纹度波数 N_w 分别为 8、16 和 24 时，即波纹度波数与滚珠数目相等或成倍数关系时，声压峰值对应的频率分别为 445.1Hz、149Hz 和 74.51Hz，是滚动体通过内圈滚道频率 f_{BPFi} 的六倍频、二倍频和基频；声压峰值幅值分别为 0.002983Pa、0.004472Pa 和 0.005944Pa，随内圈波纹度波数的增大而增大。

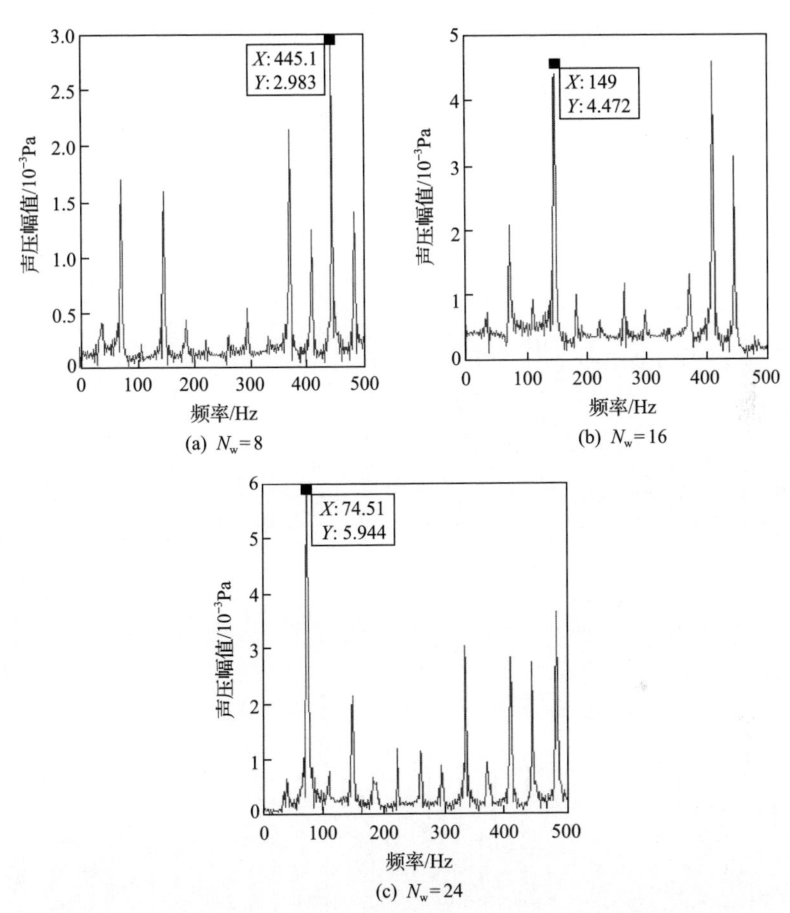

图 8.33　不同内圈波纹度波数激励下轴承座节点 P_1 处的声压响应频谱

(2) 波纹度最大幅值的影响。

设定内圈波纹度波数 N_w=8，内圈波纹度初始幅值 Π_0=1μm。在三种不同内圈波纹度最大幅值激励下，轴承座节点 P_1 处的声压时域响应及相应频谱图如图 8.34～图 8.36 所示。可以看出，当内圈波纹度最大幅值 Π_w 分别为 2μm、6μm 和 10μm 时，声压峰值对应的频率分别为 149Hz、445.1Hz 和 74.51Hz，是滚动体通过内圈滚道频率 f_{BPFi} 的二倍频、六倍频和基频；声压峰值幅值依次为 0.002154Pa、0.002983Pa 和 0.005647Pa，随内圈波纹度最大幅值的增大而增大。

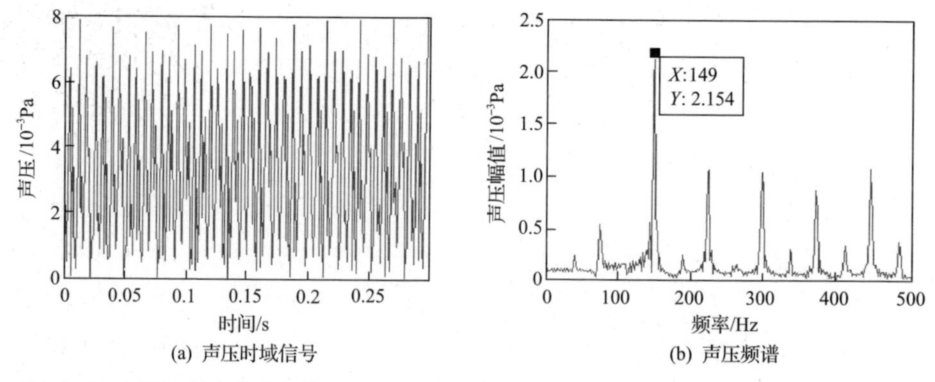

(a) 声压时域信号　　　　(b) 声压频谱

图 8.34　内圈波纹度最大幅值 Π_w=2μm 时轴承座节点 P_1 处的声压时域响应及相应频谱图

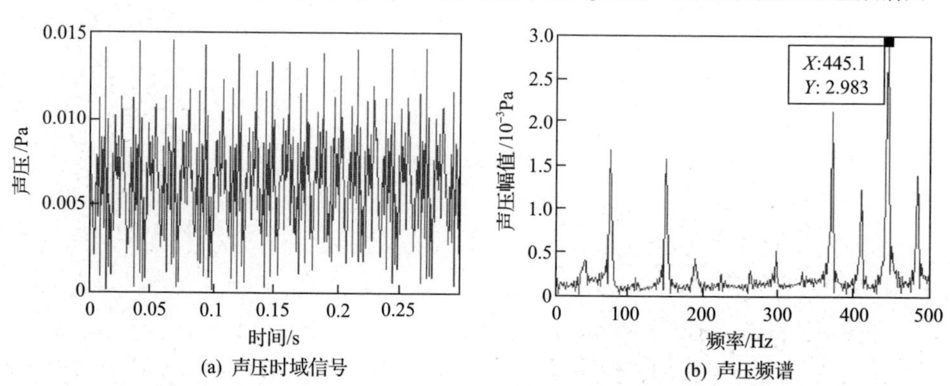

(a) 声压时域信号　　　　(b) 声压频谱

图 8.35　内圈波纹度最大幅值 Π_w=6μm 时轴承座节点 P_1 处的声压时域响应及相应频谱图

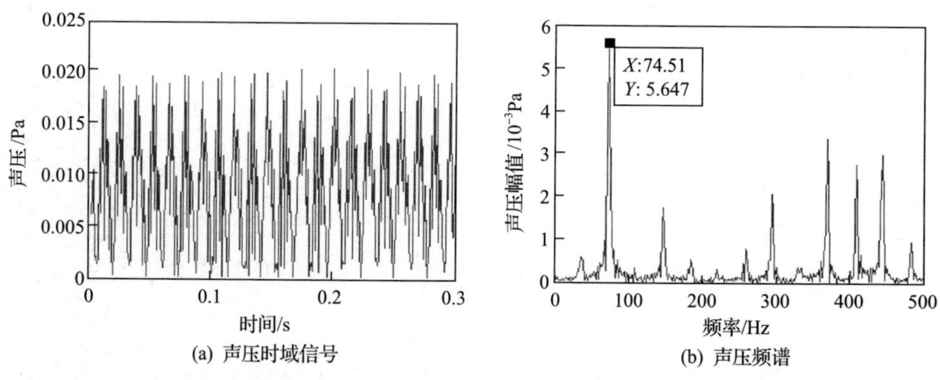

(a) 声压时域信号　　　　(b) 声压频谱

图 8.36　内圈波纹度最大幅值 Π_w=10μm 时轴承座节点 P_1 处的声压时域响应及相应频谱图

参 考 文 献

[1] 夏新涛, 刘红彬. 滚动轴承振动与噪声研究[M]. 北京: 国防工业出版社, 2015.

[2] 林腾蛟, 荣崎, 李润方, 等. 深沟球轴承运转过程动态特性有限元分析[J]. 振动与冲击, 2009, 28(1): 118-122, 200.

[3] 陈晓霞. ANSYS 7.0 高级分析[M]. 北京: 机械工业出版社, 2004.

[4] Zhang Z C, Zhang Z Y, Huang X C, et al. Stability and transient dynamics of a propeller-shaft system as induced by nonlinear friction acting on bearing-shaft contact interface[J]. Journal of Sound and Vibration, 2014, 333(12): 2608-2630.

[5] 陈磊磊, 陈海波, 郑昌军, 等. 基于有限元与宽频快速多极边界元的二维流固耦合声场分析[J]. 工程力学, 2014, 31(8): 63-69.

[6] 张丽, 任尊松, 孙守光, 等. 考虑齿轮传动影响的高速动车组电机吊架载荷及动应力研究[J]. 机械工程学报, 2016, 52(4): 133-140.

[7] 涂文兵, 何海斌, 罗丫, 等. 基于滚动体打滑特征的滚动轴承振动特性研究[J]. 振动与冲击, 2017, 36(11): 166-170, 175.

[8] 何琳. 声学理论与工程应用[M]. 北京: 科学出版社, 2006.

[9] 周立廷, 李宏坤, 郭义杰. 齿轮箱结构噪声预测[J]. 噪声与振动控制, 2010, 30(4): 129-132, 143.

[10] Shao Y M, Wang P, Chen Z G. Effect of waviness on vibration and acoustic features of rolling element bearing[C]//International Design Engineering Technical Conferences and Computers and Information in Engineering Conference, Chicago, 2012: 165-170.

[11] Thompson M K, Thompson J M. ANSYS Mechanical APDL for Finite Element Analysis[M]. Boca Raton: Butterworth-Heinemann, 2017.

[12] 邓晓龙, 李修蓬, 冯敬. 基于 Virtual Lab/Acoustic 的发动机结构噪声预测[J]. 噪声与振动控制, 2007, 27(6): 80-83.

第 9 章　滚动轴承局部故障动力学建模与仿真

滚动轴承是支撑轴及轴上零件、保持转轴的旋转精度、减小转轴与支承间磨损与摩擦的重要零件。轴承工作时长期承受周期性交变应力作用，因此即使是润滑良好，安装正确，无尘埃、水分和腐蚀介质的侵入且载荷适中的轴承，滚动表面也会不可避免地产生局部故障。当滚动体通过轴承局部故障位置时会产生冲击脉冲，冲击脉冲的波形和幅值与局部故障的表征形式直接相关。对滚动轴承局部故障与冲击脉冲波形之间的关系以及冲击脉冲响应特征的认识程度，将直接影响滚动轴承运行状态判定的正确性与可靠性。因此，要准确预测和识别轴承早期故障，防止因轴承突发故障造成的重大经济损失和人员伤亡，需要明确滚动轴承局部故障诱发的激励机理及其振动响应特征。

本章将主要介绍滚动轴承典型局部故障的模式与表征方法，分析滚动轴承局部故障形貌变化对激励的影响，介绍滚动轴承局部故障动力学建模与仿真方法，揭示滚动轴承局部故障与其冲击振动响应特征之间的关系。

9.1　滚动轴承局部故障动力学建模

对正常滚动轴承，根据 Hertz 接触理论，滚动体与滚道之间的载荷-变形关系可以表示为

$$F_{\mathrm{H}} = K\delta^{n} \tag{9.1}$$

式中，F_{H}为 Hertz 接触力；K 为接触刚度；n 为载荷-变形指数；δ 为整体接触变形。

当轴承存在局部故障时，滚动体与滚道间的接触力和接触变形随滚动体的位置发生变化，式(9.1)所示的载荷-变形关系式已不能准确描述滚动体与滚道间的接触关系。此时，滚动体与局部故障边缘之间的接触载荷-变形关系可以表示为[1]

$$F(t) = K(t)\delta(t)^{n} \tag{9.2}$$

式中，$F(t)$为时变接触力；$K(t)$为时变接触刚度；$\delta(t)$为时变接触变形。

局部故障滚动轴承在 x 和 y 方向的总接触力 W_x 和 W_y 分别表示为

$$W_x = \sum_{j=1}^{Z} K_{\mathrm{e}} \varsigma_j \delta_j^{n} \cos\theta_j \tag{9.3}$$

$$W_y = \sum_{j=1}^{Z} K_e \varsigma_j \delta_j^n \sin\theta_j \tag{9.4}$$

式中，K_e 为轴承故障时变接触刚度，与轴承故障接触形式相关[2]；ς_j 为第 j 个滚动体的载荷区系数，其表达式为

$$\varsigma_j = \begin{cases} 1, & \delta_j^n > 0 \\ 0, & \delta_j^n \leqslant 0 \end{cases} \tag{9.5}$$

式中，δ_j^n 为第 j 个滚动体的总接触变形，根据式(6.57)，其表达式为

$$\delta_j^n = x\cos\theta_j + y\sin\theta_j - C_r - H' \tag{9.6}$$

式中，C_r 为轴承径向游隙；H' 为轴承故障时变位移激励；x 为轴承内圈质心在竖直方向上的位移；y 为轴承内圈质心在水平方向上的位移；θ_j 为第 j 个滚动体的角位置。

根据式(6.58)中两自由度正常滚动轴承动力学模型和式(9.1)～式(9.6)，两自由度局部故障滚动轴承的动力学方程可以表示为

$$\begin{cases} m\ddot{x} + c\dot{x} + \sum_{j=1}^{Z} K_e \varsigma_j \left(x\cos\theta_j + y\sin\theta_j - C_r - H' \right)^n \cos\theta_j = F_x \\ m\ddot{y} + c\dot{y} + \sum_{j=1}^{Z} K_e \varsigma_j \left(x\cos\theta_j + y\sin\theta_j - C_r - H' \right)^n \sin\theta_j = F_y \end{cases} \tag{9.7}$$

9.1.1　滚动轴承典型局部故障的模式与表征

滚动轴承常见的失效形式有疲劳、磨损、塑性变形、断裂等。不同失效形式会产生不同的局部故障，典型的局部故障包括剥落、裂纹、划痕和异物等。

1. 剥落

滚动轴承剥落故障的形状特征是具有一定的深度和面积，剥落后的表面呈凹凸不平的鳞状，有尖锐的沟角。产生剥落的部位主要是滚动体和滚道的接触面，如图 9.1 所示[3]。滚动体与剥落面接触时，位移激励为

$$H' = x_{r0} + H_d \tag{9.8}$$

式中，H_d 为滚动体进入剥落面的深度，取“+”是定义滚动体通过剥落故障时为下坡；x_{r0} 为滚动体中心初始位移。

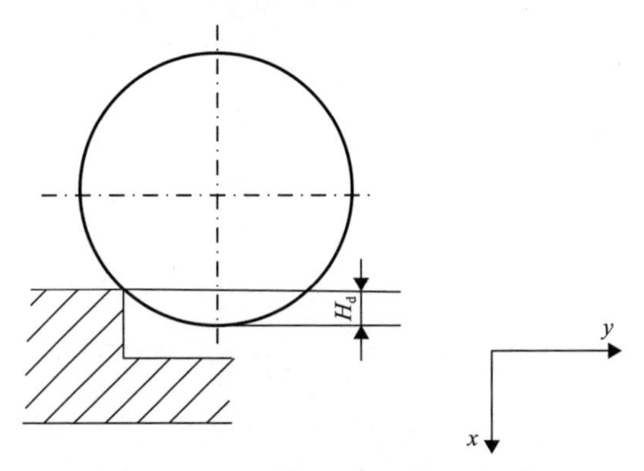

图 9.1　滚动轴承剥落故障示意图[3]

在存在剥落的情况下，滚子与滚道之间的刚度可以表示为

$$K_{\mathrm{d}}=\sqrt{\frac{\pi^2\kappa^2E^{*2}\mathrm{F}}{4.5\mathrm{E}^3\rho_{\mathrm{s}}}} \tag{9.9}$$

式中，E 和 F 分别为第一类和第二类完全椭圆积分；E^*为等效弹性模量；ρ_{s}为曲率和；κ为椭圆参数。

滚动轴承存在剥落故障时的动力学方程可以表示为

$$\begin{cases} m\ddot{x}+c\dot{x}+\sum\limits_{j=1}^{Z}K_{\mathrm{d}}\varsigma_j\left(x\cos\theta_j+y\sin\theta_j-C_{\mathrm{r}}-x_{\mathrm{r0}}-H_{\mathrm{d}}\right)^n\cos\theta_j=F_x \\ m\ddot{y}+c\dot{y}+\sum\limits_{j=1}^{Z}K_{\mathrm{d}}\varsigma_j\left(x\cos\theta_j+y\sin\theta_j-C_{\mathrm{r}}-x_{\mathrm{r0}}-H_{\mathrm{d}}\right)^n\sin\theta_j=F_y \end{cases} \tag{9.10}$$

2. 裂纹

滚动轴承裂纹是由于滚动体-滚道之间的接触在滚道表面产生过大的正交切应力，使某个薄弱位置产生初始裂纹而产生的。滚动轴承裂纹故障示意图如图 9.2 所示。滚动轴承裂纹故障形式可以分为内部裂纹和表面裂纹。内部裂纹位于材料次表面，只能通过射线、超声探伤等方式检测，其振动信号无明显冲击[4]。表面裂纹可以分为闭口型裂纹和开口型裂纹，开口型裂纹故障产生的位移激励可以表示为

$$H'=x_{\mathrm{r0}}+H_{\mathrm{s}} \tag{9.11}$$

式中，H_{s}为开口型裂纹的深度；x_{r0}为滚动体中心初始位移。

滚动轴承裂纹故障的刚度激励为恒定值 K，滚动轴承存在裂纹故障时的动力

学方程可以表示为

$$\begin{cases} m\ddot{x} + c\dot{x} + \sum_{j=1}^{Z} K_s \varsigma_j \left(x\cos\theta_j + y\sin\theta_j - C_r - x_{r0} - H_s \right)^n \cos\theta_j = F_x \\ m\ddot{y} + c\dot{y} + \sum_{j=1}^{Z} K_s \varsigma_j \left(x\cos\theta_j + y\sin\theta_j - C_r - x_{r0} - H_s \right)^n \sin\theta_j = F_y \end{cases} \tag{9.12}$$

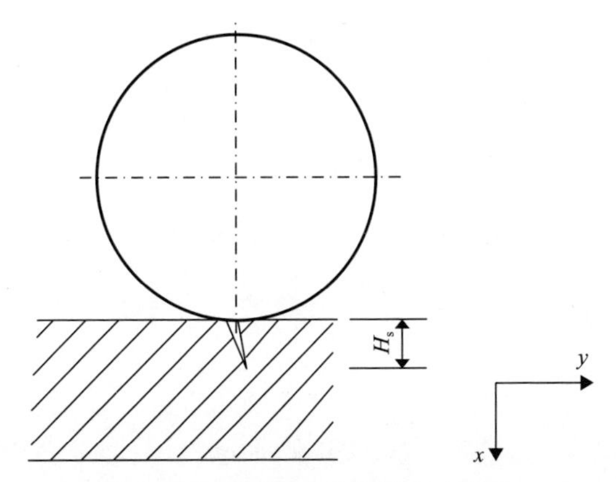

图 9.2　滚动轴承裂纹故障示意图

3. 划痕

滚动轴承划痕主要是由于磨粒引起的划伤，通常发生在滚道，划痕较为分散，一般是孤立的一条或几条线，每条划痕的长度和深度差异较大，一般深度为 0.01～1mm[5]。滚动轴承划痕故障示意图如图 9.3 所示。划痕故障产生的位移激励可以表示为

$$H' = x_{r0} + H_t \tag{9.13}$$

式中，H_t 为划痕的深度；x_{r0} 为滚动体中心初始位移。

在存在划痕的情况下，滚子与滚道之间的刚度可以表示为

$$K_t = \sqrt{\frac{\pi^2 \kappa^2 E^{*2} \mathrm{F}}{4.5\mathrm{E}^3 \rho_s}} \tag{9.14}$$

滚动轴承存在划痕故障时的动力学方程可以表示为

$$\begin{cases} m\ddot{x} + c\dot{x} + \sum_{j=1}^{Z} K_t \varsigma_j \left(x\cos\theta_j + y\sin\theta_j - C_r - x_{r0} - H_t \right)^n \cos\theta_j = F_x \\ m\ddot{y} + c\dot{y} + \sum_{j=1}^{Z} K_t \varsigma_j \left(x\cos\theta_j + y\sin\theta_j - C_r - x_{r0} - H_t \right)^n \sin\theta_j = F_y \end{cases} \tag{9.15}$$

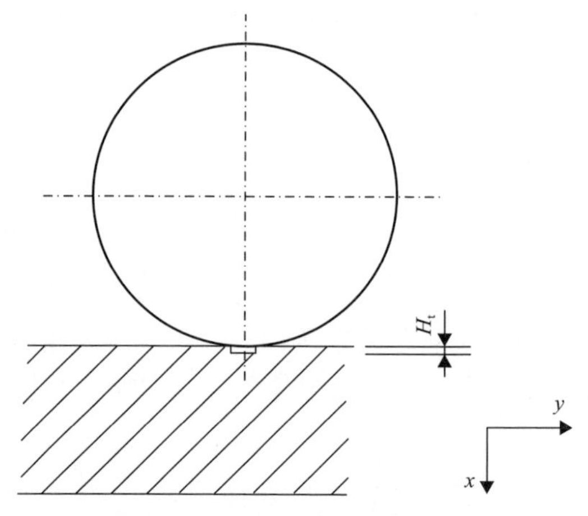

图 9.3　滚动轴承划痕故障示意图

4. 异物

滚动轴承异物是在滚动体工作面上外来的质点，主要来源于润滑油脂、金属加工完后的金属切屑、机械撞击造成的滚动轴承损坏等。当异物颗粒直径超过油膜厚度时，将会破坏油膜从而引起滚动轴承故障；异物直径较大时可直接破坏滚动轴承回转体，造成轴承损坏[6]。滚动轴承润滑油异物故障示意图如图 9.4 所示。滚动轴承异物故障产生的位移激励可以表示为

$$H' = x_{r0} - H_p \tag{9.16}$$

式中，H_p 为润滑油异物故障的高度；x_{r0} 为滚动体中心初始位移。

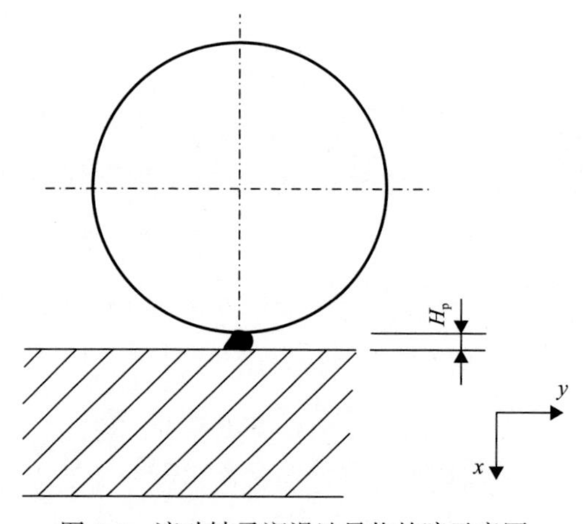

图 9.4　滚动轴承润滑油异物故障示意图

在存在润滑油异物的情况下，滚子与滚道之间的刚度可以表示为

$$K_{\mathrm{p}} = \sqrt{\frac{\pi^2 \kappa^2 E^{*2} \mathrm{F}}{4.5\mathrm{E}^3 \rho_{\mathrm{s}}}} \tag{9.17}$$

滚动轴承存在异物故障时的动力学方程可以表示为

$$\begin{cases} m\ddot{x} + c\dot{x} + \sum_{j=1}^{Z} K_{\mathrm{p}} \varsigma_j \left(x\cos\theta_j + y\sin\theta_j - C_{\mathrm{r}} - x_{\mathrm{r}0} + H_{\mathrm{p}} \right)^n \cos\theta_j = F_x \\ m\ddot{y} + c\dot{y} + \sum_{j=1}^{Z} K_{\mathrm{p}} \varsigma_j \left(x\cos\theta_j + y\sin\theta_j - C_{\mathrm{r}} - x_{\mathrm{r}0} + H_{\mathrm{p}} \right)^n \sin\theta_j = F_y \end{cases} \tag{9.18}$$

9.1.2　滚动轴承运动过程中局部故障的形貌变化与表征

在滚动轴承局部故障产生的初期阶段，故障边缘比较尖锐，如图 9.5(a)所示。随着轴承的运转，局部故障边缘受到滚动体的周期性冲击力，产生弹塑性变形或剥落导致故障面积进一步扩大，引起故障边缘的形貌特征发生变化。故障的初始尖锐边缘变为弹塑性变形的接触面，变形后的形貌与故障边缘冲击的强度、接触次数及润滑条件等相关，一般可以表示为如图 9.5(b)所示的扁平形状。滚动轴承局部故障变化过程中，滚动体与故障边缘之间的接触关系亦将发生变化，引起局部故障诱发的轴承振动响应特征发生变化，直接影响滚动轴承早期故障诊断识别的可靠性和准确性[7]。

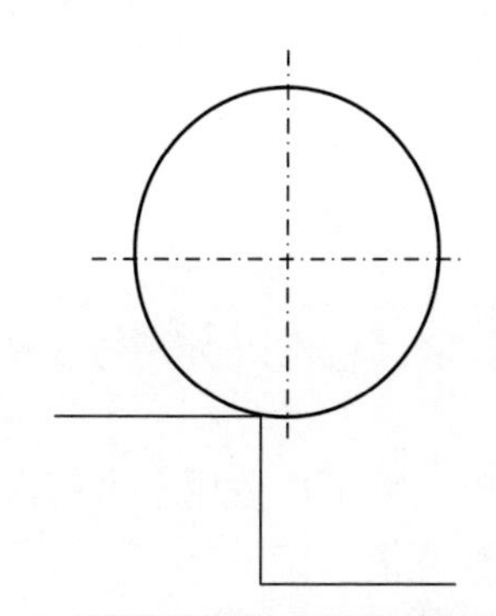

(a) 局部故障初期尖锐边缘形貌示意图

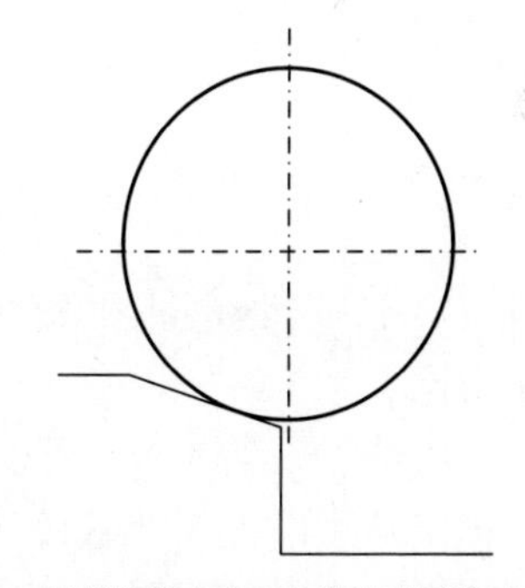

(b) 局部故障变化后光滑边缘形貌示意图

图 9.5　滚动轴承局部故障边缘形貌变化示意图

以球轴承为例，当局部故障边缘为尖锐边缘时，滚动体与局部故障边缘之间的接触为球-直线接触；局部故障边缘形貌特征发生变化后，滚动体与球轴承局部故障边缘之间的接触会发生改变，其接触形式与变形结果相关，一般可表示为球-平面接触。局部故障边缘形貌发生变化后滚动体与缺陷边缘之间的接触关系示意

图如图 9.6 所示。局部故障边缘形貌发生变化后的位移激励可以表示为[8]

$$H_{\mathrm{k}}' = 0.5d_{\mathrm{r}} - \sqrt{(0.5d_{\mathrm{r}})^2 - [0.5\min(L_{\mathrm{f}}, B) + l\cos\gamma]^2} \tag{9.19}$$

式中，B 为局部故障宽度；d_{r} 为滚动体半径；l 为局部故障边缘形貌特征变化而形成的平面的长度；L_{f} 为局部故障长度；γ 为局部故障边缘形貌特征变化而形成的平面的倾斜角。

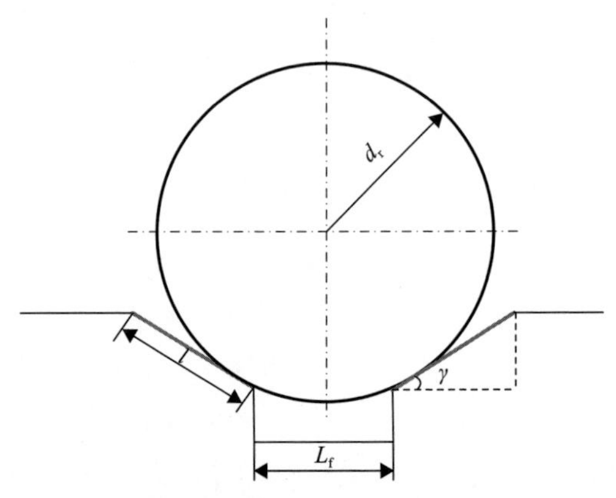

图 9.6　局部故障边缘形貌发生变化后滚动体与缺陷边缘之间的接触关系示意图

根据 Hertz 接触理论，滚动体与光滑平面的接触刚度 K_{k} 可以表示为

$$K_{\mathrm{k}} = \frac{4}{3}\frac{R^{\frac{1}{2}}}{\dfrac{1-\nu_1^2}{E_1} + \dfrac{1-\nu_2^2}{E_2}} \tag{9.20}$$

式中，E_1 和 E_2 分别为滚动体和滚道材料的弹性模量；ν_1 和 ν_2 分别为滚动体和滚道材料的泊松比。

局部故障边缘的形貌扩展为平面形貌后，式(9.20)不再适用于求解滚动体与滚道之间的总接触刚度 K_{t}。当故障边缘形貌特征变化后，滚动体与故障平面边缘之间的接触关系示意图如图 9.7 所示。此时，滚动体与内、外圈滚道之间的总接触变形表达式为[9]

$$\delta_{\mathrm{k}} = \delta_{\mathrm{nk}} + \delta_{\mathrm{uk}} = \left(\frac{F_{\mathrm{r}}}{K_{\mathrm{H}}}\right)^{\frac{2}{3}} + \cos\gamma\left(\frac{F_{\mathrm{r}}\cos\gamma}{K_{\mathrm{k}}n_{\mathrm{s}}}\right)^{\frac{2}{3}} \tag{9.21}$$

式中，F_{r} 为径向力；K_{H} 为 Hertz 接触刚度；n_{s} 为球与局部故障边缘之间的接触面

数目；δ_{nk} 为滚动体与正常滚道之间的接触变形。

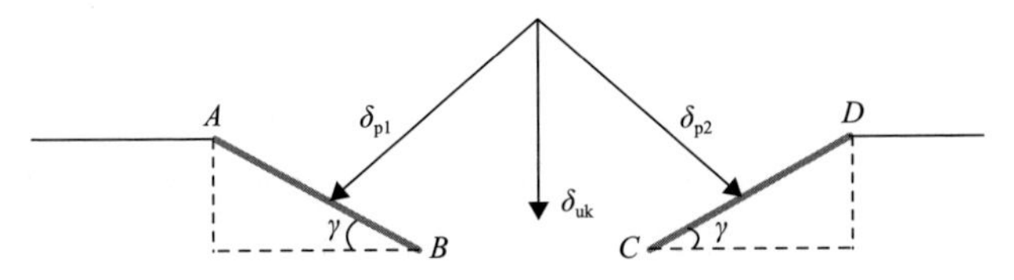

图 9.7　滚动体与故障平面边缘之间的接触关系示意图

δ_{p1}. AB 面的接触变形分量；δ_{p2}. CD 面的接触变形分量；δ_{uk}. 滚动体与局部故障边缘之间的接触变形

根据式(9.21)的载荷-变形关系式，滚动体与滚道之间的总接触刚度 K_t 可以表示为

$$K_{\mathrm{t}} = \frac{1}{\left\{ \left(\frac{1}{K_{\mathrm{H}}} \right)^{\frac{2}{3}} + \left[\frac{(\cos\gamma)^{\frac{5}{2}}}{K_{\mathrm{k}} n_{\mathrm{s}}} \right]^{\frac{2}{3}} \right\}^{\frac{2}{3}}} \tag{9.22}$$

根据式(6.58)中两自由度正常滚动轴承动力学模型和式(9.1)～式(9.6)，滚动轴承故障边缘形貌变化后滚动轴承的动力学方程可以表示为

$$\begin{cases} m\ddot{x} + c\dot{x} + \sum\limits_{j=1}^{Z} K_{\mathrm{t}} \varsigma_j \left(x\cos\theta_j + y\sin\theta_j - C_{\mathrm{r}} - H_{\mathrm{k}}' \right)^{n_{\mathrm{e}}} \cos\theta_j = F_x \\ m\ddot{y} + c\dot{y} + \sum\limits_{j=1}^{Z} K_{\mathrm{t}} \varsigma_j \left(x\cos\theta_j + y\sin\theta_j - C_{\mathrm{r}} - H_{\mathrm{k}}' \right)^{n_{\mathrm{e}}} \sin\theta_j = F_y \end{cases} \tag{9.23}$$

9.2　计 算 案 例

9.2.1　球轴承局部故障动力学建模及响应计算

以 6308 深沟球轴承为例，计算分析局部故障对轴承系统振动响应的影响。6308 深沟球轴承的几何尺寸参数如表 7.1 所示。轴承质量 m=0.6kg，阻尼系数 c=200N·s/m，材料弹性模量 E=207GPa，泊松比 ν =0.3。假设轴承外圈滚道存在局部故障，且局部故障的长度 L_f=0.04mm，宽度 B=0.04mm，高度 H=0.04mm。

1. *局部故障影响下时变位移激励计算*

由于滚动体直径远大于故障长度、宽度和高度，滚动体通过故障时，位移激励为故障的高度，即 H'=0.04mm。

2. 局部故障影响下时变刚度激励计算

由于滚动体与故障之间是点接触，滚动体与滚道之间的时变接触刚度 K_e 表示为

$$K_{\mathrm{e}}=\begin{cases}K_{\mathrm{b1}}, & \left|\operatorname{mod}\left(\theta_{\mathrm{d}j},2\pi\right)-\theta_0-\theta_{\mathrm{e}}\right|\leqslant\theta_{\mathrm{e}}\\ K_{\mathrm{H}}, & \text{其他}\end{cases} \tag{9.24}$$

式中，K_{b1} 为球与局部故障边缘之间的接触刚度，单个接触点的情况下 K_{b1} 为恒定值，可以通过有限元计算得到；θ_e 为局部故障在圆周方向弧度量的二分之一；θ_{dj} 为第 j 个滚动体在外圈滚道任一时间 t 的角位置；θ_0 为局部故障位置相对于第 j 个球的初始角位置。

$$\theta_{\mathrm{d}j}=\frac{2\pi}{Z}(j-1)+\omega_{\mathrm{c}}t+\theta_{0x} \tag{9.25}$$

$$\theta_0=\frac{2\pi}{Z}(j-1)+\theta_{\mathrm{d}i} \tag{9.26}$$

式中，θ_{di} 为内圈滚道表面局部故障与第 1 个球之间的初始角位置，初始状态下 θ_0=0。

3. 局部故障动力学响应

根据式(6.58)，存在局部故障的两自由度球轴承动力学方程可以表示为

$$\begin{cases}m\ddot{x}+c\dot{x}+\sum\limits_{j=1}^{Z}K_{\mathrm{e}}\varsigma_j\left(x\cos\theta_j+y\sin\theta_j-1-4\right)^n\cos\theta_j=F_x\\ m\ddot{y}+c\dot{y}+\sum\limits_{j=1}^{Z}K_{\mathrm{e}}\varsigma_j\left(x\cos\theta_j+y\sin\theta_j-1-4\right)^n\sin\theta_j=F_y\end{cases} \tag{9.27}$$

选取 F_x=0N，F_y=100N，转速为 2000r/min，系统的初始位移为 $x_0=10^{-6}$m 和 $y_0=10^{-6}$m，初始速度为 $\dot{x}_0=0$ 和 $\dot{y}_0=0$，求解式(9.27)，得到外圈滚道故障下球轴承振动响应的时域波形和频谱图如图 9.8 所示，求解的时间步长 $\Delta t=5\times10^{-6}$s。

从图 9.8 可以看出，存在局部故障的轴承在 x 方向的振动响应呈现周期性冲击波形，加速度峰值约为 0.4m/s^2，且 x 方向的振动位移、速度、加速度响应及振动位移频谱之间的差异较小，其原因是径向力作用在 y 方向，且尺寸较小的局部

故障对轴承在 x 方向的振动特性影响较小；存在局部故障的轴承在 y 方向的振动响应呈现周期性冲击波形，加速度峰值约为 23m/s^2，且 y 方向振动位移、振动速度和振动加速度的幅值均增大。结果表明，即使较小尺寸的局部故障，也能对轴承的振动造成较大影响。

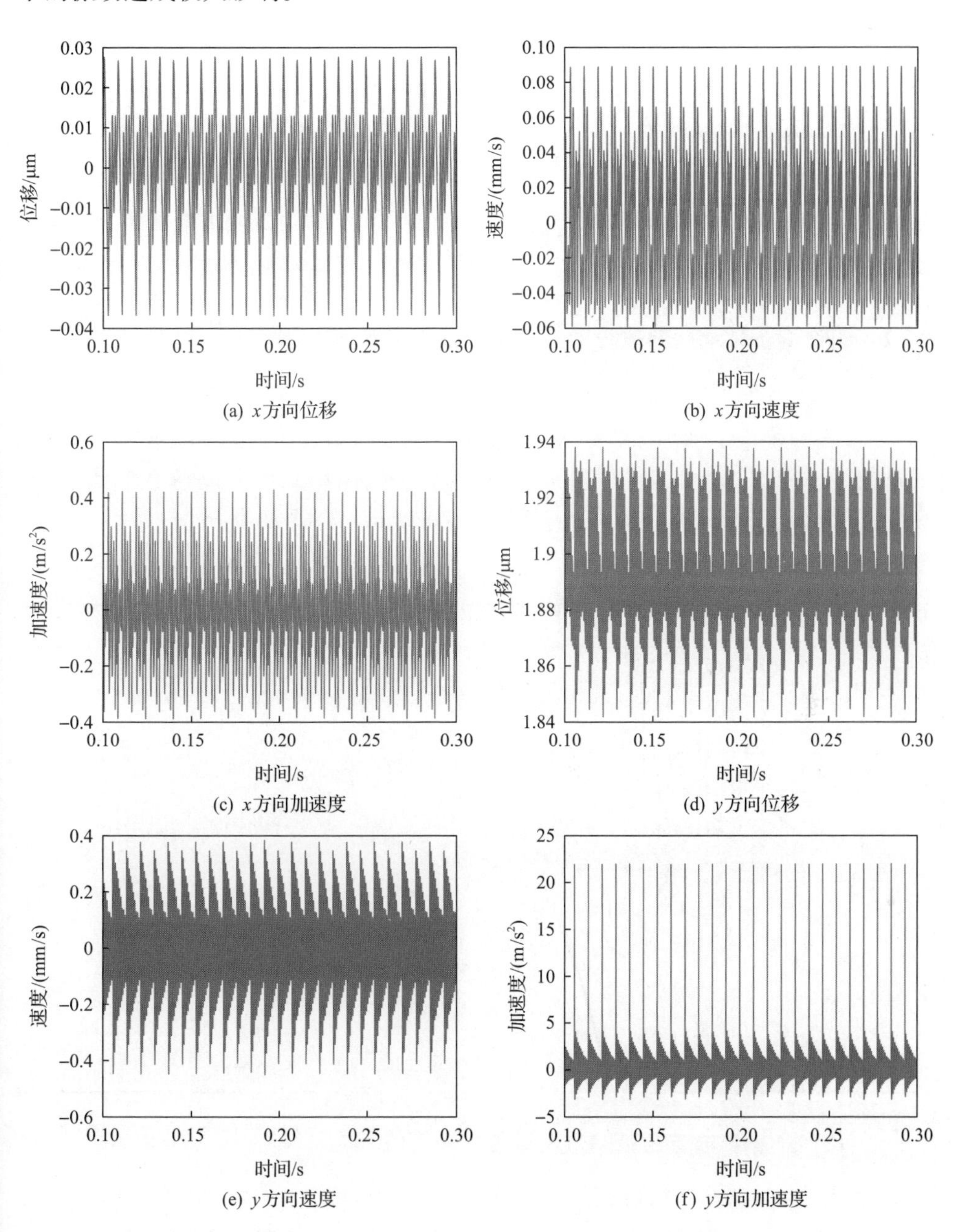

(a) x方向位移　(b) x方向速度

(c) x方向加速度　(d) y方向位移

(e) y方向速度　(f) y方向加速度

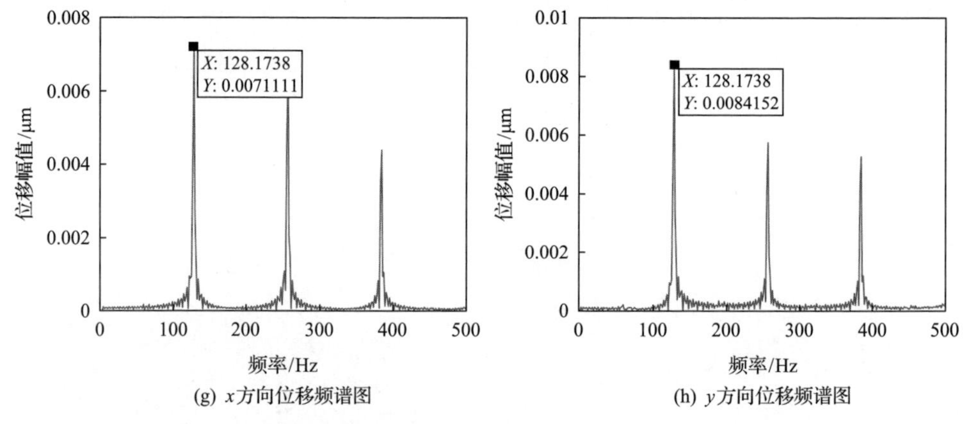

图 9.8　外圈滚道故障下球轴承振动响应的时域波形和频谱图

9.2.2　圆锥滚子轴承局部故障动力学建模及响应计算

以 32212 圆锥滚子轴承为例，计算并分析局部故障对轴承系统振动响应的影响。32212 圆锥滚子轴承参数如表 9.1 所示。轴承内圈与转轴的总质量 m=3kg，阻尼系数 c=2000N·s/m，弹性模量 E=206GPa，泊松比 ν=0.3。假设轴承外圈滚道存在局部故障，故障长度 L_f=0.5mm，宽度 B=0.5mm，高度 H=0.4mm。

表 9.1　32212 圆锥滚子轴承参数

参数	参数值
圆锥滚子数量 Z/个	19
滚子大端直径 D_{max}/mm	13.644
滚子轴向有效长度 L_e/mm	19.881
内滚道接触角 α_i	11°06′34"
外滚道接触角 α_o	15°06′34"
滚子与挡边接触角 α_f	11°49′
滚子大端球面直径 D_{roller}/mm	165.15
内圈大挡边球面直径 D_{rib}/mm	206.44
半包容角 θ/(°)	2
径向游隙 C_r/mm	0.001
轴向游隙 C_a/mm	0.001

1. 局部故障影响下的位移激励计算

根据轴承故障尺寸可以判断，滚动体与故障有两个接触点，下降的最大位移小于缺陷的深度，即滚子在通过缺陷的过程中，始终只与缺陷方向边缘接触，直到滚动体完全离开故障区。

当轴承外圈滚道存在剥落故障时，在任意角位置 θ_i 的总接触变形为

$$\delta_i = x\cos\theta_i + y\sin\theta_i - \left(C_{\mathrm{r}} + H_{\mathrm{d}}\right) \tag{9.28}$$

式中，H_{d} 可由式(6.5)求得。

2. 局部故障影响下的刚度激励计算

1)滚子与滚道非理想 Hertz 接触刚度计算

32212 圆锥滚子轴承的滚动体为球端面对数凸型，滚动体素线的表达式为[10]

$$z = \frac{Q_{\mathrm{l}}}{\pi E' L_{\mathrm{e}}} \ln \frac{1}{1-\left(\dfrac{2y}{L_{\mathrm{e}}}\right)^2} \tag{9.29}$$

式中，L_{e} 为有效接触长度；Q_{l} 为设计载荷，对数凸型滚动体的设计载荷 Q_{l}=5000N；y 表示针对圆锥滚子轴承划分的每个单元相对对称中心的距离。

把滚子的接触区沿素线方向划分为 100 个单元，可以计算获得不同载荷下滚子与内外圈滚道的接触变形，如表 9.2 所示。

表 9.2　不同载荷下滚子与内外圈滚道的接触变形

载荷/N	外圈/μm	内圈/μm
50	0.256	0.308
100	0.466	0.476
150	0.626	0.640
200	0.760	0.760
250	0.788	0.898
300	0.928	1.038
350	0.904	0.830
400	1.168	1.160
450	1.170	1.180
500	1.494	11.140
600	1.336	1.712
800	1.982	2.232
1000	2.322	2.500
1200	2.682	2.830
1400	3.044	3.112
1600	3.408	3.488
1800	3.768	3.858

续表

载荷/N	外圈/μm	内圈/μm
2000	4.284	4.392
2200	4.648	4.766
2400	5.008	5.136

构造拟合函数 $y(x)=ax^b$，对表 9.2 的结果进行拟合，得到滚子与内外圈滚道接触变形与载荷之间关系的拟合表达式为

$$\delta_{\mathrm{i}}=1.4616\times10^{-5}Q^{0.7413}$$

$$\delta_{\mathrm{o}}=1.2973\times10^{-5}Q^{0.7541}$$

取对数之后变换为

$$Q_{\mathrm{i}}=3.7111\times10^{10}\delta^{1/0.7413}$$

$$Q_{\mathrm{o}}=2.8759\times10^{10}\delta^{1/0.7541}$$

从而得到滚子与内、外圈滚道的接触刚度为

$$K_{\mathrm{i}}=1.1736\times10^{-1}\mathrm{MN/mm^{1.5}}，\quad K_{\mathrm{o}}=0.9094\times10^{-1}\mathrm{MN/mm^{1.5}}$$

2)滚子端面与滚道挡边刚度计算

圆锥滚子轴承挡边与滚子端面为 Hertz 接触(见图 6.18)，由式(6.36)计算主曲率：

$$\frac{1}{R_x}=0.0024\mathrm{mm^{-1}}，\quad \frac{1}{R_y}=0.0024\mathrm{mm^{-1}}$$

由式(6.28)计算曲率关联参数：

$$A+B=0.0048$$

等效弹性模量为

$$\frac{1}{E^*}=8.83495\times10^{-6}\mathrm{N/m^2}$$

由式(6.15)计算滚动体与内圈接触副的椭圆参数，结果为

$$\kappa=1.0399，\quad \mathrm{E}=1.5277，\quad \mathrm{F}=1.0003$$

由式(6.33)计算接触椭圆的长轴、短轴和变形，结果分别为

$$a = 0.123408 Q_{\mathrm{f}}^{\frac{1}{3}} \mathrm{mm}, \quad b = 0.119361 Q_{\mathrm{f}}^{\frac{1}{3}} \mathrm{mm}, \quad \delta = 0.47957 \times 10^{-5} Q_{\mathrm{f}}^{\frac{2}{3}} \mathrm{mm}$$

因此，根据式(6.34)得到载荷-变形关系：

$$Q_{\mathrm{f}} = 2.0852 \times 10^{8} \delta^{\frac{3}{2}}$$

根据式(6.35)得到滚子与内圈大挡边的接触刚度为

$$K_{\mathrm{f}} = 2.0852 \times 10^{2}\ \mathrm{MN/mm^{1.5}}$$

3. *局部故障动力学响应计算*

以内圈为受力体，滚子在滚道公转过程中承载区内接触变形为[11]

$$\begin{cases} \delta_{\mathrm{i}j} \sin\alpha_{\mathrm{i}} + \delta_{\mathrm{o}j} \sin\alpha_{\mathrm{o}} + \delta'_{\mathrm{f}j} \sin\alpha_{\mathrm{f}} + \xi_j \cos\alpha_{\mathrm{o}} = \delta_{\mathrm{a}} \\ \delta_{\mathrm{i}j} \cos\alpha_{\mathrm{i}} + \delta_{\mathrm{o}j} \cos\alpha_{\mathrm{o}} - \delta'_{\mathrm{f}j} \cos\alpha_{\mathrm{f}} - \xi_j \sin\alpha_{\mathrm{o}} = \delta_{\mathrm{r}} \cos\psi_j \end{cases} \tag{9.30}$$

沿轴向 x 方向总的接触力为

$$Q_x = K_{\mathrm{f}} \sum_{j=1}^{N} \beta_j {\delta'_{\mathrm{f}j}}^{n_{\mathrm{f}}} \cos\alpha_{\mathrm{f}} \sin\psi_j + K_{\mathrm{i}} \sum_{j=1}^{N} \beta_j \delta_{\mathrm{i}j}^{n_{\mathrm{i}}} \cos\alpha_{\mathrm{i}} \sin\psi_j \tag{9.31}$$

沿轴向 y 方向总的接触力为

$$Q_y = K_{\mathrm{f}} \sum_{j=1}^{N} \beta_j {\delta'_{\mathrm{f}j}}^{n_{\mathrm{f}}} \sin\alpha_{\mathrm{f}} + K_{\mathrm{i}} \sum_{j=1}^{N} \beta_j \delta_{\mathrm{i}j}^{n_{\mathrm{i}}} \sin\alpha_{\mathrm{i}} \tag{9.32}$$

沿轴向 z 方向总的接触力为

$$Q_z = K_{\mathrm{f}} \sum_{j=1}^{N} \beta_j {\delta'_{\mathrm{f}j}}^{n_{\mathrm{f}}} \cos\alpha_{\mathrm{f}} \cos\psi_j + K_{\mathrm{i}} \sum_{j=1}^{N} \beta_j \delta_{\mathrm{i}j}^{n_{\mathrm{i}}} \cos\alpha_{\mathrm{i}} \cos\psi_j \tag{9.33}$$

式中，β_j 为判断是否发生接触变形的参数，表达式为

$$\beta_j = \begin{cases} 1, & \delta_{\mathrm{i}j} > 0 \\ 0, & \delta_{\mathrm{i}j} \leqslant 0 \end{cases} \tag{9.34}$$

根据式(6.58)，存在局部故障的圆锥滚子轴承两自由度动力学方程为

$$\begin{cases} m\ddot{x} + c\dot{x} + K_{\mathrm{f}}\sum_{j=1}^{N}\beta_j \delta_{\mathrm{f}j}^{\prime\, n_{\mathrm{f}}} \cos\alpha_{\mathrm{f}} \sin\psi_j + K_{\mathrm{i}}\sum_{j=1}^{N}\beta_j \delta_{\mathrm{i}j}^{n_{\mathrm{i}}} \cos\alpha_{\mathrm{i}} \sin\psi_j = F_x \\ m\ddot{y} + c\dot{y} + K_{\mathrm{f}}\sum_{j=1}^{N}\beta_j \delta_{\mathrm{f}j}^{\prime\, n_{\mathrm{f}}} \sin\alpha_{\mathrm{f}} + K_{\mathrm{i}}\sum_{j=1}^{N}\beta_j \delta_{\mathrm{i}j}^{n_{\mathrm{i}}} \sin\alpha_{\mathrm{i}} = F_y \\ m\ddot{z} + c\dot{z} + K_{\mathrm{f}}\sum_{j=1}^{N}\beta_j \delta_{\mathrm{f}j}^{\prime\, n_{\mathrm{f}}} \cos\alpha_{\mathrm{f}} \cos\psi_j + K_{\mathrm{i}}\sum_{j=1}^{N}\beta_j \delta_{\mathrm{i}j}^{n_{\mathrm{i}}} \cos\alpha_{\mathrm{i}} \cos\psi_j = F_z \end{cases} \tag{9.35}$$

采用定步长四阶龙格-库塔法对式(9.35)所示的动力学方程进行求解，时间步长 $\Delta t=5\times10^{-5}$s，轴的转速为 500r/min，施加在轴上的轴向力为 F_y=3000N，施加的径向力在 x 方向和 z 方向的分量分别为 F_x=0N 和 F_z=1000N，施加的初始速度为 $\dot{x}_0=0$ 、 $\dot{y}_0=0$ 和 $\dot{z}_0=0$ ，施加的初始位移为 $x=10^{-6}$m、$y=10^{-6}$m、$z=10^{-6}$m。正常圆锥滚子轴承与故障圆锥滚子轴承在 y 方向、z 方向和 x 方向的振动响应对比如图 9.9～图 9.11 所示。

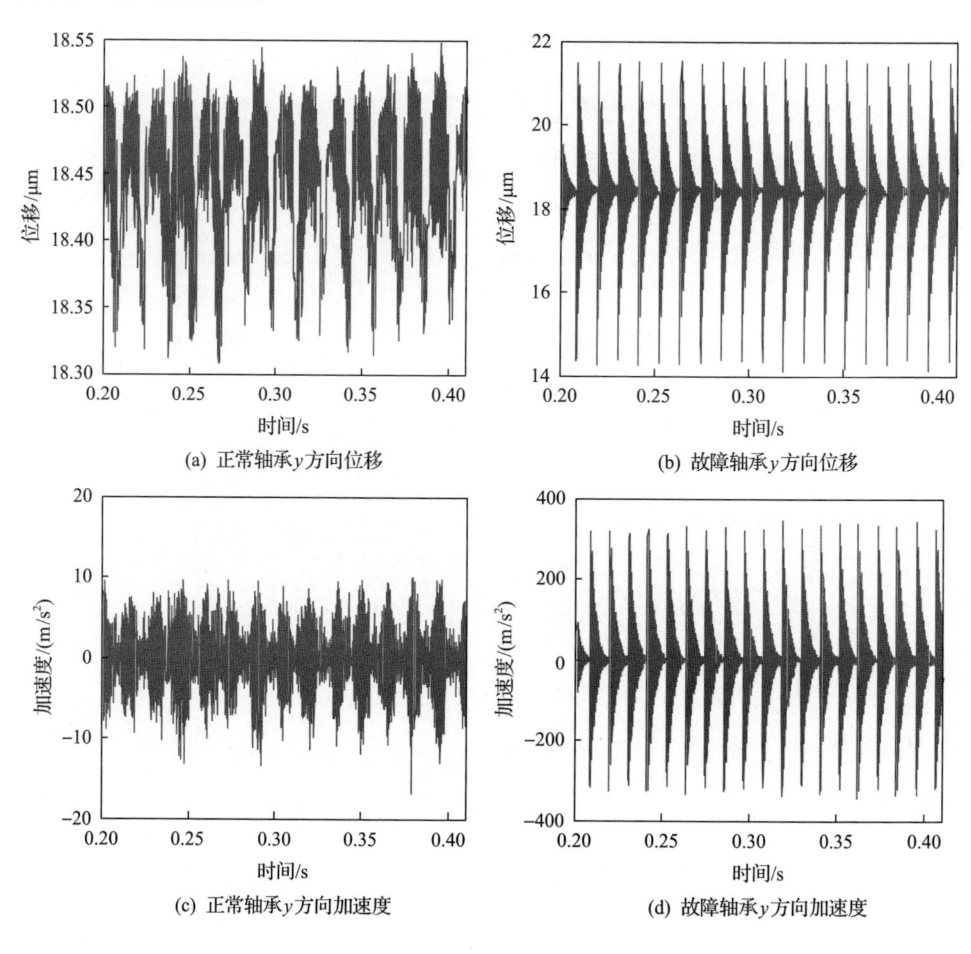

(a) 正常轴承y方向位移 (b) 故障轴承y方向位移

(c) 正常轴承y方向加速度 (d) 故障轴承y方向加速度

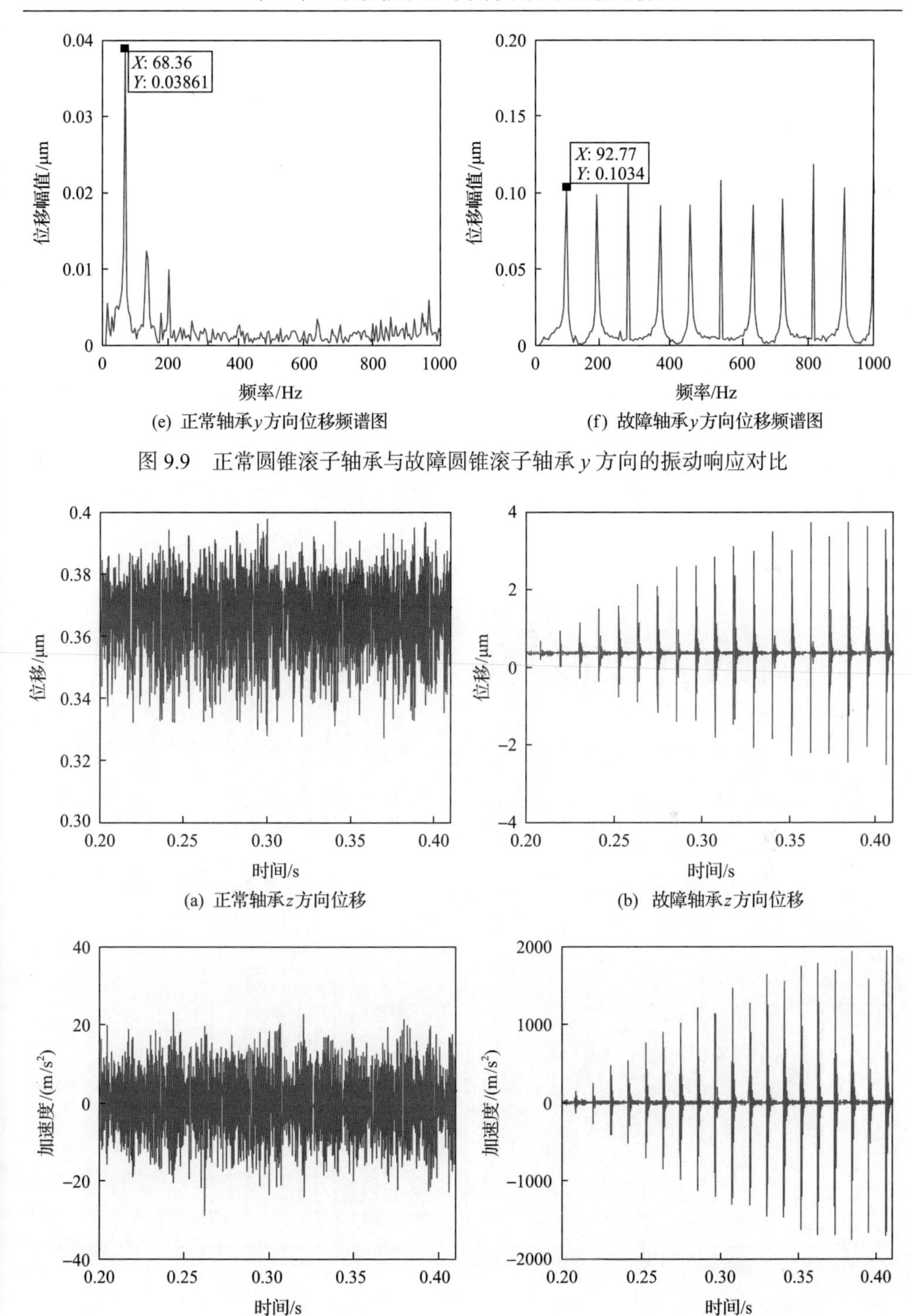

(e) 正常轴承y方向位移频谱图　(f) 故障轴承y方向位移频谱图

图 9.9　正常圆锥滚子轴承与故障圆锥滚子轴承 y 方向的振动响应对比

(a) 正常轴承z方向位移　(b) 故障轴承z方向位移

(c) 正常轴承z方向加速度　(d) 故障轴承z方向加速度

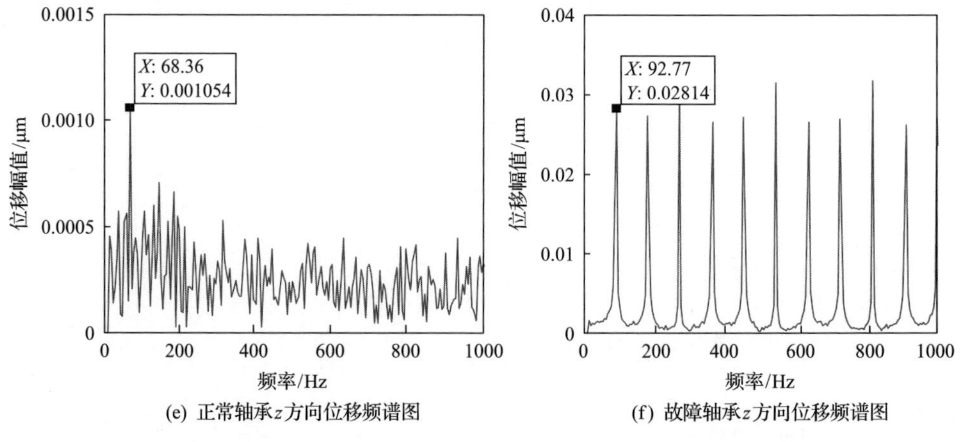

(e) 正常轴承z方向位移频谱图　　(f) 故障轴承z方向位移频谱图

图 9.10　正常圆锥滚子轴承与故障圆锥滚子轴承 z 方向的振动响应对比

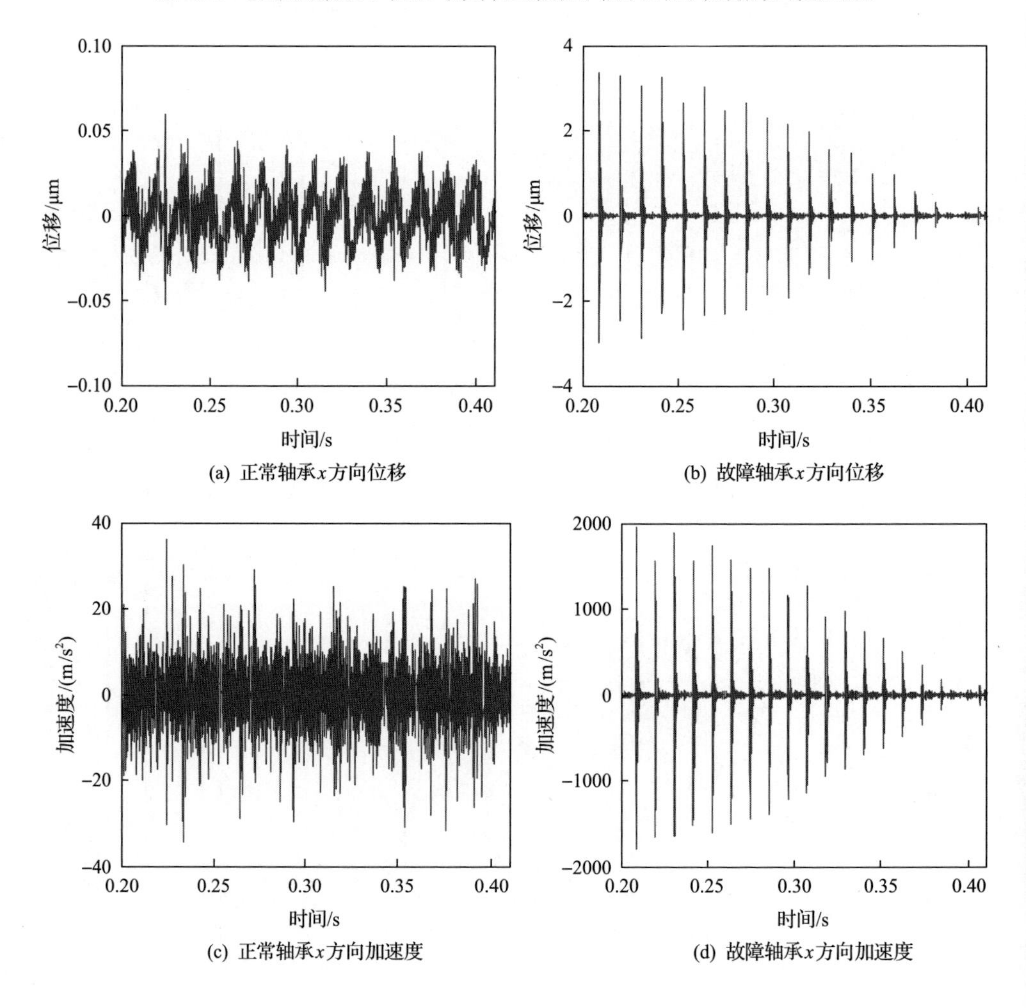

(a) 正常轴承x方向位移　　(b) 故障轴承x方向位移

(c) 正常轴承x方向加速度　　(d) 故障轴承x方向加速度

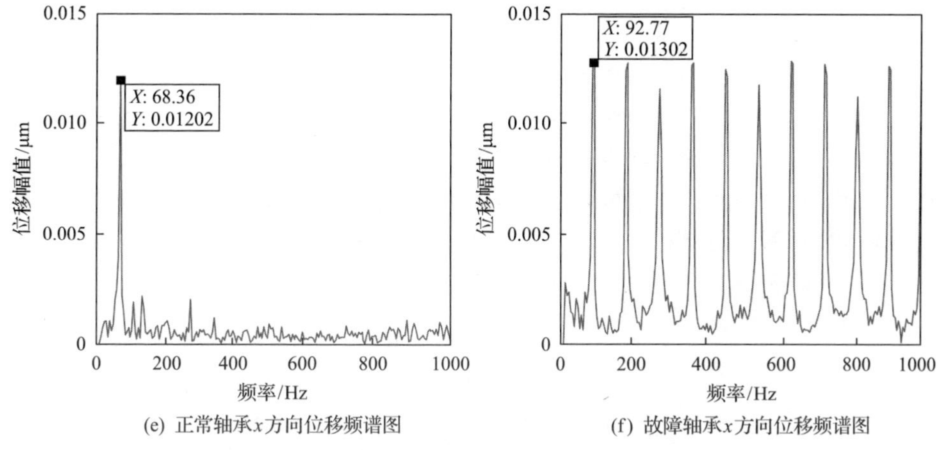

(e) 正常轴承x方向位移频谱图　(f) 故障轴承x方向位移频谱图

图 9.11　正常圆锥滚子轴承与故障圆锥滚子轴承 x 方向的振动响应对比

从图 9.9～图 9.11 可以看出，存在局部故障的圆锥滚子轴承的振动响应普遍高于正常圆锥滚子轴承，具体表现为在 y 和 z 方向振动位移幅值和加速度幅值增加。不同方向的位移频谱图显示，正常轴承的振动频率为 68.36Hz，该频率与滚子通过外圈故障频率一致；而故障轴承的振动频率为 92.77Hz，与滚子通过内圈故障频率一致。综合分析可以得出，正常轴承由于承载区承载滚子数的变化引起了交变载荷，振动频率表现为滚动体通过外圈故障频率；而故障轴承由于挡边故障位于内圈并随转轴一起转动，振动频率表现为滚动体通过内圈故障频率。挡边故障会加大轴承振动，如图 9.9(d)、图 9.10(d)和图 9.11(d)所示，轴向振动加速度幅值增加约 20 倍，径向振动加速度幅值增加约 50 倍，表明挡边故障会对轴承轴向振动和径向振动产生影响，且对径向方向影响较大。

参 考 文 献

[1] Gang X, Sadeghi F. Spall initiation and propagation due to debris denting[J]. Wear, 1996, 201(1-2): 106-116.

[2] Hoeprich M R. Rolling element bearing fatigue damage propagation[J]. Journal of Tribology, 1992, 114(2): 328-333.

[3] 刘静, 师志峰, 邵毅敏. 考虑局部故障边缘形态的球轴承振动特征简[J]. 振动、测试与诊断, 2017, 37(4): 807-813.

[4] 刘胜兰，杜剑维，余放．滚动轴承裂纹故障仿真及验证[J]. 舰船科学技术，2019,（17）: 100-104.

[5] 赖俊贤, 徐惠娟, 刘海婴. 滚动轴承振动与噪声[J]. 轴承, 2001, 41(9): 37-40.

[6] 柴田正道, 江涛, 张锐. 滚动疲劳寿命的研究动向与最新成果[J]. 国外轴承技术, 2005,（1）: 1-5.

[7] Liu J, Zhou J, Shao Y, et al. Vibration analysis of a cylindrical roller bearing considering multiple localized surface defects on races[J]. International Journal of COMADEM, 2014, 17(1): 25-32.

[8] Branch N A, Arakere N K, Svendsen V, et al. Stress field evolution in a ball bearing raceway fatigue spall[J]. Journal of ASTM International, 2010, 7(2): 1-18.

[9] Branch N A, Arakere N K, Forster N, et al. Critical stresses and strains at the spall edge of a casehardened bearing due to ball impact[J]. International Journal of Fatigue, 2013, 47: 268-278.

[10] 陈龙, 颉潭成, 夏新涛. 滚动轴承应用技术[M]. 北京: 机械工业出版社, 2010.

[11] 刘静, 吴昊, 邵毅敏, 等. 考虑内圈挡边表面波纹度的圆锥滚子轴承振动特征研究[J]. 机械工程学报, 2018, 54(8): 26-34.

第10章　滚动轴承滚动体咬入打滑动力学建模与仿真

打滑是滚动轴承工作过程中客观存在的一种现象，它所造成的擦伤是滚动轴承常见的损伤形式之一。打滑不仅加速滚动轴承的磨损，破坏滚动轴承的旋转精度，诱发滚动轴承的振动噪声，还将导致滚动轴承及润滑油温度剧增，局部高温破坏润滑油膜，导致滚动轴承寿命缩短。由于打滑对滚动轴承的工作性能影响严重，滚动轴承的打滑问题得到了轴承行业的高度重视，已成为该领域的关键共性科学问题。如何消除或减轻打滑对轴承性能的影响成为高精度、长寿命和低噪声轴承研发的技术瓶颈，因此深入开展滚动轴承打滑问题的研究显得极其迫切且尤为重要。由于滚动轴承内部接触关系、运动关系以及润滑问题的复杂性，滚动轴承的打滑机理、打滑特性及打滑情况下轴承振动噪声的计算等问题未得到很好的解决，尤其是在考虑滚动轴承打滑动力学模型方面。本章主要介绍滚动轴承的打滑动力学建模，分析滚动轴承各部件的力学关系与运动状态，揭示滚动轴承的打滑机理，为滚动轴承的设计、润滑条件的选择以及运行参数的设定提供理论依据。

10.1　滚动轴承打滑损伤形式与原因分析

10.1.1　打滑影响及损伤形式分析

滚动轴承运转时，要保证滚动体在内、外圈滚道上做纯滚动运动，需要使滚动体与内圈之间有足够大的摩擦力以克服阻力，否则，滚动体就会在滚道上打滑。滚动轴承打滑会造成滚道表面擦伤，外圈表面擦伤及其100倍放大图如图10.1所示[1]。

(a) 外圈表面擦伤

(b) 100倍放大图

图10.1　外圈表面擦伤及其100倍放大图[1]

打滑造成两接触表面产生相对滑动，在摩擦力的作用下对滚动轴承产生严重影响：

(1) 当滚动轴承产生打滑后，两接触表面之间产生相对运动，在载荷的作用下，将导致接触表面产生较大的剪切应力，剪切应力表面下一定深度处(最大剪应力处)可能形成细微裂纹，扩展到接触表面可能造成轴承表面的剥落。滚动轴承疲劳剥落如图 10.2 所示[1]。疲劳剥落会造成运转时的冲击载荷、振动和噪声加剧。通常情况下，疲劳剥落是滚动轴承失效的主要原因，一般所说的轴承寿命就是指轴承的疲劳寿命，试验规程规定，在滚道或滚动体上出现面积为 0.5mm^2 的疲劳剥落坑就认为轴承寿命终结[1]。

(a) 轴承外圈剥落

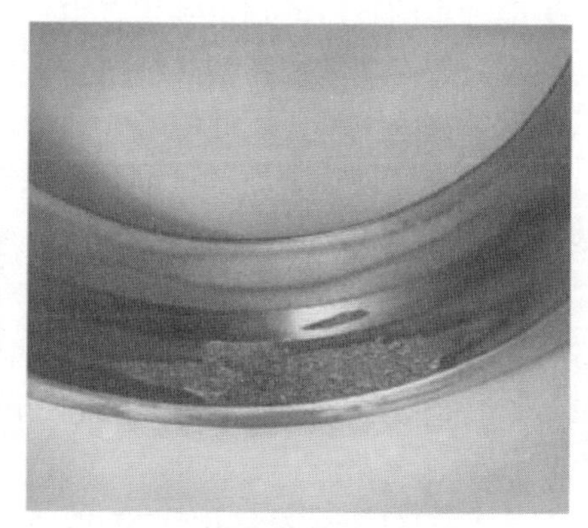

(b) 轴承内圈剥落

图 10.2　滚动轴承疲劳剥落[1]

(2) 滚动轴承接触零件间的滑动摩擦会产生巨大热量，导致滚动轴承及润滑油温度升高，从而使滚动轴承发生热变形，工作时热应力过大会引起轴承零件断裂或塑性变形，塑性变形会在滚道表面上形成压痕，使轴承在运转过程中产生剧烈的振动噪声并进一步引起附近表面的剥落[2]。滚动体与套圈间的滑动摩擦可使轴承零件在极短时间内达到很高的温度，导致润滑油膜的破坏，出现局部钢对钢的干摩擦，严重时表面层金属将会局部熔化，接触点产生黏着，轻微的黏着会被撕裂，严重的黏着使接触点产生胶合。

(3) 当两表面在载荷的作用下相对滑动时，材料将发生转移，使轴承表面产生擦伤。打滑造成的滚子端面与套圈挡边之间的擦伤如图 10.3 所示[2]。持续擦伤会引起表面磨损，磨损的结果使轴承游隙增大，表面粗糙度增加，从而降低了轴承运转精度，也降低了机器的运动精度，振动及噪声也随之增大。对于精密机械轴承，往往是磨损量限制了轴承的寿命。

(4) 轴承打滑会造成滚动体的自转转速、公转转速和保持架转速发生改变，导致滚动体与保持架产生撞击，撞击力可能引起保持架的损坏。

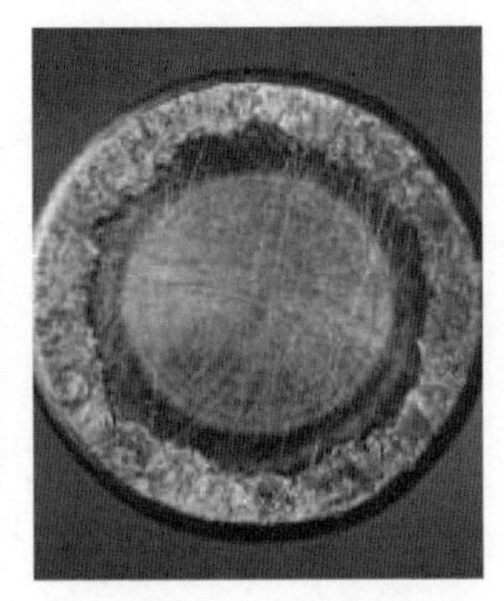
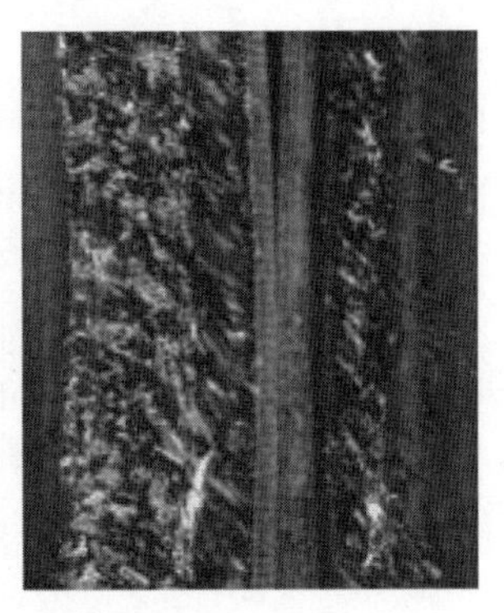

图 10.3　滚子端面与套圈挡边之间的擦伤[2]

综上所述，打滑对滚动轴承的裂纹、剥落、擦伤、磨损、塑性变形、胶合及保持架损坏等损伤形式都具有一定的贡献，对轴承的寿命和可靠性产生严重影响。此外，滚动轴承打滑过程中的滑动摩擦是滚动轴承振动噪声的激励源之一，诱发滚动轴承异常振动和噪声的产生。

10.1.2　基于纯滚动的滚动轴承运动学关系

若滚动体保持纯滚动，滚动体的自转转速及保持架转速可根据简单运动学关系进行计算，采用如下假设[1]：

(1) 轴承零件为刚体，不考虑接触变形的影响。

(2) 滚动体沿套圈滚道为纯滚动，滚动体表面与内、外圈滚道接触点的速度和内、外圈滚道对应点的速度相等。

(3) 忽略径向游隙的影响。

(4) 不考虑润滑油膜的作用。

滚动轴承速度运动关系如图 10.4 所示。轴承外圈固定不转。内、外圈滚道接触点的线速度分别为

$$v_{\mathrm{i}} = \omega_{\mathrm{i}} R_{\mathrm{i}} \tag{10.1}$$

$$v_{\mathrm{o}} = 0 \tag{10.2}$$

从图 10.4 可以看出，若滚动体与滚道接触点不存在滑动，滚动体中心的线速度就是内、外圈滚道接触点线速度的平均值。因此，滚动体中心的线速度为

$$v_{\mathrm{m}} = \frac{v_{\mathrm{i}} + v_{\mathrm{o}}}{2} = \frac{1}{2}\omega_{\mathrm{i}} R_{\mathrm{i}} \tag{10.3}$$

而保持架中心圆周的线速度应为

$$v_{\mathrm{m}} = \omega_{\mathrm{c}} R_{\mathrm{m}} \tag{10.4}$$

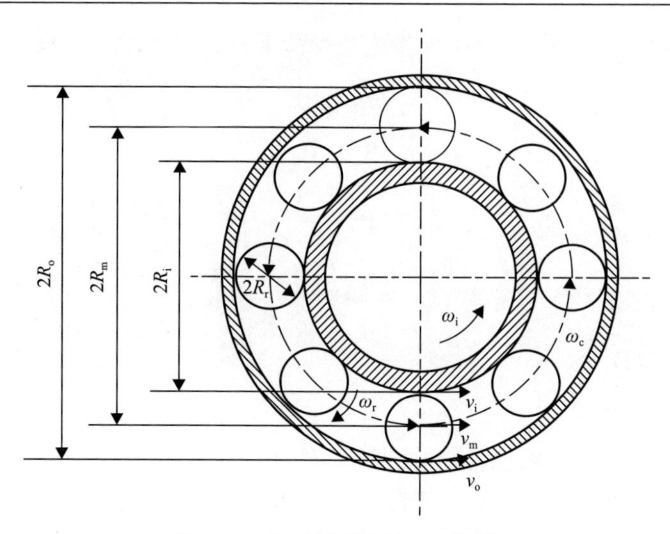

图 10.4　滚动轴承速度运动关系

R_i. 内圈滚道半径；R_m. 滚动轴承的节圆半径；R_o. 外圈滚道半径；R_r. 滚动体的半径；ω_c. 保持架角速度；ω_i. 内圈的角速度；ω_r. 滚动体自转角速度

由式(10.3)和式(10.4)，可得保持架角速度为

$$\omega_c = \frac{R_i}{2R_m}\omega_i \tag{10.5}$$

保持架相对于内圈的角速度，即内圈角速度与保持架的角速度之差可表示为

$$\omega_{ci} = \frac{R_o}{2R_m}\omega_i \tag{10.6}$$

同样，外圈相对于保持架的角速度可表示为

$$\omega_{oc} = \frac{R_i}{2R_m}\omega_i \tag{10.7}$$

由于滚动体与内、外圈之间保持纯滚动的运动关系，滚动体的自转角速度可表示为

$$\omega_r = \frac{R_i\omega_{ci}}{R_r} \quad 或 \quad \omega_r = \frac{R_o\omega_{oc}}{R_r} \tag{10.8}$$

因此，滚动体自转角速度为

$$\omega_r = \frac{R_iR_o}{2R_mR_r}\omega_i \tag{10.9}$$

式(10.5)和式(10.9)分别为保持架角速度和滚动体自转角速度与轴承内圈角速度之间的关系，目前广泛应用于轴承寿命计算、故障诊断及动态特性分析等方面。但若滚动体产生打滑后，保持架角速度和滚动体自转角速度难以满足式(10.5)和式(10.9)。

10.1.3　滚动轴承打滑原因分析

在滚动轴承实际工作过程中，滚动体和内外圈的表面上容易出现擦伤现象，这是因为滚动体在非承载区没有受到内圈的驱动而转速降低，从而低于承载区时的转速，所以滚动体在进入承载区时急剧加速而产生打滑。滚动体的运动状态取决于它的受力情况，对滚动体进行受力分析并推导出滚动体上所受摩擦力的表达式，根据库仑摩擦定律判断滚动体是否产生打滑，在此基础上分析滚动体打滑的原因[3]。

1. 非承载区滚动体的力学分析

假定轴承外圈固定不转，内圈随转轴一起旋转，轴承承受径向载荷 W_r。滚动体在非承载区的受力如图 10.5 所示。

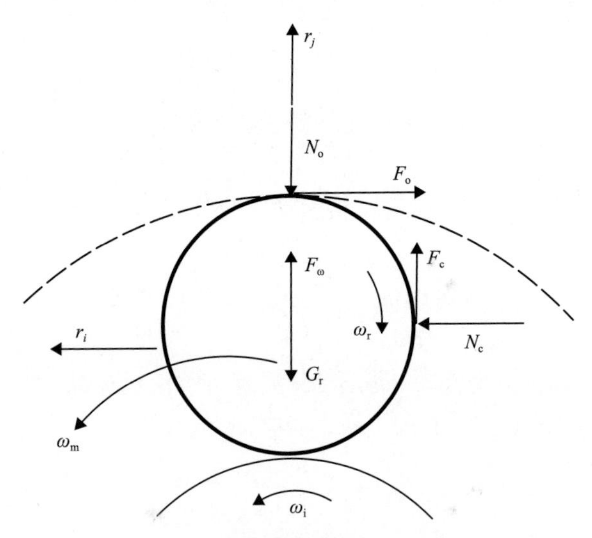

图 10.5　滚动体在非承载区的受力

F_o. 滚动体与外圈间的摩擦力；F_c. 滚动体与保持架间的摩擦力；F_ω. 滚动体受到的离心力；G_r. 滚动体的重力；N_o. 滚动体与外圈间的接触力；N_c. 滚动体与保持架间的接触力；r_i. 滚动轴承的周向；r_j. 滚动轴承的径向；ω_i. 滚动体的角速度；ω_m. 滚动体的公转转速；ω_r. 滚动体的自转转速

滚动体由于离心力的作用紧贴轴承外圈，与内圈之间无相互作用，滚动体依靠保持架的推动向前滚动，滚动体主要受到与外圈间的接触力和摩擦力、与保持架间的接触力和摩擦力、自身的重力和离心力。

由滚动体在轴承径向的力平衡可得

$$N_{\mathrm{o}} - F_{\omega} - F_{\mathrm{c}} + G_{\mathrm{r}} = 0 \tag{10.10}$$

由滚动体在自转方向的力学关系可得

$$F_{\mathrm{o}} R_{\mathrm{r}} - F_{\mathrm{c}} R_{\mathrm{r}} = J_{\mathrm{r}} \dot{\omega}_{\mathrm{r}} \tag{10.11}$$

式中，J_{r} 为滚动体转动惯量；$\dot{\omega}_{\mathrm{r}}$ 为滚动体在非承载区的自转角加速度。

由滚动体在轴承周向的力学关系可得

$$N_{\mathrm{c}} - F_{\mathrm{o}} = m_{\mathrm{r}} \dot{\omega}_{\mathrm{m}} R_{\mathrm{m}} \tag{10.12}$$

式中，$\dot{\omega}_{\mathrm{m}}$ 为滚动体的公转角加速度；m_{r} 为滚动体质量。

由式(10.11)和式(10.12)，可得滚动体与保持架间的摩擦力为

$$F_{\mathrm{c}} = \frac{\mu}{1-\mu}\left(\frac{J_{\mathrm{r}}}{R_{\mathrm{r}}}\dot{\omega}_{\mathrm{r}} + m_{\mathrm{r}} R_{\mathrm{m}} \dot{\omega}_{\mathrm{m}}\right) \tag{10.13}$$

式中，μ 为滑动摩擦系数。

滚动体与外圈间的摩擦力

$$F_{\mathrm{o}} = \frac{1}{1-\mu}\left(\frac{J_{\mathrm{r}}}{R_{\mathrm{r}}}\dot{\omega}_{\mathrm{r}} + \mu m_{\mathrm{r}} R_{\mathrm{m}} \dot{\omega}_{\mathrm{m}}\right) \tag{10.14}$$

将式(10.13)代入式(10.10)，可得滚动体与外圈间的接触力为

$$N_{\mathrm{o}} = F_{\omega} - G_{\mathrm{r}} + \frac{\mu}{1-\mu}\left(\frac{J_{\mathrm{r}}}{R_{\mathrm{r}}}\dot{\omega}_{\mathrm{r}} + m_{\mathrm{r}} R_{\mathrm{m}} \dot{\omega}_{\mathrm{m}}\right) \tag{10.15}$$

根据库仑静摩擦定律可知，若滚动体要保持纯滚动运动(即不产生打滑)，则滚动体与外圈间的摩擦力不能大于最大静摩擦力，即

$$F_{\mathrm{o}} \leqslant f N_{\mathrm{o}} \tag{10.16}$$

式中，f 为静摩擦系数。

将式(10.14)和式(10.15)代入式(10.16)，得到滚动体在非承载区保持纯滚动所必须满足的条件为

$$F_{\omega} \geqslant \frac{(1-f)\mu}{f(1-\mu)}\frac{J_{\mathrm{r}}}{R_{\mathrm{r}}}\dot{\omega}_{\mathrm{r}} + \frac{\mu(1-f)}{f(1-\mu)} m_{\mathrm{r}} R_{\mathrm{m}} \dot{\omega}_{\mathrm{m}} + G_{\mathrm{r}} \tag{10.17}$$

在滚动体纯滚动情况下，轴承的内部运动满足纯滚动运动学关系，根据式

(10.5)和式(10.9)可知,滚动体的公转角加速度和滚动体自转角加速度与内圈角加速度具有以下关系:

$$\dot{\omega}_{\mathrm{m}}=\frac{R_{\mathrm{i}}}{2R_{\mathrm{m}}}\dot{\omega}_{\mathrm{i}} \tag{10.18}$$

$$\dot{\omega}_{\mathrm{r}}=\frac{R_{\mathrm{i}}R_{\mathrm{o}}}{2R_{\mathrm{r}}R_{\mathrm{m}}}\dot{\omega}_{\mathrm{i}} \tag{10.19}$$

将式(10.18)和式(10.19)代入式(10.17)，可得

$$F_{\omega}\geqslant\left[\frac{(1-f)\mu}{f(1-\mu)}\frac{J_{\mathrm{r}}R_{\mathrm{i}}R_{0}}{2R_{\mathrm{r}}^{2}R_{\mathrm{m}}}+\frac{\mu(1-f)}{f(1-\mu)}\frac{m_{\mathrm{r}}R_{\mathrm{i}}}{2}\right]\dot{\omega}_{\mathrm{i}}+G_{\mathrm{r}} \tag{10.20}$$

从不等式(10.20)可以看出，不等式左边是滚动体所受离心力，不等式右边是轴承结构参数、内圈角加速度及滚动体重力的函数。要使滚动体在非承载区保持纯滚动，滚动体所受的离心力必须足够大。然而，一般在滚动轴承稳定工作转速下，式(10.20)容易成立，非承载区滚动体不容易产生打滑。

2. 承载区滚动体打滑的力学分析

滚动体在承载区的受力如图 10.6 所示。滚动体与内、外圈之间同时保持接触，且滚动体推动保持架向前运动，滚动体受到与内、外圈间的接触力和摩擦力，与保持架间的接触力和摩擦力，自身的重力和离心力。

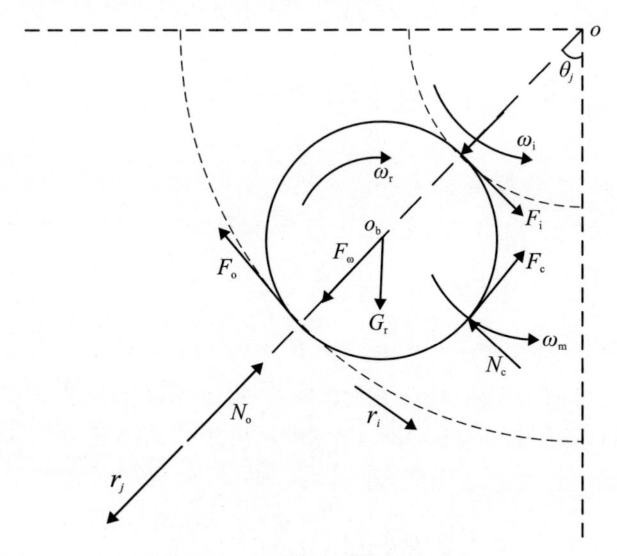

图 10.6　滚动体在承载区的受力

F_{i}. 滚动体与内圈间的摩擦力；N_{i}. 滚动体与内圈间的接触力；o_{b}. 滚动体中心；θ_j. 第 j 个滚动体的自转角度

同理，由滚动体在轴承径向的力平衡可得

$$N_{\mathrm{i}} + G_{\mathrm{r}}\cos\theta_j + F_{\omega} - F_{\mathrm{c}} - N_{\mathrm{o}} = 0 \tag{10.21}$$

由滚动体在自转方向的力学关系可得

$$\left(F_{\mathrm{i}} + F_{\mathrm{o}}\right)R_{\mathrm{r}} - F_{\mathrm{c}}R_{\mathrm{r}} = J_{\mathrm{r}}\dot{\omega}_{\mathrm{r}} \tag{10.22}$$

由滚动体在轴承周向的力学关系可得

$$F_{\mathrm{i}} - F_{\mathrm{o}} - N_{\mathrm{c}} = m_{\mathrm{r}}\dot{\omega}_{\mathrm{m}}R_{\mathrm{m}} \tag{10.23}$$

由式(10.22)和式(10.23)，可得

$$F_{\mathrm{i}} = \frac{1}{2}\left[\frac{J_{\mathrm{r}}}{R_{\mathrm{r}}}\dot{\omega}_{\mathrm{r}} + m_{\mathrm{r}}R_{\mathrm{m}}\dot{\omega}_{\mathrm{m}} + (1+\mu)N_{\mathrm{c}}\right] \tag{10.24}$$

$$F_{\mathrm{o}} = \frac{1}{2}\left[\frac{J_{\mathrm{r}}}{R_{\mathrm{r}}}\dot{\omega}_{\mathrm{r}} - m_{\mathrm{r}}R_{\mathrm{m}}\dot{\omega}_{\mathrm{m}} - (1-\mu)N_{\mathrm{c}}\right] \tag{10.25}$$

承载区滚动体要做纯滚动运动，必须满足

$$F_{\mathrm{i}} \leqslant fN_{\mathrm{i}} \quad 且 \quad F_{\mathrm{o}} \leqslant fN_{\mathrm{o}} \tag{10.26}$$

根据式(10.21)，得到滚动体与外圈间的接触力为

$$N_{\mathrm{o}} = N_{\mathrm{i}} + G_{\mathrm{r}}\cos\theta_j + F_{\omega} - F_{\mathrm{c}} \tag{10.27}$$

由式(10.24)、式(10.25)和式(10.27)可知

$$F_{\mathrm{i}} > F_{\mathrm{o}},\ N_{\mathrm{i}} < N_{\mathrm{o}} \tag{10.28}$$

因此，要满足式(10.28)，只需满足 $F_{\mathrm{i}}\leqslant fN_{\mathrm{i}}$ 即可，承载区滚动体保持纯滚动运动的条件为

$$N_{\mathrm{i}} \geqslant \frac{1}{2f}\left[\frac{J_{\mathrm{r}}}{R_{\mathrm{r}}}\dot{\omega}_{\mathrm{r}} + m_{\mathrm{r}}R_{\mathrm{m}}\dot{\omega}_{\mathrm{m}} + (1+\mu)N_{\mathrm{c}}\right] \tag{10.29}$$

将式(10.18)和式(10.19)代入式(10.29)，得到滚动体在承载区保持纯滚动所需满足的条件为

$$N_{\mathrm{i}} \geqslant \frac{1}{2f}\left[\left(\frac{R_{\mathrm{i}}R_{\mathrm{o}}J_{\mathrm{r}}}{2R_{\mathrm{r}}^{2}R_{\mathrm{m}}} + \frac{R_{\mathrm{i}}m_{\mathrm{r}}}{2}\right)\dot{\omega}_{\mathrm{i}} + (1+\mu)N_{\mathrm{c}}\right] \tag{10.30}$$

式(10.30)显示，不等式左边是滚动体所受载荷，不等式右边是轴承结构参数、内圈角加速度及滚动体与保持架间接触力的函数。不等式左边较小或不等式右边较大，都有可能造成承载区滚动体纯滚动运动条件的破坏而产生打滑。因此，承载区滚动体打滑的原因主要有：

(1)轴承载荷较轻。

(2)滚动体刚进入承载区。

(3)轴承高速运转。

(4)摩擦系数较小。

(5)轴承转速变化。

(6)保持架阻力较大。

其中，(1)、(2)、(3)造成了滚动体所受载荷较小(即不等式左边较小)，而(4)、(5)、(6)造成不等式右边较大，上述原因均有可能造成滚动体承载区纯滚动条件的破坏而产生打滑。由于打滑对滚动轴承的损伤与摩擦做功直接相关，承载区滚动体受载荷作用，打滑对轴承性能产生影响。

10.2　滚动体咬入打滑动力学模型

滚动轴承径向载荷下(假定外圈不转)，滚动体的运动过程如图 10.7 所示。滚动体在承载区和非承载区交替出现，P_1 为滚动体位于非承载区，P_2 为滚动体正好位于承载区和非承载区的交界处，P_3 为滚动体位于承载区。

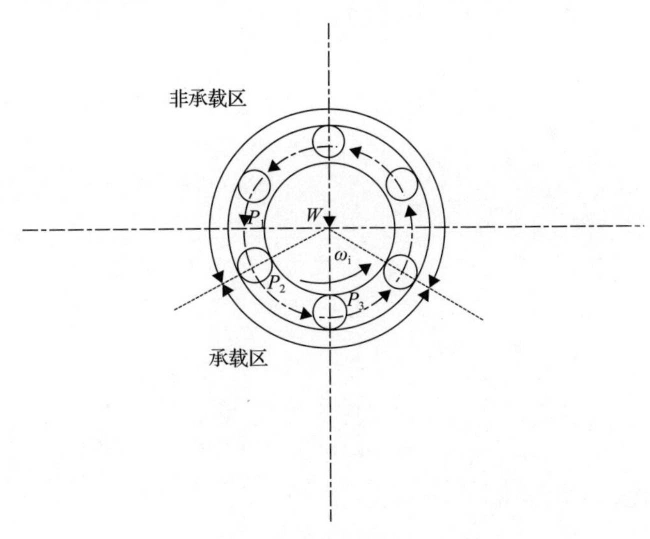

图 10.7　滚动体的运动过程

滚动体在 P_1 位置时不承载，在离心力的作用下紧贴轴承外圈，与内圈脱离接触；在 P_2 位置时，刚好与内、外圈同时接触，同样不受载荷作用；在 P_3 位置时，与轴承内、外圈同时接触并承受载荷。滚动体由非承载区进入承载区的过程中(即由 P_1 运动到 P_3)，滚动体载荷变化如图 10.8 所示[4]，在此过程中，滚动体上所受载荷从无到有，并逐渐增大。

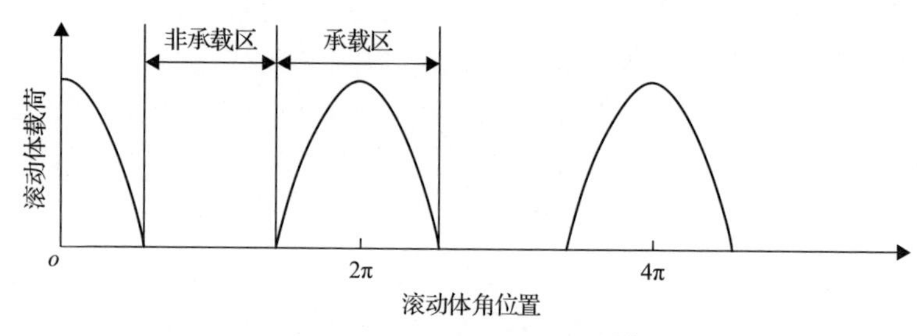

图 10.8　滚动体载荷变化[4]

内外圈之间的间距在 P_1 位置时大于滚动体直径，在 P_2 位置时刚好等于滚动体直径，而在 P_3 位置时小于滚动体直径。也就是说，滚动体从非承载区进入承载区是从相对开阔的空间进入狭小空间的过程，形象地称为咬入过程。

在滚动体咬入过程中，由于载荷作用导致内圈偏移，内圈中心与滚动轴承中心不重合，咬入角如图 10.9 所示。图中虚线为内圈和滚动体在无载荷作用下的位置，而实线为内圈和滚动体在轴承径向载荷 W_r 作用后的位置，内圈中心由 o' 移动至 o，内圈中心的偏移量为 δ，滚动体中心由 o_1 移动至 o_2。轴承内圈转动角速

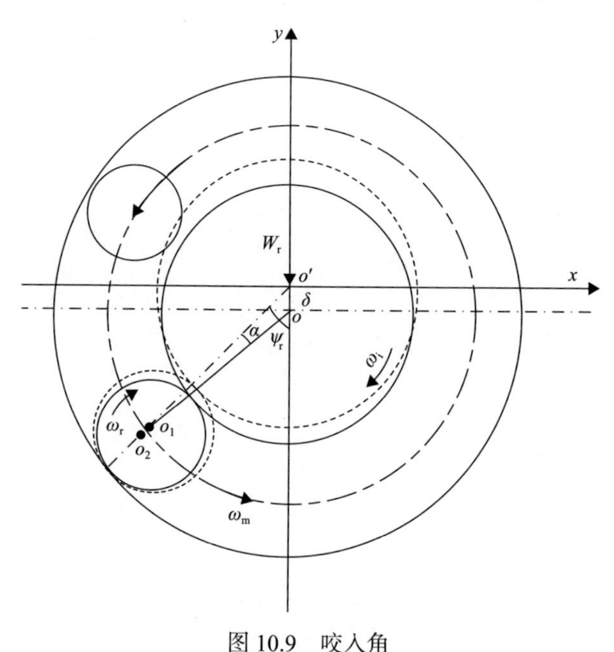

图 10.9　咬入角

x 轴为水平方向；y 轴为竖直方向

度为ω_{i}，滚动体自转角速度为ω_{r}，公转角速度为ω_{m}，滚动体位置角(滚动体中心与载荷作用线之间的夹角)为ψ_{r}。滚动体中心与内圈中心的连线(o_2o)将偏离轴承径向，与轴承径向(o_1o')之间存在夹角α，夹角α称为咬入角。

内圈中心(o点)和轴承中心(o'点)的不重合导致咬入角的出现，而咬入角的出现将导致滚动体与内圈间作用力的方向发生改变。滚动体的受力如图 10.10 所示。滚动体受到来自内、外圈和保持架的作用力。滚动体进入承载区时N_{i}偏离了轴承径向，与轴承径向(o_2o')的夹角为α。若以η、γ分别为轴承的周向和径向，滚动体与内圈间的接触力N_{i}可分解成η、γ两方向的分力$N_{\mathrm{i}\eta}$和$N_{\mathrm{i}\gamma}$，滚动体与内圈间的摩擦力F_{i}可分解成η、γ两方向的分力$F_{\mathrm{i}\eta}$和$F_{\mathrm{i}\gamma}$。

$$N_{\mathrm{i}\eta} = N_{\mathrm{i}} \sin\alpha \tag{10.31}$$

$$N_{\mathrm{i}\gamma} = N_{\mathrm{i}} \cos\alpha \tag{10.32}$$

$$F_{\mathrm{i}\eta} = F_{\mathrm{i}} \cos\alpha \tag{10.33}$$

$$F_{\mathrm{i}\gamma} = F_{\mathrm{i}} \sin\alpha \tag{10.34}$$

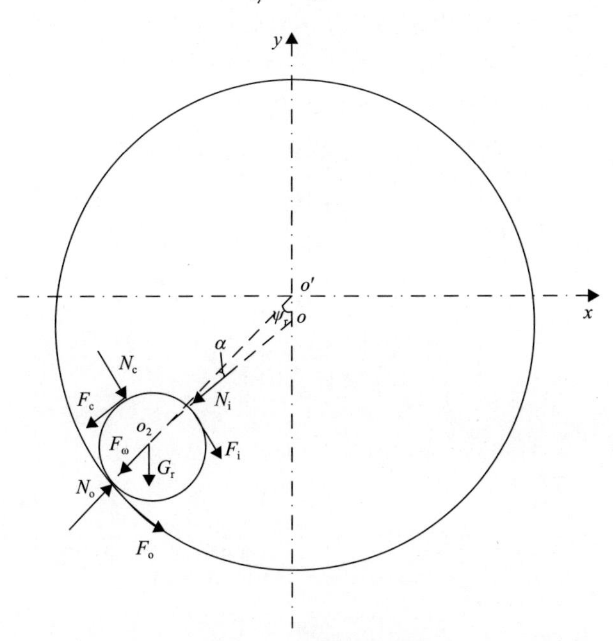

图 10.10　滚动体的受力

F_{i}、F_{o}. 滚动体与内、外圈间的摩擦力；F_{ω}. 滚动体受到的离心力；G_{r}. 滚动体的重力；N_{c}、F_{c}. 滚动体与保持架间的接触力和摩擦力；N_{i}、N_{o}. 滚动体与内、外圈间的接触力

式(10.31)～式(10.34)中，$N_{\mathrm{i}\gamma}$和$F_{\mathrm{i}\gamma}$的方向与滚动体自转方向相同，驱动滚动体自转；$N_{\mathrm{i}\eta}$与滚动体运动方向相反，阻碍滚动体向前公转和自转。因此，滚动体

由非承载区进入承载区的瞬间，滚动体被轴承内圈咬入承载区，在此过程中滚动体与内圈接触线偏离轴承径向，造成与内圈间的作用力对滚动体的运动既有驱动作用，也会产生阻碍作用，这将引起滚动体运动状态的改变。

10.2.1 咬入角

咬入角是影响滚动体打滑的一个重要参数，它决定了滚动体与内圈间作用力的方向。滚动轴承在径向载荷下的载荷分布如图 10.11 所示[5]，图中阴影区域为承载区，沿载荷作用线对称分布，承载区范围角的一半为

$$\psi_r = \arccos\frac{C_r}{2\delta_{max} + C_r} \tag{10.35}$$

式中，C_r 为轴承径向游隙；δ_{max} 为滚动体与内外圈之间的最大总接触变形；ψ_r 为承载区范围角的一半。

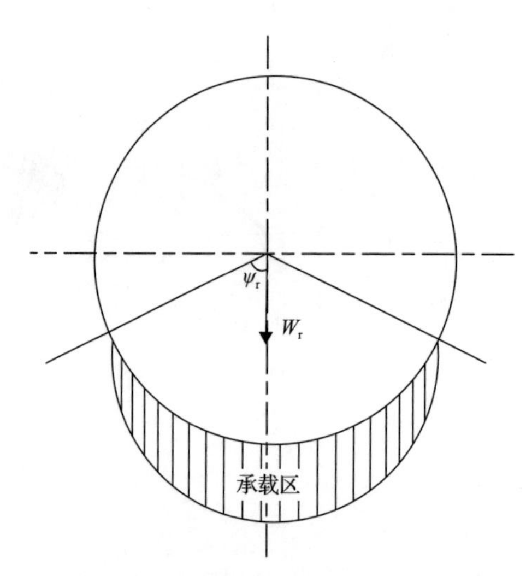

图 10.11　滚动轴承在径向载荷下的载荷分布[5]

W_r. 径向载荷

内圈偏移量与滚动体和内外圈之间的最大总接触变形和轴承游隙有关，即

$$\delta = \delta_{max} + \frac{C_r}{2} \tag{10.36}$$

滚动体中心和内圈中心相对位置关系如图 10.12 所示。咬入角 α 可根据滚动体中心（o_2 点）、内圈中心（o 点）和轴承中心（o_1 点）的相对位置关系确定，δ_o 为滚动体与外圈之间的接触变形。

滚动体中心（o_2 点）与内圈中心（o 点）之间的距离为

$$l_{\text{ri}} = \sqrt{\left(R_{\text{i}} + R_{\text{r}} + \delta_{\text{o}}\right)^2 + \delta^2 - 2\delta\left(R_{\text{i}} + R_{\text{r}} + \delta_{\text{o}}\right)\cos\psi_{\text{r}}} \tag{10.37}$$

由于

$$\frac{l_{\text{ri}}}{\sin\psi_{\text{r}}} = \frac{\delta}{\sin\alpha} \tag{10.38}$$

则咬入角为

$$\alpha = \arcsin\left(\frac{\delta}{l_{\text{ri}}}\sin\psi_{\text{r}}\right) \tag{10.39}$$

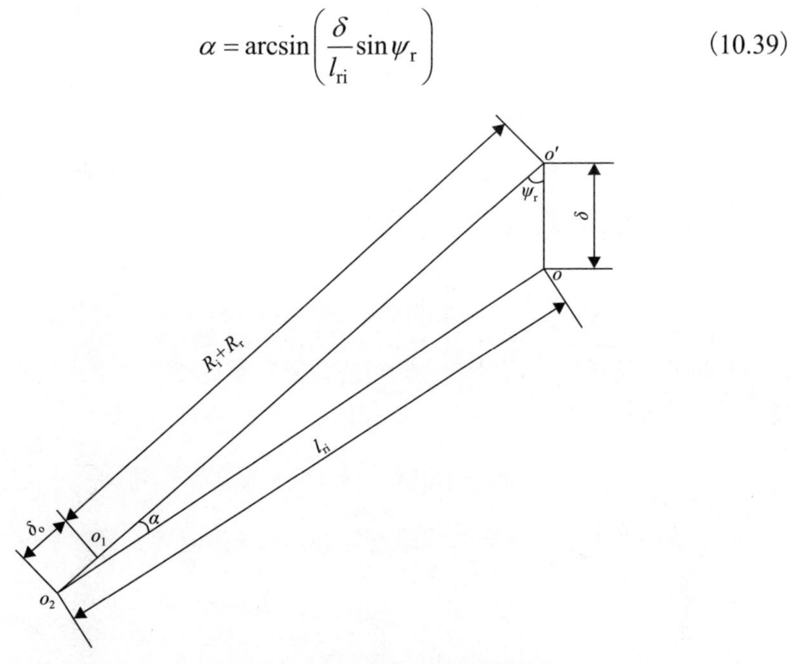

图 10.12　滚动体中心和内圈中心相对位置关系

10.2.2　滑移速度

考虑滚动轴承的稳定运转状态，滚动体打滑主要取决于滚动体的运动状态以及滚动体与内、外圈之间的运动关系。滚动体的运动状态如图 10.13 所示，滚动体的自转角速度为 ω_{r}，公转角速度为 ω_{m}。滚动体与内圈间的接触点为 D 点和 E 点，其中，D 点位于内圈上，E 点位于滚动体上。滚动体与外圈间的接触点为 F 点和 G 点，其中，F 点位于滚动体上，G 点位于外圈上。

D 点的线速度是内圈角速度与旋转半径的乘积，D 点绕内圈中心旋转，旋转半径为 R_{i}，因此 D 点线速度为

$$v_D = \omega_{\text{i}} R_{\text{i}} \tag{10.40}$$

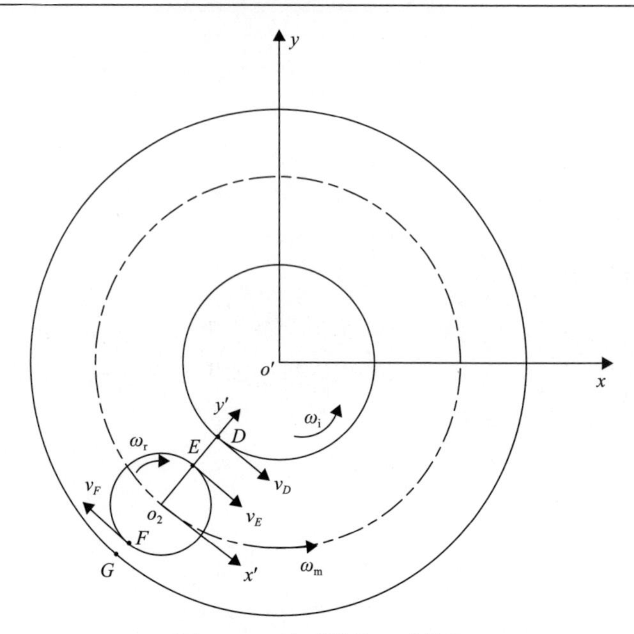

图 10.13　滚动体的运动状态

滚动体在绕轴承中心公转的同时绕自身中心自转，E 点线速度为滚动体公转线速度与自转线速度之和，E 点线速度为

$$v_E = \omega_m (R_i + \delta_i + \delta_o) + \omega_r (R_r - \delta_i) \tag{10.41}$$

F 点线速度为滚动体公转线速度与自转线速度之差，即

$$v_F = \omega_m R_o - \omega_r (R_r - \delta_o) \tag{10.42}$$

由于外圈不转，G 点线速度为零，即

$$v_G = 0 \tag{10.43}$$

因此，滚动体与内圈间的滑移速度为 E 点线速度与 D 点线速度之差，即

$$\Delta v_i = \omega_m (R_i + \delta_i + \delta_o) + \omega_r (R_r - \delta_i) - \omega_i R_i \tag{10.44}$$

滚动体与外圈间的滑移速度为 F 点线速度和 G 点线速度之差，即

$$\Delta v_o = \omega_m R_o - \omega_r (R_r - \delta_o) \tag{10.45}$$

滚动体与内、外圈间的无量纲滑移速度为

$$\Delta \overline{v_i} = \frac{\eta_0 \Delta v_i}{E_0 R_{ei}} \tag{10.46}$$

$$\Delta\overline{v}_{\mathrm{o}}=\frac{\eta_{0}\Delta v_{\mathrm{o}}}{E_{0}R_{\mathrm{eo}}} \tag{10.47}$$

式中，E_0 为弹性模量；R_{ei}、R_{eo} 为滚动体与内、外圈接触处的当量曲率半径；η_0 为流体黏度。

10.2.3　保持架作用

由于滚动体转速在非承载区没有受到内圈的驱动而减速，滚动体将与保持架接触，在保持架的推动下前进；而保持架的运动主要靠承载区滚动体的推动，滚动体进入承载区后将推动保持架前进。因此，保持架对滚动体的运动状态起重要作用。保持架作用主要影响滚动体的公转，若滚动体公转转速大于保持架转速，滚动体推动保持架前进，反之，滚动体则被保持架推动前进[2]。在滚动体与保持架之间插入弹簧模拟滚动体与保持架之间的相互作用，如图 10.14 所示[6]。弹簧刚度为 K_c，取值为 100MN/m。

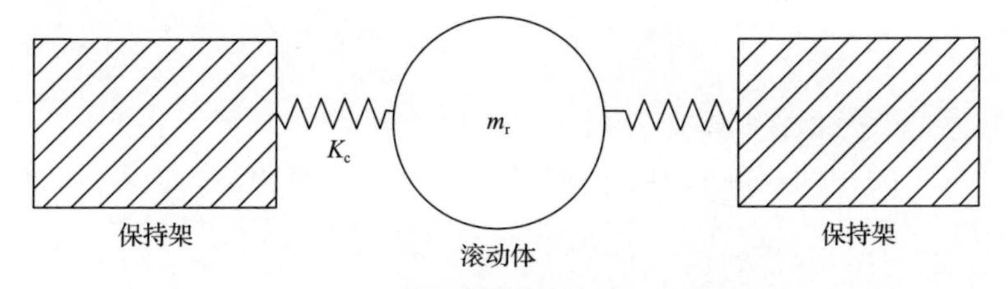

图 10.14　滚动体与保持架接触力模型[6]

滚动体与保持架一侧接触的同时必然与另一侧脱离接触，不可能与保持架两侧同时接触[7]，为描述这种特性，弹簧只能被压缩而不能被拉伸，弹簧压缩量的确定如图 10.15 所示[8]。图中虚线为滚动体和保持架的初始位置，实线为滚动体与保持架接触的位置，滚动体以角速度 ω_m 公转，而保持架以角速度 ω_c 旋转；ψ 为滚动体的公转角，ψ_c 为保持架旋转角度。定义滚动体与保持架后侧接触为正，滚动体与保持架前侧接触为负，滚动体与保持架之间的接触力为

$$N_{\mathrm{c}}=\begin{cases}K_{\mathrm{c}}\left[R_{\mathrm{m}}\left(\psi_{\mathrm{c}}-\psi\right)-\dfrac{d_{\mathrm{rc}}}{2}\right], & \left(\psi_{\mathrm{c}}-\psi\right)R_{\mathrm{m}}>\dfrac{d_{\mathrm{rc}}}{2}\\ -K_{\mathrm{c}}\left[R_{\mathrm{m}}\left(\psi_{\mathrm{c}}-\psi\right)-\dfrac{d_{\mathrm{rc}}}{2}\right], & \left(\psi-\psi_{\mathrm{c}}\right)R_{\mathrm{m}}>\dfrac{d_{\mathrm{rc}}}{2}\\ 0, & \text{其他}\end{cases} \tag{10.48}$$

式中，d_{rc} 为滚动体与保持架之间的间隙。

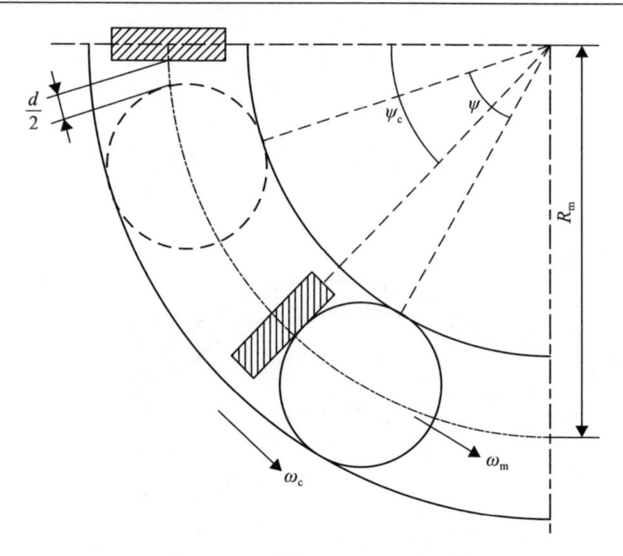

图 10.15　弹簧压缩量的确定[8]

1. 刚性保持架

刚性保持架是指保持架是刚性的，在运行过程中不会产生变形，因此保持架的质量块之间刚性连接成为一个整体。考虑刚性保持架的轴承动力学模型如图 10.16 所示[9]。

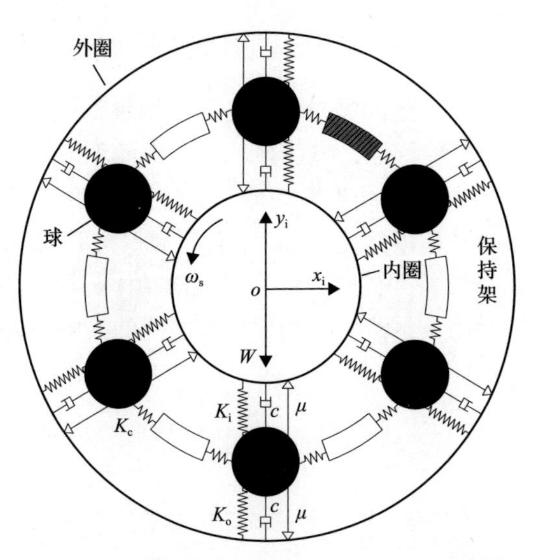

图 10.16　考虑刚性保持架的轴承动力学模型[9]

c. 滚动体与滚道的阻尼系数；K_c. 滚动体与保持架的接触刚度；K_i. 滚动体与内圈的接触刚度；K_o. 滚动体与外圈的接触刚度；W. 径向载荷；x_i 和 y_i. 两个独立的运动方向；ω_s. 转速；μ. 滚动体和滚道之间的摩擦系数

2. 柔性保持架

柔性保持架是指保持架是柔性的，在运行过程中会产生变形，即图 10.14 中组成保持架的质量块之间柔性连接成为一个整体。考虑柔性保持架的轴承动力学模型如图 10.17 所示[10]。

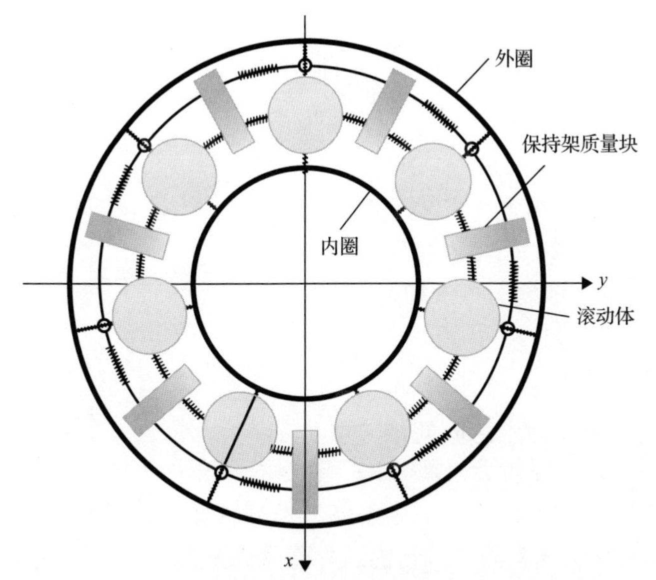

图 10.17　考虑柔性保持架的轴承动力学模型[10]

在运转过程中，滚动体围绕轴承中心旋转，由卸载区域中的保持架驱动，而保持架由载荷区域中的滚动体驱动。柔性保持架示意图如图 10.18 所示[10]。保持架的质量通过集总参数法离散化为具有相同数量滚动体的多个段，相邻段之间的连接刚度由弹簧表示。滚动体和保持架之间的接触刚度由 Hertz 接触理论计算。对于连接质量块的刚度，由于保持架结构的复杂性，使用分析方法很难计算，特别是对于具有铆接结构的保持架，计算更加困难。因此，使用有限元方法来计算这种连接刚度。

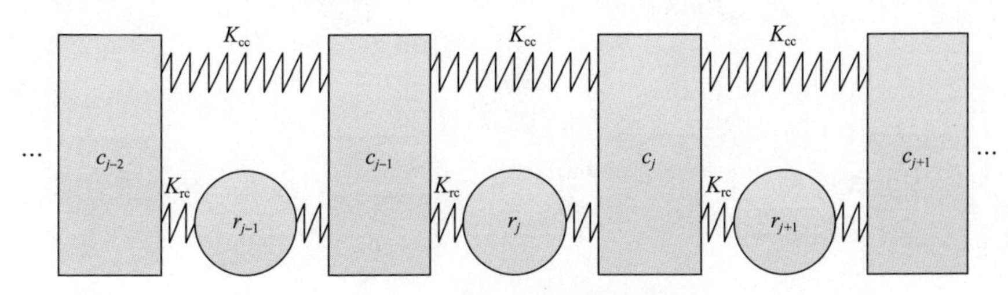

图 10.18　柔性保持架示意图[10]

K_{cc}. 保持架质量块之间的接触刚度；K_{rc}. 球与保持架质量块之间的接触刚度

保持架和滚动元件之间的弹簧只能在接触时才被压缩，而不能被拉伸。滚动元件和保持架之间的间隙被忽略。沿顺时针方向计算第 j 个滚动元件与其相邻的保持架前后质量块之间的接触力，分别为

$$N_{\mathrm{cf}j}=\begin{cases}K_{\mathrm{rc}}\left[\left(\psi_{\mathrm{r}j}-\psi_{\mathrm{c}j}\right)R_{\mathrm{m}}\right]^{n}, & \psi_{\mathrm{r}j}>\psi_{\mathrm{c}j}\\ 0, & \text{其他}\end{cases} \tag{10.49}$$

$$N_{\mathrm{cb}j}=\begin{cases}K_{\mathrm{rc}}[(\psi_{\mathrm{c}j}-\psi_{\mathrm{r}j})R_{\mathrm{m}}]^{n}, & \psi_{\mathrm{r}j}>\psi_{\mathrm{c}j}\\ 0, & \text{其他}\end{cases} \tag{10.50}$$

式中，K_{rc} 为球与保持架质量块之间的接触刚度；n 为载荷-变形指数，在较小的弹性变形范围内为 1；R_{m} 为螺距半径。

第 j 个质量块体的内力可推导为

$$N_{\mathrm{cc}j}=K_{\mathrm{cc}}\left(\psi_{\mathrm{c}j+1}-\psi_{\mathrm{c}j}\right)R_{\mathrm{m}}+K_{\mathrm{cc}}\left(\psi_{\mathrm{c}j-1}-\psi_{\mathrm{c}j}\right)R_{\mathrm{m}} \tag{10.51}$$

式中，K_{cc} 为保持架质量块之间的接触刚度。

10.2.4　摩擦力

摩擦模型直接影响着滚动体与内、外圈及保持架之间的摩擦力，而摩擦力将对滚动体的运动状态产生重要影响。因此，摩擦模型和摩擦力的确定是滚动体打滑分析和动力学模型建立的重要研究内容。

1. 摩擦模型

摩擦系数的变化非常复杂，已有多种理论和经验公式对其进行描述，常用的主要有以下几种。

1) 牛顿流体模型

将润滑油考虑为牛顿流体，且由于滚动轴承中油膜厚度极薄，切应力的计算可简化为

$$\tau=\eta\frac{v_{\mathrm{h}}}{h_{\mathrm{o}}} \tag{10.52}$$

式中，h_{o} 为油膜厚度；v_{h} 为油膜滑动速度；η 为黏度，与压力和温度有关，等温时为

$$\eta=d_1\mathrm{e}^{(d_2+d_3p)^{\frac{1}{2}}} \tag{10.53}$$

式中，d_1、d_2 和 d_3 为与润滑油性质有关的常数，需要通过试验确定；p 为压力。

点接触时在椭圆接触面上的压力分布为

$$p = \frac{3Q_{pj}}{2\pi a_{pj} b_{pj}}(1 - s^2 - t^2)^{\frac{1}{2}} \tag{10.54}$$

式中，a_{pj} 和 b_{pj} 分别为滚动体与套圈滚道接触面的长、短半轴；Q_{pj} 为滚动体所受载荷；s 和 t 为无量纲坐标。

$$s = \frac{x_p}{a_{pj}} \tag{10.55}$$

$$t = \frac{y_p}{b_{pj}} \tag{10.56}$$

式中，x_p 为从接触椭圆中心沿长半轴方向的坐标；y_p 为从接触椭圆中心沿短半轴方向的坐标。

沿接触面的切向摩擦力沿 x_p 和 y_p 轴方向的分量为

$$F_{xpj} = a_{pj} b_{pj} \int_{-1}^{1} \int_{-(1-t^2)^{\frac{1}{2}}}^{(1-t^2)^{\frac{1}{2}}} \tau_{xpj} \mathrm{d}s\mathrm{d}t \tag{10.57}$$

$$F_{ypj} = a_{pj} b_{pj} \int_{-1}^{1} \int_{-(1-s^2)^{\frac{1}{2}}}^{(1-s^2)^{\frac{1}{2}}} \tau_{ypj} \mathrm{d}t\mathrm{d}s \tag{10.58}$$

因此，沿接触面的切向摩擦力为

$$F_{pj} = (F_{xpj}^2 + F_{ypj}^2)^{\frac{1}{2}} \tag{10.59}$$

2) 计算公式

根据弹性流体动力润滑理论分析和试验数据，Gupta[11]提出一个半经验模型。摩擦系数取决于三个参数，即

$$\begin{cases} G_1 = \dfrac{\eta_0 v_h}{p_{max} h_o} \\ G_2 = \dfrac{\beta_1 \eta_0 v_h^2}{8\lambda_f} \\ G_3 = \gamma p_{max} \end{cases} \tag{10.60}$$

式中，$p_{\max}$为最大 Hertz 接触压力；λ_f为润滑剂的热传导系数；γ和β_1分别为压力系数和温度系数，由润滑剂的黏度-压力-温度公式获得

$$\eta=\eta_0\exp\left[\gamma p-\beta_1(T-T_0)\right] \tag{10.61}$$

摩擦系数与G_1、G_2、G_3的关系以曲线或列表数据的形式存储在数据库中，以供实际计算时使用。

3) 经验公式

由试验数据归纳得出摩擦系数是 Hertz 接触应力和滑移速度的函数，即

$$f=A\Delta u\exp\left(\frac{-BC\Delta u}{p_{\max}}\right)\left[1-\exp\left(\frac{B-p_0}{B}\right)\right]+D\left[1-\exp(-C\Delta u)\right] \tag{10.62}$$

式中，A、B、C、D为润滑剂所决定的函数，需依据试验确定，文献[15]中采用下列系数值：

$$A=0.27,\ B=0.43\text{GPa},\ C=6.93,\ D=0.022 \tag{10.63}$$

4) 摩擦系数

为便于比较和计算，将摩擦系数取为常数。通常，轴承在有润滑的情况下摩擦系数为 0.002[16]，常值摩擦系数可以给出较好的计算结果。

2. 摩擦力的计算

本章重点研究滚动体的打滑特性，因此假设摩擦系数为常数。采用摩擦系数为常数的假设计算滚动体与内、外圈之间的摩擦力，摩擦系数是滑移速度的函数，与滑移速度之间的关系采用分段线性函数来描述，如图 10.19 所示[12]。

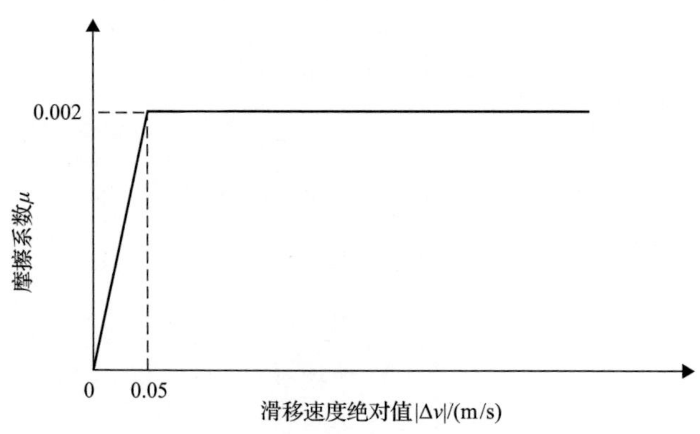

图 10.19　摩擦系数与滑移速度的关系[12]

摩擦系数μ为

$$\mu=\begin{cases}0.04|\Delta v|, & 0<|\Delta v|<0.05\\ 0.002, & |\Delta v|\geqslant 0.05\end{cases} \tag{10.64}$$

根据库仑摩擦定理，摩擦力是接触力和摩擦系数的乘积。因此，滚动体与内、外圈之间的摩擦力为

$$F_{\mathrm{i}}=-\mu N_{\mathrm{i}}\frac{\Delta v_{\mathrm{i}}}{|\Delta v_{\mathrm{i}}|} \tag{10.65}$$

$$F_{\mathrm{o}}=-\mu N_{\mathrm{o}}\frac{\Delta v_{\mathrm{o}}}{|\Delta v_{\mathrm{o}}|} \tag{10.66}$$

式中，Δv_{i} 和 Δv_{o} 分别为滚动体与内、外圈之间的滑移速度。

滚动体与保持架之间的摩擦力为

$$F_{\mathrm{c}}=\mu' N_{\mathrm{c}} \tag{10.67}$$

式中，μ' 为滚动体与保持架之间的摩擦系数。由于滚动体与保持架之间的滑移速度较大，μ' 为恒值 0.002。

10.2.5　动力学模型描述

由于滚动轴承实际工作过程中接触关系和运动关系的复杂性，为便于建立滚动体进入承载区打滑动力学模型，做如下假设：

(1) 滚动体及内圈的运动局限于轴承平面内，不考虑轴向运动。

(2) 滚动体的接触变形满足 Hertz 接触理论，不考虑塑性变形。

(3) 不考虑滚动轴承各部件的弯曲变形。

(4) 保持架的转速是恒定不变的。

1. 动力学模型的建立

为研究滚动体从非承载区进入承载区过程中的打滑特性，定义滚动体位置 A、B 和 C。滚动体打滑的动力学模型如图 10.20 所示。其中，A 位于非承载区，B 位于滚动体咬入瞬间，C 位于承载区，建立描述滚动体从位置 A 运动到位置 C 过程的动力学模型并对其进行仿真。假设初始状态的滚动体自转转速为 ω_{r}，滚动体的初始位置角为 π。定义 t 时刻滚动体的自转角度为 θ，公转角度为 ψ（相对初始时刻的夹角）。

滚动体的位置角 ψ_{r} 为

$$\psi_{\mathrm{r}}=\pi-\psi \tag{10.68}$$

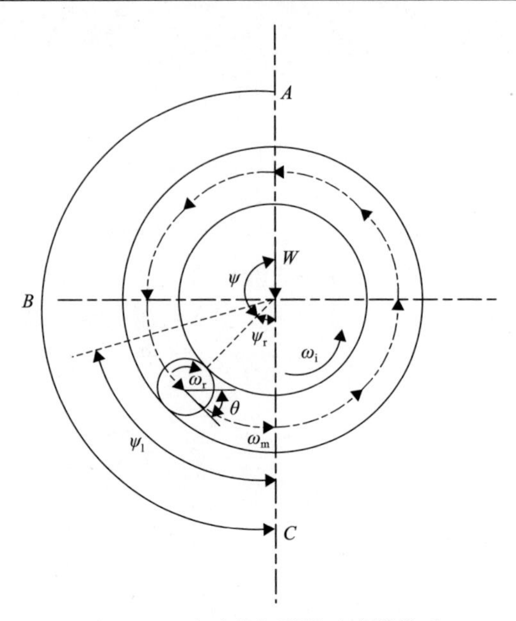

图 10.20　滚动体打滑的动力学模型

t 时刻滚动体的自转角速度为

$$\omega_{\mathrm{r}}=\frac{\mathrm{d}\theta}{\mathrm{d}t} \tag{10.69}$$

t 时刻滚动体的公转角速度为

$$\omega_{\mathrm{m}}=\frac{\mathrm{d}\psi}{\mathrm{d}t} \tag{10.70}$$

根据滚动体的受力(见图 10.5)，可得滚动体自转方向的合力矩为

$$M_{\mathrm{r}}=(N_{\mathrm{i}\gamma}+F_{\mathrm{i}\gamma})(R_{\mathrm{r}}-\delta_{\mathrm{i}})\sin\alpha+F_{\mathrm{i}\eta}(R_{\mathrm{r}}-\delta_{\mathrm{i}})-N_{\mathrm{i}\eta}(R_{\mathrm{r}}-\delta_{\mathrm{i}})-F_{\mathrm{o}}(R_{\mathrm{r}}-\delta_{\mathrm{o}})-F_{\mathrm{c}}R_{\mathrm{r}} \tag{10.71}$$

滚动体公转方向的合力为

$$F_{\mathrm{r}}=F_{\mathrm{i}\eta}+F_{\mathrm{o}}+N_{\mathrm{c}}+G_{\mathrm{r}}\sin\psi_{\mathrm{r}}-N_{\mathrm{i}\eta} \tag{10.72}$$

建立滚动体自转方向和公转方向的运动微分方程，即

$$J_{\mathrm{r}}\frac{\mathrm{d}^2\theta}{\mathrm{d}t^2}=M_{\mathrm{r}} \tag{10.73}$$

$$m_{\mathrm{r}}R_{\mathrm{m}}\frac{\mathrm{d}^2\psi}{\mathrm{d}t^2}=F_{\mathrm{r}} \tag{10.74}$$

滚动体自转方向和公转方向的运动微分方程构成了滚动体进入承载区的打滑动力学模型，包含自转角度 θ 和公转角度 ψ 两个基本变量，能准确描述滚动体的运动状态。

2. *动力学模型的求解*

目前只有少数比较简单的微分方程可以利用解析法得到解析解，而对于大多数微分方程都因其结构形式复杂及非线性因素等而难以求解，只能采用数值解法。本章所建立的滚动体进入承载区动力学模型包含了非线性接触、变摩擦系数、游隙以及打滑等多种非线性因素，综合考虑微分方程数值解法的精度和效率，采用四阶龙格-库塔法求解动力学模型。

滚动体进入承载区打滑动力学模型为二阶微分方程组，将其降为一阶，并编程对其进行求解。计算时需要给定系统的初始状态，滚动体的计算初始位置位于载荷作用线负方向，滚动体的初始自转角度和初始公转角度设置为零。假定滚动体在初始位置时的运动状态为纯滚动，初始自转转速和初始公转转速与内圈转速间的关系满足纯滚动运动学关系，即

$$\omega_{r0}=\frac{R_iR_o}{2R_rR_m}\omega_i \tag{10.75}$$

$$\omega_{m0}=\frac{R_i}{2R_m}\omega_i \tag{10.76}$$

假设保持架转速在滚动轴承运动过程中保持不变，满足

$$\omega_c=\frac{R_i}{2R_m}\omega_i$$

10.3　仿真结果与影响分析

以 6304 深沟球轴承为研究对象，其主要参数如表 10.1 所示，采用上述动力学模型对滚动体进入承载区的过程进行数值仿真，分别讨论滚动体在此过程中自转转速和公转转速的变化、与套圈间滑移速度的变化以及轴承载荷、转速对滚动体打滑的影响。

表 10.1　6304 深沟球轴承主要参数

参数	参数值
外圈滚道半径 R_o/mm	22.77
内圈滚道半径 R_i/mm	13.24

续表

参数	参数值
轴承节圆半径 R_m/mm	18.00
滚动体半径 R_r/mm	4.76
滚动体个数 N_b/个	7
滚动体质量 m_r/g	3.5
滚动体转动惯量 J_r/(kg·m^2)	3.18×10^{-8}
径向游隙 C_r/μm	10
滚动体与内圈接触刚度 K_i/(MN/mm$^{1.5}$)	3.2255×10^{-1}
滚动体与外圈接触刚度 K_o/(MN/mm$^{1.5}$)	3.9844×10^{-1}

10.3.1　滚动体运动状态分析

将滚动轴承载荷设置为 500N，转速设置为 1000r/min，通过对滚动体进入承载区打滑动力学模型的求解得到滚动体的自转角度和公转角度，求导后可获得滚动体的自转转速和公转转速，如图 10.21 和图 10.22 所示。图 10.23 为滚动体特殊位置图，*A* 位于非承载区中央，*B* 位于承载区的初始端，*C* 位于承载区载荷作用线上，*D* 为滚动体自转加速起始点，*E* 为滚动体自转加速终止点。

当滚动体位于非承载区(*AOB*)时，滚动体自转转速在保持架的摩擦力作用下慢慢下降，而公转转速在保持架的推动作用下在理论转速上下波动。在滚动体进入承载区初期(*BOE*)，滚动体自转转速在 *BOD* 区域基本保持稳定，在 *DOE* 区域急剧上升，而滚动体公转转速在 *BOE* 区域先急剧下降而后逐渐上升至理论公转转速附近；在进入承载区后期(*EOC*)，滚动体的自转转速和公转转速趋于平稳，与理论转速接近。

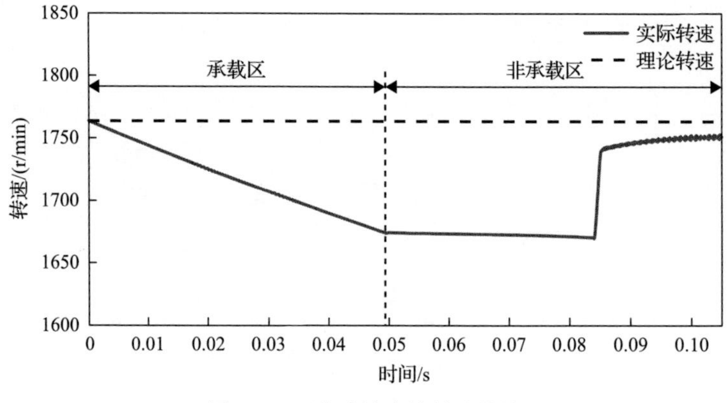

图 10.21　滚动体自转转速曲线

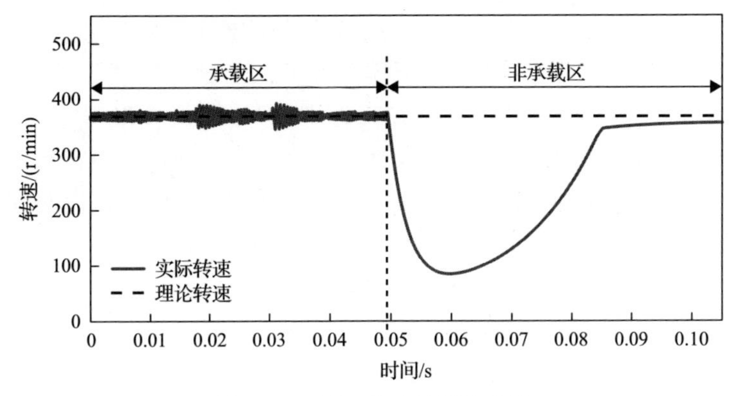

图 10.22　滚动体公转转速曲线

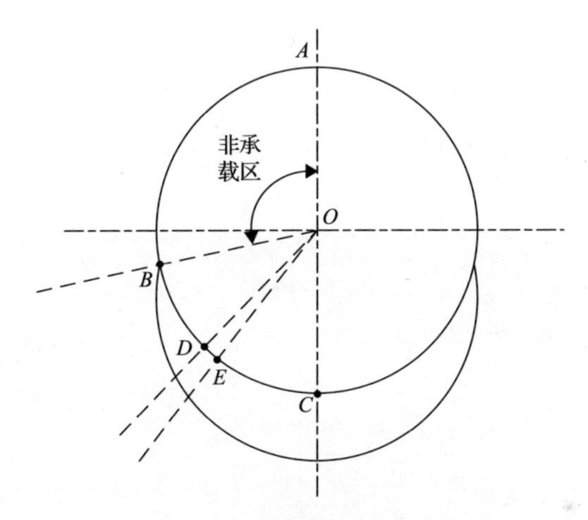

图 10.23　滚动体特殊位置图

滚动体摩擦力的变化关系如图 10.24 所示。滚动体进入承载区初期自转转速

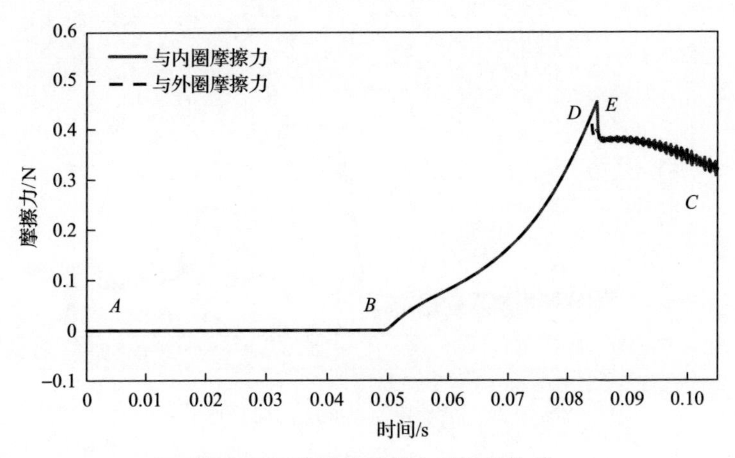

图 10.24　滚动体摩擦力的变化关系

急剧增加主要是由于滚动体摩擦力的作用，滚动体与内、外圈之间的摩擦力在滚动体进入承载区的初期逐渐增加，当滚动体位于 D 点时，与外圈间的摩擦力达到最大，而滚动体与内圈间的摩擦力在 E 点达到最大，因此在滚动体位于 DOE 区域时，滚动体在内、外圈摩擦力之差所产生的自转力矩作用下自转急剧加速。而滚动体进入承载区初期公转转速的下降主要是由于滚动体受到被内圈咬入时的阻力 $N_{i\eta}$ 的作用，$N_{i\eta}$ 在滚动体进入承载区的初期逐渐增加，在滚动体进入承载区后期快速减小。滚动体咬入过程的内圈阻力 $N_{i\eta}$ 变化关系如图 10.25 所示。

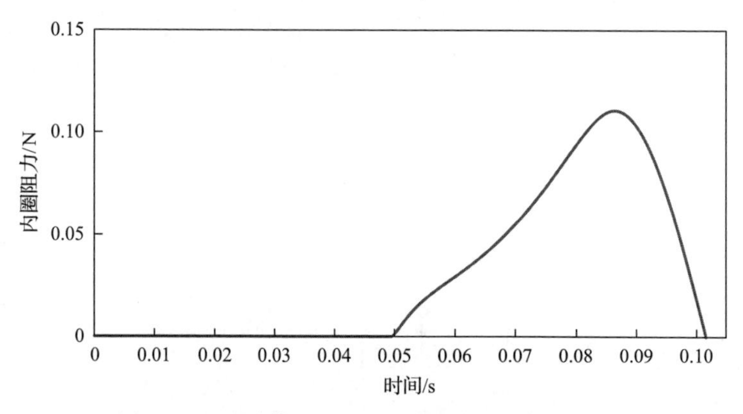

图 10.25　滚动体咬入过程的内圈阻力 $N_{i\eta}$ 变化关系

10.3.2　滑移速度特征分析

将滚动体的自转转速和公转转速代入式(10.65)和式(10.66)，计算得到滚动体与套圈间的滑移速度。当滚动轴承载荷为 500N、转速为 1000r/min 时，滚动体与套圈间的滑移速度如图 10.26 所示。

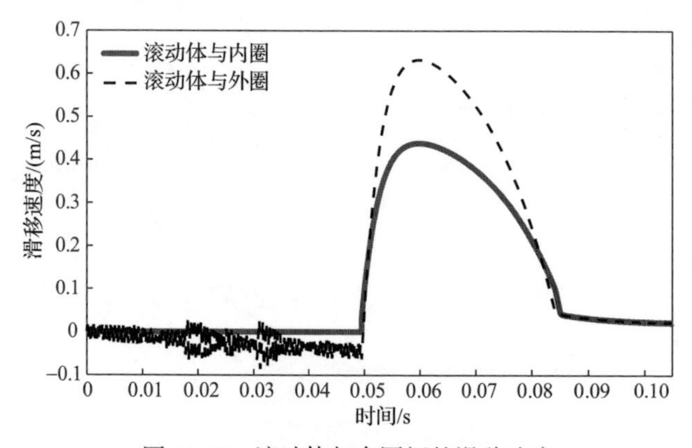

图 10.26　滚动体与套圈间的滑移速度

从图 10.26 可以看出，当滚动体位于非承载区时，滚动体与内圈脱离接触，不存在滑移，而滚动体与外圈存在微小滑移；当滚动体进入承载区后，滚动体与内、外圈之间的滑移速度迅速增加而后逐渐减小至稳定值，说明滚动体打滑主要发生在进入承载区的前期，打滑区域为 *BOE*；而滚动体进入承载区后期，滚动体与内、外圈间的滑移速度基本稳定且非常微小。滚动体与外圈间的滑移速度大于滚动体与内圈间的滑移速度，说明滚动体与外圈间的打滑更加严重。滚动体在进入承载区初期的打滑主要是因为滚动体的自转转速和公转转速的变化造成滚动体与内、外圈之间出现速度差而产生的，而在进入承载区后期存在的微小滑动主要是为了产生一定的摩擦力以保证滚动体的稳定运动状态。

结果表明，滚动体打滑主要出现在进入承载区的前期，且滚动体与外圈的打滑更严重，而这些结论与文献[1]所阐述的现象吻合，由此证明了所建立的滚动体进入承载区打滑动力学模型的有效性。

10.3.3　轴承载荷对滑移速度的影响

为研究轴承载荷对滚动体打滑的影响，对滚动体在不同轴承载荷情况下进入承载区过程进行仿真，由于滚动体与套圈的滑移速度较为直观地反映了滚动体的打滑情况，通过不同载荷下滚动体与套圈间滑移速度的分析，研究轴承载荷对滚动体打滑的影响。

6304 深沟球轴承的额定动载荷 N_{or}=7.9kN，对轴承分别施加 50N、500N 和 5000N 的载荷，分别代表轻载、中载和重载的工作状态，轴承转速设置为 1000r/min。滚动体与外圈之间的滑移速度如图 10.27 所示，为便于显示滚动体位置和打滑的范围，图中横坐标为滚动体的公转角度。滚动体打滑区域与载荷的关系如图 10.28 所示。

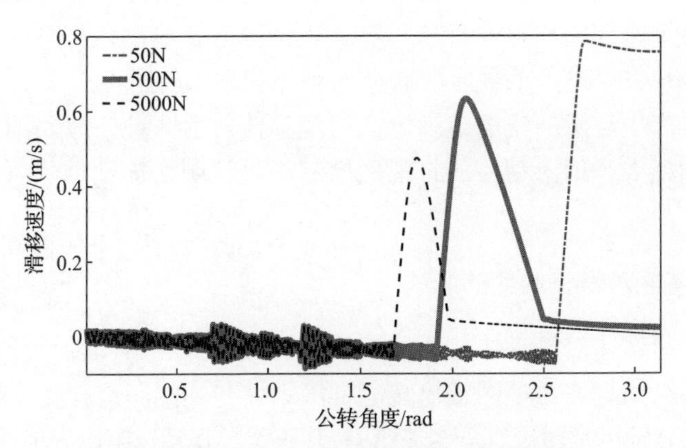

图 10.27　滚动体与外圈之间的滑移速度

从图 10.28 可以看出，滚动轴承所受载荷越大，滚动体进入承载区的滑移速度越小，说明增加轴承载荷可减轻滚动体进入承载区的打滑程度。在轻载情况下，

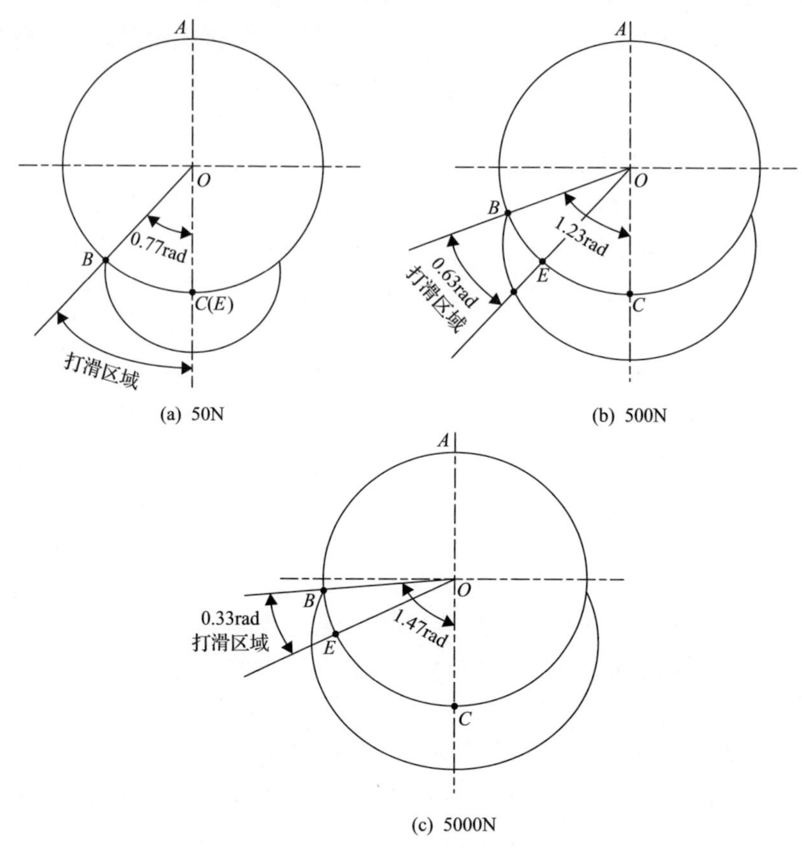

图 10.28 滚动体打滑区域与载荷的关系

刚进入承载区时滚动体与内、外圈的滑移速度迅速增加而后逐渐减小，滚动体在进入承载区整个过程中均存在打滑。在重载情况下，滚动体打滑仅出现在进入承载区的初期(*BOE*)，进入承载区的后期滚动体基本不打滑。

将滚动体产生打滑的角度范围定义为滚动体打滑区域，滚动轴承载荷越大，承载区的范围越大，但滚动体的打滑区域越小，说明增加轴承载荷可缩小滚动体的打滑区域。

10.3.4 轴承转速对滑移速度的影响

为研究轴承转速对滚动体打滑的影响，对滚动体在不同轴承转速情况下进入承载区过程进行仿真，对不同轴承转速下滚动体与套圈间滑移速度进行分析。

6304深沟球轴承常用于汽车变速箱中,其正常工作转速范围为1000～5000r/min。在计算中，对轴承分别设置 1000r/min、3000r/min 和 5000r/min 的转速，分别代表低速、中速和高速的工作状态，轴承载荷设置为 1000N。不同转速下滚动体与套圈之间的滑移速度如图 10.29 所示。滚动轴承转速越高，滚动体进入承载区时与套圈之间的滑移速度越大，说明轴承高速情况下滚动体进入承载区的打滑较为严重。在轴承中速或低速时，滚动体打滑仅出现在进入承载区的初期(*BOE*)，进入承载区的后期滚动体基本不打滑；而在轴承高速时，在刚进入承载区时滚动体与内、外圈的滑移速度迅速增加而后逐渐减小，滚动体在进入承载区的整个过程中均存在打滑。滚动体打滑区域与轴承转速的关系如图 10.30 所示，轴承转速越高，滚动体的打滑区域越大。

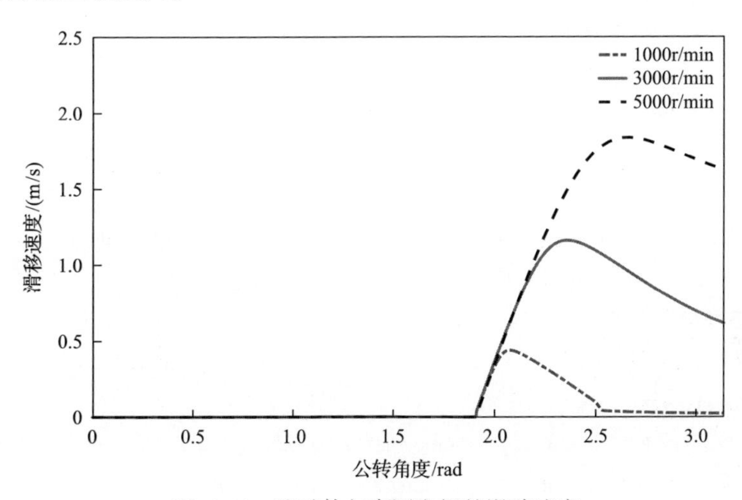

图 10.29　滚动体与套圈之间的滑移速度

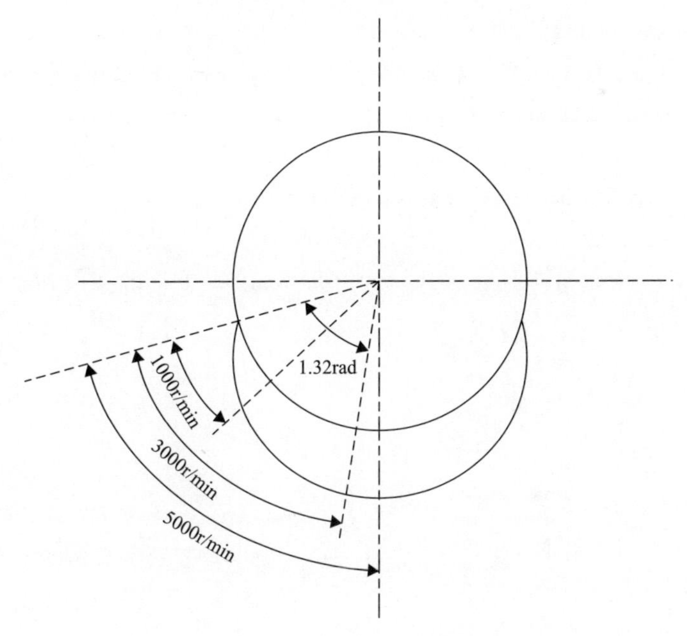

图 10.30　滚动体打滑区域与轴承转速的关系

参 考 文 献

[1] SKF. Bearing Failure and Their Causes[R]. Gothenburg: Palmeblads Tryckeri AB, 1994.

[2] 涂文兵, 何海斌, 罗丫, 等. 基于滚动体打滑特征的滚动轴承振动特性研究[J]. 振动与冲击, 2017, 36(11): 166-170, 175.

[3] Liao N T, Lin J F. Ball bearing skidding under radial and axial loads[J]. Mechanism and Machine Theory, 2002, 37(1): 91-113.

[4] Harris T A. An analytical method to predict skidding in high speed roller bearings[J]. Tribology Transactions, 1966, 9(3): 229-241.

[5] Harris T A, Kotzalas M N. 滚动轴承分析[M]. 罗继伟, 马伟等译. 北京: 机械工业出版社, 2010.

[6] Jain S, Hunt H. A dynamic model to predict the occurrence of skidding in wind-turbine bearings[J]. Journal of Physics: Conference Series, 2011, 305(1): 012027.

[7] Tu W B, Shao Y M, Mechefske C K. An analytical model to investigate skidding in rolling element bearings during acceleration[J]. Journal of Mechanical Science and Technology, 2012, 26(8): 2451-2458.

[8] Han Q K, Chu F L. Nonlinear dynamic model for skidding behavior of angular contact ball bearings[J]. Journal of Sound and Vibration, 2015, 354: 219-235.

[9] Tu W B, Yu W N, Shao Y M, et al. A nonlinear dynamic vibration model of cylindrical roller bearing considering skidding[J]. Nonlinear Dynamics, 2021, 103(3): 2299-2313.

[10] Liu Y Q, Chen Z G, Tang L, et al. Skidding dynamic performance of rolling bearing with cage flexibility under accelerating conditions[J]. Mechanical Systems and Signal Processing, 2021, 150: 107257.

[11] Gupta P K. Transient ball motion and skid in ball bearings[J]. Journal of Lubrication Technology, 1975, 97(2): 261-269.

[12] Gupta P K. Dynamic loads and cage wear in high-speed rolling bearings[J]. Wear, 1991, 147(1): 119-134.

第 11 章　齿轮传动系统界面接触基础知识

齿轮传动系统内部振动特征信号传递到外部箱体监测点需要经历不同的传递界面。传递界面的接触振动特性与能量耗散机理极大地影响着机械装备的动态服役性能与振动测量信号的特征。无论是机械装备的状态监测还是机械系统的性能研究，包括机械零件性能和机械装备的动态性能，都涉及许多界面行为方面的重要问题。

本书将重点围绕齿轮传动系统几类基础的接触界面，包括考虑重力作用的球面接触界面、粗糙接触界面、滑移接触界面、螺栓固结层叠多传递界面和齿轮-轴-轴承-轴承座系统多界面，对与齿轮传动系统界面接触动力学行为相关的基础科学问题进行介绍。

11.1　齿轮传动系统界面分类

齿轮传动设备的界面类型复杂多样，典型齿轮箱接触界面类型包括轴承滚动界面、齿轮啮合界面、箱体螺栓固结界面等，如图 11.1 所示。

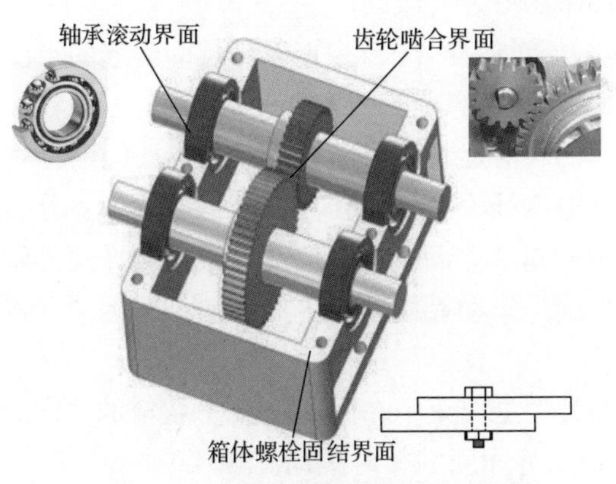

图 11.1　典型齿轮箱接触界面类型

根据不同的界面特征，系统的界面类型可以根据界面的微观表面形貌、界面间介质类型及界面组成体的相对运动方式进行区分。

(1) 界面的微观表面形貌。根据界面的微观表面形貌，界面类型可以分为光滑界面和粗糙界面。光滑界面是指表面绝对平滑，不存在任何的高低起伏，是一种理想状态的假设。实际工程结构中，通过机械加工处理、由于工作磨损以及存在点蚀等故障的实际工程结构表面并非绝对光滑，而是具有不同程度的粗糙度。实际工程结构的粗糙表面如图 11.2 所示。粗糙表面的实际接触面积小于整个粗糙表面面积，接触面仅为一些点和很小的面。

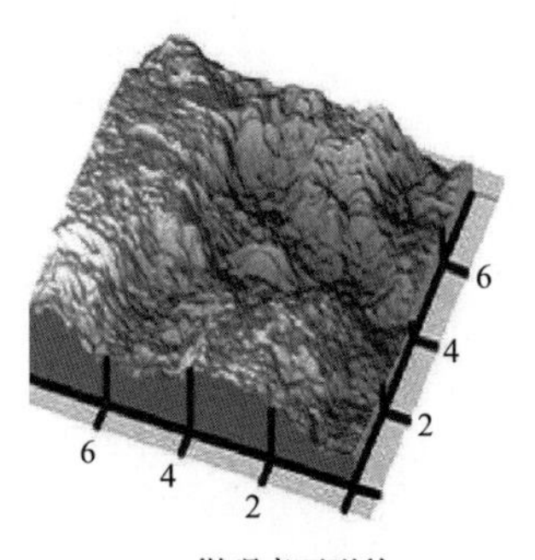

(a) 微观表面形貌

(b) 螺纹粗糙表面

(c) 齿轮粗糙表面

图 11.2　实际工程结构的粗糙表面

(2) 界面间介质类型。根据界面间是否存在润滑液，界面的类型可以分为固-固界面和固-液界面。固-固界面是相互接触的物体间没有润滑液的作用下物体表面直接接触形成的界面。固-液界面是相互接触的物体间存在润滑液，固体与润滑液相互接触形成的界面。对于齿轮传动系统，为了减少摩擦阻力和降低材料磨损，大多数界面工作在润滑状态，如齿轮啮合界面通常采用浸油润滑、喷油润滑，轴承滚动界面通常采用脂润滑、飞溅润滑。

(3) 界面组成体的相对运动方式。根据外部载荷引起的界面组成体之间的相对运动方式不同，界面的类型可以分为法向界面、滑动界面和滚动界面。法向界面是指界面间仅有法向的相对运动。滑动界面是指界面间的相对运动方式为切向的滑动，根据相对滑动的特征不同，滑动界面又可以进一步分为微滑动界面和整体滑动界面。例如，螺栓固结界面为界面局部的微滑动界面，而齿轮啮合界面为整个轮齿的整体滑动界面。滚动界面是指界面间的相对运动方式为滚动，如轴承的滚动体-滚道界面。

本书研究的界面类型主要集中在固-固接触、粗糙的法向界面和滑动界面，暂时没有考虑固-液界面及界面间的相对滚动。

11.2　粗糙表面与界面接触

齿轮传动系统的界面动力学研究存在相对运动界面间的运动机理和响应特性，因此了解和研究界面的粗糙表面形貌参数和界面接触是分析界面动力学的基础。

11.2.1　表面形貌参数

宏观上光滑、平整的表面在显微镜下观察时却显示出由许多不规则的凸峰和凹谷组成，具有一定的形貌特征。表面形貌轮廓曲线如图 11.3 所示。

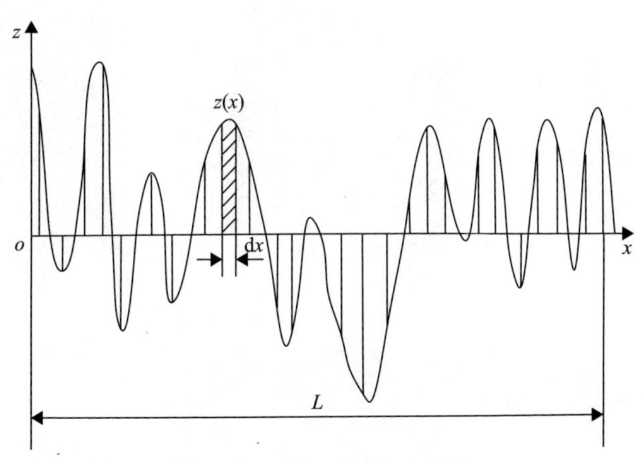

图 11.3　表面形貌轮廓曲线

L. 测量长度；$z(x)$. 各点轮廓高度

粗糙表面的形貌特征可以采用表面形貌参数进行描述，根据表示方法不同可以分为一维、二维和三维形貌参数。

1. 一维形貌参数

一维形貌通常采用轮廓曲线的高度参数来表示，最常用的参数包括：

(1) 轮廓算术平均偏差或称中心线平均值 R_a。也是通常所说的表面粗糙度，定义为轮廓上各点高度在测量长度范围内的算术平均值，表达式为

$$R_a = \frac{1}{L}\int_0^L |z(x)| dx = \frac{1}{n}\sum_{i=1}^{n} |z_i| \tag{11.1}$$

式中，L 为测量长度；n 为测量点数；z_i 为各测量点的轮廓高度；$z(x)$ 为各点轮廓高度。

(2) 轮廓均方根偏差或称均方根值 σ。

$$\sigma = \sqrt{\frac{1}{L}\int_0^L \left(z(x)\right)^2 dx} = \sqrt{\frac{1}{n}\sum_{i=1}^{n} z_i^2} \tag{11.2}$$

(3) 最大峰谷距 R_{max}。R_{max} 定义为测量长度内最高峰与最低谷之间的高度差，表示表面粗糙度的最大起伏量。

(4) 中线截距平均值 R_m。定义为轮廓曲线与中心线各交点之间的截距 S_i 在测

量长度内的平均值，反映了表面不规则起伏的波长或间距，以及粗糙峰的疏密程度。

$$R_{\mathrm{m}}=\frac{1}{10}\sum_{i=1}^{10}S_i \tag{11.3}$$

(5) 支承面曲线。支承面曲线根据表面轮廓图绘制，理论支承面曲线如图 11.4 所示。假设粗糙表面磨损到深度 z_1 时，在图中形成了宽度为 a_1 和 c_1 的两个平面，将 a_1 和 c_1 求和并绘制在右图对应的 z_1 处，得到支承面随深度 z 的变化曲线，即支承面曲线。支承面曲线既可以反映表面轮廓图形上微凸体沿高度分布的情况，也可以反映摩擦表面磨损到一定程度时支承面积的大小，对计算表面接触面积有着重要的作用。

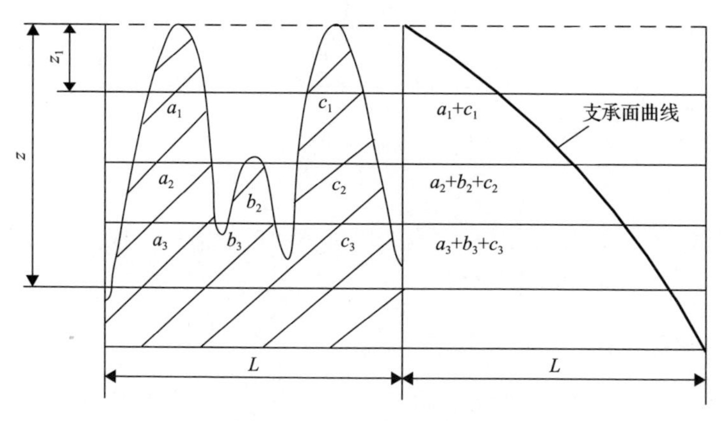

图 11.4　理论支承面曲线

然而，一维形貌参数不能完整地表征表面形貌特征。具有相同 R_{a} 值的不同表面轮廓曲线如图 11.5 所示。可以看出，4 种表面轮廓的中心线平均值 R_{a} 相同，但形貌却相差很大，甚至完全相反。虽然均方根值 σ 的表现效果比中心线平均值 R_{a} 稍好一些，但对于两个相反的轮廓仍然无法区别。通常，一维形貌参数仅适用于描述采用同一种制造方法加工的具有相似轮廓的表面。

2. 二维形貌参数

表面轮廓曲线的坡度和曲率与粗糙表面的摩擦磨损特性密切相关，因此在一维形貌参数的基础上，结合一维波长参数，采用二维形貌参数描述粗糙表面的摩擦学特性，包括：

(1) 坡度平均值 $\dot{z}_{\mathrm{a}}$ 或均方根值 $\dot{z}_{\mathrm{q}}$。其定义为轮廓曲线上各点坡度即斜率 $\dot{z}=\mathrm{d}z/\mathrm{d}x$ 绝对值的算术平均值或均方根值。该参数对微观弹流润滑效应十分重要。

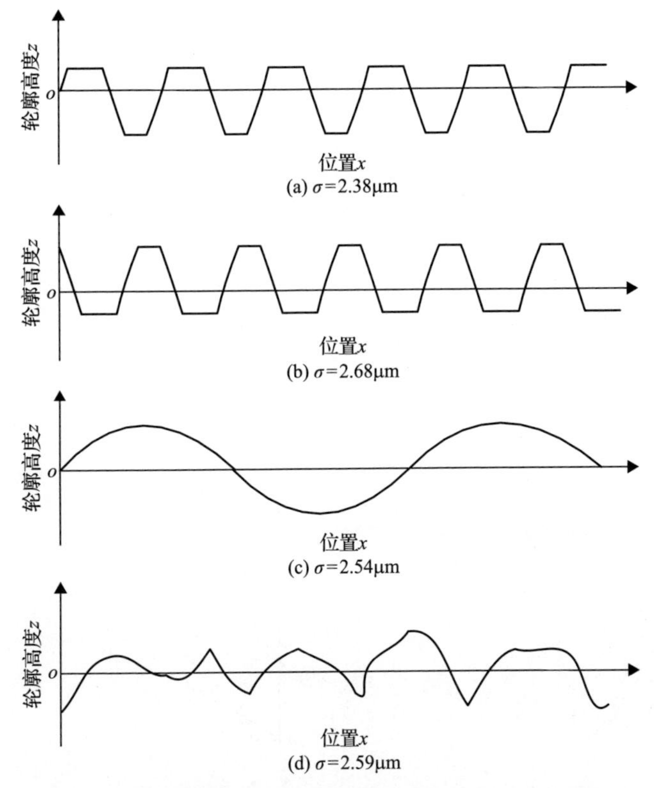

(a) σ=2.38μm

(b) σ=2.68μm

(c) σ=2.54μm

(d) σ=2.59μm

图 11.5　具有相同 R_a 值的不同表面轮廓曲线(R_a=2.29μm)

(2)峰顶曲率平均值 C_a 或均方根值 C_q。其定义为各个粗糙峰顶曲率的算术平均值或均方根值，反映了粗糙峰的尖平与否。C_a 或 C_q 越大，粗糙峰越尖，反之则越平。该参数对润滑和表面接触状况都有影响。

3. 三维形貌参数

描述粗糙表面最全面的是三维形貌参数，但是需要的测量数据较多，花费时间也较长，主要的三维形貌参数包括：

(1)二维轮廓曲线族。通过一组间隔很密的二维轮廓曲线表示形貌的三维变化。

(2)等高线图。采用表面形貌的等高线表示表面的起伏变化。

11.2.2　表面形貌的统计参数

机械加工的表面形貌包含周期变化和随机变化两个组成部分，与单一形貌参数相比，采用表面形貌的统计参数描述粗糙表面的几何特征更科学，能反映更多的表面信息，即采用概率密度分布函数来表示轮廓曲线上各点的高度、波长、曲率等参数的变化。

1. 高度分布函数

以平均高度线为 x 轴，轮廓曲线上各点高度为 z，概率密度分布曲线的绘制方法如下所示。

由不同高度 z 作等高线，计算其与峰部实体(x 轴以上)或谷部空间(x 轴以下)交割线段长度的总和 $\sum_{i=1}^{N} L_i$ 以及与测量长度 L 的比值 $\sum_{i=1}^{N} L_i / L$，并采用这些比值画出高度分布直方图。如果在分布曲线上沿 z 向选取足够多的点，则直方图可以描绘出一条光滑的曲线，这条曲线就是轮廓高度的概率密度分布曲线，如图 11.6 所示。

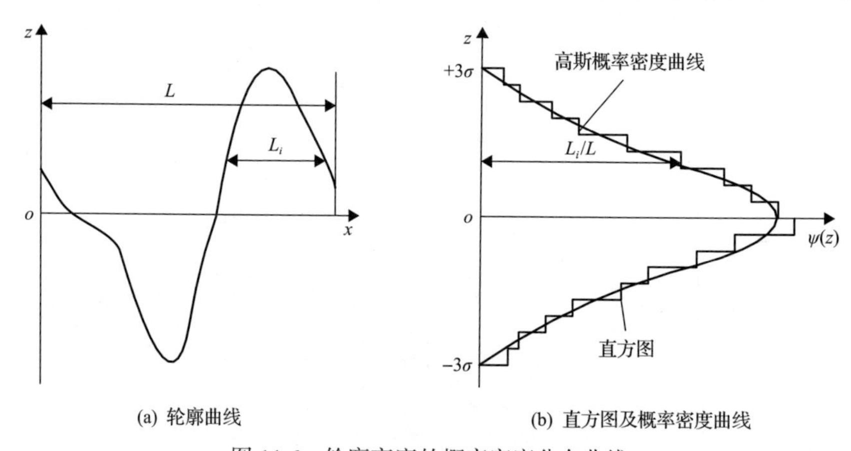

图 11.6　轮廓高度的概率密度分布曲线

L_i. 不同高度 z 作等高线与峰部实体或谷部空间交割线段的长度；$\psi(z)$. 高度分布的概率密度函数

机械加工表面的轮廓中不同高度出现的概率接近于标准高斯分布规律。标准高斯概率密度分布函数为

$$\psi(z) = \frac{1}{\sigma\sqrt{2\pi}} \exp\left(-\frac{z^2}{2\sigma^2}\right) \tag{11.4}$$

式中，σ 为粗糙度的均方根值，在高斯分布中称为标准偏差；σ^2 为方差。

对二维形貌参数，如轮廓曲线的坡度和峰顶曲率，也可以采用概率密度分布曲线描述其变化规律。基于表面轮廓曲线计算出若干点的斜率值，并根据斜率等于某一值的点数与总点数的比值画坡度分布的直方图，采用上述方法求得坡度分布的概率密度函数曲线，如图 11.7 所示。

2. 分布曲线的偏差

机械加工表面形貌的分布曲线往往与标准高斯分布存在一定偏差，通常采用统计参数表示这种偏差，包括偏态 S_p 和峰态 K_p。

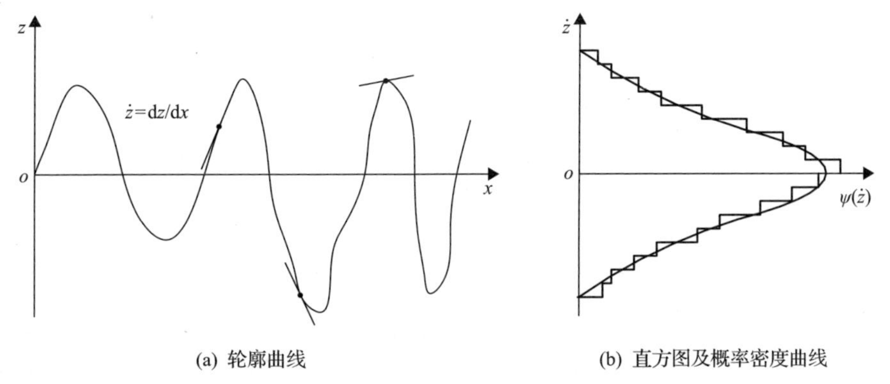

(a) 轮廓曲线　(b) 直方图及概率密度曲线

图 11.7　坡度分布的概率密度函数曲线

(1) 偏态 S_p。偏态是衡量分布曲线偏离对称位置的指标，定义为

$$S_p = \frac{1}{\sigma^3}\int_{-\infty}^{\infty} z^3 \psi(z) dz \tag{11.5}$$

对于标准高斯分布，$S_p=0$。非对称分布曲线的偏态值可为正值或负值。

(2) 峰态 K_p。峰态是衡量分布曲线的尖峭程度，定义为

$$K_p = \frac{1}{\sigma^4}\int_{-\infty}^{\infty} z^4 \psi(z) dz \tag{11.6}$$

对于标准高斯分布，$K_p=3$。$K_p<3$ 的分布曲线称为低峰态，$K_p>3$ 的分布曲线称为尖峰态。

3. 表面轮廓的自相关函数

对表面形貌进行统计参数表征时，抽样间隔的大小对绘制直方图和分布曲线有显著影响。为了描述相邻轮廓的关系和轮廓曲线的变化趋势，引入表面轮廓的自相关函数 $R(l)$，定义为轮廓曲线上各点的轮廓高度与该点相距一固定间隔 l 处轮廓高度乘积的数学期望值，即

$$R(l) = E\left[z(x)z(x+l)\right] \tag{11.7}$$

式中，E 表示数学期望。

如果测量长度 L 内的测量点数为 n，各测量点的坐标为 x_i，则 $R(l)$ 为

$$R(l) = \frac{1}{n+1}\sum_{i=1}^{n-1} z(x_i)z(x_i+l) \tag{11.8}$$

对于连续函数的轮廓曲线，式(11.8)可以写成如下积分形式：

$$R(l)=\lim_{L\to\infty}\frac{1}{L}\int_{-L/2}^{L/2}z(x)z(x+l)\mathrm{d}x \tag{11.9}$$

式中，$R(l)$为抽样间隔的函数。

当l=0时，自相关函数记作$R(l_0)$，且$R(l_0)=\sigma^2$。无量纲自相关函数为

$$R^*(l)=\frac{R(l)}{R(l_0)}=\frac{R(l)}{\sigma^2} \tag{11.10}$$

典型轮廓曲线概率密度分布函数及其自相关函数如图11.8所示。自相关函数可以分解为函数的衰减和函数的振荡分量两个部分。函数的衰减表明相关性随l的增大而减小，反映了轮廓随机分量的变化情况；函数的振荡分量反映了表面轮廓周期性变化因素。

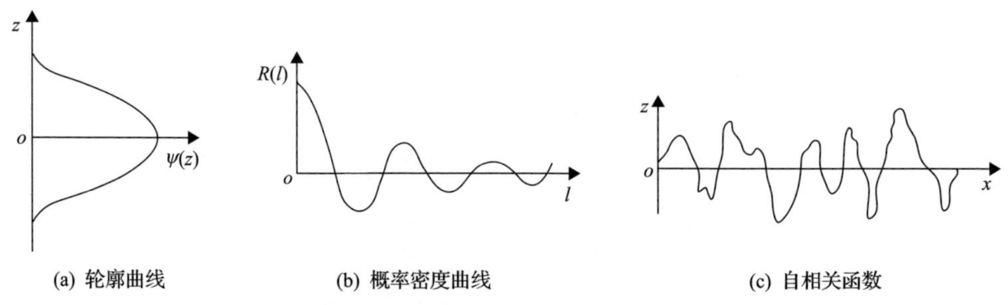

(a) 轮廓曲线　　(b) 概率密度曲线　　(c) 自相关函数

图 11.8　典型轮廓曲线概率密度分布函数及其自相关函数

实际粗糙表面的自相关函数计算需要大量的数据。为实现简化的目的，通常将随机分量表示为指数关系衰减，振荡分量表示为三角函数波动。对于粗加工表面，振荡分量是主要组成部分，而对于精加工表面，随机分量是主要组成部分。

自相关函数对研究表面形貌的变化十分重要，任何表面形貌的特征都可以采用高度分布概率密度函数$\psi(z)$和自相关函数$R^*(l)$这两个参数来描述。

11.2.3　表面形貌的三维分形参数

采用统计学模型描述粗糙表面的接触特性具有一定的局限性，如描述表面高度分布的统计学参数高度标准差R_q、倾斜度S_k和峭度K等都明显地受仪器分辨率的影响，同时还与取样长度有关。因此，在一定的测量条件下得到的统计学表面参数只能反映与仪器分辨率及采样长度有关的粗糙度信息，而不能反映表面粗糙度的全部信息。与统计学参数相比，表面分形参数具有自相似和尺度独立的特性，更能从本质上描述粗糙表面的特征[1-3]。

实际工程表面是由大量不同尺度的表面粗糙度交互叠加而成，当对表面反复放大后，能观察到越来越多的表面粗糙度细节，可以达到纳米尺度，而且这些被

放大的表面粗糙度细节都具有自仿射特性，如图 11.9 所示。轮廓在不同尺度上呈现的相似性属于统计自仿射特性，可以采用分形方法描述。分形方法采用与尺度无关的参数来表征粗糙表面，并在所有尺度下展现具有分形行为的表面结构信息，根据一个尺度下的测量结果可以预测分形区间内所有尺度下的表面特征。

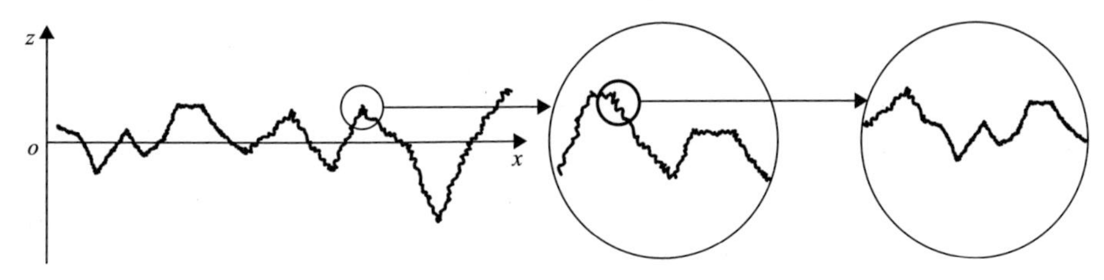

图 11.9　粗糙表面自仿射特性示意图

分形表面的结构函数和功率谱密度函数均服从幂函数关系，可以采用 Ganti-Bhushan 模型表示[1]

$$S(\tau) = G\eta^{2D-3}\tau^{4-2D} \tag{11.11}$$

$$P(\omega) = \frac{\Gamma(5-2D)\sin\left[\pi(2-D)\right]}{2\pi}\frac{G\eta^{2D-3}}{\Omega^{5-2D}} \tag{11.12}$$

式中，D 为分形维数；G 为分形粗糙度。

D 和 G 是描述表面粗糙度的分形参数，其值与测量仪器无关，对每个表面是唯一的。对于粗糙表面轮廓，参数 D 的变化范围为 1～2，主要与频率谱的相对变化有关，而参数 G 取决于所有频率的幅度。表面分形维数 D 的物理意义是粗糙表面所占据的空间程度大小，D 值越大对应于越密集的表面形态（更光滑的表面形貌）。表面分形粗糙度 G 是高度尺度参数，G 值越大对应于越粗糙的表面形貌。

具有分形特征的粗糙表面的轮廓曲线可以用 Weierstrass-Mandelbrot 函数（W-M 函数）表征，它是分形接触模型的研究基础，其数学表达式为[3]

$$z(x) = G^{D-1}\sum_{n=n_l}^{n_{\max}}\gamma^{-(2-D)n}\cos\left(2\pi\gamma^n x\right),\quad 1<D<2,\gamma>1 \tag{11.13}$$

式中，D 为分形维数，D 定量地反映表面轮廓在所有尺度上的不规则性和复杂程度（$1<D<2$）；G 为分形粗糙度；γ（$\gamma>1$）为缩放参数，对于服从正态分布的随机表面，γ=1.5 较符合高频谱密度和相位随机的情况；γ^n 表示随机轮廓的空间频率，即决定表面粗糙度的频谱；n_l 是与轮廓曲线结构的最低截止频率相对应的序数，表面轮廓是非平稳随机过程，最低截止频率与样本长度 L 相关，可由 $\gamma^{n_l}=1/L$ 确定。

从式（11.13）可以看出，轮廓曲线谱由 D、G 和 n_l 决定。D 和 G 可以用 W-M

函数的功率谱估算得到，即

$$S(\Omega)=\frac{G^{2(D-1)}}{2\ln\gamma}\frac{1}{\Omega^{5-2D}} \tag{11.14}$$

式中，ω 为频率，即粗糙度波长的倒数。

在双对数坐标中，式(11.14)为一条直线，直线的斜率与分形维数 D 有关，直线的截距与分形粗糙度 G 有关。因此，与统计学参数不同，W-M 函数的分形参数 D、G 均与频率无关，是尺度独立的。W-M 函数生成的粗糙表面轮廓曲线及其局部放大图如图 11.10 所示。其中，D=1.6，G=10^{-11}m，L=1μm，γ=1.5。可以看出，

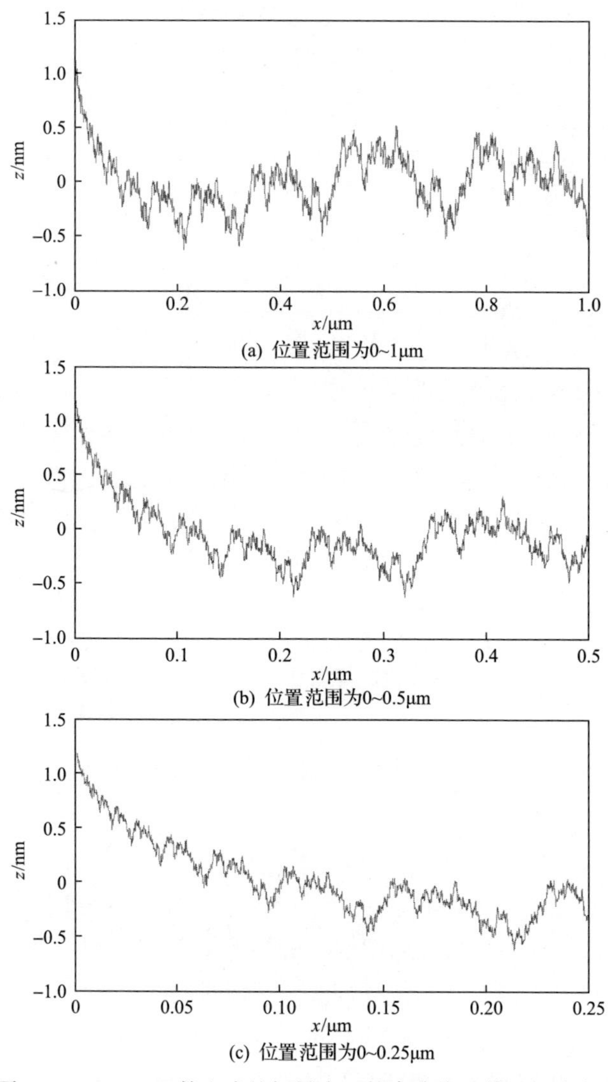

图 11.10　W-M 函数生成的粗糙表面轮廓曲线及其局部放大图

不同放大倍数下的轮廓曲线结构具有自仿射相似性，且处处连续但处处不可导，具有无限的细节特征。

各向同性三维分形表面的修正两参数 W-M 函数为[4]

$$z(x,y)=L\left(\frac{G}{L}\right)^{D-2}\left(\frac{\ln\gamma}{M_{\mathrm{rl}}}\right)^{\frac{1}{2}}\sum_{m=1}^{M}\sum_{n=0}^{n_{\max}}\gamma^{(D-3)n}\cdot\left\{\cos\phi_{m,n}-\left[\frac{2\pi\gamma^{n}(x^{2}+y^{2})^{1/2}}{L}\cos\left(\arctan\frac{y}{x}-\frac{\pi m}{M_{\mathrm{rl}}}\right)+\phi_{m,n}\right]\right\} \tag{11.15}$$

式中，D 为表面分形维数（$2<D<3$）；G 为表面分形粗糙度；L 为样本长度；M_{rl} 为生成分形表面的脊线数量；n 为频率因子；$n_{\max}=\mathrm{int}[\lg(L/L_{\mathrm{s}})/\lg\gamma]$，$L_{\mathrm{s}}$ 为截断长度；$\gamma(\gamma>1)$ 为缩放参数；$\phi_{m,n}$ 为$[0,2\pi]$内的随机相位。

采用修正两参数 W-M 函数生成的 0.9μm×0.9μm 不同表面粗糙度的三维分形粗糙表面如图 11.11 所示[5]。可以看出，对相同的表面分形粗糙度 G，增大分形维数 D 的表面形貌更光滑。

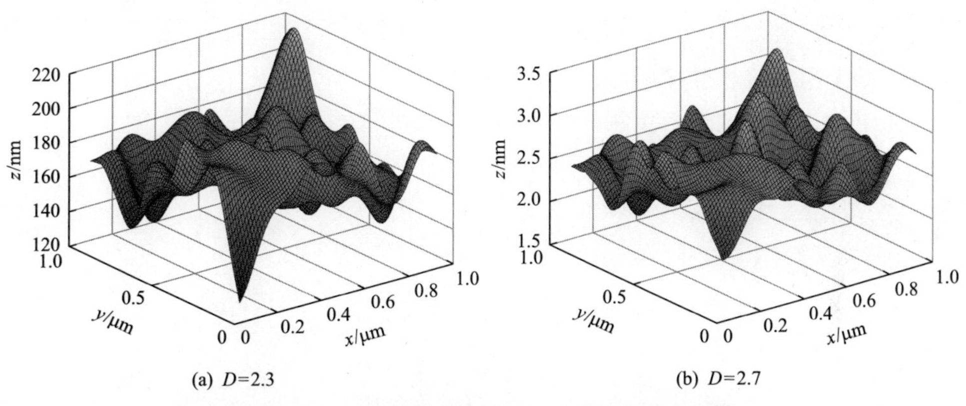

(a) D=2.3　　(b) D=2.7

图 11.11　不同表面粗糙度的三维分形粗糙表面[5]

$L_{\mathrm{s}}=1.5\times10^{-7}$m；$M_{\mathrm{rl}}=11$；$\gamma=1.5$；$G=1.36\times10^{-11}$m

11.2.4　粗糙接触界面

由于表面粗糙度的影响，两个表面的实际接触发生在离散的粗糙微凸体上，实际接触面积远小于名义接触面积。两个粗糙表面接触时，有大量形状各异、尺寸不同的微凸体相互挤压。为了简化分析，通常把表面微凸体的形状近似为球体，两个表面的接触近似为一系列高低不平的球体相互接触。

1. 单峰接触

粗糙表面接触模型的基本组成单元可采用 Hertz 球体接触模型进行描述，即假设粗糙表面每个粗糙体具有球体的几何形状且接触符合 Hertz 弹性接触理论。两个弹性体的接触可以等效为具有当量曲率半径 R 和等效弹性模量 E^* 的弹性球体与刚性光滑平面的接触，如图 11.12 所示[6]。

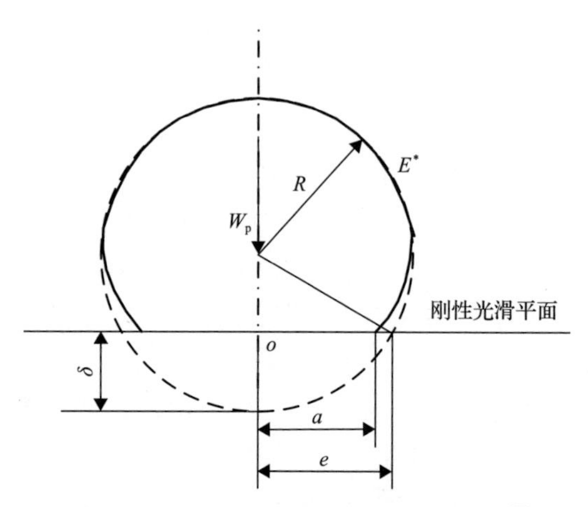

图 11.12　弹性球体与刚性光滑平面接触[6]

a. 接触区半径；e. 变形前的几何接触半径；E^*. 等效弹性模量；R. 当量曲率半径；W_p. 载荷；δ. 法向变形

当两个粗糙峰相互接触时，在载荷 W_p 作用下产生法向变形 δ。根据 Hertz 弹性接触理论，接触变形、接触区半径及载荷-变形关系的表达式为

$$\delta = \left(\frac{9W_p^2}{16E^{*2}R} \right)^{\frac{1}{3}} \tag{11.16}$$

$$a = \left(\frac{3W_p R}{4E^*} \right)^{\frac{1}{3}} \tag{11.17}$$

$$W_p = \frac{4}{3} E^* R^{\frac{1}{2}} \delta^{\frac{3}{2}} \tag{11.18}$$

根据式(11.16)～式(11.18)，可得 $a^2=R\delta$。实际接触面积为

$$A = \pi a^2 = \pi R\delta \tag{11.19}$$

根据几何关系，得到

$$e^2 = R^2 - (R-\delta)^2 = 2R\delta - \delta^2 \approx 2R\delta \tag{11.20}$$

几何接触面积为

$$A_e = \pi e^2 = 2\pi R\delta = 2A \tag{11.21}$$

因此，单个粗糙峰在弹性接触时的实际接触面积为几何接触面积的一半。

2. 粗糙表面统计接触模型

实际粗糙表面的各个微凸体具有不同的高度。对于粗糙表面的统计模型，高度分布采用概率密度分布函数表征，因而接触的微凸体个数也根据概率计算。当光滑平面与粗糙表面接触时，光滑平面与粗糙基准面之间的距离为 d_{sr}，则原来轮廓高度 $z > d_{sr}$ 的微凸体将与光滑平面接触。高度为 z 的微凸体的接触概率为

$$P(z > h) = \int_h^{\infty} \psi(z)\mathrm{d}z \tag{11.22}$$

设单位名义面积内的微凸体个数为 n，则参与接触的微凸体个数 m 为

$$m = n\int_h^{\infty} \psi(z)\mathrm{d}z \tag{11.23}$$

各个微凸体的法向变形量为 $z - d_{sr}$。由式(11.19)得到实际接触面积 A 为

$$A = m\pi R(z - d_{sr}) = n\pi R\int_h^{\infty} (z - d_{sr})\psi(z)\mathrm{d}z \tag{11.24}$$

接触微凸体的总载荷 W 为

$$W = \frac{4}{3}nE^* R^{\frac{1}{2}}\int_h^{\infty} (z - d_{sr})^{\frac{3}{2}}\psi(z)\mathrm{d}z \tag{11.25}$$

实际表面微凸体峰高的分布接近于高斯分布，而高斯分布上部的十分之一处接近于指数分布。若令 $\psi(z) = \exp(-z/\sigma)$，则有

$$\begin{cases} m = n\sigma\exp\left(-\dfrac{h}{\sigma}\right) \\ A = \pi nR\sigma^2\exp\left(-\dfrac{h}{\sigma}\right) \\ W = \dfrac{4}{3}nE^* R^{\frac{1}{2}}\sigma^{\frac{3}{2}}\exp\left(\dfrac{h}{\sigma}\right) \end{cases} \tag{11.26}$$

则有

$$\begin{cases} W = C_1 A \\ W = C_2 m \end{cases} \tag{11.27}$$

从式(11.27)可以看出，实际接触面积与载荷之间的关系不仅取决于变形形式，还取决于表面轮廓的分布。在弹性接触状态，非常轻微的接触情况下，实际接触面积和接触微凸体的个数均与载荷呈线性关系。

3. 粗糙表面分形接触模型

最早将分形几何引入工程领域的是 Majumdar 等[7]，他们对钢表面和薄油膜磁盘的粗糙体进行研究，并在各种放大倍数下观察到了相似的表面形态，表面粗糙度可以采用 W-M 函数进行描述[8]。而最早采用分形函数描述粗糙表面形貌并进行接触分析的是 Majumdar 和 Bhushan(M-B 分形接触模型)[9]。

1) M-B 分形接触模型

将两个粗糙表面之间的接触等效为 W-M 分形粗糙表面与理想刚性平面之间的接触，如图 11.13 所示。单个微凸体与刚性光滑平面的接触如图 11.14 所示。式(11.13)中，令 n=1，接触变形前的单个微凸体的形貌为

$$z(x)=G^{D-1}l^{2-D}\cos\left(\frac{\pi x}{l}\right),\quad -\frac{2}{l}<x<\frac{2}{l} \tag{11.28}$$

则分形表面微凸体顶端的曲率半径为

$$R=\left|\frac{1}{\left[\dfrac{\mathrm{d}^2z(x)}{\mathrm{d}x^2}\right]_{x=0}}\right|=\frac{a^{D/2}}{\pi^2G^{D-1}} \tag{11.29}$$

当微凸体顶端的变形量大于临界变形量时，变形由弹性变形转变为塑性变形。单个微凸体的临界变形量、临界接触面积及弹性载荷分别为

$$\delta_{\mathrm{c}}=\left(\frac{\pi^2K\phi}{2}\right)^2R \tag{11.30}$$

$$a_{\mathrm{c}}=\frac{G^2}{\left(\dfrac{K\phi}{2}\right)^{\frac{2}{D-1}}} \tag{11.31}$$

$$f_{\mathrm{c}}=\frac{4\sqrt{\pi}E^*G^{D-1}a^{\frac{3-D}{2}}}{3} \tag{11.32}$$

式中，E^*为等效弹性模量；K 与硬度 H 的关系为 $H=K\sigma_{\mathrm{y}}$，σ_{y} 为材料的屈服强度；$\phi=\sigma_{\mathrm{y}}/E^*$为材料的特性参数。

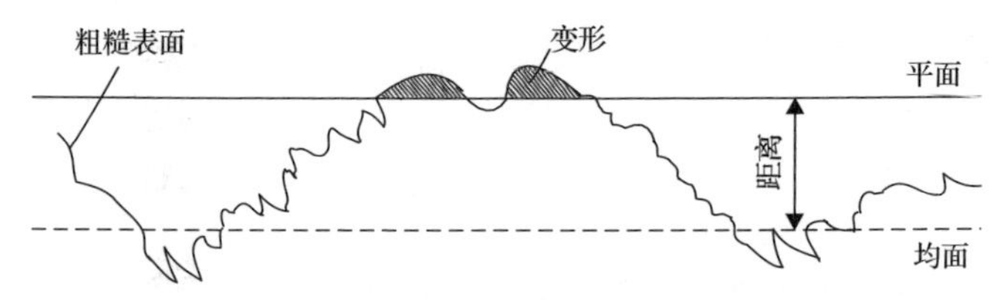

图 11.13　W-M 分形粗糙表面与理想刚性平面接触示意图

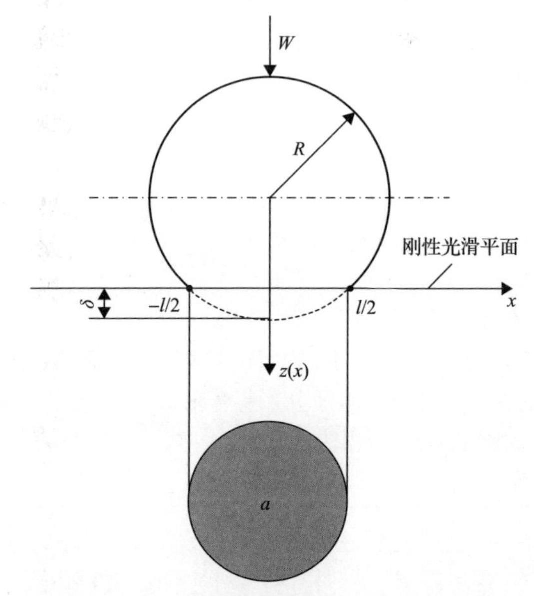

图 11.14　单个微凸体与刚性光滑平面的接触

a. 接触点的面积；l. 微凸体的接触长度；R. 微凸体顶端的曲率半径；W. 载荷；δ. 微凸体顶端的变形量

从式(11.30)可以看出,微凸体临界变形量 δ_c 与微凸体顶端的曲率半径 R 有关。从式(11.31)可以看出，临界接触面积 a_c 仅与分形参数和材料特性参数有关，而与微凸体的大小无关，是尺度独立的。弹性载荷与真实接触面积之间的关系为 $p_c(a) \propto a^{(3-D)/2}$，由于 $1<D<2$，即接触面积与载荷之间的关系介于 $a \propto f$ 与 $a \propto f^2$ 之间。当单个微凸体的接触面积 $a<a_c$ 时，$\delta>\delta_c$，微凸体接触处发生塑性变形；当 $a>a_c$ 时，$\delta<\delta_c$，微凸体接触处发生弹性变形。即小接触点发生塑性变形，大接触点发生弹性变形。

然而在粗糙表面的 G-W 统计模型中，假设微凸体顶端的曲率半径 R 为常数，与接触点的面积无关，因此临界变形量 δ_c 也为常数，即接触点面积较小时因变形量小而为弹性变形，接触点面积较大时因变形量大而为塑性变形。虽然基于粗糙表面分形模型得到的结论与 G-W 统计模型得出的结论正好相反，但它一直被后来的研究者采用。

假设粗糙表面接触点的面积分布密度函数与海洋面上的岛屿面积分布密度函

数相似，a_1为最大接触点的面积且数量为 1，则面积大于 a 的微凸体的总数为

$$N(A > a) = \left(\frac{a_1}{a}\right)^{\frac{D}{2}} \tag{11.33}$$

对式(11.33)进行微分即可得到接触点的面积尺寸分布为

$$n(a) = \frac{D}{2}\frac{a_1^{\frac{D}{2}}}{a^{\frac{D}{2}+1}} \tag{11.34}$$

整个接触范围内总的真实接触面积为

$$A_{\mathrm{r}} = \int_0^{a_1} n(a) a \mathrm{d}a = \frac{D}{2-D} a_1 \tag{11.35}$$

2) M-B 分形接触修正模型

由于 M-B 分形接触模型中关于微凸体实际接触面积等于最大微凸体接触截面积的假设条件欠合理，通过对 M-B 分形接触模型进行修正，将实际接触面积 a 与微凸体接触面积 a'进行区分，如图 11.15 所示[4]。

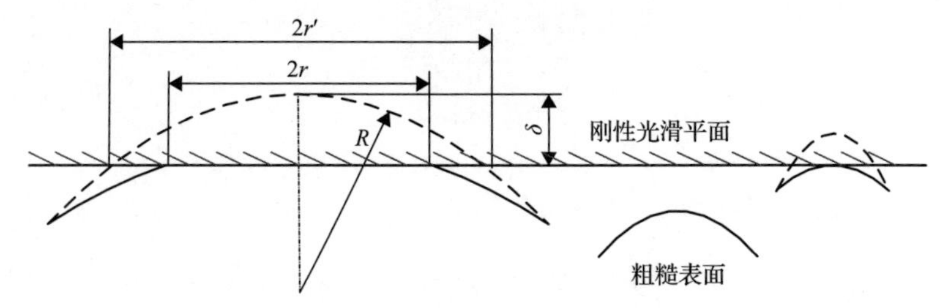

图 11.15　M-B 分形接触修正模型的接触示意图[4]

r. 微凸体的接触半径；r'. 微凸体接触截面积的半径

微凸体接触面积与实际接触面积关系为

$$a' = \pi r'^2 = 2\pi r^2 = 2a \tag{11.36}$$

式(11.15)中，令 n=1，则修正后的单个微凸体的三维表面形貌为

$$z(x) = G^{D-2}(\ln\gamma)^{1/2}(2r')^{3-D}\left[\cos\phi_{1,n} - \cos\left(\frac{\pi x}{r'} - \phi_{1,n}\right)\right], \quad -r' < x < r' \tag{11.37}$$

式中，$2<D<3$。

具有三维分形形貌的单个微凸体的临界变形量、临界接触面积和弹性载荷分别为

$$\delta_c = \frac{9(a')^{\frac{D-1}{2}}}{2^{7-D}\pi^{\frac{D-5}{2}}G^{D-2}(\ln\gamma)^{\frac{1}{2}}}\left(\frac{H}{E}\right)^2 \tag{11.38}$$

$$a_c' = \left[\frac{2^{11-2D}}{9\pi^{4-D}}G^{2D-4}\left(\frac{E}{H}\right)^2\ln\gamma\right]^{\frac{1}{D-2}} \tag{11.39}$$

$$f_c(a) = \frac{2^{\frac{11-2D}{2}}}{3\pi^{\frac{4-D}{2}}}(\ln\gamma)^{1/2}G^{D-2}E(a')^{\frac{4-D}{2}} \tag{11.40}$$

从式(11.39)可以看出，临界接触面积 a_c' 仅与分形参数和材料特性参数有关，而与微凸体的大小无关，是尺度独立的。三维分形曲面单个微凸体的弹性载荷与真实接触面积之间的关系为 $f_c(a)\propto(a')^{(4-D)/2}$，由于 $2<D<3$，接触面积与载荷之间的关系介于 $a\propto f$ 与 $a\propto f^2$ 之间。

面积 A 超过一定值 a 的微凸体的总数 N 与 a 之间的关系为

$$N(A>a) = qa^{\frac{-D}{2}} \tag{11.41}$$

式中，q 为比例系数。

此时，接触点的面积尺寸分布为

$$n(a) = \frac{D}{2}qa^{-\frac{D}{2}+1} \tag{11.42}$$

总的真实接触面积为

$$A_r = \int_0^{a_1} n(a)a\mathrm{d}a = \frac{D}{2-D}qa_1^{\frac{2-D}{2}} \tag{11.43}$$

参 考 文 献

[1] Ganti S, Bhushan B. Generalized fractal analysis and its applications to engineering surfaces[J]. Wear, 1995, 180(1-2): 17-34.

[2] Zhai W Z, Narasimalu S, Ling B K. Carbon nanomaterials in tribology[J]. Carbon, 2017, 119: 150-171.

[3] Pawlus P, Reizer R, Wieczorowski M. A review of methods of random surface topography modeling[J]. Tribology International, 2020, 152: 106530.

[4] Yan W, Komvopoulos K. Contact analysis of elastic–plastic fractal surfaces[J]. Journal of Applied Physics, 1998, 84(7): 3617-3624.

[5] 肖会芳, 邵毅敏, 周晓君. 非连续粗糙多界面接触变形和能量损耗特性研究[J]. 振动与冲击, 2012, 31(6): 83-89.

[6] Johnson K L. Contact Mechanics [M]. Cambridge: Cambridge University Press, 1985.

[7] Majumdar A, Tien C L. Fractal characterization and simulation of rough surfaces[J]. Wear, 1990, 136(2): 313-327.

[8] Majumdar A, Bhushan B. Fractal model of elastic-plastic contact between rough surfaces[J]. Journal of Tribology, 1991, 113(1): 1-11.

[9] Majumdar A, Bhushan B. Role of fractal geometry in roughness characterization and contact mechanics of surfaces [J]. Journal of Tribology, 1990, 112(2): 205-216.

第 12 章　界面接触刚度与阻尼

界面的动力学特性直接取决于界面的刚度和阻尼。本章主要对描述粗糙界面单峰接触的球-平面界面的接触刚度、粗糙界面接触刚度和基于回复力特性的接触界面阻尼模型辨识方法进行介绍。

12.1　球体接触刚度

接触刚度是在外力作用下界面抵抗接触变形的能力，定义为单位载荷作用下界面的变形量，其表达式为

$$K = \frac{\mathrm{d}W}{\mathrm{d}\delta} \tag{12.1}$$

根据 Hertz 弹性接触理论，图 11.14 中弹性球与刚性平面接触模型的法向载荷 W 与接触区法向变形 z 之间的关系为

$$W(z) = kz^{\frac{3}{2}}, \quad z \geqslant 0 \tag{12.2}$$

式中，k 为与材料属性和接触区几何形状相关的系数。

对材料属性相同的弹性球与接触平面，球-双平面接触模型的系数 k 为[1]

$$k = \frac{E}{3(1-\nu^2)}\sqrt{\frac{R}{2}} \tag{12.3}$$

式中，E 为弹性模量；R 为球的半径；ν为泊松比。

界面的刚度为

$$K(z) = \frac{3}{2}kz^{\frac{1}{2}}, \quad z \geqslant 0 \tag{12.4}$$

12.2　粗糙界面接触刚度

粗糙表面形貌可以采用分形几何模型来描述，基于粗糙表面的分形模型，得出粗糙界面分形模型刚度表达式。

12.2.1　分形模型刚度表达式

根据式(11.40)，三维分形形貌的单个微凸体的弹性载荷为

$$f(a')=\frac{2^{\frac{11-2D}{2}}}{3\pi^{\frac{4-D}{2}}}(\ln\gamma)^{\frac{1}{2}}G^{D-2}E(a')^{\frac{4-D}{2}} \tag{12.5}$$

则单个微凸体的弹性接触刚度为

$$K(a')=\frac{\mathrm{d}f(a')}{\mathrm{d}a'}\frac{\mathrm{d}a'}{\mathrm{d}\delta}=\frac{4}{3\sqrt{2\pi}}E\left(\frac{4-D}{3-D}\right)(a')^{\frac{1}{2}} \tag{12.6}$$

实际粗糙表面微接触点的面积分布密度函数为

$$n(a')=\frac{D}{2}(a_1')^{\frac{D}{2}}(a')^{\frac{-(D+2)}{2}} \tag{12.7}$$

则粗糙表面总的法向弹性接触刚度为

$$K_{\mathrm{n}}=\int_{a_{\mathrm{c}}'}^{a_1'}K(a')n(a')\mathrm{d}a' \tag{12.8}$$

式中，a_1' 为微凸体最大截面积。

将式(12.6)和式(12.7)代入式(12.8)，可得粗糙表面总的法向弹性接触刚度为

$$K_{\mathrm{n}}=\frac{4(D-1)(4-D)}{3\sqrt{2\pi}(3-D)(D-2)}E\left[a_{\mathrm{c}}^{\frac{2-D}{2}}(a_1')^{\frac{D}{2}}-(a_1')^{\frac{1}{2}}\right] \tag{12.9}$$

12.2.2　有限元法求解刚度表达式

三维粗糙界面的接触刚度还可以通过建立具有不同表面形貌的三维接触界面模型，采用有限元法，求解位移载荷作用下的弹性接触反力，绘制力-变形曲线，曲线的斜率即为界面的接触刚度。计算步骤如下[2]：

(1)采用式(11.15)所示的修正两参数 W-M 函数生成粗糙三维分形表面形貌，并导出三维表面形貌数据点文件。

(2)将生成的表面形貌数据点导入几何建模软件，生成粗糙三维分形表面形貌几何模型。

(3)利用粗糙三维分形表面形貌几何模型，建立三维粗糙体-刚性平面接触模型，并进行有限元网格划分、单元类型设置、接触设置、材料属性参数设置、边界条件设置等。

(4)将刚性平面设置为全约束，在三维粗糙体上施加位移载荷，记录输出三维表面形貌与刚性平面接触力，绘制力-变形曲线。

12.2.3　算例

用于分析计算的粗糙界面有限元计算模型如图 12.1 所示。三维金属板用 SOLID185 单元离散，SOLID185 单元的每个节点具有 3 个方向的平动自由度。金属板与刚性平面之间建立接触对，接触对通过点-面接触单元对 TARGE170 和 CONTA175 进行识别[3]。接触单元 CONTA175 覆盖在金属板的接触表面，用来描述变形体的边界条件，并与目标单元 TARGE170 进行接触。刚性表面进行全约束，金属板的上表面节点仅具有 z 方向的自由度，位移载荷施加在金属板的上表面节点，通过求取刚性平面的反力，得到金属板与刚性平面之间的接触力。

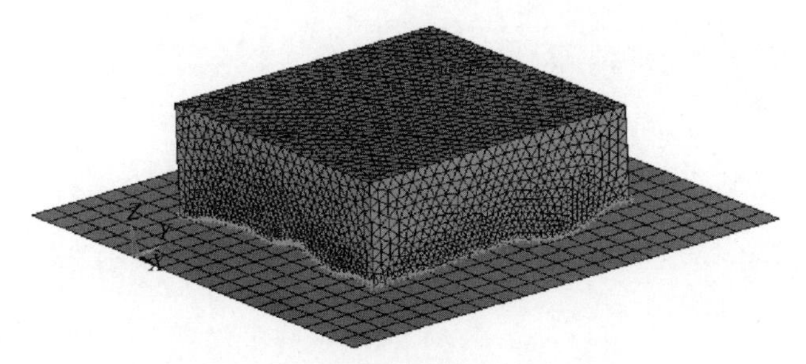

图 12.1　粗糙界面有限元计算模型

$D=2.4$；$G=1.36\times10^{-12}$m；$L=9\times10^{-7}$m；$L_s=1\times10^{-9}$m；$M=11$；$\gamma=1.5$

在计算过程中，每个载荷步包含多个载荷子步，使得位移载荷被逐渐施加在金属板上，从而使金属板与刚性平面缓慢地接触和分离，最大载荷步和最小载荷步分别设置为 400 和 50。接触算法采用增广拉格朗日算法，力的收敛准则设为 0.001。

1. 接触力-变形关系曲线

为了得到无量纲接触刚度，对施加的位移载荷和计算得到的接触反力进行无量纲化，即 $f_n=F_n/E'A_0$，$\delta=z/L$，其中名义接触面积 $A_0=L^2$，L 为样本长度；复合弹性模量 $E'=E/(1-\nu^2)$。计算采用的材料参数为弹性模量 E=200GPa，泊松比 ν=0.3。接触表面具有不同粗糙度参数时的力-变形曲线如图 12.2 所示。

从图 12.2 可以看出，对于平面接触，接触力随着变形几乎呈线性递增。对于粗糙界面，界面的接触力随变形呈非线性增加，接触刚度为非线性；在初始接触阶段，刚度几乎为 0(曲线的斜率几乎为 0)；随着接触过程的进行，接触刚度逐渐增大(曲线的斜率逐渐增大)；不同表面粗糙度界面的非线性有所差异，即粗糙度较大的界面(较小的 D 值或较大的 G 值)具有更强的非线性(曲线斜率的变化更剧烈)；但是在相同位移载荷下，粗糙度较小界面的接触力大于粗糙度较大的界面。

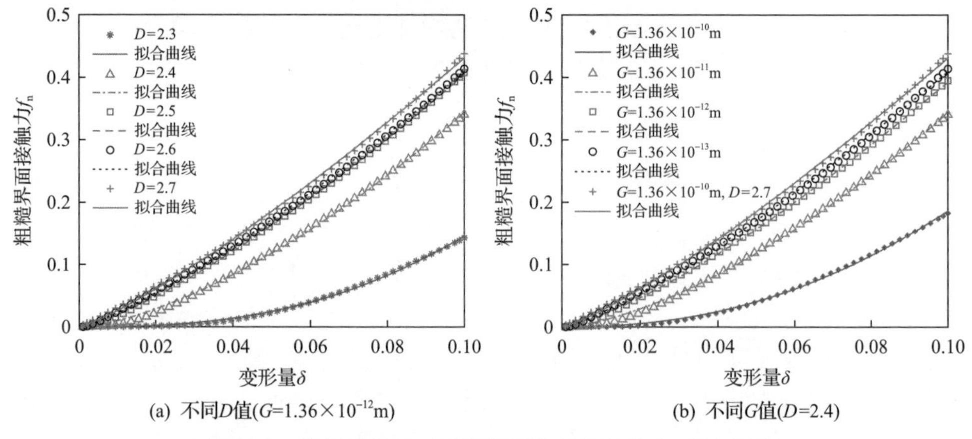

(a) 不同D值(G=1.36×10^{-12}m)　　(b) 不同G值(D=2.4)

图 12.2　接触表面具有不同粗糙度参数时的力-变形曲线

同时, 随着界面粗糙度的减小(D 值增加或 G 值减小), 粗糙界面接触的力-变形关系趋近于平面接触。

2. 接触力-变形关系表达式

不同表面形貌界面的接触力与变形关系可用指数函数表示为

$$f_n(\delta) = k\delta^{n_k} \tag{12.10}$$

式中, k 为系数; n_k 为刚度指数, 均与界面形貌和界面的材料属性相关。

对 Hertz 球接触, 式(12.10)中的系数 $k = 4E'\sqrt{R}/3$, n_k=3/2, R 为接触体曲率半径。图 12.2 的拟合曲线表明, 式(12.10)能很好地描述粗糙界面的接触力-变形关系, 表达式中的各参数数值如表 12.1 所示。可以看出随着表面粗糙度减小(接触界面更光滑), 参数 k 和 n_k 的数值逐渐减小; 同时, 受表面粗糙度和界面摩擦的影响, 刚度指数 n_k 的范围为[1.17, 2.11], 与 Hertz 球体接触的 n_k=3/2 有所差异。

式(12.10)的力-变形关系对变形求导, 可得到粗糙体的法向接触刚度为 $K(\delta)= kn_k\delta^{n_k-1}$, 其中刚度指数范围为[0.17, 1.11]。

表 12.1　力-变形关系表达式的参数表

D	G/m	R_q/nm	R_a /nm	k	n_k
2.3	1.36×10^{-11}	28.33	25.75	27.08	2.11
2.4	1.36×10^{-11}	11.64	10.58	7.92	1.42
2.5	1.36×10^{-11}	3.57	3.25	5.97	1.26
2.6	1.36×10^{-11}	1.54	1.40	5.15	1.19
2.7	1.36×10^{-11}	0.49	0.44	5.19	1.17
2.4	1.36×10^{-10}	24.20	22.00	24.92	2.02

续表

D	G/m	R_q/nm	R_a /nm	k	n_k
2.4	1.36×10^{-12}	3.54	3.22	6.52	1.29
2.4	1.36×10^{-13}	1.56	1.42	5.52	1.21

12.3　界 面 阻 尼

界面阻尼是指接触体在外激励消失后的自由振动过程中，由于界面本身固有属性引起振动幅度逐渐下降的特性，以及此特性的量化表征。在机械系统中，最常用的阻尼模型是线性黏性阻尼模型，其阻尼回复力 f_d 的大小与接触体相对振动速度的大小成正比，方向相反，表示为

$$f_d = -c\dot{x} \tag{12.11}$$

式中，c 为黏性阻尼系数，N·s/m。

单个球体接触界面可以看成是粗糙界面的基本构成单元。对于球体与刚性平面的接触振动，常用的阻尼模型是线性黏性阻尼模型。但是受接触界面属性、阻尼属性及其他因素的影响，线性黏性阻尼模型在某些情况下难以真实描述其接触力-变形关系。鉴于界面阻尼模型直接影响系统的响应特性，关于界面阻尼模型的准确辨识问题也得到了广泛关注[4-8]。

12.3.1　自由振动响应特征量

典型单自由度自由振动响应示意图如图 12.3 所示。系统在初始激励消失后，

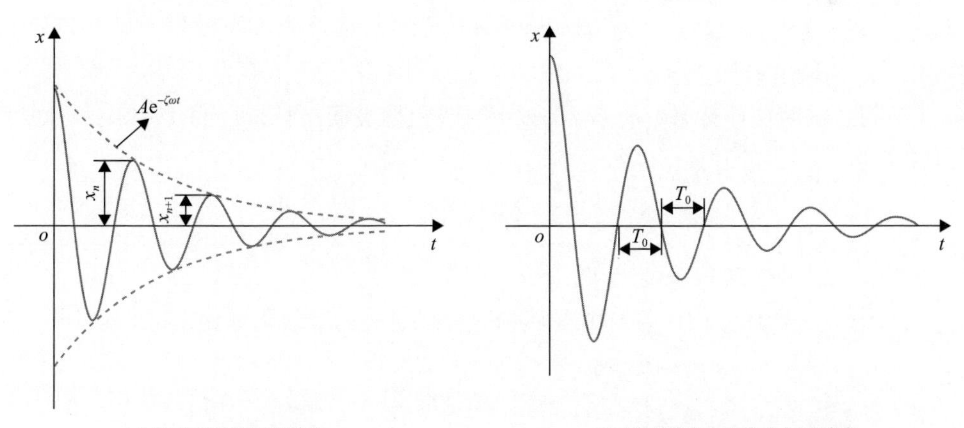

(a) 自由振动振幅包络线　　(b) 典型单自由度自由振动响应

图 12.3　典型单自由度自由振动响应示意图

$Ae^{-\zeta\omega t}$. 自由振动振幅包络线表达式；T_0. 自由振动响应的周期；x_n、x_{n+1}. 自由振动响应的振幅

振幅逐渐减小至零。

描述自由振动响应的特征量包括瞬时频率和等效阻尼比。

1. 瞬时频率

假设系统每个振动周期内的响应为

$$u = \varUpsilon \cos(\varOmega\tau + \varphi) \tag{12.12}$$

$$\varphi = -\arctan\frac{2\zeta\varOmega_t}{1-\varOmega_t^2} \tag{12.13}$$

式中，$\varUpsilon$ 为振幅；ζ 为阻尼比。

每个周期内的瞬时频率为

$$\varOmega_t = \frac{2\pi}{\Delta\tau} \tag{12.14}$$

式中，$\Delta\tau$ 为相邻峰之间的时间间隔。

对弱阻尼系统而言，阻尼自由振动的瞬时频率随振幅的变化关系可以通过无阻尼自由振动系统的频率-振幅关系近似表示。其中，无阻尼自由振动系统以对应的振幅为初始位移，初始速度为 0。无阻尼单自由度自由振动系统固有周期 T_0 的精确解与初始位移的关系为[9]

$$T_0 = 2\sqrt{\frac{n}{2}}\int_{u_{\min}}^{u_{\max}}\frac{\mathrm{d}u}{\sqrt{\frac{1}{n_k+1}(\varUpsilon+1)^{n_k+1}-\varUpsilon+u-\frac{1}{n_k+1}(u+1)^{n_k+1}}} \tag{12.15}$$

式中，n_k 为刚度指数。

对于 Hertz 球体接触，n_k=3/2；对于三维粗糙表面接触，n_k=[1.17, 2.11]。固有频率与周期的关系为 $\varOmega_0 = \dfrac{2\pi}{T_0}$。

2. 等效阻尼比

采用对数衰减公式计算自由振动响应曲线对应的等效阻尼比，即

$$\zeta_k \approx \frac{\delta}{2\pi} = \frac{1}{2\pi}\ln\frac{\varUpsilon_i}{\varUpsilon_{i+1}} \tag{12.16}$$

式中，$\varUpsilon_i$ 为第 i 个振动周期的幅值(i=1,2,3,$\cdots$)；δ 为对数衰减率。

12.3.2　回复力特性与阻尼模型辨识

瞬时频率和等效阻尼比的自由振动响应特征量可用于表征接触系统的阻尼特性，然而对于不同阻尼模型的接触系统，其自由振动响应特征量可能无明显差异，因而无法准确辨识系统的阻尼特性。针对该问题，提出一种基于回复力的接触阻尼模型辨识方法，这种方法被广泛地应用于辨识非线性系统的刚度和阻尼特性[9-11]。本节的阻尼模型辨识方法是基于阻尼回复力与速度之间的关系曲线，对不同的阻尼模型，阻尼回复力-速度关系曲线存在显著差异，因而可准确地辨识不同的阻尼特征。

1. 接触振动动力学模型

球体与刚性平面的接触振动采用图 12.4 所示的单自由度模型描述。假设条件是球体质量中心的位移量与局部接触区域的位移量相同，即球体的变形仅发生在局部接触区域。如图 12.4(b)所示的单自由度模型，系统在静平衡位置附近的自由振动方程为

$$m\ddot{z} + f_{\mathrm{d}}(z,\dot{z}) + K(z + z_{\mathrm{s}})^{\frac{3}{2}} - mg = 0 \tag{12.17}$$

式中，$f_{\mathrm{d}}(z,\dot{z})$ 为与速度和位移相关的非线性阻尼函数；m 为球体质量；z_{s} 为重力作用下的静变形量，$z_{\mathrm{s}} = \left(\dfrac{mg}{K}\right)^{\frac{3}{2}}$。

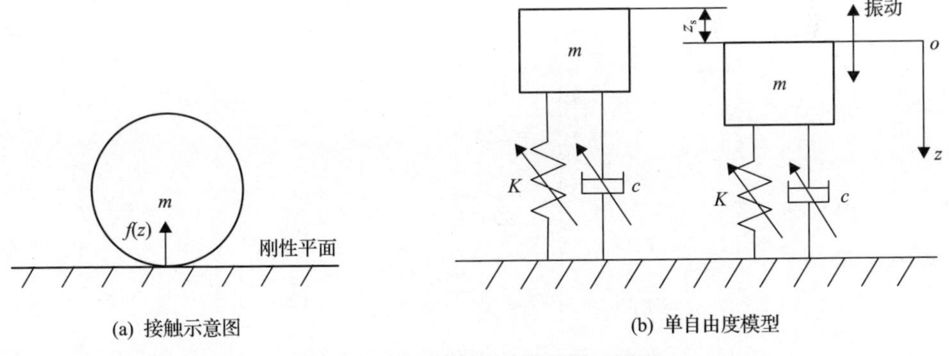

(a) 接触示意图　(b) 单自由度模型

图 12.4　球-刚性平面接触振动模型

界面接触振动阻尼来源于不同的影响因素，包括材料本身的阻尼特性、接触面积外缘的微滑移引起的阻尼、振动表面声辐射引起的阻尼等。假设阻尼函数为

$$f_{\mathrm{d}}(z,\dot{z})=c\left(z+\frac{z}{z_{\mathrm{s}}}\right)^{n_{\mathrm{d}}}\dot{z} \tag{12.18}$$

式中，c 为阻尼系数；n_{d} 为阻尼指数（$n_{\mathrm{d}}\geqslant 0$），用于表征不同的阻尼模型。当 $n_{\mathrm{d}}=0$ 时，对应于线性阻尼模型；当 $n_{\mathrm{d}}=3/2$ 时，对应于与 Hertz 弹性接触力成正比的阻尼模型。

对于式(12.18)，为了保持球体与刚性平面接触，必须满足 $z\geqslant z_{\mathrm{s}}$。

假设接触系统的自由振动由半正弦冲击力激起，激励的特征参数为幅值 F_i 和作用时间 t_0，如图 12.5 所示。在 t_0 时间之后，系统在冲击力产生的初始位移 $z(t_0)=z_0$ 和初始速度 $\dot{z}(t_0)=\dot{z}_0$ 作用下自由振动。

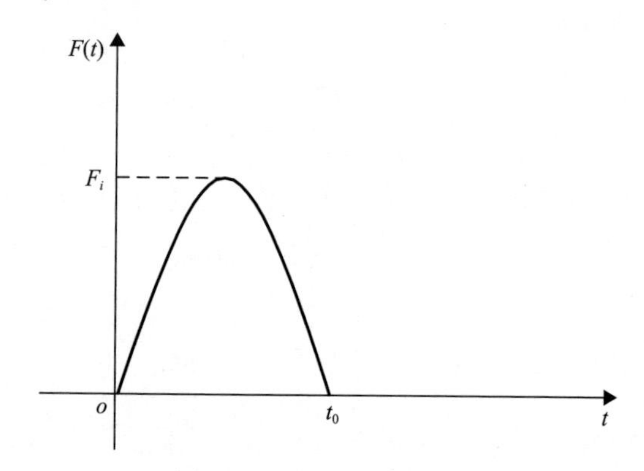

图 12.5　半正弦激励载荷

将式(12.18)所示的阻尼函数表达式代入式(12.17)，并采用如下无量纲位移、无量纲时间、无量纲阻尼比以及线性接触频率参数，对式(12.17)进行无量纲化。

$$\begin{cases} u=\dfrac{z}{z_{\mathrm{s}}} \\ \tau=\varOmega_{\mathrm{s}}t \\ \zeta=\dfrac{c}{2m\varOmega_{\mathrm{s}}} \\ \varOmega_{\mathrm{s}}=\sqrt{\dfrac{3Kz_{\mathrm{s}}^{1/2}}{2m}} \end{cases} \tag{12.19}$$

则式(12.17)对应的无量纲运动方程可表示为

$$u''+2\zeta(u+1)^{n_{\mathrm{d}}}u'+\frac{2}{3}\left[(u+1)^{\frac{3}{2}}-1\right]=0,\quad u\geqslant -1 \tag{12.20}$$

此时，球体与刚性平面保持接触的条件为 $u \geqslant -1$。与图 12.5 对应的无量纲半正弦冲击力为

$$f(\tau)=\begin{cases}\sigma\sin(\Omega_0\tau), & 0\leqslant\tau\leqslant\Omega_s，\ t_0=\tau_0\\ 0, & \tau>\Omega_s，\ t_0=\tau_0\end{cases} \tag{12.21}$$

式中，$\tau_0=\Omega_s t_0$ 为无量纲激励载荷作用时间。

无量纲激励幅值 σ 和无量纲激励频率 Ω_1 分别为

$$\begin{cases}\sigma=\dfrac{F_i}{mg}\\ \Omega_1=\dfrac{\pi}{\Omega_s t_0}\end{cases} \tag{12.22}$$

当 $\tau=\tau_0$ 时，式(12.20)所示的振动系统在式(12.21)所示的激励载荷下的位移和速度响应分别为 $u(\tau_0)=u_0$、$u'(\tau_0)=v_0$，即为自由振动系统的无量纲位移和速度初始条件。

2. 弹性回复力特性

式(12.20)所示振动系统的弹性回复力与位移之间的关系为

$$f_k=\frac{2}{3}(u+1)^{\frac{3}{2}} \tag{12.23}$$

3. 阻尼回复力特性

式(12.20)所示振动系统的阻尼回复力与位移和速度的关系为

$$f_d(u,u')=2\zeta(u+1)^{n_d}u' \tag{12.24}$$

式(12.20)所示运动方程的阻尼回复力为

$$f_d(u,u')=-u''-\frac{2}{3}\left[(u+1)^{\frac{3}{2}}-1\right] \tag{12.25}$$

测取加速度并积分，可得到其振动速度和位移，再代入式(12.25)可以求得阻尼回复力。同时，阻尼回复力具有式(12.24)所示的函数表达式，其未知参数为阻尼比 ζ 和阻尼指数 n_d。若能得到阻尼比 ζ 和阻尼指数 n_d，则能确定阻尼函数的精确表达式。

对阻尼回复力和速度进行归一化处理

$$\begin{cases} R_{\mathrm{fd}} = \dfrac{f_{\mathrm{d}}}{\max\left[\mathrm{abs}(f_{\mathrm{d}})\right]} \\ v = \dfrac{u'}{\max\left[\mathrm{abs}(u')\right]} \end{cases} \tag{12.26}$$

归一化阻尼回复力 R_{fd} 与速度 v 之间的关系曲线示意图如图 12.6 所示。中间的直线经过最大速度点和最小速度点，其斜率为 α_{k}，两切线的斜率分别为 α_{kmax} 和 α_{kmin}。对于不同的阻尼模型，其阻尼回复力-速度曲线的形状存在显著差异，随着阻尼指数不同，切线的夹角逐渐增大，对于线性阻尼，夹角为 0。图 12.6 所示的阻尼回复力-速度曲线即被用于辨识得到未知参数 ζ 和 n_{d}，具体步骤如下：

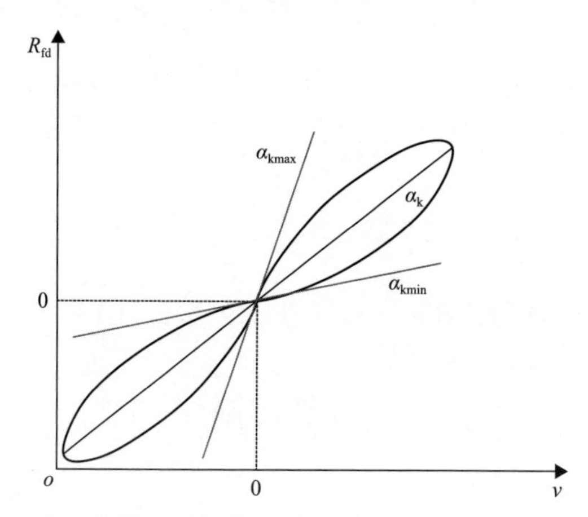

图 12.6　归一化阻尼回复力 R_{fd} 与速度 v 之间的关系曲线示意图

1) 阻尼比

根据阻尼回复力-速度关系曲线，系统估算阻尼比 ζ_{e} 的表达式为

$$\zeta_{\mathrm{e}} = \frac{1}{2}\frac{\max\left[\mathrm{abs}(f_{\mathrm{d}})\right]}{\max\left[\mathrm{abs}(u')\right]}\alpha_{\mathrm{k}} \tag{12.27}$$

式中，$\max[\mathrm{abs}(u')]$为绝对值最大的速度；$\max[\mathrm{abs}(f_{\mathrm{d}})]$为绝对值最大的阻尼回复力；$\alpha_{\mathrm{k}}$ 为图 12.6 所示的归一化阻尼回复力 R_{fd} 与速度 v 关系曲线中间直线的斜率。

2) 阻尼指数

对图 12.6 所示的归一化阻尼回复力 R_{fd} 与速度 v 关系曲线，定义斜率最大的切线与中间直线之间的夹角为 ψ_1，斜率最小的切线与中间直线之间的夹角为 ψ_2，则夹角与直线斜率之间的关系为

$$
\begin{cases}
\tan\psi_1 = \left|\dfrac{\alpha_{\text{kmax}} - \alpha_{\text{k}}}{1 - \alpha_{\text{kmax}}\alpha_{\text{k}}}\right| \\
\tan\psi_2 = \left|\dfrac{\alpha_{\text{kmin}} - \alpha_{\text{k}}}{1 - \alpha_{\text{kmin}}\alpha_{\text{k}}}\right|
\end{cases} \tag{12.28}
$$

对不同的激励频率，绘制夹角 ψ_1、ψ_2 与阻尼指数和激励幅值之间的关系曲线，通过最小二乘法拟合得到曲线的近似表达式。若激励幅值 σ 和激励频率 Ω_1、夹角 ψ_1 或 ψ_2 已知，则可以计算获得阻尼指数。因此，激励幅值 σ 和激励频率 Ω_1、夹角 ψ_1 或 ψ_2 可用于估算阻尼模型的指数大小。

12.3.3　算例

假设不同阻尼模型的球体接触界面系统的阻尼指数 n_{d} 分别 0、1/2、1、3/2，求解式(12.20)所示的自由振动方程，得到系统的自由振动响应。计算采用的阻尼比 ζ=0.005，在激励幅值 σ=0.7、激励频率 Ω_1=1 的冲击载荷作用下，不同阻尼模型的球体接触界面系统的自由振动响应时间序列曲线如图 12.7 所示。可以看出，不同阻尼模型的自由振动响应时间序列曲线并无明显的差异。

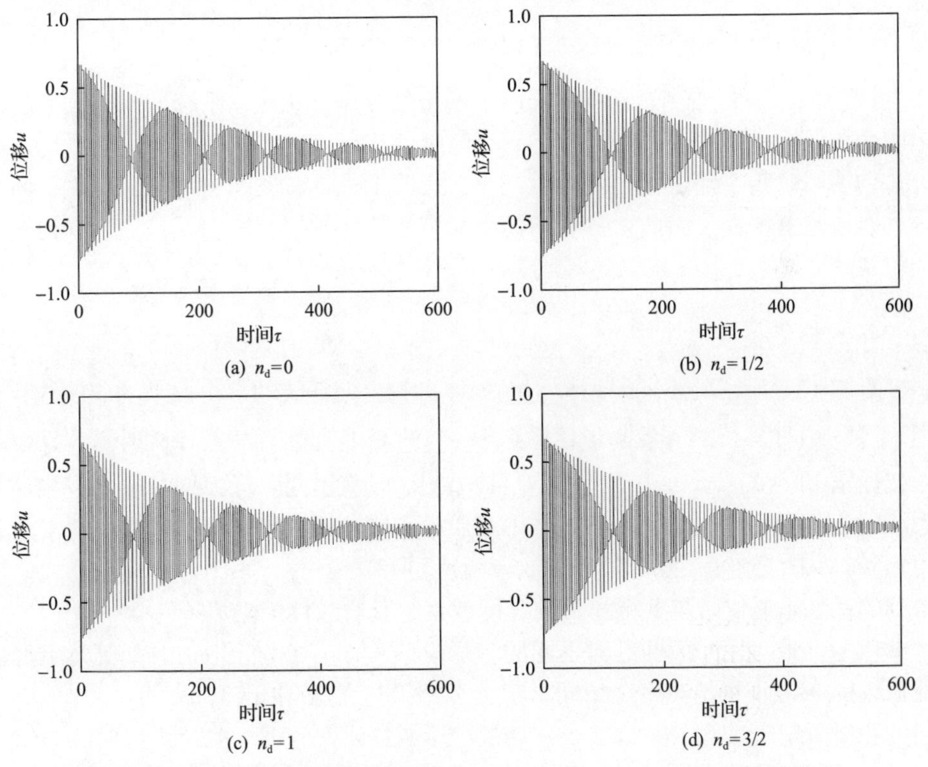

(a) n_{d}=0　(b) n_{d}=1/2　(c) n_{d}=1　(d) n_{d}=3/2

图 12.7　不同阻尼模型的球体接触界面系统的自由振动响应时间序列曲线

1. 瞬时频率响应特性

采用式(12.14)计算图 12.7 所示的不同阻尼模型的球体接触界面系统的自由振动响应得到瞬时频率-振幅关系曲线，采用式(12.15)计算得到瞬时频率-振幅关系精确解，如图 12.8 所示，每隔 8 个周期进行一次取样。

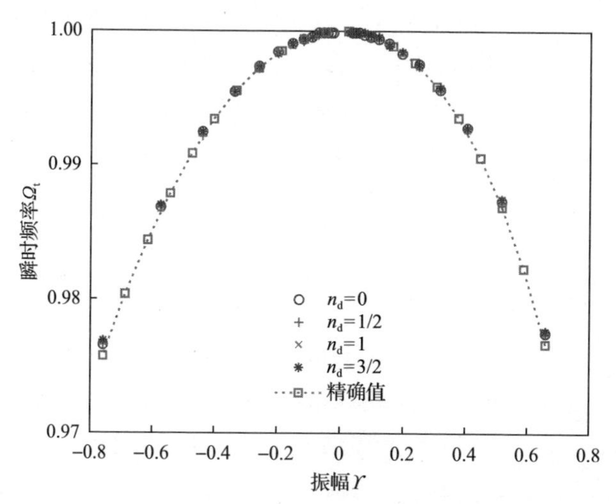

图 12.8　不同阻尼模型的球体接触界面系统的瞬时频率-振幅关系曲线

从图 12.8 可以看出，具有不同阻尼模型的球体接触振动系统的瞬时频率随振幅的变化曲线基本完全相同。瞬时频率最大值为 1，对应于静平衡位置$\Upsilon=0$。系统振动的瞬时频率随振幅的增大而减小，表明系统具有软弹簧特征；反之，系统则具有硬弹簧特征。因此，具有不同阻尼模型的球体接触振动系统均是软弹簧非线性系统。

2. 等效阻尼比特性

对图 12.7 所示的不同阻尼模型的球体接触界面系统的自由振动响应曲线，采用式(12.16)计算得到等效阻尼比随振幅Υ^N的变化关系，如图 12.9 所示，其中归一化振幅$\Upsilon^N=\Upsilon_i/\Upsilon_1$ (i=1,2,3,⋯)。可以看出，具有不同阻尼模型的球体接触界面系统的等效阻尼比均随着振幅的减小而递减。该计算结果表明，对非线性系统而言(非线性来自刚度，或者阻尼，或者两者均为非线性)，采用对数衰减公式估算得到的系统阻尼比是与振幅相关的，即使系统具有线性的阻尼特性。

从图 12.9 还可以看出，对不同的阻尼模型，如 n_d=0 和 n_d=3/2，其等效阻尼比随振幅的变化曲线基本完全相同。该计算结果与文献[12]的结论一致，其采用不同的测试阻尼模型(n_d=0、1/2、1、3/2、2、5/2)计算的自由振动响应曲线与试验测试曲线之间的差异均很小，因而并不能得到准确的阻尼模型表达式。

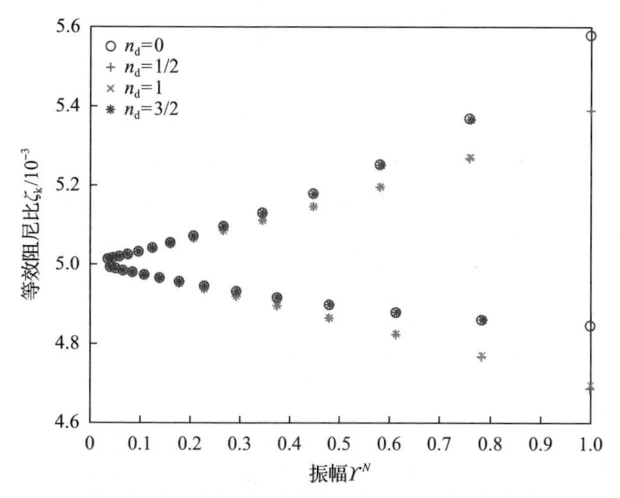

图 12.9　不同阻尼模型的球体接触界面系统的等效阻尼比随振幅的变化关系

对具有恒定阻尼的线性系统，其阻尼比可以通过自由振动响应曲线的峰值对数衰减估算得到。对具有非线性阻尼的线性刚度系统，其阻尼比表达式可以采用移动矩形窗方法通过自由振动响应曲线得到[6]。这两类系统的共同特点是振动频率不随振幅变化，但是对球-平面界面接触非线性系统而言，瞬时频率随振幅变化，如图 12.8 所示。因此，对数衰减公式和移动矩形窗方法并不适用于估算其阻尼比。

3. 弹性回复力特性

对于图 12.7 所示的不同阻尼模型的球体接触界面系统的自由振动响应，弹性回复力-位移关系曲线如图 12.10 所示。为保持接触状态，位移须满足 $u>-1$，因而

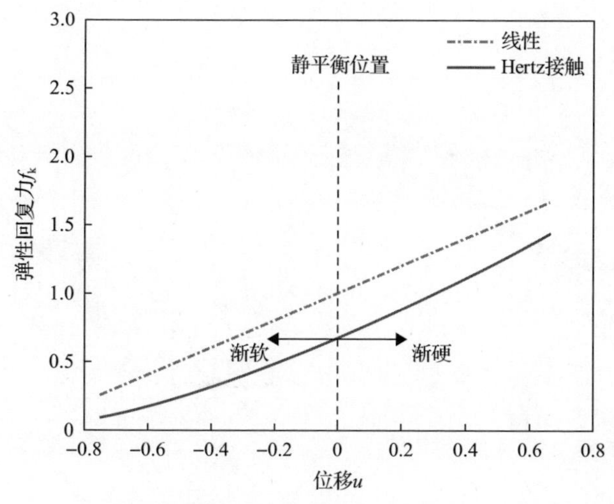

图 12.10　不同阻尼模型的球体接触界面系统的弹性回复力-位移曲线
（激励载荷参数为 σ=0.7 和 Ω_1=1）

弹性回复力 $f_k>0$。

如图 12.10 所示，对在静平衡位置 $u=0$ 附近振动的系统而言，系统为非对称：当位移沿正方向增加时，系统的刚度逐渐增大，为渐硬非线性；当位移沿负方向增加时，系统的刚度逐渐减小，为渐软非线性。图 12.8 所示的瞬时频率-振幅关系曲线表明，对刚度指数为 3/2 的球体接触界面系统，系统的响应特征由渐软行为决定。

4. 阻尼回复力特性

对图 12.7 所示的不同阻尼模型的球体接触界面系统的自由振动响应，其归一化阻尼回复力 R_{fd}-速度 v 关系曲线如图 12.11 所示。从图中可以看出，对不同的阻尼模型，其阻尼回复力-速度曲线的形状存在显著差异，随着阻尼指数 n_d 的增大，切线的夹角逐渐增大；对线性阻尼，夹角为 0。阻尼回复力-速度曲线可用于辨识得到阻尼比 ζ 和阻尼指数 n。

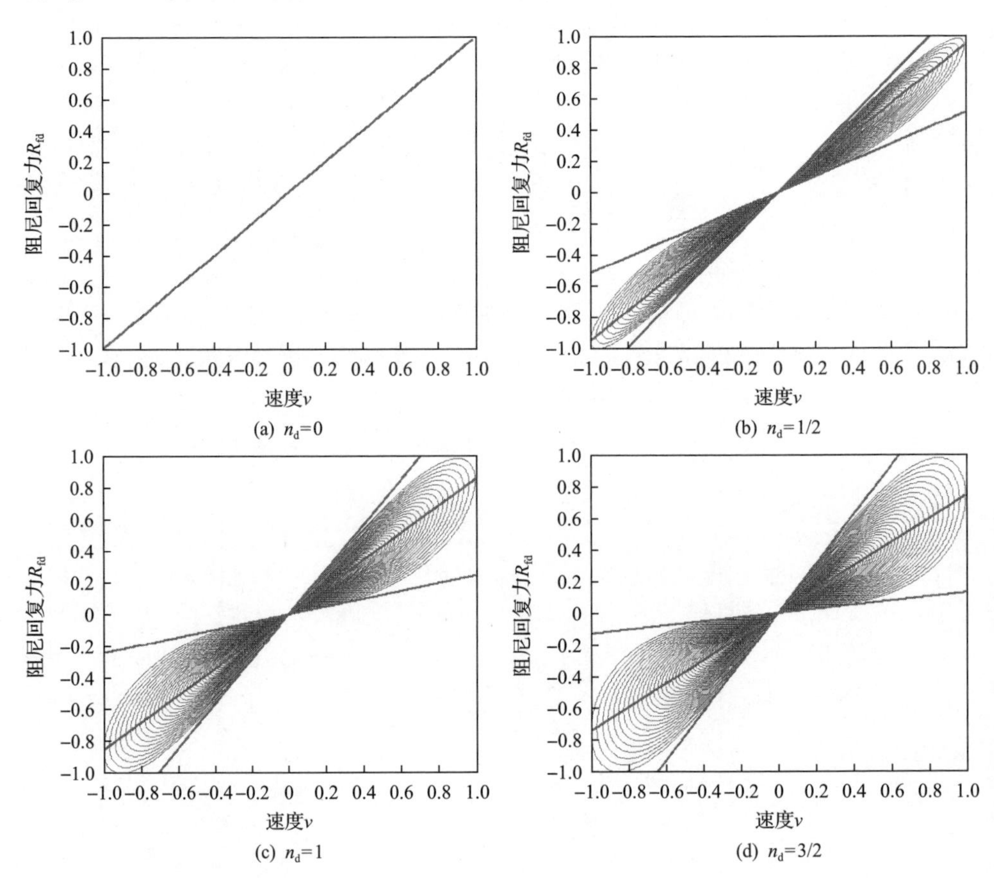

图 12.11　不同阻尼模型的球体接触界面系统的归一化阻尼回复力-速度关系曲线

对不同阻尼模型的球体接触界面系统，采用式(12.27)估算得到的估算阻尼比与计算阻尼比的关系曲线如图 12.12 所示。可以看出，对不同的阻尼模型(n_d=0、1/2、1、3/2)，阻尼比较小时(ζ<0.1)，估算阻尼比与计算阻尼比之间的误差较小；随着阻尼比的增大(ζ>0.1)，估算阻尼比与计算阻尼比之间的误差逐渐增大，且随着阻尼指数 n 的增大而增大。

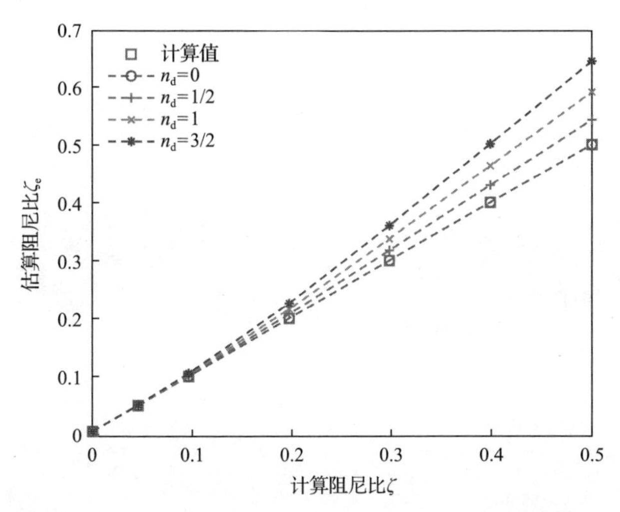

图 12.12　不同阻尼模型的球体接触界面系统的估算阻尼比与计算阻尼比的关系曲线

对图 12.11 所示的归一化阻尼回复力 R_{fd} 与速度 v 关系曲线，定义斜率最大的切线与中间直线之间的夹角为 ψ_1，斜率最小的切线与中间直线之间的夹角为 ψ_2，由式(12.28)计算获得的夹角 ψ_1、ψ_2 与阻尼指数 n_d 和激励幅值 σ 之间的关系曲线，如图 12.13 所示。其中，激励频率 Ω_1=1 和 2，无量纲激励幅值的范围为 $0.2 \leqslant \sigma \leqslant 0.7$，不同阻尼模型的球体接触界面系统的阻尼指数范围为 $0 \leqslant n_d \leqslant 4$。在计算参数范围内，球与平面之间始终保持接触状态，无接触分离发生。从图 12.13(a)可以看出，当 Ω_1=1 时，对不同的激励幅值 σ，夹角 ψ_1 随着阻尼指数 n_d 线性递增。同时，对较小的阻尼指数(n_d<2)，夹角 ψ_1 随着激励幅值 σ 线性递增；随着阻尼指数 n_d 增大(n_d>2)，夹角 ψ_1 随激励幅值 σ 呈非线性递增的趋势；夹角 ψ_2 随激励幅值 σ 和阻尼指数 n_d 呈非单调变化。从图 12.13(b)可以看出，当 Ω_1=2 时，夹角 ψ_1、ψ_2 随阻尼指数 n_d 和激励幅值 σ 的变化与 Ω_1=1 相反，即夹角 ψ_2 随激励幅值 σ 和阻尼指数 n_d 线性递增，夹角 ψ_1 则随着激励幅值 σ 和阻尼指数 n_d 呈非单调变化。从图 12.13(a1)、(b2)可以看出，夹角 ψ_1、ψ_2 与阻尼模型的阻尼指数 n_d 和激励幅值 σ 形成的曲面几乎为平面，其范围分别为 $0<\psi_1<50°$ 和 $0<\psi_2<30°$。通过最小二乘法拟合得到的曲面近似表达式为

$$\begin{cases}\psi_1=(2.13+12.98\sigma)n_{\mathrm{d}}\\ \psi_2=(1.12+9.40\sigma)n_{\mathrm{d}}\end{cases}\tag{12.29}$$

从式(12.29)可以看出，若激励幅值 σ、激励频率 Ω_1 和夹角 ψ_1 或 ψ_2 已知，则阻尼指数可以通过其估算得到。因此，激励幅值 σ、激励频率 Ω_1 和夹角 ψ_1 或 ψ_2 可用于估算阻尼模型的阻尼指数大小。

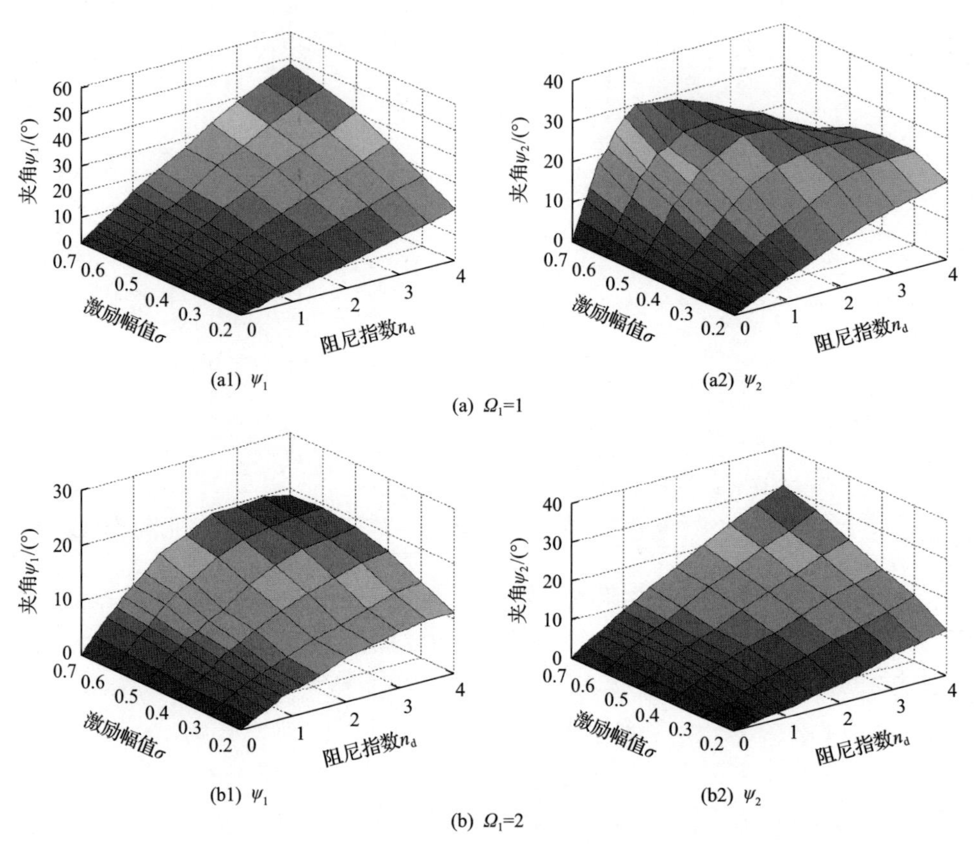

(a1) ψ_1　　(a2) ψ_2

(a) $\Omega_1=1$

(b1) ψ_1　　(b2) ψ_2

(b) $\Omega_1=2$

图 12.13　夹角 ψ_1 和 ψ_2 随阻尼指数 n_{d} 和激励幅值 σ 的变化关系

5. 球-平面界面模型试验测试

球-平面界面试验装置如图 12.14 所示，三个完全相同的球置于由矩形金属板和刚性基础形成的两个平面间，其中刚性基础固定，矩形金属板可以移动。球与平面之间的三个接触点以金属板的质心为中心成等边三角形，因此图 12.14(a)所示的试验装置等效于单球-双平面 Hertz 接触模型。三个球在矩形金属板重力的作用下产生相同的静变形，每个球承受的静载荷为矩形金属板重力的 1/3，即 $F_{\mathrm{s}}=mg/3=57.5\mathrm{N}$。同时，对金属板和刚性基础上的球接触点周围区域进行打磨处理，得到近似光滑的表面(R_a<0.4μm)，减小表面粗糙度对接触的影响。试验选取了两种不同材料属性的小球，分别为 AISI 316 不锈钢和低密度聚乙烯(low density polyethylene, LDPE)，球体表面也近似光滑(R_a<0.03μm)。每种材料的球分别选取 4 种不同尺寸，钢球的直径分别为 4mm、6mm、8mm 和 10mm，LDPE 球的直径分别为 3.969mm、4.763mm、6.35mm 和 9.525mm。小球尺寸的选取保证能稳定地支撑金属板，同时小球的质量又足够小，相对于 1/3 的金属板质量而言可以忽略不计，从而使小球-金属板系统可以从两自由度系统简化为单自由度系统。

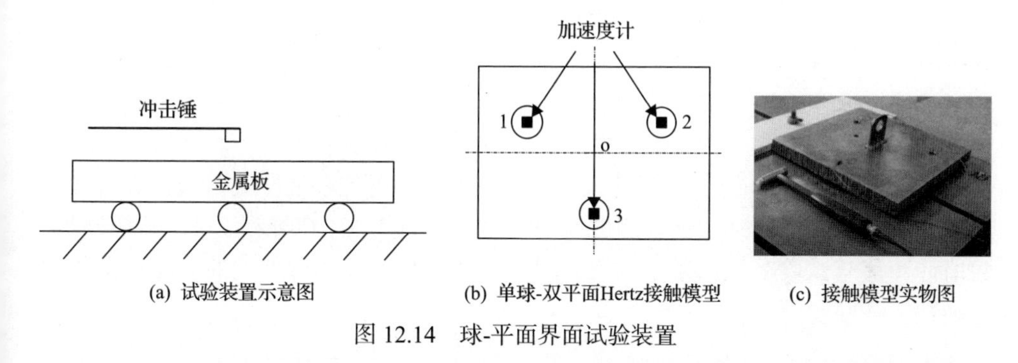

(a) 试验装置示意图　(b) 单球-双平面Hertz接触模型　(c) 接触模型实物图

图 12.14　球-平面界面试验装置

将式(12.3)和式(12.19)代入线性频率计算式 $f_s=\dfrac{\Omega_s}{2\pi}$，则小球-金属板系统线性接触频率的表达式为

$$f_s=\frac{\Omega_s}{2\pi}=0.1761\left[\frac{E\sqrt{R}}{m(1-\nu^2)}\right]^{\frac{1}{2}} \tag{12.30}$$

对球-平面界面试验装置施加的冲击激励如图 12.15(a)所示，该冲击激励由冲

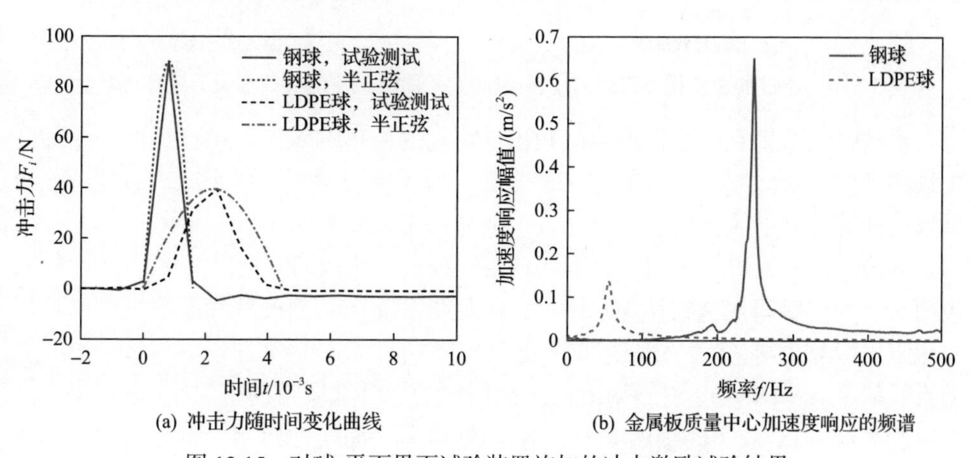

(a) 冲击力随时间变化曲线　(b) 金属板质量中心加速度响应的频谱

图 12.15　对球-平面界面试验装置施加的冲击激励试验结果

击锤与金属板上表面碰撞产生，近似为半正弦，对于钢球模型，其幅值 F_i=90.25N，作用时间 t_0=1.6ms；对于 LDPE 球模型，其幅值 F_i=39.75N，作用时间 t_0=4.5ms。通过三个加速度传感器分别测量金属板上三个接触点的法向加速度响应并计算算术平均值，即可得到金属板质量中心的加速度响应，如图 12.15(b)所示。对应的钢球直径为 6mm，LDPE 球直径为 9.525mm。从图 12.15(b)可以看出，频谱图仅含有一个频率成分，表明系统为单自由度系统。同时，对于钢球接触系统，试验测试得到的频率(f_s=248Hz)与采用式(12.30)计算得到的频率(f_s=249.8Hz)非常接近，表明金属板质量中心仅具有法向的运动。对于 LDPE 球接触系统，其试验测试频率 f_s=55.7Hz，远小于钢球接触系统的试验测试频率。

采用梯形积分法，对试验测试得到的振动加速度进行积分得到相应的速度和位移，并采用多项式趋势去除法去除积分过程中的低频趋势项[13]。将估算的阻尼模型代入式(12.17)并施加相同的激励载荷，求解获得位移响应的数值计算值，并与两次加速度积分得到的试验测试值进行对比，如图 12.16 所示。对比结果显示，数值计算值与试验测试值基本一致，验证了通过加速度积分得到的速度和位移的正确性。

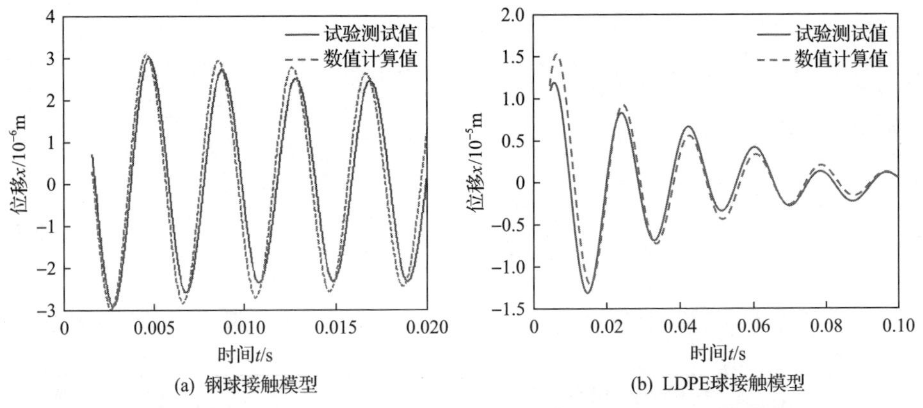

图 12.16　通过加速度积分得到的位移-时间关系曲线试验测试值与数值计算值对比

将试验测试得到的加速度响应和积分得到的位移响应代入式(12.17)，并假设接触刚度为 Hertz 接触，计算阻尼回复力。对不同材料属性的小球，通过试验测试数据计算得到的阻尼回复力与速度的变化关系曲线如图 12.17 所示。

从图 12.17(a)可以看出，对于钢球接触模型，曲线切线之间的夹角近似为 0，表明系统的接触阻尼为线性阻尼模型，阻尼指数 n_d=0。对于线性阻尼模型，其归一化阻尼回复力-速度关系曲线如图 12.11(a)所示，经过最大速度点与最小速度点的直线斜率 α_k=0.9846。将斜率值代入式(12.27)，计算获得的阻尼比 ζ_e=0.008。由于试验系统为球-双平面接触模型，对于球-单一平面接触模型，阻尼比为估算值的一半，即 ζ_e=0.004。

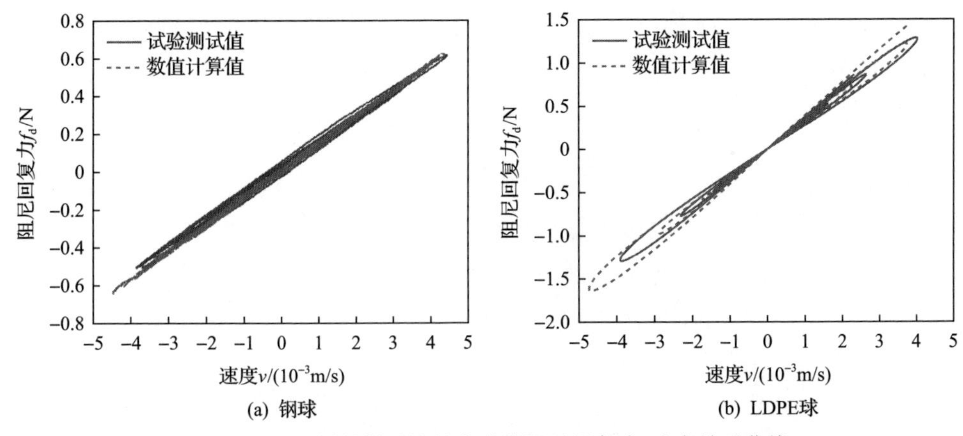

图 12.17　不同材料属性的小球的阻尼回复力-速度关系曲线

从图 12.17(b)可以看出，对于 LDPE 球接触模型，曲线切线之间的夹角大于 0，表明接触系统的接触阻尼为非线性阻尼模型。试验施加的冲击激励频率 Ω_1=2。从图 12.11 所示的归一化阻尼回复力-速度曲线估算得到的夹角 ψ_2=5.1，载荷幅值 σ=0.232，代入式(12.29)计算得到阻尼指数 $n_{\rm d}$=1.54，表明阻尼回复力近似与 Hertz 弹性接触力成正比。同时，经过最大速度点的与最小速度点的直线斜率 $\alpha_{\rm k}$=0.9655，代入式(12.27)，计算得到 LDPE 球-单一平面接触模型的阻尼比 $\zeta_{\rm e}$=0.0403，约为钢球接触模型的 10 倍。

对于钢球和 LDPE 球，分别将辨识得到的阻尼指数和阻尼比代入式(12.17)，并施加相同的激励载荷，求解得到的阻尼回复力-速度的关系曲线如图 12.17 的数值计算值所示。对比结果显示，数值计算值与试验测试值基本完全一致，验证了辨识得到的阻尼模型的正确性。

为了验证试验测试球-平面接触模型的刚度模型，绘制系统的弹性回复力-位移关系曲线。系统的弹性回复力与加速度和速度的关系为

$$f_{\rm k,exp}(\dot{z},\ddot{z})=mg-m\ddot{z}-c\left(1+\frac{z}{z_{\rm s}}\right)^{n_{\rm d}}\dot{z} \tag{12.31}$$

同时，弹性回复力也可以表示为位移的函数，即

$$f_{\rm k}(z)=k(z+z_{\rm s})^{\frac{3}{2}} \tag{12.32}$$

对于不同材料属性的球-平面接触模型，将试验测试得到的加速度响应、积分得到的速度响应和辨识得到的阻尼模型代入式(12.31)，计算的弹性回复力-位移关系曲线如图 12.18 的试验测试值所示。将积分得到的位移响应代入式(12.32)计算

得到的弹性回复力-位移关系曲线如图 12.18 的数值计算值所示。对比结果显示，数值计算值与试验测试值基本一致。结果之间的误差来源于从加速度到速度和位移的数值积分误差和阻尼模型的估算误差。

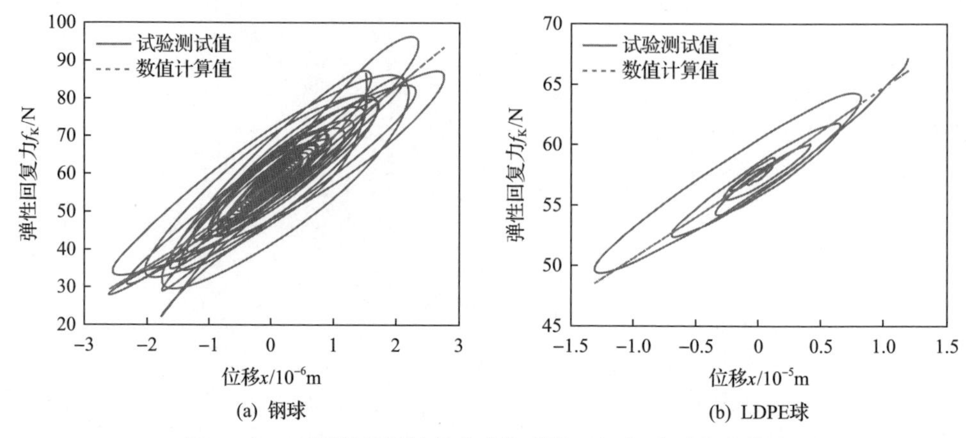

图 12.18　不同材料属性的小球的弹性回复力-位移关系曲线

为了进一步验证试验测试球-平面接触模型的系数和刚度指数，采用任意的正数 n_k($n_k>0$)代替式(12.32)的指数 3/2 来描述接触系统的接触刚度特性，同时采用 k_H 代替 k 来表征接触力-变形关系表达式的系数。弹性回复力与位移之间的关系为

$$f_{k_H,n_k}(z,n_k)=k_H(z+z_s)^{n_k} \tag{12.33}$$

将变化范围在[1, 2]内的刚度指数和变化范围在[0.5k, 1.5k]内的系数分别代入式(12.33)，k 值由式(12.3)确定，计算对应的弹性回复力，与试验测试结果进行对比，并通过定义相对误差 Λ 来描述试验测试结果与不同测试参数计算结果之间的误差。

$$\Lambda=\sqrt{\frac{1}{N}\sum_{i=1}^{N}\left(\frac{f_{k,\exp}-f_{k,n_k}}{mg}\right)^2} \tag{12.34}$$

式中，N 为组成响应曲线的数据点数。

式(12.33)所示的弹性回复力-位移表达式中，静变形 z_s 随着刚度指数 n_k 的变化而变化，与刚度指数的关系为 $z_s=\left(\frac{mg}{k_H}\right)^{\frac{1}{n_k}}$。同时，系数 k_H 也随着刚度指数的变化而变化。

不同材料属性的小球的相对误差 Λ 随刚度指数 n_k 和系数 k_H 的变化关系如图 12.19 所示。其中刚度指数 n_k 的范围为[1.4, 1.8]，系数 k_H 的范围为[0.5k, 1.5k]。

可以看出，与系数 k_H 相比，相对误差 Λ 的大小受刚度指数 n_k 的影响较大。当刚度指数 n_k 一定时，不同系数对应的相对误差变化较小；然而当系数 k_H 一定时，不同刚度指数对应的相对误差急剧变化。因此，可以假设系数 k_H 为定值($k_H=k$)，不随刚度指数 n_k 的变化而变化。对不同材料属性的小球，当 $k_H=k$ 时，最小相对误差均对应于 $n_k=3/2$；对偏离 $n_k=3/2$ 的刚度指数，相对误差均会增大。该结果表明，对试验测试的弹性球-平面接触模型，其弹性回复力的指数为 Hertz 接触模型的 3/2，刚度为 Hertz 接触系数。

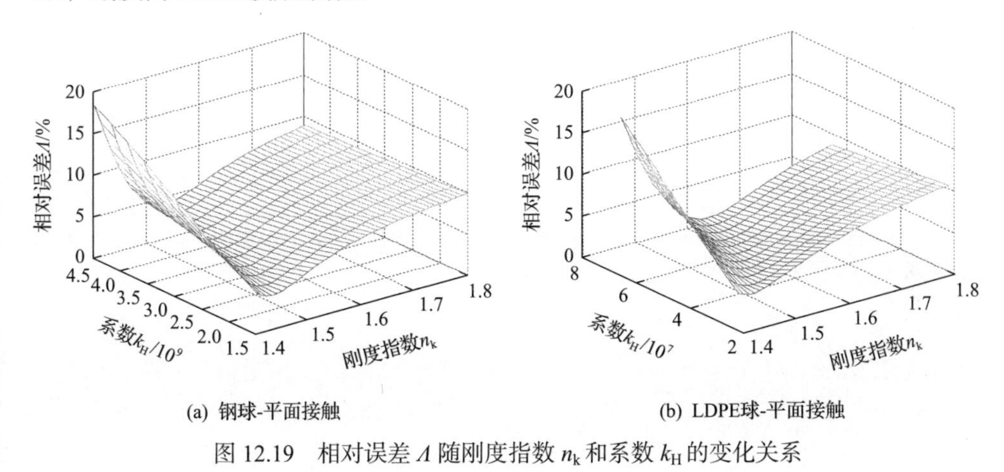

(a) 钢球-平面接触　　(b) LDPE球-平面接触

图 12.19　相对误差 Λ 随刚度指数 n_k 和系数 k_H 的变化关系

参 考 文 献

[1] Rigaud E, Perret-Liaudet J. Experiments and numerical results on non-linear vibrations of an impacting Hertzian contact. Part 1: Harmonic excitation[J]. Journal of Sound and Vibration, 2003, 265(2): 289-307.

[2] 肖会芳, 邵毅敏, 徐金梧. 粗糙界面法向接触振动响应与能量耗散特性研究[J]. 振动与冲击, 2014, 33(4): 149-155.

[3] Xiao H F, Shao Y M, Brennan M J. On the contact stiffness and nonlinear vibration of an elastic body with a rough surface in contact with a rigid flat surface[J]. European Journal of Mechanics - A/Solids, 2015, 49: 321-328.

[4] Liang J, Feeny B. Identifying Coulomb and viscous friction from free-vibration decrements[J]. Nonlinear Dynamics, 1998, 16(4): 337-347.

[5] Liang J. Identifying Coulomb and viscous damping from free-vibration acceleration decrements[J]. Journal of Sound and Vibration, 2005, 282(3-5): 1208-1220.

[6] Wu Z Y, Liu H Z, Liu L L, et al. Identification of nonlinear viscous damping and Coulomb friction from the free response data[J]. Journal of Sound and Vibration, 2007, 304(1-2): 407-414.

[7] Oliveto N D, Scalia G, Oliveto G. Dynamic identification of structural systems with viscous and

friction damping[J]. Journal of Sound and Vibration, 2008, 318(4-5): 911-926.

[8] Xiao H F, Ferguson N S, Shao Y M. Identification of dissipation of a Hertzian contact from free vibration investigations[J]. Journal of Vibration and Control, 2014, 20(13): 1923-1933.

[9] Cveticanin L. Oscillator with fraction order restoring force[J]. Journal of Sound and Vibration, 2009, 320(4-5): 1064-1077.

[10] Kimihiko Y, Shozo K. A nonparametric identification technique for nonlinear vibratory systems: Proposition of the Technique[J]. JSME International Journal, 1989, 32(3): 365-372.

[11] Kerschen G, Lenaerts V, Golinval J C. VTT Benchmark: Application of the restoring force surface method[J]. Mechanical Systems and Signal Processing, 2003, 17(1): 189-193.

[12] Masri S F, Caffrey J P, Caughey T K, et al. Identification of the state equation in complex non-linear systems[J]. International Journal of Non-Linear Mechanics, 2004, 39(7): 1111-1127.

[13] Worden K. Data processing and experiment design for the restoring force surface method, Part I: Integration and differentiation of measured time data[J]. Mechanical Systems and Signal Processing, 1990, 4(4): 295-319.

第 13 章　粗糙界面的接触振动

粗糙表面接触模型的基本组成单元可采用 Hertz 球体接触模型进行描述，即假设粗糙表面每个粗糙体具有球体的几何形状且接触符合 Hertz 弹性接触理论。本章首先介绍粗糙表面基本组成单元的单一粗糙峰的接触振动，在此基础上，对三维分形粗糙界面的接触振动特性进行分析和讨论。

13.1　单一粗糙峰的接触振动

假设系统的载荷为简谐载荷，对图 11.4 所示的球-刚性平面接触振动模型，基于辨识得到的钢球-平面接触模型，系统在重力和简谐载荷作用下的受迫振动方程为[1]

$$m\ddot{z}+c\dot{z}+K(z+z_{\mathrm{s}})^{\frac{3}{2}}-mg=F\cos(\varOmega_{\mathrm{m}}t) \tag{13.1}$$

采用式(12.19)所示的无量纲位移、无量纲时间、无量纲阻尼比以及线性接触频率参数对式(13.1)无量纲化，并定义无量纲激励频率和无量纲激励幅值为

$$\varOmega_1=\frac{\varOmega_{\mathrm{m}}}{\varOmega_{\mathrm{s}}},\quad \tilde{F}=\frac{F}{mg} \tag{13.2}$$

则式(13.1)对应的无量纲运动方程为

$$u''+2\zeta u'+\frac{2}{3}\left[(u+1)^{\frac{3}{2}}-1\right]=\frac{2}{3}\tilde{F}\cos(\varOmega_1\tau),\quad u\geqslant -1 \tag{13.3}$$

式(13.3)仅适用于球-平面相互接触的情况，即球的振动位移 $u\geqslant -1$[2]。当球的振动位移过大，球-平面接触失效时，式(13.3)失去物理意义，因此需要确定系统的最大振动位移 $u_{\max}$。

当系统位移最大时，速度为 0。与式(13.3)对应的无阻尼自由振动方程为

$$u''+\frac{2}{3}\left[(u+1)^{\frac{3}{2}}-1\right]=0,\quad u\geqslant -1 \tag{13.4}$$

将式(13.4)对无量纲时间 τ 积分，则无量纲振动方程可以改写为

$$\frac{3}{4}u'^2 + \frac{2}{5}(u+1)^{\frac{5}{2}} - u = H_0 \tag{13.5}$$

式中，H_0为常数。

在初始条件为$u(0)=u_0$、$u'(0)=0$时，有

$$H_0 = \frac{2}{5}(u_0+1)^{\frac{5}{2}} - u_0 \tag{13.6}$$

无量纲固有频率$\Omega_d = \Omega_0/\Omega_s$与无量纲固有周期$\tau_0$之间的关系为

$$\Omega_0 = \frac{2\pi}{\tau_0} \tag{13.7}$$

式中，

$$\tau_0 = 2\int_{u_{min}}^{u_{max}} \frac{du}{|u'|} = 2\sqrt{\frac{3}{4}}\int_{u_{min}}^{u_{max}} \frac{du}{\sqrt{H_0 + u - \frac{2}{5}(u+1)^{\frac{5}{2}}}} \tag{13.8}$$

速度表达式为

$$u' = \sqrt{\frac{8}{15}}\left[(u_0+1)^{\frac{5}{2}} - (u+1)^{\frac{5}{2}} - \frac{5}{2}(u_0-u)\right]^{\frac{1}{2}} \tag{13.9}$$

若球体与刚性平面始终保持接触状态，无接触分离发生，当初始位移为正数时，最小位移为

$$u_{min} = u_0 = -1 \tag{13.10}$$

对应的最大初始正位移为

$$u_{max} = u_0 = 0.84 \tag{13.11}$$

当初始位移为负数时，即$-1 \leqslant u_0 \leqslant 0$，则无接触分离的最小位移为$u_{min}=u_0$，相应的最大位移$u_{max}$可以通过速度$u'=0$确定，即

$$(u_0+1)^{\frac{5}{2}} - (u+1)^{\frac{5}{2}} - \frac{5}{2}(u_0-u) = 0 \tag{13.12}$$

将$u_{min}=u_0$代入式(13.12)，采用数值方法求解，可以得到最大位移$u=u_{max}$。

式(13.3)中的弹性回复力-位移关系为分数非线性，直接求解其动力学方程，得到解析解表达式非常困难。对接触界面的法向振动而言，通常的情况是接触体在静平衡位置附近振动。对于振动位移较小的法向微振动，系统具有弱非线性特性，此时可以采用泰勒级数，将力-位移关系式沿静平衡位置展开，保留阶数较小的级数而省略高阶项。对力-位移关系进行近似处理，保留阶数的多少决定了近似关系对原力-变形关系的精确程度。将式(13.3)中的力-位移关系沿静平衡位置采用三阶泰勒级数展开，近似的力-位移关系为

$$f_{\mathrm{k}}(u)=\frac{2}{3}\left[(u+1)^{\frac{3}{2}}-1\right]\approx u+\frac{1}{4}u^2-\frac{1}{24}u^3 \tag{13.13}$$

为了保持小球与刚性平面始终为接触状态，无接触分离发生，小球的位移范围为[–1,0.84]。在无接触分离的位移范围内，原始弹性回复力与多项式近似弹性回复力曲线对比如图 13.1 所示。近似弹性回复力表达式(13.13)与原始弹性回复力表达式之间的误差非常小，采用式(13.13)表征弹性回复力是较为准确的。

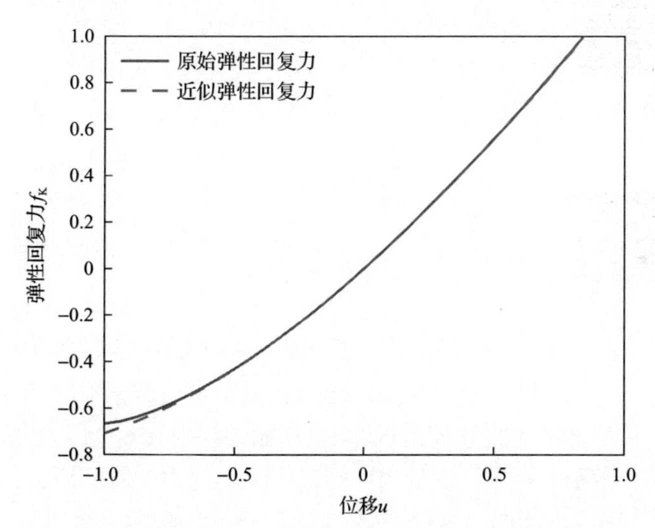

图 13.1　原始弹性回复力与多项式近似弹性回复力曲线对比

将式(13.13)代入式(13.3)，则近似的运动方程为

$$u''+2\zeta u'+u+\frac{1}{4}u^2-\frac{1}{24}u^3=\frac{2}{3}\tilde{F}\cos(\Omega\tau),\quad u\geqslant -1 \tag{13.14}$$

式(13.14)表明，系统的非线性项由两部分组成，分别为正系数的二次非线性和负系数的三次非线性。由非线性系统的特性可知，正系数的二次非线性引起系统的渐软非线性特性，负系数的三次非线性也引起系统的渐软非线性特性[3]。因

而，对于式(13.14)所示的非线性振动系统，两部分渐软非线性项叠加，使系统的非线性特性表现为渐软非线性，即振动系统的固有频率随振幅递减，如图 12.8 所示，在其幅值-频率曲线上表现为曲线向左弯曲。

简谐载荷作用下，式(13.14)的二阶近似解为

$$u(\tau)=\varUpsilon_0+\varUpsilon_1\cos(\Omega\tau+\gamma)+\varUpsilon_2\cos(2\Omega\tau+2\gamma) \tag{13.15}$$

式中，$\varUpsilon_0$ 为由于偶数幂次的非线性项(二次非线性项)引起的平衡位置偏移量幅值；$\varUpsilon_1$ 和 $\varUpsilon_2$ 分别为一阶谐响应和二阶谐响应的幅值；γ 为响应相对于激励的相位差。

采用多尺度方法[3]求解式(13.14)，得到一阶谐响应幅值与激励频率之间的关系为

$$\begin{cases}\Omega_1=1-\dfrac{1}{24}\varUpsilon_1^2+\left(\dfrac{\tilde{F}^2}{9\varUpsilon_1^2}-\zeta^2\right)^{\frac{1}{2}}\\[2ex]\Omega_2=1-\dfrac{1}{24}\varUpsilon_1^2-\left(\dfrac{\tilde{F}^2}{9\varUpsilon_1^2}-\zeta^2\right)^{\frac{1}{2}}\end{cases} \tag{13.16}$$

式中，平衡位置偏移量幅值 $\varUpsilon_0$ 和二阶响应幅值 $\varUpsilon_2$ 与一阶响应幅值 $\varUpsilon_1$ 之间的关系为

$$\begin{cases}\varUpsilon_0=-\dfrac{1}{8}\varUpsilon_1^2\\[2ex]\varUpsilon_2=\dfrac{1}{24}\varUpsilon_1^2\end{cases} \tag{13.17}$$

激励幅值不同时各阶响应的幅值-激励频率曲线如图 13.2 所示。其中，激励幅值分别为 $\tilde{F}$=0.6%和 1%，阻尼比 ζ=0.005。从图中可以看出：

(1) 对球-平面非线性接触模型(球与平面始终保持接触，无接触分离发生)，相同激励频率和激励载荷下，二阶响应的幅值大小仅为一阶响应幅值的 3%，其大小相对于一阶响应可以忽略。因此，式(13.15)中的二阶响应项可以省略而简化为

$$u=\varUpsilon_0+\varUpsilon_1\cos(\Omega\tau+\gamma) \tag{13.18}$$

(2) 接触振动系统的非线性特性使频率响应曲线向左侧弯曲，且弯曲的程度随激励幅值的增大而增大。与线性系统的单值响应不同，对非线性系统，由于系统的非线性特性，其响应曲线具有多值性，即在某一激励频率下，系统的响应存在多个值。这些多值解中存在不稳定解，因而系统的响应会从一个值突变为另一个值，即存在跳跃现象。激励幅值保持不变，若激励频率逐渐增加，则响应幅值 $\varUpsilon_1$、$\varUpsilon_2$ 缓慢增加，当频率增大到点 1 对应的频率值时，由于响应曲线在点 1 到点 4 这

一段是非稳定区，响应幅值突然跳跃增大到点 2，然后沿着点 2 和点 3 的曲线逐渐减小；若激励频率逐渐减小，则响应幅值沿点 3 和点 4 的曲线增大到点 4 时，突然跳跃减小至点 5，随后逐渐减小。

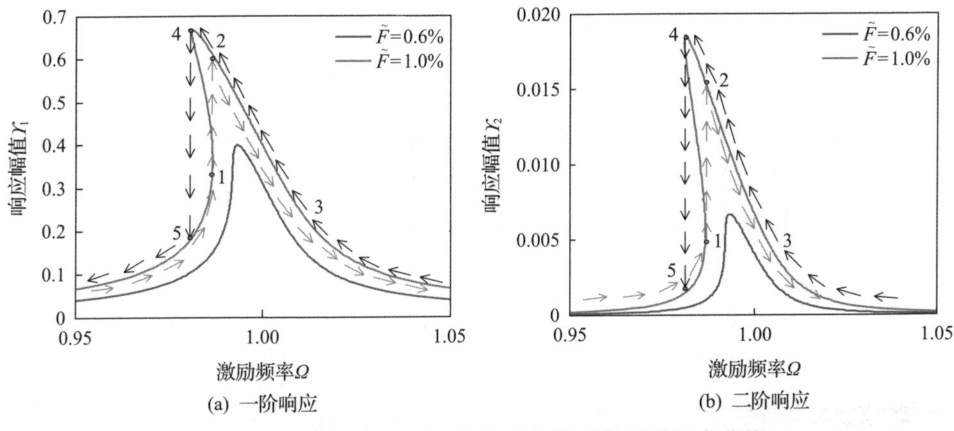

(a) 一阶响应　　(b) 二阶响应

图 13.2　激励幅值不同时各阶响应的幅值-激励频率曲线

(3) 由于系统的渐软非线性特性，图 13.2 中球-平面接触振动系统的响应幅值存在突变：当频率增大时，响应幅值跳跃到一个较大的值；当频率减小时，响应幅值跳跃到一个较小的值。

本节的研究是采用 Hertz 球体作为粗糙表面接触模型的基本组成单元，刚度指数为 3/2。同样，粗糙表面的基本组成单元也可采用具有不同于球体的其他几何形状的接触体进行描述，如圆锥体、圆柱体。对应的接触系统具有不同的刚度特性，对于圆柱体，刚度指数 n_k=1；对于圆锥体，刚度指数 n_k=2。本节的计算和分析方法仍适用于其他的刚度指数，不同之处在于，接触系统的非线性特性会有所差异。

13.2　三维分形粗糙界面的接触振动

13.2.1　粗糙界面法向接触动力学模型

1. 动力学模型描述

粗糙界面法向接触振动的模型示意图如图 13.3 所示。质量为 m 的弹性体由上部的平面实体和下部的表面粗糙体构成。表面粗糙体与刚性平面的接触面为具有一定形貌的三维粗糙表面。在法向动载荷作用下，弹性体在固定的刚性平面上进行接触振动，此时表面粗糙体发生变形而产生接触刚度 K。由于存在界面阻尼，振动过程伴随着能量耗散。

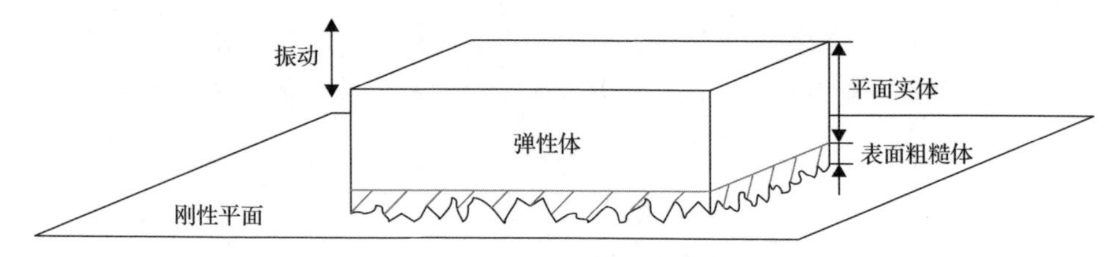

图 13.3　粗糙界面法向接触振动的模型示意图

在低频范围内(激励频率远小于弹性体振动方向的固有频率)，图 13.3 所示的具有粗糙表面弹性体的法向动力学特性可以采用质量-弹簧-阻尼单自由度模型进行描述。接触振动的质量-弹簧-阻尼单自由度模型如图 13.4 所示。

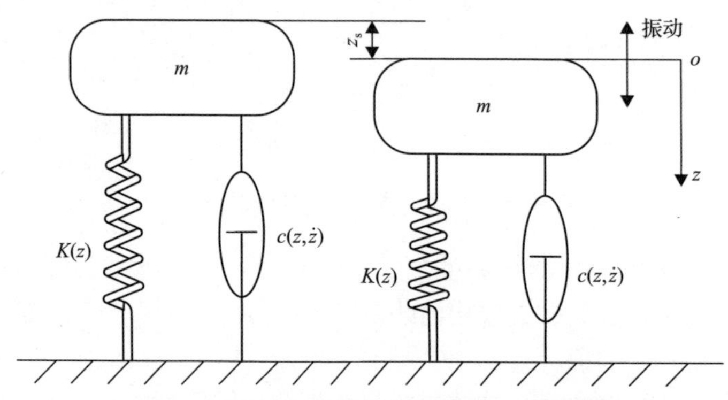

图 13.4　接触振动的质量-弹簧-阻尼单自由度模型

$c(z,\dot{z})$. 阻尼；K. 刚度；m. 球体质量；z_s. 重力作用下的静变形量

该单自由度模型被有效地用于描述 Hertz 单球-刚性平面模型的接触振动及图 12.14 所示的球体-平面界面模型的接触振动。假设条件是球体质量中心的位移量与局部接触区域的位移量相同，即球的变形仅发生在局部接触区域。对图 13.3 所示的粗糙界面法向接触振动模型，接触过程的变形几乎完全发生在接触区的粗糙体，因而质量中心的位移量与局部接触区域的位移量一致，亦具有球体接触界面的变形特征[2]。因而，其接触振动模型也可采用图 13.4 所示的单自由度模型进行描述。其中，弹簧的回复力为粗糙体与刚性平面之间的接触力-变形关系式 $f = kz^{n_k}$ ，即为式(12.10)。

2. 动力学方程

图 13.4 所示的单自由度模型系统在静平衡位置附近的自由振动方程为[4]

$$m\ddot{z} + c\dot{z} + K(z + z_s)^{n_k} - mg = F\cos(\Omega_m t) \tag{13.19}$$

为了保持弹性体与刚性平面接触，位移必须满足 $z \geqslant z_s$。

采用如下无量纲位移、无量纲时间、无量纲阻尼比、线性接触频率参数和式(13.2)的无量纲频率以及无量纲激励幅值，对式(13.19)进行无量纲化。

$$\begin{cases} u = \dfrac{z}{z_{\mathrm{s}}} \\ \tau = \Omega_{\mathrm{s}} t \\ \zeta = \dfrac{c}{2m\Omega_{\mathrm{s}}} \\ \Omega_{\mathrm{s}} = \sqrt{\dfrac{K}{m}} \end{cases}$$

则式(13.19)对应的无量纲表达式为

$$u'' + 2\zeta u' + \frac{1}{n_{\mathrm{k}}}\left[(u+1)^{n_{\mathrm{k}}} - 1\right] = \frac{1}{n_{\mathrm{k}}}\tilde{F}\cos(\Omega\tau), \quad u \geqslant -1 \tag{13.20}$$

式中，符号“′”代表对无量纲时间 τ 求导。

类似地，式(13.20)所示的弹性回复力-位移关系为分数非线性，直接求解其动力学方程，得到解析解表达式非常困难。对于振动位移较小的法向微振动，系统具有弱非线性特性，此时可以采用泰勒级数，将力-位移关系式沿静平衡位置展开，保留阶数较小的级数而省略高阶项。对力-位移关系进行近似处理，近似后的无量纲运动方程为

$$u'' + 2\zeta u' + u + \alpha_2 u^2 + \alpha_3 u^3 = \frac{1}{n_{\mathrm{k}}}\tilde{F}\cos(\Omega\tau) \tag{13.21}$$

式中，

$$\begin{cases} \alpha_2 = \dfrac{n_{\mathrm{k}} - 1}{2} \\ \alpha_3 = \dfrac{(n_{\mathrm{k}} - 1)(n_{\mathrm{k}} - 2)}{6} \end{cases}$$

式(13.21)属于 Helmholtz-Duffing 方程范畴，且具有非线性系统的一般非线性回复力形式。

13.2.2　无阻尼固有频率的计算方法

对于不同表面形貌粗糙体的接触振动，受表面粗糙度和界面摩擦的影响，其刚度指数的范围为[1.0,2.7]，因而其固有频率亦随刚度指数的变化而变化。本节将采用两种不同的方法，分别为基于运动方程的第一阶积分法和采用泰勒级数展开

近似指数非线性弹性回复力项并采用多尺度方法求解近似运动方程的方法，求解固有频率的精确解和近似解，得到其固有频率特性。

1. 基于运动方程的第一阶积分法

令 ζ=0，$\tilde{F}=0$，则与式(13.21)对应的无阻尼自由振动方程为

$$u''+\frac{1}{n_{\mathrm{k}}}\left[(u+1)^{n_{\mathrm{k}}}-1\right]=0,\ \ u\geqslant -1, n_{\mathrm{k}}>1 \tag{13.22}$$

将式(13.22)对无量纲时间 τ 积分，则无量纲振动方程可以改写为

$$\frac{n_{\mathrm{k}}}{2}(u')^2+\frac{1}{n_{\mathrm{k}}+1}(u+1)^{n_{\mathrm{k}}+1}-u=H_0 \tag{13.23}$$

式中，H_0 为常数。

在初始条件为 $u(0)=u_0$、$u'(0)=0$ 时，有

$$H_0=\frac{1}{n_{\mathrm{k}}+1}(u_0+1)^{n_{\mathrm{k}}+1}-u_0 \tag{13.24}$$

无量纲固有频率 Ω_0 与无量纲固有周期 τ_0 之间的关系为

$$\Omega_0=\frac{2\pi}{\tau_0} \tag{13.25}$$

式中，无量纲固有周期 τ_0 可以通过位移和速度确定为

$$\tau_0=2\int_{u_{\min}}^{u_{\max}}\frac{\mathrm{d}u}{|u'|}=2\sqrt{\frac{n_{\mathrm{k}}}{2}}\int_{u_{\min}}^{u_{\max}}\frac{\mathrm{d}u}{\sqrt{H_0+u-\dfrac{1}{n_{\mathrm{k}}+1}(u+1)^{n_{\mathrm{k}}+1}}} \tag{13.26}$$

速度表达式为

$$u'=\sqrt{\frac{2}{n_{\mathrm{k}}(n_{\mathrm{k}}+1)}}\left[(u_0+1)^{n_{\mathrm{k}}+1}-(u+1)^{n_{\mathrm{k}}+1}-(n_{\mathrm{k}}+1)(u_0-u)\right]^{\frac{1}{2}} \tag{13.27}$$

若粗糙体与刚性平面始终保持接触状态，无接触分离发生，当初始位移为正数时，最小位移为

$$u_{\min}=u_0=-1 \tag{13.28}$$

对应的最大初始正位移为

$$u_{\max}=u_0=(n_{\mathrm{k}}+1)^{\frac{1}{n_{\mathrm{k}}}}-1 \tag{13.29}$$

当初始位移为负数时，即$-1\leqslant u_0\leqslant 0$，则无接触分离的最小位移为$u_{min}=u_0$，相应的最大位移$u_{max}$可以通过速度$u'=0$确定，其表达式为

$$(u_0+1)^{n_k+1}-(u+1)^{n_k+1}-(n_k+1)(u_0-u)=0 \tag{13.30}$$

将$u_{min}=u_0$代入式(13.30)，采用数值方法求解，可以得到最大位移$u=u_{max}$。

2. *多尺度方法*

近似的振动方程为

$$u''+u+\alpha_2u^2+\alpha_3u^3=0,\ \ u\geqslant -1, n_k>1 \tag{13.31}$$

当初始条件为$u(0)=u_0$、$u'(0)=0$时，采用多尺度方法求解得到的固有频率为

$$\Omega_0=1+\left(\frac{9\alpha_3-10\alpha_2^2}{24}\right)\left(1+\frac{\alpha_2}{3}u_0\right)^2u_0^2 \tag{13.32}$$

13.2.3　受迫振动响应

与球面接触界面的谐响应类似，式(13.21)的一阶近似解为

$$u=\varUpsilon_0+\varUpsilon_1\cos(\Omega\tau+\gamma) \tag{13.33}$$

采用多尺度方法求解式(13.21)，主共振时，其一阶谐响应幅值与激励频率之间的关系为

$$\begin{cases}\Omega_1=1+\dfrac{3}{8}\left(\alpha_3-\dfrac{10}{9}\alpha_2{}^2\right)\varUpsilon_1{}^2+\left(\dfrac{\tilde{F}^2}{4n_k{}^2\varUpsilon_1{}^2}-\zeta^2\right)^{\frac{1}{2}}\\ \Omega_2=1+\dfrac{3}{8}\left(\alpha_3-\dfrac{10}{9}\alpha_2{}^2\right)\varUpsilon_1{}^2-\left(\dfrac{\tilde{F}^2}{4n_k{}^2\varUpsilon_1{}^2}-\zeta^2\right)^{\frac{1}{2}}\end{cases} \tag{13.34}$$

代入α_2和α_3的表达式，式(13.34)可以进一步表示为

$$\begin{cases}\Omega_1=1-\dfrac{(n_k-1)(2n_k+1)}{48}\varUpsilon_1{}^2+\left(\dfrac{\tilde{F}^2}{4n_k{}^2\varUpsilon_1{}^2}-\zeta^2\right)^{\frac{1}{2}}\\ \Omega_2=1-\dfrac{(n_k-1)(2n_k+1)}{48}\varUpsilon_1{}^2-\left(\dfrac{\tilde{F}^2}{4n_k{}^2\varUpsilon_1{}^2}-\zeta^2\right)^{\frac{1}{2}}\end{cases} \tag{13.35}$$

式中的平衡位置偏移量幅值$\varUpsilon_0$与一阶响应幅值$\varUpsilon_1$之间的关系为

$$\Upsilon_0 = -\frac{n_k - 1}{4}\Upsilon_1^2 \tag{13.36}$$

由式(13.35)和式(13.36)，Ω 为实数时需满足

$$\frac{\tilde{F}^2}{4n_k^2\Upsilon_1^2} - \zeta^2 \geqslant 0 \tag{13.37}$$

令式(13.37)中的不等号为等号，即可得到 Υ_1 的峰值为

$$\Upsilon_{1d} = \frac{\tilde{F}}{2n_k\zeta} \tag{13.38}$$

将式(13.38)代入式(13.35)，得到幅值向下跳跃时的频率为

$$\Omega_d = 1 - \frac{(n_k - 1)(2n_k + 1)}{48n_k^2}\frac{\tilde{F}^2}{4\zeta^2} \tag{13.39}$$

向上跳跃频率 Ω_u 可通过对应的振动幅值得到，由于向上跳跃频率与阻尼基本无关[5]，在式(13.35)中令 ζ=0，求解 $\mathrm{d}\Omega_1/\mathrm{d}\Upsilon_1=0$（振幅向上跳跃点的斜率为无穷大），可得向上跳跃点的幅值为

$$\Upsilon_{1u} \approx \left[\frac{12\tilde{F}}{n_k(n_k - 1)(2n_k + 1)}\right]^{\frac{1}{3}} \tag{13.40}$$

根据式(13.40)与式(13.35)，得到幅值向上跳跃时的频率表达式为

$$\Omega_u \approx 1 - \frac{3}{4}\left[\frac{\tilde{F}^2(n_k - 1)(2n_k + 1)}{12n_k^2}\right]^{\frac{1}{3}} \tag{13.41}$$

13.2.4 算例

为了显示不同表面形貌粗糙界面的接触振动特性，分别选取刚度指数为 1.17（最小值）、1.5 和 2.11（最大值），计算分析其弹性回复力、固有频率和受迫振动响应特性。

1. 固有频率特性

不同刚度指数对应的无量纲弹性回复力-位移关系曲线如图 13.5 所示。与球体界面接触模型一致，由于界面的指数非线性接触刚度特性，以及接触系统考虑了实际重力的影响，粗糙界面接触系统相对于静平衡位置具有同样的非对称特性：①当位移向正方向递增时，系统为渐硬非线性；②当位移向负方向递增时，系统为

渐软非线性。具有图 13.5 所示回复力特性系统的非线性特性由渐软非线性决定。粗糙界面系统的非线性度随刚度指数的增大而增大，对应于粗糙度更大的表面形貌。

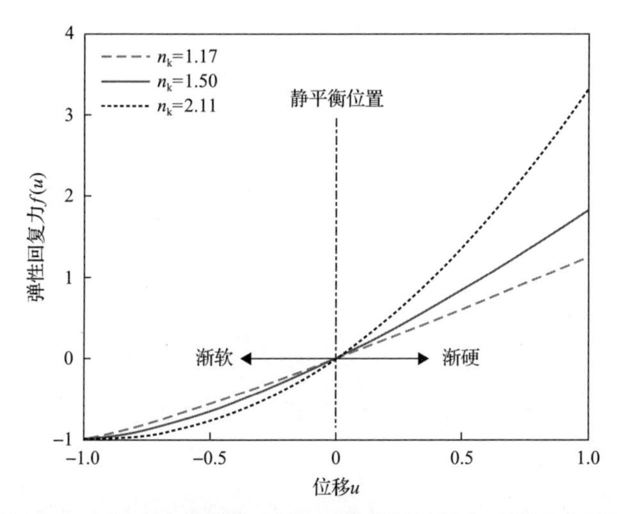

图 13.5　不同刚度指数对应的无量纲弹性回复力-位移关系曲线

在无接触分离发生的初始位移范围内，采用式(13.25)计算得到不同刚度指数的固有频率精确解与初始位移的关系曲线，以及采用式(13.32)计算得到固有频率近似解与初始位移的关系曲线，如图 13.6 所示。对不同的刚度指数，最大初始位移分别为 0.939、0.842 和 0.712，最小初始位移为−1。与最大初始位移对应的固有频率分别为 0.984、0.953 和 0.901。如图 13.6 所示，最大固有频率为 1，对应于静平衡位置 u_0=0。随着初始位移向正方向或负方向偏离静平衡位置，固有频率均减小(Ω_0<1)：对最大刚度指数 $n_k=n_{kmax}$=2.11，固有频率的最大减小量约为 10%；对

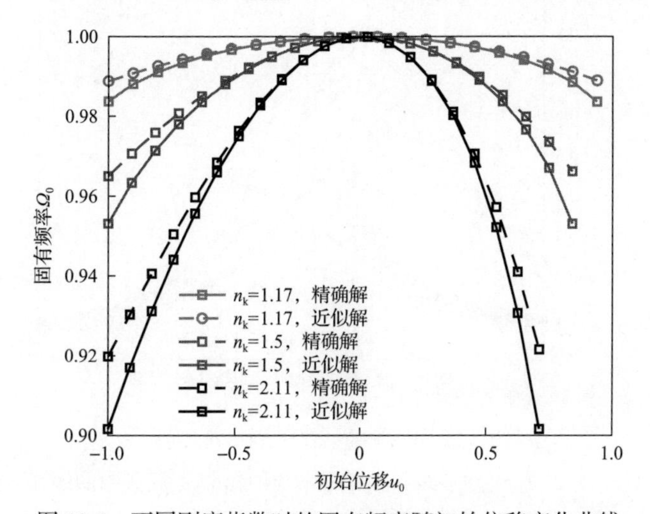

图 13.6　不同刚度指数时的固有频率随初始位移变化曲线

最小刚度指数 $n_k=n_{kmin}=1.17$，固有频率无变化；对刚度指数 $n_k=1.5$，固有频率的最大减少量约为 5%，即固有频率的变化量随刚度指数的增大而增大，表明固有频率的变化量随表面粗糙度的增大而增大。

2. 受迫振动响应特性

刚度指数分别为 $n_k=n_{kmin}=1.17$、$n_k=1.5$ 和 $n_k=n_{kmax}=2.11$ 时，利用式(13.36)得到偏移量幅值 Υ_0 和谐波项幅值 Υ_1 与激励频率之间的关系曲线，并分别由式(13.40)、式(13.41)和式(13.38)、式(13.39)得到向上和向下的跳跃频率，如图 13.7 所示，

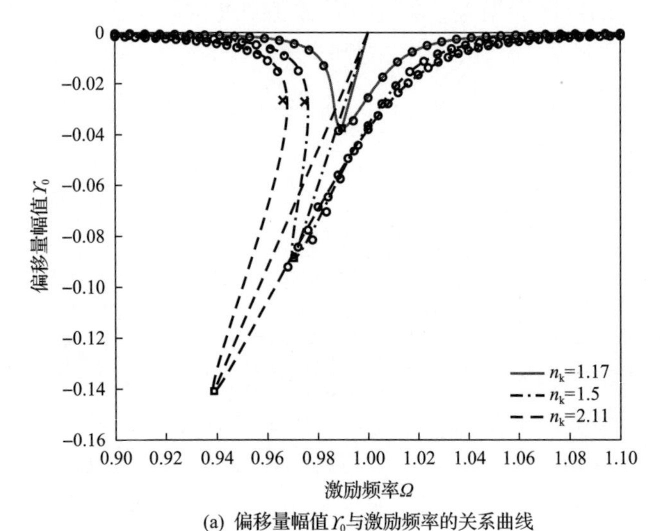

(a) 偏移量幅值 Υ_0 与激励频率的关系曲线

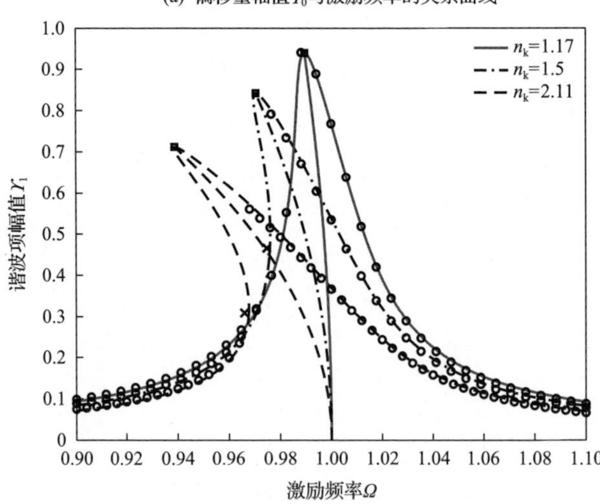

(b) 谐波项幅值 Υ_1 与激励频率的关系曲线

图 13.7　主共振时一阶简谐响应的幅值-激励频率曲线

○ 数值计算结果；× 向上跳跃频率处的响应；□ 向下跳跃频率处的响应

其中 ζ=0.01，无量纲激励通过 $F=2n_k\zeta/u_{max}$ 得到。采用四阶龙格-库塔法计算的数值结果用于检验频响曲线解析解的有效性，如图 13.7 中圆圈所示。结果显示，刚度指数为 n_k=1.5 和 2.11 时，幅值-频率曲线具有多值性，曲线中有一段不稳定，其余两段稳定。由于多值解中存在不稳定解，将引起系统的响应幅值跳跃突变，即粗糙界面具有与球面界面类似的振幅跳跃现象，如图 13.2 所示。当频率增大时，响应幅值跳跃到一个较大的值；当频率减小时，响应幅值跳跃到一个较小的值。

从图 13.7 可以看出，当刚度指数 n_k=1.17 时(光滑的表面形貌)，系统的幅值-频率曲线为单值响应曲线，无多值解区域和跳跃现象。响应曲线向左侧弯曲的程度随刚度指数 n_k 的增大而增大，多值解区域随刚度指数 n_k 的增大而增大，且幅值的峰值随刚度指数 n_k 的增大而减小。但向上和向下跳跃频率随刚度指数 n_k 的增大而减小。刚度指数 n_k 的大小对应于粗糙界面的表面粗糙程度，n_k 值随表面粗糙度的增大而增大。即粗糙度较大的界面，引起其产生向下跳跃的激励频率值较小，且跳跃后达到稳定状态的振动幅值也较小。

参 考 文 献

[1] 肖会芳, 邵毅敏, 徐金梧. 粗糙界面法向接触振动响应与能量耗散特性研究[J]. 振动与冲击, 2014, 33(4): 149-155.

[2] Sabot J, Krempf P, Janolin C. Non-linear vibrations of a sphere-plane contact excited by a normal load[J]. Journal of Sound and Vibration, 1998, 214(2): 359-375.

[3] 杨涛, 周生喜, 曹庆杰, 等. 非线性振动能量俘获技术的若干进展[J]. 力学学报, 2021, 53(11): 2894-2909.

[4] Xiao H F, Shao Y M, Brennan M J. On the contact stiffness and nonlinear vibration of an elastic body with a rough surface in contact with a rigid flat surface[J]. European Journal of Mechanics-A/Solids, 2015, 49: 321-328.

[5] Malatkar P, Nayfeh A H. Calculation of the jump frequencies in the response of s.d.o.f. non-linear systems[J]. Journal of Sound and Vibration, 2002, 254(5): 1005-1011.

第 14 章 箱体螺栓结合界面动力学模拟方法

本章以箱体螺栓结合界面为对象，对滑动接触界面的特性、动力学模型表征、滑动界面的局部微滑动特征和摩擦能量耗散特性进行分析和介绍。

14.1 滑动接触界面

1. 滑动摩擦基本定律

两个相互接触的物体在外力的作用下发生相对运动(或具有相对运动的趋势)时，在接触面之间会产生切向的运动阻尼，这种阻尼称为摩擦力，这种现象称为摩擦。滑动摩擦是指接触表面发生相对滑动(或具有相对滑动趋势)时的摩擦。

工程界公认并沿用几百年的摩擦定律——库仑摩擦定律，亦称为古典摩擦定律，其内容如下：

(1)摩擦力 F_f 与作用于摩擦面的法向载荷成正比，即

$$F_f = \mu W_n \tag{14.1}$$

式中，W_n 为法向载荷；μ 为摩擦系数。

(2)摩擦力与接触物体的名义接触面积无关。

(3)摩擦力与接触面间的相对滑动速度无关，但方向总是与运动方向相反。

(4)静摩擦力大于动摩擦力。

当滑动速度较大时，摩擦系数与速度有关。另外，一些极硬的或软的(弹性)材料，摩擦力与法向载荷不成正比，摩擦系数只有在一定的环境和一定的工况下才有可能是常数。例如，钢铁在大气中的摩擦系数为 0.6，而在真空中远大于 0.6；石墨在大气中的摩擦系数为 0.1，而在真空中能达到 0.5。摩擦力与真实接触面积有关，虽然真实接触面积与载荷有关，但其是否发生塑性变形，还与表面粗糙度 R_a 和微凸体的平均曲率半径有关。对于同一对摩擦副，在不同的工况和环境条件下摩擦系数是变化的。古典摩擦定律揭示了自然界中摩擦现象的一般规律，并且也符合一般的工程实际。

2. 界面局部微滑动与模型表征

齿轮传动系统的滑动界面主要包括螺栓固结界面和齿轮啮合界面。这两类滑动界面的不同之处在于：螺栓固结界面的滑动通常为界面局部的微滑动，而齿轮

啮合界面的滑动为整个轮齿的整体滑动。

通常，沿箱体螺栓滑动界面的法向压力分布并不均匀，在传递载荷作用下，滑动首先发生在界面接触压力较小的区域，界面被分为附着区和滑动区，如图 14.1 所示。随着传递载荷增大，滑动区逐渐增大并结合；当载荷增加到足够大时，最终将引起界面的整体滑动。Gaul 等[1]通过试验展示了微滑动到整体滑动的变化过程，其试验装置为承受切向和扭转载荷的剪切型螺栓。

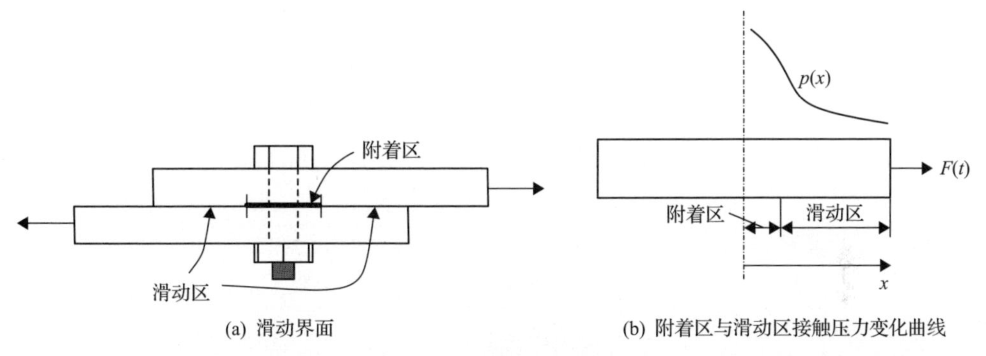

图 14.1　界面微滑动特征

滑动界面的附着-滑动动力学行为具有强非线性特征，描述其非线性动力学行为的降阶集总参数模型得到了广泛的研究。Ferri[2]和 Ibrahim 等[3]对摩擦滑动接触界面集总参数模型的发展进行了详细的综述。

滑动界面动力学降阶模型包括整体滑动模型和微滑动模型。整体滑动模型将界面上所有的点作为整体考虑，界面的响应为完全滑动或完全附着，因此可以被认为是单点接触模型。微滑动模型则考虑了界面响应沿空间分布的特征，属于多点接触模型。整体滑动模型和微滑动模型的适用范围很大程度上由法向接触力的大小决定：当法向接触力极大或极小时，界面完全附着或完全滑动，此时整体滑动模型的单点接触可用于描述界面的响应特征；对介于极大或极小间的法向接触力，界面为部分滑动，微滑动模型能更好地描述界面的响应特征。

整体滑动模型和微滑动模型的力-变形曲线如图 14.2 所示。整体滑动模型的力-变形关系为分段线性曲线：当界面摩擦力小于临界值时，摩擦界面的刚度为定值；当界面摩擦力达到临界值时，整个界面开始滑动，力-变形曲线为一条水平直线。微滑动模型的力-变形关系具有强非线性特征：界面的最大刚度对应于无滑动发生时的刚度；当滑动开始后，滑动区逐渐增加，界面刚度逐渐减小。整体滑动模型和微滑动模型的加载与卸载力-变形曲线均不重合，存在滞回环。例如，当施加一定的初始载荷并将载荷卸载为零后，界面存在残余变形；同样地，当载荷减小到负的最大值后增加为零，界面也存在残余变形。

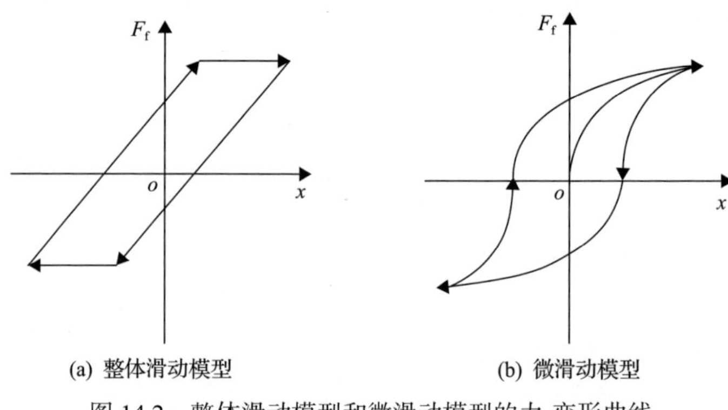

图 14.2　整体滑动模型和微滑动模型的力-变形曲线

描述整体滑动的单自由度双线性滞回模型最早由 Caughey[4]提出。此后，该模型被广泛用于描述滑动界面的滑动动力学行为特征[5-7]。单自由度双线性滞回模型从本质上是整体滑动模型，仅能描述界面完全附着或完全滑动的状态，但是由于其模型简单(仅由刚度、质量和摩擦系数确定)、计算方便且能从一定程度上描述界面的动力学状态而得到广泛应用。

针对单自由度模型不能用于描述摩擦滑动界面的微滑动特征的缺点，Iwan[8]提出将整体滑动模型的双线性单元进行串联或并联组合来形成描述界面微滑动的多自由度微滑动模型。这些双线性滞回模型的组合可以被看成多点接触模型，每个单元相互独立，可以滑动或附着，用于描述摩擦滑动界面的附着-滑动响应特征。由于自由度的增加，多自由度模型的计算量极大地增加。但是，其可以将界面的物理属性与多自由度系统的系统参数进行联系，因而可以准确地描述摩擦滑动界面的响应。并联组合的串联 Iwan 单元多自由度模型可以在整个频谱范围内表征界面的附着-滑动振动特性，并可以考虑不同参数的影响，如阻尼器的质量和刚度、载荷率、激励频率等，因而得到广泛应用[9-15]。

多自由度微滑动模型从本质上仍然是离散模型，无法表征实际界面的连续性特性。为了克服多自由度的缺点，研究者提出了描述滑动界面的连续性模型[16-19]。滑动界面的连续性模型基于一维弹性梁理论，并根据法向压力分布的特点和激励频率的大小，将界面分为 2 个或 3 个不同的附着-滑动界面区域进行求解计算，且界面摩擦通过库仑摩擦模型描述。

14.2　动力学模型

箱体连接示意图如图 14.3 所示。上下箱体通过螺栓进行连接。传动系统工作时，箱体承受动载荷，此时在螺栓固结界面处存在相对运动。由于螺栓的固结，该相对运动主要表现为界面处的微滑动，剪切力作用下螺栓结构示意图如图 14.4

所示。同时，由于滑动界面存在摩擦，在动载荷作用下，界面的相对滑动会产生能量耗散。

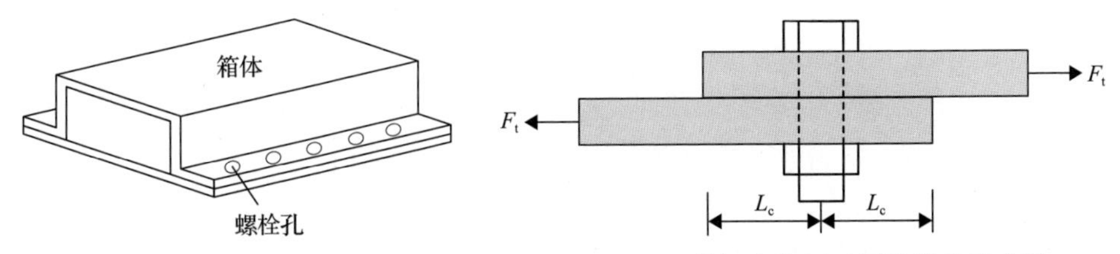

图 14.3　箱体连接示意图　　图 14.4　剪切力作用下螺栓结构示意图

螺栓剪切固结界面在切向载荷 F_t 作用下，接触区域长度为 $2L_c$ 的摩擦界面产生微滑动。微滑动界面的系统动力学模型如图 14.5 所示。该模型仅考虑螺栓固结界面的右半部分，横截面面积 A 和弹性模量 E 恒定的一维矩形梁受切向载荷 F_t 激励，利用微滑动模型进行摩擦界面建模，梁与底部固定面间通过单位长度且刚度为 K 的剪切层作用，用以描述梁产生滑动前的弹性变形，剪切层服从库仑摩擦定律且具有恒定摩擦系数 μ，梁上作用有非均匀的法向分布压力 $p(x)$，假设该载荷直接传递至剪切层，长度为 L_b 的梁通过刚度为 K_s 的弹簧与左固定端相连，以考虑剪切层整体滑动后的应变硬化效应。

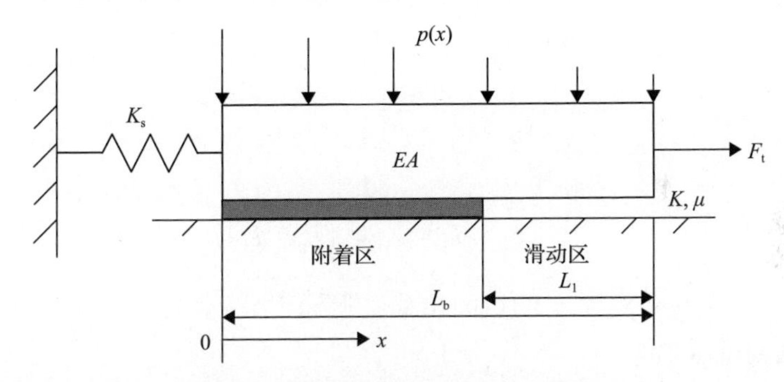

图 14.5　微滑动界面的系统动力学模型

假设沿梁长度方向的压力分布函数表达式为

$$p(x) = p_0\left[1-\frac{1}{2}\left(\frac{x}{L_b}\right)^{\alpha}\right] \tag{14.2}$$

式中，p_0 为压力幅值；α为压力分布指数（$\alpha \geqslant 0$），$\alpha=0$ 对应于均匀的压力分布，$\alpha>0$ 对应于非均匀的压力分布。

随着切向力幅值增大，在单调非递增的法向载荷分布下将出现双区域摩擦界面，右侧为滑动区，左侧为无滑动区。滑动区从 $x=L_b$ 到 $x=L_b-L_1$，L_1 表示滑动区域长度，其余区域为无滑动区。引入无量纲无滑动区长度 $\beta=(L_b-L_1)/L_b$ 描述滑动量，它表示在给定法向压力分布下非滑动区域长度所占接触长度的比例，当 $\beta=1$ 时界面无滑动，剪切层发生弹性变形，β 随滑动区的增加而减小直至为 0，$\beta=0$ 时界面为整体滑动，无量纲滑动区长度为 $1-\beta$。

14.3 局部微滑动响应特性

微滑动情况下，梁的纵向运动方程为[20]

$$\begin{cases} EA\dfrac{\mathrm{d}^2u}{\mathrm{d}x^2}-Ku=0, & 0\leqslant x\leqslant L_b-L_1 \\ EA\dfrac{\mathrm{d}^2u}{\mathrm{d}x^2}-\mu(px)=0, & L_b-L_1\leqslant x\leqslant L_b \end{cases} \tag{14.3}$$

边界条件和连续性条件为

$$\begin{cases} EA\dfrac{\mathrm{d}u}{\mathrm{d}x}\bigg|_{x=0}=K_s u(0) \\ EA\dfrac{\mathrm{d}u}{\mathrm{d}x}\bigg|_{x=L_b}=F_t \\ u(L_b-L_1)^+=u(L_b-L_1)^- \\ \dfrac{\mathrm{d}u}{\mathrm{d}x}\bigg|_{(L_b-L_1)^+}=\dfrac{\mathrm{d}u}{\mathrm{d}x}\bigg|_{(L_b-L_1)^-} \end{cases} \tag{14.4}$$

式中，u 为离梁左端距离为 x 的点的位移；上标“+”和“–”为右侧和左侧在过渡点 $x=L_1$ 处的极限值。

为了描述界面切向刚度的影响，引入无量纲弹性刚度 λ，定义为剪切层刚度与梁抗压刚度的比值。

$$\lambda=L_b\sqrt{\frac{K}{EA}}$$

无量纲位置坐标、左端弹簧相对于梁抗压刚度的无量纲刚度分别为

$$\begin{cases} \bar{x}=\dfrac{x}{L_b} \\ \chi=\dfrac{K_s L_b}{EA} \end{cases}$$

式(14.3)的解为

$$u(\bar{x}) = D_1 \sinh(\lambda\bar{x}) + D_2 \cosh(\lambda\bar{x}),\quad 0 \leqslant \bar{x} \leqslant \beta \tag{14.5a}$$

$$u(\bar{x}) = \frac{\mu p_0 L_b^2}{EA}\left[-\frac{1}{2(\alpha+1)(\alpha+2)}\bar{x}^{\alpha+2} + \frac{1}{2}\bar{x}^2 + C_1\bar{x} + C_0\right],\quad \beta \leqslant \bar{x} \leqslant 1 \tag{14.5b}$$

式中，D_1、D_2、C_1、C_0为待定系数，可通过式(14.4)确定。

特别地，当梁无滑动时，令式(14.5a)中β=1，界面弹性变形量表示为

$$u(\bar{x}) = \frac{F_t L_b}{EA\lambda}\frac{\chi\sinh(\lambda\bar{x}) + \lambda\cosh(\lambda\bar{x})}{\chi\cosh\lambda + \lambda\sinh\lambda} \tag{14.6}$$

令式(14.5b)中β=0，对应的整体滑动状态的变形量为

$$u(\bar{x}) = \frac{\mu p_0 L_b^2}{EA}\left\{-\frac{1}{2(\alpha+1)(\alpha+2)}\bar{x}^{\alpha+2} + \frac{1}{2}\bar{x}^2 + \left[\frac{F_t}{\mu p_0 L_b} + \frac{1}{2(\alpha+1)} - 1\right]\left(\bar{x} + \frac{1}{\chi}\right)\right\} \tag{14.7}$$

1. 附着-滑动过渡区的确定

界面微滑动时，式(14.5)中无量纲无滑动区长度 β 是未知参数，可以通过两区域的界面摩擦力在过渡点 x=β 的连续性条件来确定，即

$$Ku(\beta) = \mu p(\beta) \tag{14.8}$$

由此可以得到关于β的非线性方程，即

$$\left\{\beta - \frac{\beta^{\alpha+1}}{2(\alpha+1)} + \left[\frac{F_t}{\mu p_0 L_b} + \frac{1}{2(\alpha+1)} - 1\right]\right\}\frac{\lambda[\lambda + \chi\tanh(\lambda\beta)]}{\lambda\tanh(\lambda\beta) + \chi} = 1 - \frac{1}{2}\beta^{\alpha} \tag{14.9}$$

式(14.9)为无量纲无滑动区长度β和无量纲切向载荷$F_t/(\mu p_0 L_b)$之间的关系。其中，无量纲切向载荷定义为切向载荷与界面摩擦力之比。因此，若无量纲切向载荷$F_t/(\mu p_0 L_b)$已知，则可确定不同压力分布函数情况下的剪切层滑动量。

令式(14.9)中的无量纲无滑动区长度β=1，可得到产生微滑动的最小无量纲切向载荷值，即

$$\left(\frac{F_t}{\mu p_0 L_b}\right)_{\min} = \frac{\lambda\tanh\lambda + \chi}{2\lambda(\lambda + \chi\tanh\lambda)} \tag{14.10}$$

可以看出，无量纲切向载荷的最小值仅与界面刚度有关，与界面压力分布函数无关，因此当无量纲切向载荷 $F_t/(\mu p_0 L_b)$ 达到最小值时，界面即发生微滑动，不受压力分布情况影响。

令式(14.9)中 β=0，可得到界面产生整体滑动的最大无量纲切向载荷值，即

$$\left(\frac{F_t}{\mu p_0 L_b}\right)_{max}=\frac{\chi}{\lambda^2}-\frac{1}{2(\alpha+1)}+1 \tag{14.11}$$

可以看出，无量纲切向载荷的最大值由系统刚度和压力分布情况共同决定。微滑动过程中，当 $0<\beta<1$ 时，式(14.9)为非线性的，因此难以得到 β 的解析解。然而，当 β 在[0,1]范围内变化时，可得到无量纲切向载荷 $F_t/(\mu p_0 L)$ 的解析解，式(14.10)和式(14.11)对应的 $F_t/(\mu p_0 L)$ 的最小值和最大值即为极限值。

2. 载荷-位移关系

梁右端加载处的变形量 $\delta=u(1)$ 可以通过式(14.5)得到，力-变形关系为

$$F_t = K_f\delta + C_f \tag{14.12}$$

式中，

$$\begin{cases} K_f=\dfrac{EA}{[1-\beta+G(\lambda,\chi,\beta)]L_b} \\ C_f=\mu p_0 L_b\left[1-\dfrac{1}{2(\alpha+1)}\right]-\dfrac{\mu p_0 L_b}{(1-\beta+G)}\left[\dfrac{1}{2}-\dfrac{1-\beta^{\alpha+2}}{2(\alpha+1)(\alpha+2)}-\dfrac{G\beta^{\alpha+1}}{2(\alpha+1)}+G\beta-\dfrac{1}{2}\beta^2\right] \end{cases} \tag{14.13}$$

引入关于 λ、χ 和 β 的无量纲函数 $G(\lambda,\chi,\beta)$

$$G(\lambda,\chi,\beta)=\frac{\lambda+\chi\tanh(\lambda\beta)}{\lambda\left[\lambda\tanh(\lambda\beta)+\chi\right]} \tag{14.14}$$

由于微滑动时($0<\beta<1$)，无量纲无滑动区长度 β 与载荷 F 呈非线性关系，式(14.12)所示微滑动摩擦界面的力-变形关系仍然具有非线性特性。

当梁无滑动时(β=1)，C_f=0，式(14.12)所述力-变形关系简化成

$$F_t = K_f\delta \tag{14.15}$$

式中，

$$\begin{cases} K_{\mathrm{f}} = \dfrac{EA}{g(\lambda,\chi)L_{\mathrm{b}}} \\ g(\lambda,\chi) = \dfrac{\lambda + \chi\tanh\lambda}{\lambda(\lambda\tanh\lambda + \chi)} \end{cases}$$

由于 K_{f} 与载荷无关，式(14.15)所示的力-变形关系为线性的，这与文献[16]描述的力-变形关系吻合。

当梁完全滑动时(β=0)，式(14.12)中力-变形关系的系数为

$$\begin{cases} K_{\mathrm{f}} = \dfrac{EA}{\left(1+\dfrac{1}{\chi}\right)L_{\mathrm{b}}} \\ C_{\mathrm{f}} = \mu p_0 L_{\mathrm{b}}\left[1-\dfrac{1}{2(\alpha+1)}\right] - \dfrac{\mu p_0 L_{\mathrm{b}}}{1+\dfrac{1}{\chi}}\left[\dfrac{1}{2}-\dfrac{1}{2(\alpha+1)(\alpha+2)}\right] \end{cases} \tag{14.16}$$

式(14.16)中的系数与载荷无关，力-变形关系也为线性的。因此，摩擦界面无滑动、微滑动、整体滑动时的力-变形曲线分别对应为线性、非线性、线性。

3. 响应特性

1)滞回特性

基于梁的力-变形关系，可得到对应的滞回曲线来描述摩擦界面的动力学特性。利用 Masing[21]假设计算微滑动过程中单调加载时的滞回曲线，卸载过程中的力-变形关系为

$$\frac{F_{\mathrm{u}} - F^*}{2} = -K_{\mathrm{f}}\frac{\delta^* - \delta_{\mathrm{u}}}{2} + C_{\mathrm{f}} \tag{14.17}$$

式中，F^*和 δ^*分别为加载-卸载过程中的临界载荷和对应的变形量；F_{u} 和 δ_{u} 分别为卸载过程中的力和变形量；δ_{r} 为重新加载过程中的变形量，是卸载时变形量的负数。

$$\delta_{\mathrm{r}} = -\delta_{\mathrm{u}} \tag{14.18}$$

从式(14.17)和式(14.18)可以看出，第一次加载时的滞回曲线已具有迟滞特性。

2)能量耗散特性

微滑动过程中每个循环的能量耗散量是载荷从零增大到最大值过程中能量耗散量的 4 倍，即

$$E_{\mathrm{d}} = 4\int_{\beta}^{1} \mu p(\overline{x}) u(\overline{x}) \mathrm{d}\overline{x} \tag{14.19}$$

将压力分布函数表达式 $p(x) = p_0\left(\dfrac{1-x^{\alpha}}{2}\right)$ 和式(14.5b)中滑动区变形量表达式代入式(14.19)，得到

$$E_{\mathrm{d}} = \frac{4(\mu p_0 L_{\mathrm{b}})^2}{EA}\int_{\beta}^{1}\left(1-\frac{1}{2}\overline{x}^{\alpha}\right)\left[-\frac{\overline{x}^{\alpha+2}}{2(\alpha+1)(\alpha+2)}+\frac{1}{2}\overline{x}^2 + C_1\overline{x} + C_0\right]\mathrm{d}\overline{x} \tag{14.20}$$

式(14.20)可用于计算不同压力分布和切向刚度时每个循环的能量耗散量。

14.4 算　　例

选取四种不同压力分布函数，对应的压力分布指数 α 为 0、0.5、1、2；两种不同的切向刚度分别为 λ=10(对应刚性界面)和 λ=2(对应柔性界面)。当 p_0=1 时，沿滑动摩擦界面的不同压力分布函数如图 14.6 所示。可以看出，压力在界面左端(x=0)达到最大值，界面压力沿梁长度 x 正方向递减。

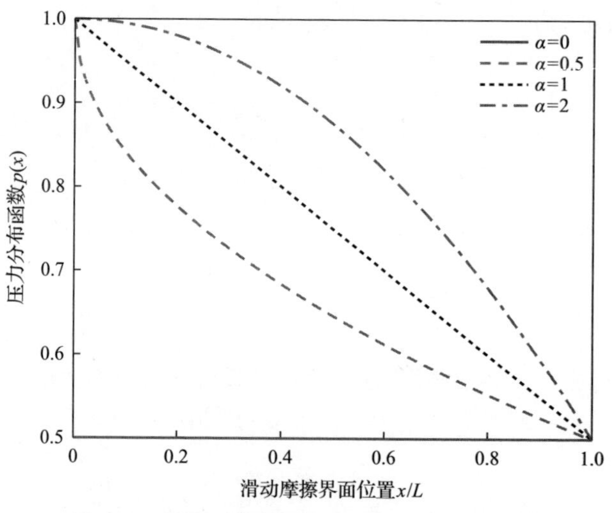

图 14.6　沿滑动摩擦界面的不同压力分布函数

不同切向刚度和不同压力分布时无量纲滑动区长度(1–β)与无量纲切向载荷 $F_{\mathrm{t}}/(\mu p_0 L_{\mathrm{b}})$ 关系曲线如图 14.7 所示，其中刚度参数 χ =1。可以看出，无量纲切向载荷增加时，无量纲滑动区长度(1–β)呈非线性增加；压力分布对摩擦界面的微滑动特性影响显著，不同压力分布情况下，发生微滑动时所需载荷的最小值相同，但发生整体滑动(β=0)时载荷的最大值不同；载荷幅值相同时，均匀压力分布情况下

(α=0)的无量纲滑动区长度$(1-\beta)$大于非均匀压力分布情况。同时可以看出，λ 值越小(λ=2)，产生微滑动和整体滑动所需的载荷 $F_t/(\mu p_0 L_b)$就越大，该特性也可通过式(14.10)和式(14.11)直接得到。此外，λ 值越小，层间传递的载荷越均匀，因此产生滑动所需载荷比刚性界面(λ=10)大。

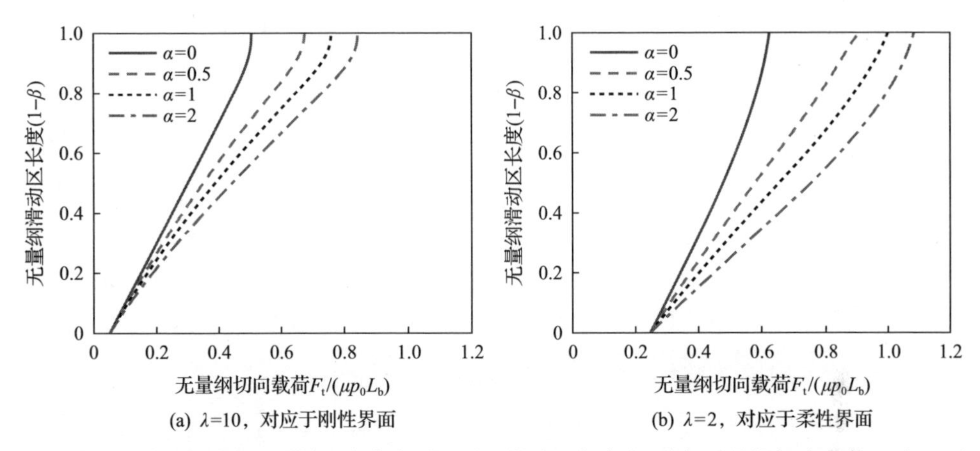

图 14.7　不同切向刚度和不同压力分布时无量纲滑动区长度$(1-\beta)$与无量纲切向载荷 $F_t/(\mu p_0 L_b)$关系曲线

不同切向刚度和不同压力分布时梁右端无量纲切向载荷 $F_t/(\mu p_0 L_b)$与无量纲变形量 δ'的关系曲线如图 14.8 所示，其中 $\delta'=\delta/(\mu p_0 L_b^2/EA)$对应于两种不同的切向刚度($\lambda$=10 和 2)。可以看出，不同压力分布情况下，加载过程中力-变形曲线表现出线性-非线性-线性特性。在不同压力分布下发生微滑动时，随着变形量增加，力-变形曲线斜率减小，因此力-变形关系具有渐软的非线性行为。压力分布情况对非线性度有显著影响，非线性度随 α 值的增大而增大，即变形量相同时，α 值越大，曲线斜率越大。由式(14.10)可以看出，在不同压力分布下，界面从无滑动

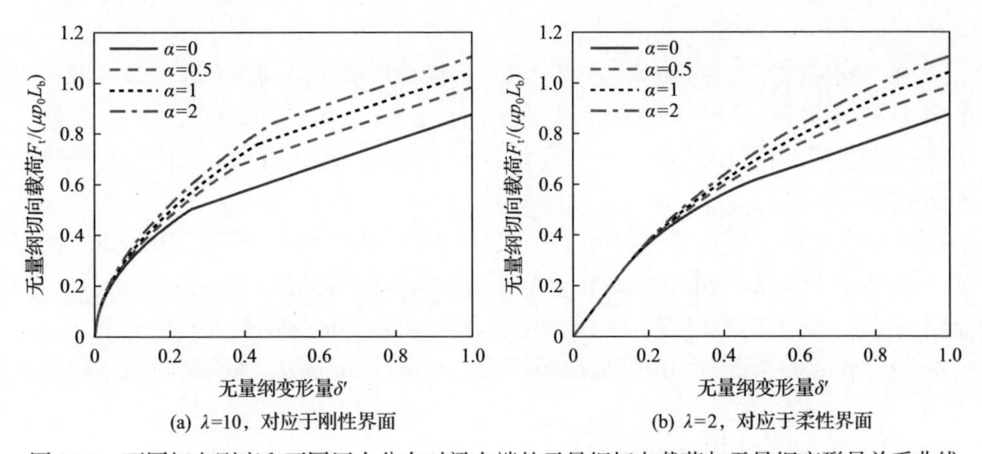

图 14.8　不同切向刚度和不同压力分布时梁右端的无量纲切向载荷与无量纲变形量关系曲线

到产生微滑动所需载荷的大小相同，但是从微滑动到整体滑动所需载荷的大小随 α 值的增加而增加，与式(14.11)吻合，表明与均匀压力分布相比，具有非均匀压力分布的摩擦界面产生整体滑动时需要更大的切向载荷。此外，无量纲切向载荷 $F_t/(\mu p_0 L_b)$ 相同时，尽管刚性界面的滑动区长度更大，但其变形量小于柔性界面。

界面微滑动时不同压力分布对滞回曲线的影响如图 14.9 所示。为了说明压力分布的影响，选择相同的最大加载力为 $F^*=(F_t/\mu p_0 L_b)_{\max,\alpha=0}$，对应于均匀压力分布时界面发生整体滑动时的临界载荷。可以看出，压力分布对滞回环面积和能量耗散值有显著影响。滞回环封闭区域表征了摩擦阻尼大小，当 α 增大时，滞回环封闭区域减小，因此对于给定的摩擦界面和无量纲切向载荷 $F_t/(\mu p_0 L_b)$，当 $\alpha=0$(均匀压力分布)时，能量耗散达到最大值，当 $\alpha=2$ 时，能量耗散具有最小值。切向刚度大的刚性界面的滞回环区域面积小于柔性界面，即刚性界面摩擦阻尼更小。无量纲切向载荷 $F_t/(\mu p_0 L_b)$ 相同时，尽管刚性界面的无量纲滑动区长度 $(1-\beta)$ 更大，但其变形量较小，因此能量耗散量小。

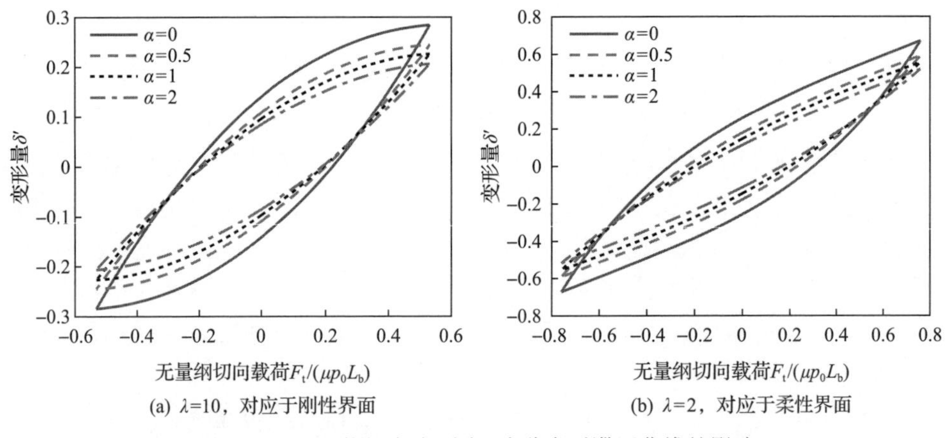

(a) $\lambda=10$，对应于刚性界面　　(b) $\lambda=2$，对应于柔性界面

图 14.9　界面微滑动时不同压力分布对滞回曲线的影响

在不同切向刚度($\lambda=10$ 和 2)情况下，界面微滑动时不同压力分布对能量耗散的影响如图 14.10 所示，其中 $E_f=E_d/(\mu p_0 L_b)^2/EA$。当切向载荷相同时，压力分布界面的能量耗散量最大；$\alpha=2$(压力分布不均匀)时能量耗散量最小。但当切向载荷较小时($\lambda=10, F_t/(\mu p_0 L_b)<0.2$；$\lambda=2, F_t/(\mu p_0 L_b)<0.3$)，压力分布对能量耗散量的影响较小，这是因为能量耗散取决于滑动区域的接触压力和变形量，因此切向载荷较小时取决于 $x=L_b$ 处的压力和变形量，而不同的压力分布下 $x=L_b$ 处的压力和变形量相同，因此切向载荷较小时不同压力分布曲线的能量耗散量差异不明显。当切向载荷较大时，能量耗散量取决于压力分布情况(α 值)，曲线之间的差异更加明显。

将图 14.10 的横纵坐标取对数，得到不同压力分布对能量耗散的对数关系曲线，如图 14.11 所示。可以看出，若忽略切向载荷很小(λ=10，$F_t/(\mu p_0 L_b)$＜0.05；λ=2，$F_t/(\mu p_0 L_b)$＜0.3)的情况，曲线近似为直线，即能量耗散量与切向载荷之间具有指数关系。对于切向载荷很小的情况，$x=L_b$ 处发生微滑动，且能量耗散量和切向载荷之间不符合指数关系。四种不同压力分布函数和两种切向刚度下的幂指数如表 14.1 所示。可以看出，指数值并不是理论恒定值 3，而是随压力分布和界面刚度的变化而变化。对于刚性界面(λ=10)，如图 14.10(a)所示，在不同压力分布函

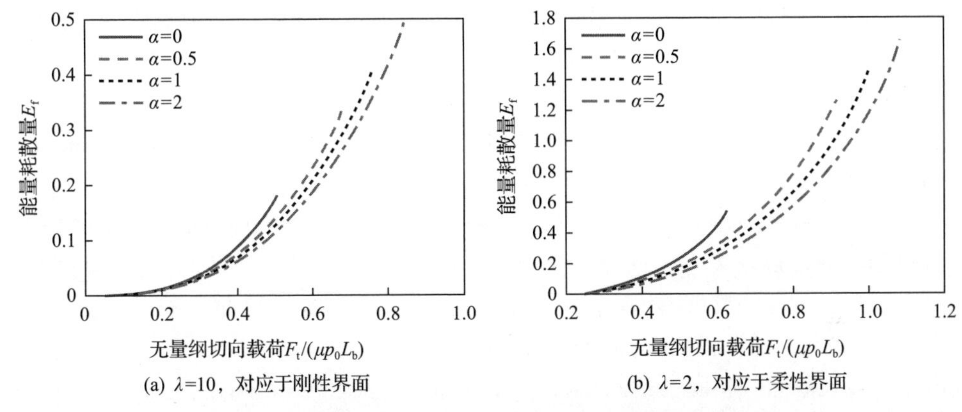

(a) λ=10，对应于刚性界面　　(b) λ=2，对应于柔性界面

图 14.10　界面微滑动时不同压力分布对能量耗散的影响

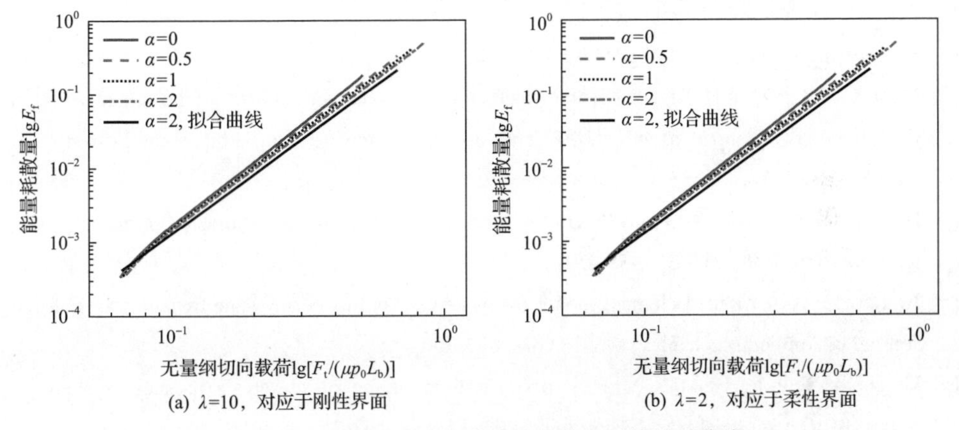

(a) λ=10，对应于刚性界面　　(b) λ=2，对应于柔性界面

图 14.11　不同压力分布对能量耗散的对数关系曲线

表 14.1　四种不同压力分布函数和两种切向刚度下的幂指数

压力分布函数	剪切层刚度 λ=10	剪切层刚度 λ=2
α=0	2.986	3.925
α=0.5	2.838	3.890
α=1	2.789	3.544
α=2	2.780	3.334

数下，其指数值均小于 3，当界面压力均匀分布时(α=0)，指数值为 2.986，与理论值 3 相吻合；当界面压力为 Hertz 压力分布时(α=0.5)，指数值为 2.838，Quinn 等[22]未考虑结合界面切向刚度的影响，得到的指数值为 2.667。对于柔性界面(λ=2)，指数值均大于 3。

通过试验[23-28]得到的能量耗散量和切向载荷之间关系的指数值从 2.0 变化到 3.33。界面压力分布和切向刚度受表面粗糙度、切向载荷和材料特性等因素的影响，导致试验得到的能量耗散量和切向载荷幅值关系具有不同的指数值。

参 考 文 献

[1] Gaul L, Lenz J. Nonlinear dynamics of structures assembled by bolted joints[J]. Acta Mechanica, 1997, 125(1): 169-181.

[2] Ferri A A. Friction damping and isolation systems[J]. Journal of Vibration and Acoustics, 1995, 117(B): 196-206.

[3] Ibrahim R A, Pettit C L. Uncertainties and dynamic problems of bolted joints and other fasteners [J]. Journal of Sound and Vibration, 2005, 279(3-5): 857-936.

[4] Caughey T K. Sinusoidal excitation of a system with bilinear hysteresis[J]. Journal of Applied Mechanics, 1960, 27(4): 640-643.

[5] Griffin J H. Friction damping of resonant stresses in gas turbine engine airfoils[J]. Journal of Engineering for Power, 1980, 102(2): 329-333.

[6] Menq C H, Griffin J H, Bielak J. The influence of a variable normal load on the forced vibration of a frictionally damped structure[J]. Journal of Engineering for Gas Turbines and Power, 1986, 108(2): 300-305.

[7] Hinrichs N, Oestreich M, Popp K. On the modelling of friction oscillators[J]. Journal of Sound and Vibration, 1998, 216(3): 435-459.

[8] Iwan W D. A distributed element model for hysteresis and its steady-state dynamic response[J]. Journal of Applied Mechanics, 1966, 33(4): 893-900.

[9] Vogels A, Fey R, Heertjes M F. Experimental modeling of hysteresis in stage systems: A Maxwell-Iwan approach[J]. Mechatronics, 2021, 75(8): 102525.

[10] Chabot S, Mercerat E D, Glinsky N, et al. An efficient algorithm for sampling the shear-modulus reduction curve in the context of wave propagation using the elastoplastic Iwan model[J]. Geophysical Journal International, 2021, 228(3): 1907-1917.

[11] Li D W, Botto D, Xu C, et al. Fretting wear of bolted joint interfaces[J]. Wear, 2020, 458-459: 203411.

[12] Jamia N, Jalali H, Taghipour J, et al. An equivalent model of a nonlinear bolted flange joint[J]. Mechanical Systems and Signal Processing, 2021, 153: 107507.

[13] Li D W, Xu C, Kang J H, et al. Modeling tangential friction based on contact pressure distribution for predicting dynamic responses of bolted joint structures[J]. Nonlinear Dynamics, 2020, 101(1): 255-269.

[14] Yan X Y, Wang W, Liu X J, et al. A multi-contact model to study the dynamic stick-slip and creep in mechanical frictional pair[J]. Journal of Advanced Mechanical Design Systems and Manufacturing, 2020, 14(4): 64.

[15] Yang D H, Lu Z R, Wang L. Parameter identification of bolted joint models by trust-region constrained sensitivity approach[J]. Applied Mathematical Modelling, 2021, 99: 204-227.

[16] Menq C H, Bielak J, Griffin J H. The influence of microslip on vibratory response—Part I: A new microslip model[J]. Journal of Sound and Vibration, 1986, 107: 279-293.

[17] Menq C H, Bielak J, Griffin J H. The influence of microslip on vibratory response—Part Ⅱ: A comparison with experimental results[J]. Journal of Sound and Vibration, 1986, 107(2): 295-307.

[18] Csaba G. Forced response analysis in time and frequency domains of a tuned bladed disk with friction dampers[J]. Journal of Sound and Vibration, 1998, 214(3): 395-412.

[19] Cigeroglu E, Lu W M, Menq C H. One-dimensional dynamic microslip friction model[J]. Journal of Sound and Vibration, 2006, 292(3-5): 881-898.

[20] Xiao H F, Shao Y M, Xu J W. Investigation into the energy dissipation of a lap joint using the one-dimensional microslip friction model[J]. European Journal of Mechanics-A/Solids, 2014, 43: 1-8.

[21] Masing G. Eigenspannungen und Verfestigung beim Messing[C]//International Congress of Applied Mechanics, Zurich, 1926: 332-335.

[22] Quinn D D, Segalman D J. Using series-series Iwan-type models for understanding joint dynamics[J]. Journal of Applied Mechanics, 2005, 72(5): 666-673.

[23] Klint R V. Oscillating tangential forces on cylindrical specimens in contact transmitting oscillating forces[J]. Proceedings of the Institution of Mechanical Engineers, Part C, Journal of Mechanical Engineering Sciences, 1962, 3(4): 362-368.

[24] Ungar E E. Energy dissipation at structural joints; mechanisms and magnitudes[R]. Technical Report FDL-TDR-64-98, Air Force Flight Dynamics Laboratory, Ohio, 1964.

[25] Ungar E E. The status of engineering knowledge concerning the damping of built-up structures[J]. Journal of Sound and Vibration, 1973, 26(1): 141-154.

[26] Kragelsky I V, Dobychin M N, Kombalov V S. Friction and Wear: Calculation Methods[M]. Oxford: Pergamon Press, 1982.

[27] Smallwood D O, Gregory D L, Coleman R G. Damping investigations of a simplified frictional shear joint[C]//Proceedings of the 71st Shock and Vibration Symposium, Arlington, 2000:

67-83.

[28] Hartwigsen C J, Song Y, Mcfarland D M, et al. Experimental study of non-linear effects in a typical shear lap joint configuration[J]. Journal of Sound and Vibration, 2004, 277(1-2): 327-351.

第 15 章　螺栓结合部层叠多界面冲击振动传递建模与仿真

螺栓固定结合是齿轮箱体最常用的一种连接方式。采用螺栓固定连接上下箱体，其接触表面绝大多数是单个平面，少数情况下也可以是曲面或者多个平面的组合面。螺栓固定结合界面既储存能量又消耗能量，具有非线性刚度和阻尼特性，对固结结构系统静动态性能和振动传递性能产生显著影响。本章考虑振动信号实际传递过程中经历的箱体螺栓固定结合部多界面，对冲击激励沿螺栓结合层叠非连续多界面的振动传递与能量耗散特性进行分析和介绍。

15.1　螺栓结合部层叠多界面

箱体螺栓结合部由螺栓、螺母、垫片、被连接箱体等组成，主要起固定连接和支承的作用。螺栓结合部中存在大量的非连续结合界面，这些非连续界面成为螺栓结合部非线性刚度特性、摩擦阻尼和能量耗散的主要来源。典型的螺栓结合面示意图如图 15.1 所示。

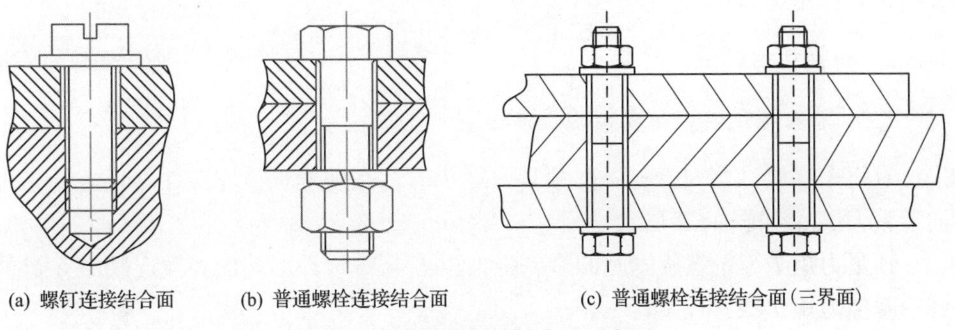

图 15.1　典型的螺栓结合面示意图

15.1.1　螺栓结合部动力学性能影响因素分析

螺栓结合部动力学性能的影响因素主要有结合部的类型、预紧力、界面的介质、材料、粗糙度等。

1. 结合部尺寸

螺栓结合部中，螺栓尺寸变化很大。通常，齿轮箱箱体连接的螺栓尺寸为M8、M12、M16、M24、M36等，其中常用的螺栓尺寸多为M12、M16、M24。

2. 结合部结构材料

齿轮箱箱体承受齿轮传动时产生的反力，必须具有足够的刚性承受力和力矩的作用，防止变形，保证传动质量。常见的齿轮箱是HT200-HT400的灰铸铁，有的高级齿轮箱使用球墨铸铁。但在特殊情况下，可以选择耐磨铸铁，也可以选择钢结构焊接结构，经过高温退火后去除内部结构的应力，保证箱体的稳定性。

3. 表面粗糙度(R_a)

粗糙度是评价表面质量最基本的参数，在实际的齿轮箱箱体结合部连接中，粗糙度也是影响结合部动力学参数的重要因素。粗糙度可用表面轮廓仪进行检查，齿轮箱的设计图纸和加工工艺图一般会进行详细说明。

4. 结合部界面的介质

螺栓结合部界面可能存在油膜介质、不同材料属性的垫片等。对于无油膜的结合部界面，由于钢、铸铁等常用结构材料的弹性模量和泊松比随加载速率的变化很小，其动刚度基本不受振动频率的影响。而结合部的尺寸、预紧力和粗糙度等对结合部动态特性的影响较大。

15.1.2 螺栓结合部受力分析

1. 预紧力与预紧力矩之间的关系

对每个螺栓，当对螺母施加预紧力矩T时，在螺栓和被连接件之间会产生轴向预紧力F_p，如图15.2所示。

预紧力矩T等于螺旋副间的摩擦阻力矩T_1与螺母环形端面和被连接件支撑面间的摩擦力矩T_2之和，即

$$T = T_1 + T_2 \tag{15.1}$$

螺旋副间的摩擦力矩为

$$T_1 = \frac{F_p d_2}{2}\tan\left(\varphi + \varphi_v\right) \tag{15.2}$$

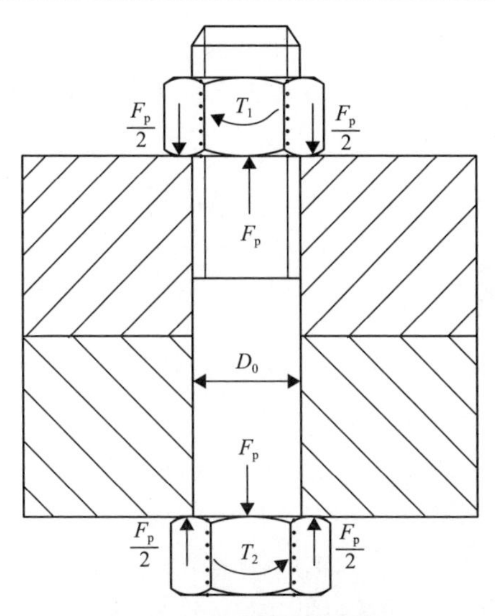

图 15.2　螺栓上的预紧力

螺母环形端面和被连接件支撑面间的摩擦力矩为

$$T_2 = \mu F_p r_n \tag{15.3}$$

式中，d_2 为螺纹中径；r_n 为六角螺母支撑面的当量摩擦半径，φ 为螺纹升角；φ_v 为螺旋副的当量摩擦角，对于大多数螺纹，φ 和 φ_v 较小，因而可以认为 $\tan(\varphi+\varphi_v)\approx\tan\varphi+\tan\varphi_v$；$\mu$ 为六角螺母支撑面的摩擦系数。

$$r_n = \frac{D_1^3 - D_0^3}{3\left(D_0^2 - d_0^2\right)}$$

预紧力矩可以表示为

$$T = \frac{F_p d_2}{2}\left(\tan\varphi + \tan\varphi_v\right) + \mu F_p r_n \tag{15.4}$$

式(15.4)为螺栓预紧达到屈服点以前的预紧力和螺栓力矩之间的关系，通常称为预紧力矩与预紧力关系的理论方程。从该方程可以看出，预紧力与预紧力矩呈线性关系，一些试验也验证了这种线性关系。但是，当试验条件不稳定时，螺栓预紧力到达屈服点以前，也可能出现非线性关系。当预紧力超过屈服点以后，预紧力的增量减小，关系曲线呈下弯的曲线形状。

2. 预紧力与预紧力矩近似表达式

为了方便使用，对式(15.4)中参数进行如下近似：螺纹升角 φ=1°42′～3°2′，

螺纹中径 $d_2 \approx 0.9d_{ld}$，螺旋副的当量摩擦角 $\varphi_v = \arctan(1.155\mu)$，螺栓孔直径 $D_0 \approx 1.1d_{ld}$，螺母环形支撑面的外径 $D_1 \approx 1.5d_{ld}$，支撑面之间摩擦系数 $\mu \approx 0.15$。将各参数的近似表达式代入式(15.4)，得到的预紧力与预紧力矩近似表达式为

$$T \approx 0.2F_p d_{ld} \tag{15.5}$$

对于 M10～M64 的粗牙普通钢制螺栓，预紧力与预紧力矩关系近似表达式适用。

3. 螺栓最佳预紧力

对于螺栓连接界面，预紧力矩过大使螺纹牙变形量过大，降低螺纹牙的连接强度，螺纹易产生疲劳失效；预紧力矩偏小引起被连接结构不能很好地连接。因此，螺栓连接结构在装配时需要确定最佳预紧力。计算步骤如下：

(1) 根据螺栓的性能等级和螺母的强度，保证螺母的强度与螺栓相匹配，按照螺栓的保证应力 σ_p 来确定预紧应力 σ_y。

$$\sigma_y = (0.5 - 0.7)\sigma_p \tag{15.6}$$

螺栓的保证应力 σ_p 如表 15.1 所示。

表 15.1 螺栓的保证应力 σ_p

性能等级	σ_p/MPa
4.8	320
5.6	280
8.8	580(<M16)，600(>M16)
9.8	660
10.9	830
12.9	970

(2) 根据预紧应力计算预紧力。

$$F_y = \frac{\pi D_s^2 \sigma_y}{4} \tag{15.7}$$

式中，D_s 为外螺纹的应力计算直径。

$$D_s = D - 0.933d_p$$

(3) 计算摩擦力臂和力矩。摩擦力臂 r_f 取决于螺纹的特征参数、螺栓头部与支承面之间的结合尺寸以及材料之间的摩擦系数，表达式为

$$r_{\mathrm{f}}=0.5(D-0.65d)\sec\left(\frac{\alpha}{2}\right)\tan\left(\arctan\mu_1+\frac{d_{\mathrm{p}}}{\pi D}\right)+0.25(S+D)\mu_2 \tag{15.8}$$

通常，$S\approx0.5D$，$\alpha\approx60^\circ$，$d_{\mathrm{p}}\approx0.1D$，则摩擦力臂 r_{f}的近似表达式为

$$r_{\mathrm{f}}=0.54(\mu_1+0.03)D+0.63D\mu_2 \tag{15.9}$$

式中，μ_1 为螺栓头螺母与支承面之间的摩擦系数；μ_2 为螺纹之间的有效摩擦系数。μ_1 和 μ_2 的取值如表 15.2 所示。

最佳预紧力矩 T_{y} 可以表示为

$$T_{\mathrm{y}}=F_{\mathrm{y}}r_{\mathrm{f}} \tag{15.10}$$

表 15.2　螺栓结合面间的摩擦系数

被连接件	结合界面的状态	摩擦系数 μ_1、μ_2
钢或铸铁零件	干燥的加工表面	0.10～0.16
钢或铸铁零件	有油膜的加工表面	0.06～0.10
钢或铸铁零件	轧制表面，钢丝刷清理	0.30～0.35
钢或铸铁零件	浮锈	—
钢结构件	涂富锌漆	0.35～0.40
钢结构件	喷砂处理	0.45～0.55
铸铁对砖料，混凝土或木材	干燥表面	0.40～0.45

15.2　冲击振动传递模型

15.2.1　模型描述

多界面冲击振动传递的球-螺栓固结多层叠加板模型如图 15.3 所示[1]。其中，四层板纵向叠加，通过左右两端的螺栓以相同的预紧力 F_{pre} 进行连接，置于固定的刚性平面上。矩形板的长、宽、高分别为 L、B、H，板上螺栓孔的直径为 d_{h}，左右两端的螺栓孔间距为 L_{d}。螺栓孔径之间的距离 L_{d} 足够长，因而可以考虑沿界面长度方向的非均匀压力分布。图 15.3(a)所示模型的界面分别为界面 1～8。其中，界面 1 和界面 2、界面 3 和界面 4、界面 5 和界面 6、界面 7 和界面 8 分别为板 1、板 2、板 3 和板 4 的上、下表面，称界面 1 为输入界面，界面 2～8 为传递界面。

冲击激励通过小球 m 从高 h_{f}处自由下落与输入界面 1 发生碰撞引入，落点为板 1 的中线处。在输入界面中部产生的冲击激励 F_{d}沿着各传递界面进行传递，同

时引起了摩擦界面间法向和切向的相对位移Δx和Δz，因而引起了沿传递界面的振动与能量耗散。界面相对运动机理如图 15.4 所示。

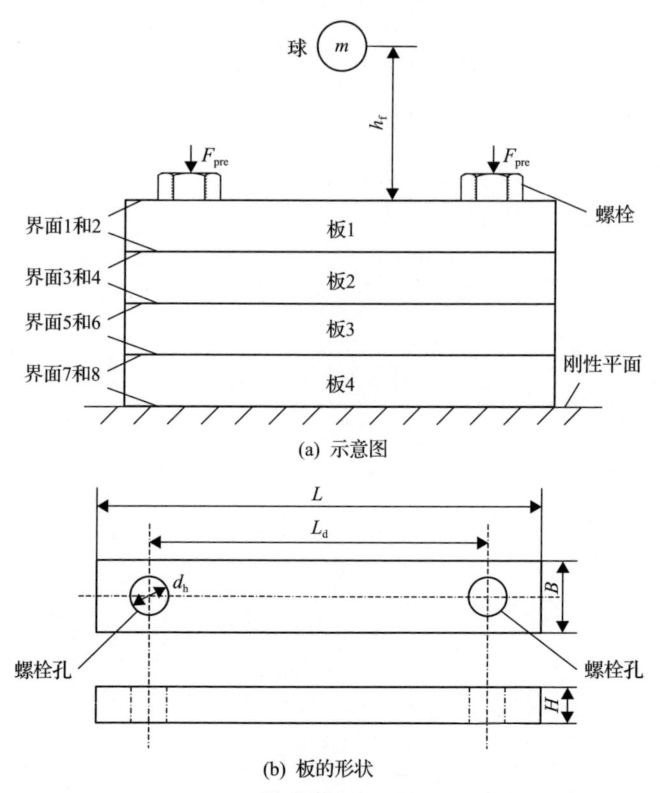

图 15.3　多界面冲击振动传递的球-螺栓固结多层叠加板模型[1]

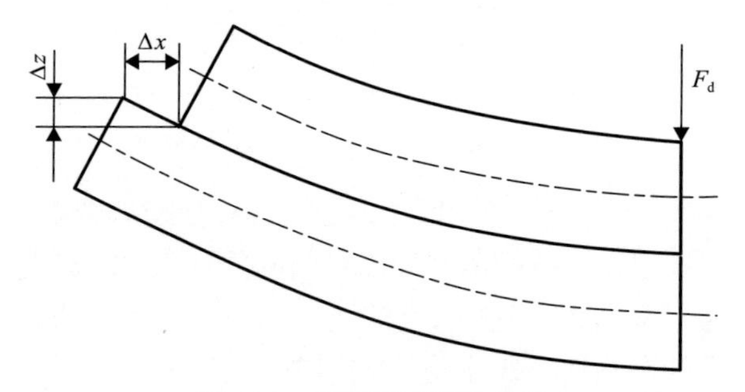

图 15.4　界面相对运动机理

螺栓连接的结构界面间的振动响应和能量耗散与多种因素相关，包括结构的材料属性、界面的表面形貌、结构间的摩擦和阻尼特性、螺栓预紧力 F_{pre} 等。当界面存在相对运动时，冲击激励沿非连续多界面的振动传递与能量耗散亦由多种因素决定，包括板的形状尺寸和材料属性、板间的摩擦润滑、螺栓预紧力 F_{pre} 和冲击载荷大小等。

15.2.2　振动与能量传递特征量

冲击振动沿固结多界面进行传递时的传递特性通过振动传递率 ξ 描述，界面 n 的振动传递率 ξ_n 定义为传递界面 n 的加速度幅值与输入界面(界面 1)的加速度幅值的比值，可以表示为

$$\xi_n = \frac{a_n}{a_1} \tag{15.11}$$

式中，a_1 为输入界面 1 的加速度幅值；a_n 为传递界面 $n(n=2,\cdots,N)$ 的加速度幅值，界面数 $N=8$。

冲击能量沿多界面进行传递时的传递特性通过能量传递率 η 描述，界面 n 的能量传递率 η_n 定义为传递界面 n 处的加速度能量与输入界面(界面 1)的加速度能量的比值，可以表示为

$$\eta_n = \frac{U_n}{U_1} = \frac{a_n^2}{a_1^2} \tag{15.12}$$

式中，U_1 为输入界面 1 的加速度能量，称为输入能量；U_n 为传递界面 n 的加速度能量。

界面的能量由加速度能量描述，其与加速度的平方成正比。小球从高 h_f 自由下落与界面 1 碰撞产生的能量称为冲击能量，其大小为 $U_s=mgh_f$。

15.3　算　　例

保持板的形状尺寸、材料属性、板间的摩擦状态及螺栓预紧力不变，研究不同冲击载荷下，冲击振动与能量经过多界面的传递与耗散特性。假设各层板的材料属性相同，且各界面的摩擦为库仑干摩擦，摩擦系数为 μ。库仑干摩擦的局限性在于没有考虑速度对摩擦系数的影响，因而静摩擦系数和动摩擦系数相同[2]。但是，对于计算由于滑动摩擦阻尼引起的能量耗散时，忽略静摩擦系数和动摩擦系数间的差异不会引起较大误差[3]。冲击载荷的大小通过小球的下落高度 h_f 控制，改变下落高度 h_f，计算小球与板 1 冲击作用时输入界面和各传递界面的加速度响应。界面的振动特性通过加速度响应幅值描述，振动能量通过加速度能量描述，其与加速度的平方成正比[4]。采用有限元法进行求解分析计算。

15.3.1　有限元计算模型

有限元计算模型如图 15.5 所示。矩形板的尺寸为 300mm×50mm×15mm，螺

栓孔间距 L_d=250mm；球的直径 D=17.5mm，质量 m=2.22×10^{-2}kg。三维板、连接螺栓和小球用 SOLID185 单元离散；板和刚性平面之间、板和螺栓之间及板和板之间建立接触对；小球在重力作用下从高度 h_f 落下；底部刚性平面全约束，连接螺栓的预紧力 F_{pre}=30kN；各传递界面的振动加速度通过沿板长度方向布置的两组加速度计单元测量，两组加速度计单元与板中心的距离分别为 40mm 和 80mm。为叙述简便，与板中心距离为 40mm 的加速度计简称为加速度计Ⅰ，与板中心距离为 80mm 的加速度计简称为加速度计Ⅱ。

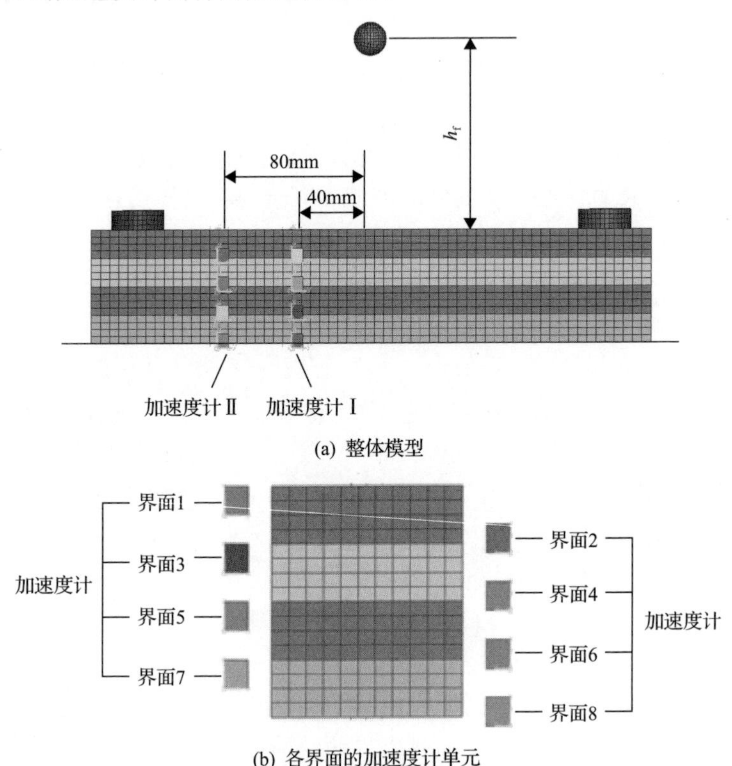

图 15.5 有限元计算模型

小球下落高度从 h_f=100mm 以间隔 100mm 逐渐增加至 h_f=1000mm，以考虑不同幅值的冲击载荷，并计算各界面的加速度响应。假设板和小球的材料属性相同且均为钢材，材料参数为弹性模量 E=200GPa，泊松比 ν=0.3，碰撞过程无塑性变形发生。各界面的冲击振动响应通过加速度响应曲线的峰值和 RMS 值进行描述。其中，加速度 RMS 值为冲击峰后振动衰减时间 0.02s 内的多点平均值，表征在冲击峰及其衰减信号综合作用下的加速度响应，其计算公式为

$$a_{\mathrm{RMS}}=\sqrt{\frac{1}{j}\sum_{i=1}^{j}{a_i}^2} \tag{15.13}$$

式中，a_i为衰减时间内各数据点的加速度值(i=1,2,⋯,j)；j为衰减时间内的数据点数。

峰值与 RMS 值的比值称为峰值指标(crest factor，CF)，其大小反映了冲击能量的大小。

15.3.2　输入界面的加速度响应

小球下落高度分别为 h_f=100mm、800mm，输入界面(界面 1)的加速度时间历程曲线如图 15.6 所示。

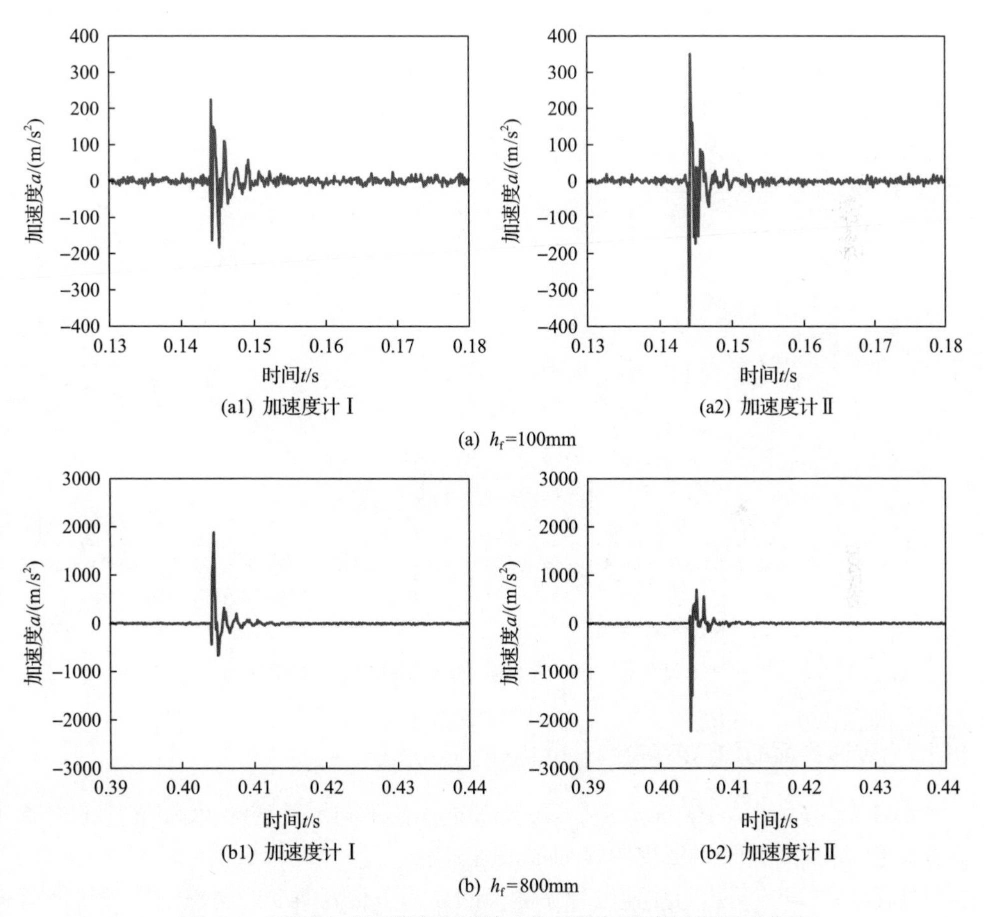

(a1) 加速度计 I　(a2) 加速度计 II

(a) h_f=100mm

(b1) 加速度计 I　(b2) 加速度计 II

(b) h_f=800mm

图 15.6　不同小球下落高度下输入界面的加速度时间历程曲线

从图 15.6 可以看出，小球与金属板的碰撞冲击分别发生在 t=0.1429s 和 t=0.4041s。冲击发生时间与采用自由落体运动公式 $t=\sqrt{2h/g}$ (g=9.8m/s^2)的计算结果完全一致。冲击峰后，振动很快衰减至平稳状态。沿板长度方向，冲击振动的传递存在相位差，因而引起加速度计 I 与加速度计 II 峰值加速度方向不同。

不同加速度计(加速度计Ⅰ和加速度计Ⅱ)测量的输入界面加速度峰值 a_{peak} 和 RSM 值随小球下落高度 h_f 的变化曲线如图 15.7 所示。可以看出，输入界面的加速度峰值和 RMS 值随小球下落高度具有相同的变化趋势，均呈非线性递增；相同冲击激励下，加速度峰值约为 RMS 值的 10 倍，即峰值指标约为 10，表明具有非常强烈的冲击。沿板长度方向，更靠近连接螺栓的加速度计Ⅱ的测量结果大于加速度计Ⅰ，且差值随冲击激励的增大而增大。这是因为沿界面长度方向，界面压力随着离螺栓距离的增大而减小(界面中部的压力最小)，因而离螺栓较远区域的界面相对位移大于离螺栓较近的区域。当冲击激励施加在界面中部时，离螺栓较远区域的耗散量更大，因而其响应幅值较小。同时，沿界面长度方向的非均匀相对运动随着激励载荷的增大而增大，因而其差值随冲击激励递增。从图 15.7 可以看出，加速度计Ⅰ和加速度计Ⅱ测量值的平均值与各加速度计的测量值具有相同的变化趋势，且考虑了加速度沿板长度方向的变化，因而被用于下面各传递界面(n=1～8)的振动传递分析。

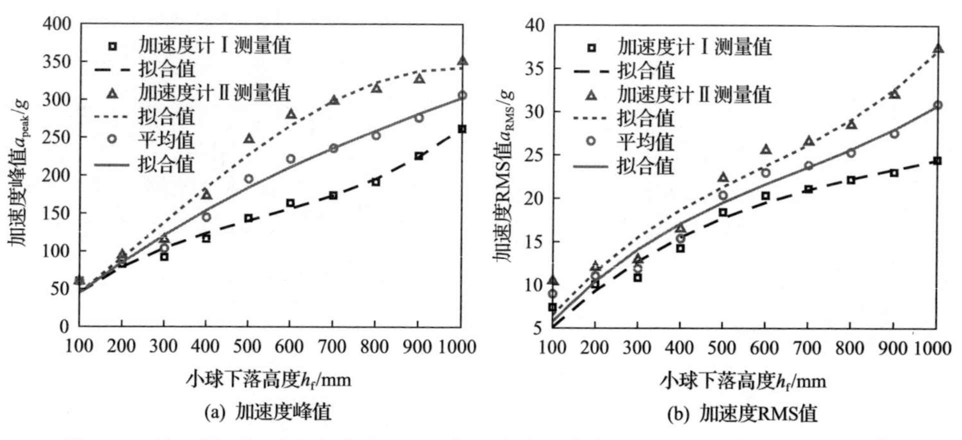

图 15.7　输入界面加速度峰值和 RMS 值随小球下落高度 h_f 的变化曲线(g=9.8m/s^2)

15.3.3　传递界面的加速度响应

小球下落高度 h_f=100mm 时界面 2 和界面 3 的不同加速度计(加速度计Ⅰ和加速度计Ⅱ)的加速度时间历程曲线如图 15.8 所示。

从图 15.8 可以看出，加速度计Ⅰ测量的界面 2 和界面 3 的碰撞发生时间分别为 0.1440s 和 0.1442s，加速度计Ⅱ测量的碰撞发生时间为 0.1441s 和 0.1443s。冲击峰从界面 2 传递至界面 3 经历了约 0.2ms，且峰值大小有所衰减；与界面 3 相比，界面 2 的加速度峰值更明显，振动能量更为集中。该响应特征与试验测试观察到的加速度响应在不同组件间的传递特征一致[5]。

各传递界面(界面 2～8)不同加速度计(加速度计Ⅰ和加速度计Ⅱ)测量得到的

加速度峰值和计算得到的加速度 RMS 值与小球下落高度 h_f 的关系曲线如图 15.9 所示。

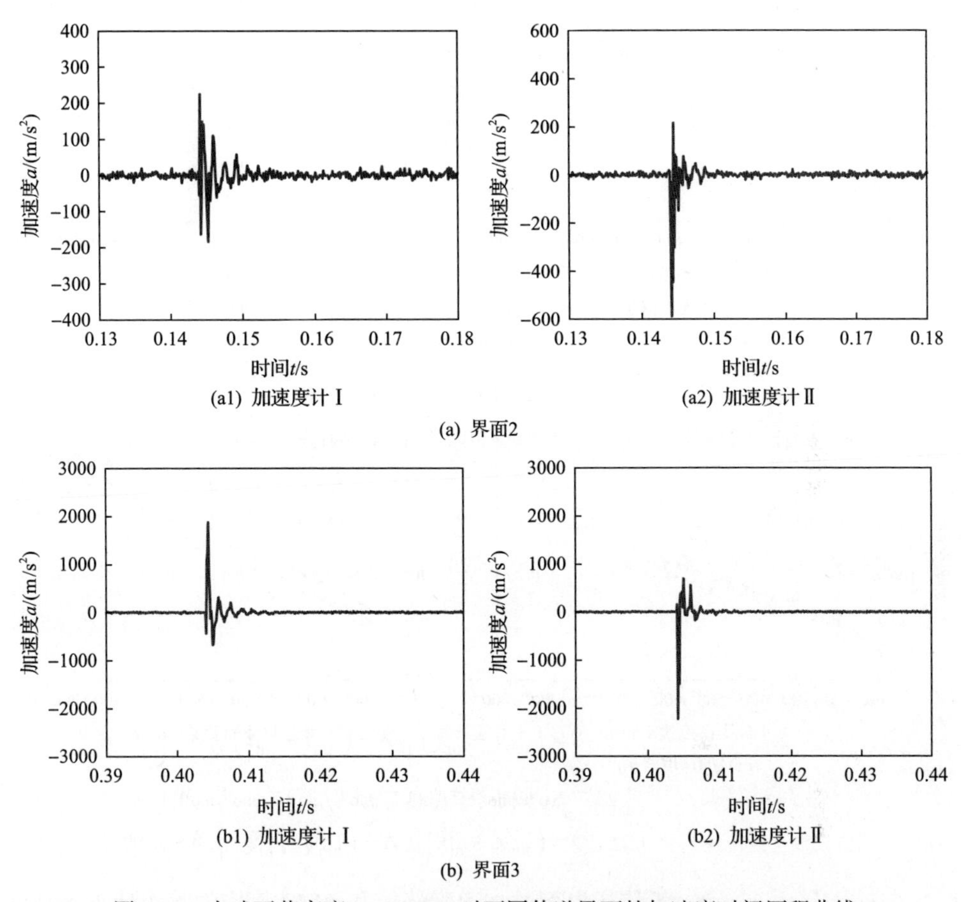

图 15.8　小球下落高度 h_f=100mm 时不同传递界面的加速度时间历程曲线

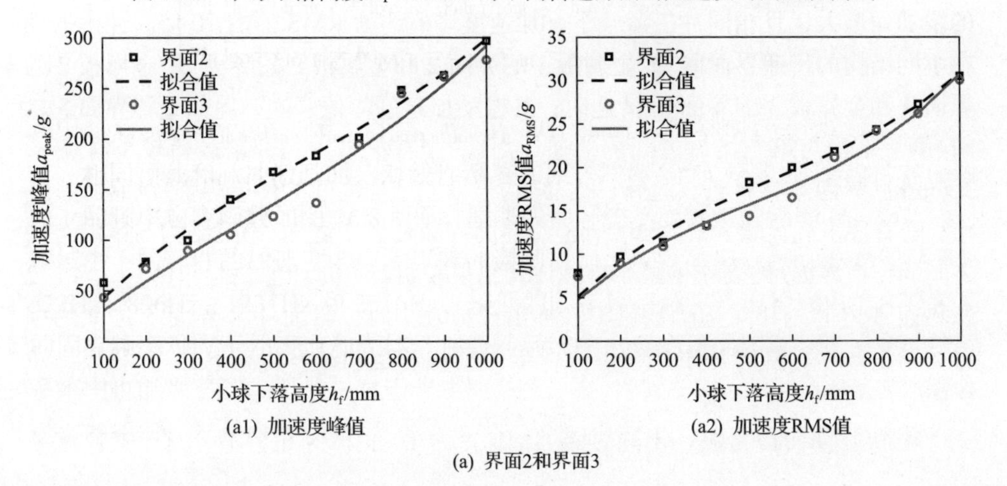

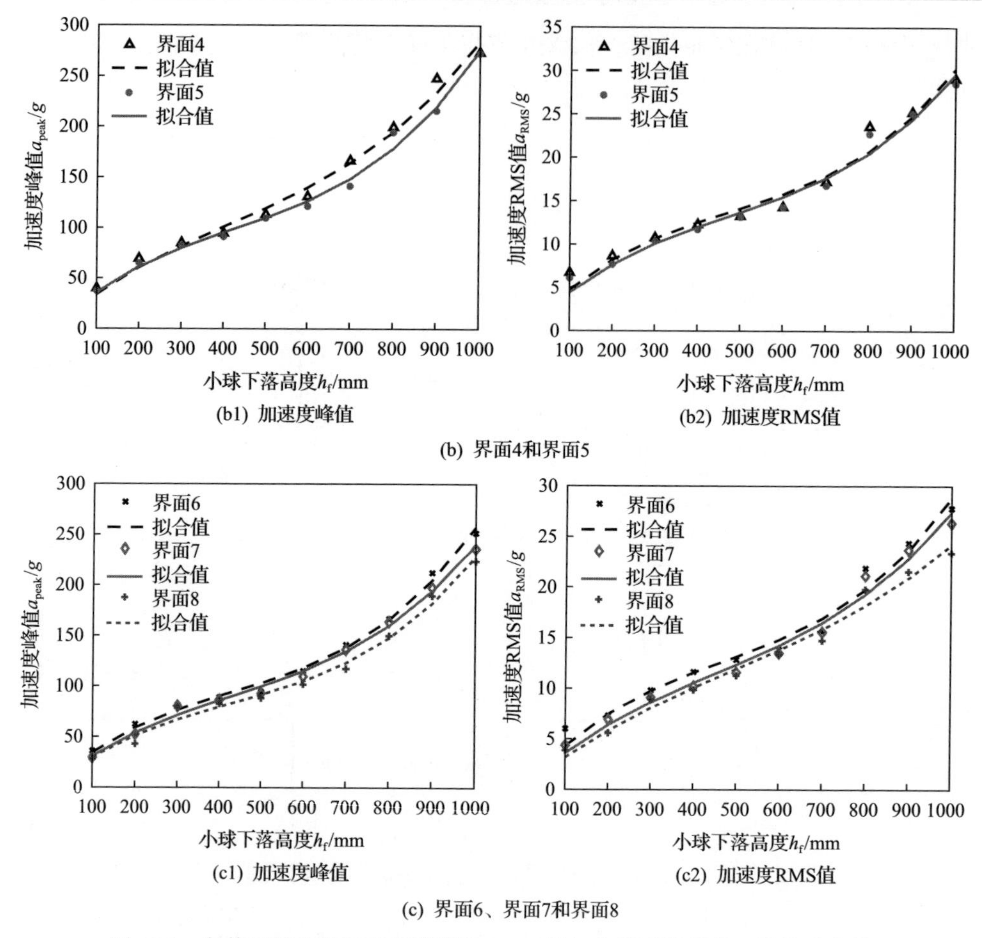

(b1) 加速度峰值 (b2) 加速度RMS值

(b) 界面4和界面5

(c1) 加速度峰值 (c2) 加速度RMS值

(c) 界面6、界面7和界面8

图 15.9 各传递界面的加速度峰值和 RMS 值与小球下落高度 h_f 的关系曲线

与输入界面 1 一致,各传递界面的加速度峰值和 RMS 值均随着小球下落高度的增加而增大，且相同冲击激励下，加速度峰值约为 RMS 值的 10 倍。冲击振动在不同结构的传递界面间(如金属板 1 的界面 2 和金属板 2 的界面 3、金属板 2 的界面 4 和金属板 3 的界面 5)传递时，其振动加速度幅值衰减，界面 2 和界面 3 之间(第一结构与第二结构之间的传递界面)的衰减量最大；冲击载荷较小时(h_f<300mm),界面 4 和界面 5 之间(第二结构与第三结构之间的传递界面)的衰减量最小；随着冲击载荷增大(h_f>300mm)，界面 6 和界面 7 之间(第三结构与第四结构之间的传递界面)的衰减量最小。该计算结果表明，不同冲击载荷作用下，界面 2 和界面 3 之间的相对运动量最大；冲击载荷较小时，界面 4 和界面 5 之间的相对运动量最小，随着冲击载荷增大，最小的相对运动量发生在界面 6 和界面 7 之间。

从图 15.9 可以看出，不同界面的加速度峰值和 RMS 值随着小球下落高度呈非线性变化。任意连续非线性函数表达式可以采用 N 阶泰勒级数近似，输入界面(i=1)和各传递界面(i=2,3,⋯,8)的加速度幅值与小球下落高度之间的关系采用三阶泰勒级数近似，表达式为

$$a(h) = q_1 h_{\mathrm{f}} + q_2 h_{\mathrm{f}}^2 + q_3 h_{\mathrm{f}}^3 \tag{15.14}$$

式中，系数 q_1、q_2 和 q_3 与金属板、传递界面的属性以及传递界面的位置相关。

表达式中各系数数值如表 15.3 所示。为与加速度单位保持一致($\mathrm{m/s^2}$)，表中各系数数值对应高度 h_{f} 的单位为 m。从表中可以看出，q_1 和 q_3 为正值($q_1>0$，$q_3>0$)，q_2 为负值($q_2<0$)。数值计算结果与采用式(15.14)计算结果之间的平均相对误差约为 5%。随着近似泰勒级数阶数增大，该误差值会减小，相应的表达式(15.14)更复杂。

表 15.3　加速度峰值和 RMS 值与小球下落高度关系表达式的系数表

界面	a_{peak}			a_{RMS}		
	q_1	q_2	q_3	q_1	q_2	q_3
1	470.7981	–243.0604	74.9162	64.1418	–66.8258	33.4239
2	471.8807	–414.4824	241.2386	57.4235	–63.4542	36.7942
3	326.6128	–188.1983	153.4015	53.9958	–67.0698	43.8020
4	382.3574	–475.2956	376.9114	55.4925	–83.6905	58.4155
5	414.6687	–641.0646	501.5093	50.7145	–72.2556	51.1221
6	403.0254	–641.8835	496.2758	49.7338	–72.9971	52.0842
7	355.1617	–508.2962	392.6017	40.3860	–49.9461	36.9488
8	347.2211	–539.1573	419.7394	34.7387	–33.1563	22.6203

15.3.4　振动传递特性

将式(15.14)和表 15.3 所列的系数 q_1、q_2 和 q_3 数值代入式(15.11)，可以确定各界面的振动传递率 ξ_n。各传递界面对输入界面加速度峰值和 RMS 值的振动传递率如图 15.10 所示。可以看出，对不同的小球下落高度，输入界面的加速度峰值的范围为[60g, 310g](g=9.8$\mathrm{m/s^2}$)，加速度 RMS 值约为峰值的 1/10。

对峰值和 RMS 值，振动传递率沿传递界面(n=2～8)均呈非线性递减，振动逐渐减弱；同时，振动传递率随输入加速度幅值也呈强烈的非线性变化特性。振动传递率沿传递界面的非线性变化特性表明，固结界面阻尼与振幅相关[6]。这是因为冲击振动沿界面传递时，引起了界面间的相对运动，由于存在界面摩擦阻尼，引起了沿传递界面的振动衰减。若界面阻尼与振幅无关，则振动传递率沿传递界面应该呈线性递减。图 15.10 所示的非线性递减关系显示界面阻尼是与振幅相关的。

从图 15.10(a)可以看出，对于峰值振动传递率，在输入加速度范围内，各传递界面均存在最小振动传递率，且对不同传递界面，与该最小振动传递率对应的输入加速度峰值相同(a_{peak}=222g，对应于小球下落高度 h_f=600mm)；而对于 RMS 值振动传递率，仅在初始传递界面(n=2, 3, 4, 5, 6)观察到最小振动传递率，随着振动沿传递界面(n=7,8)的不断增多，传递界面的振动传递率随输入加速度呈单调非线性递增，如图 15.10(b)所示。从图 15.10 可以看出，在输入加速度范围内，界面 8 的加速度峰值和 RMS 值的振动传递率分别为 0.51～0.74 和 0.56～0.77，表明输入加速度经历图 15.5 所示模型的传递界面 7 后，加速度峰值和 RMS 值的衰减量分别为 26%～49%和 23%～44%。

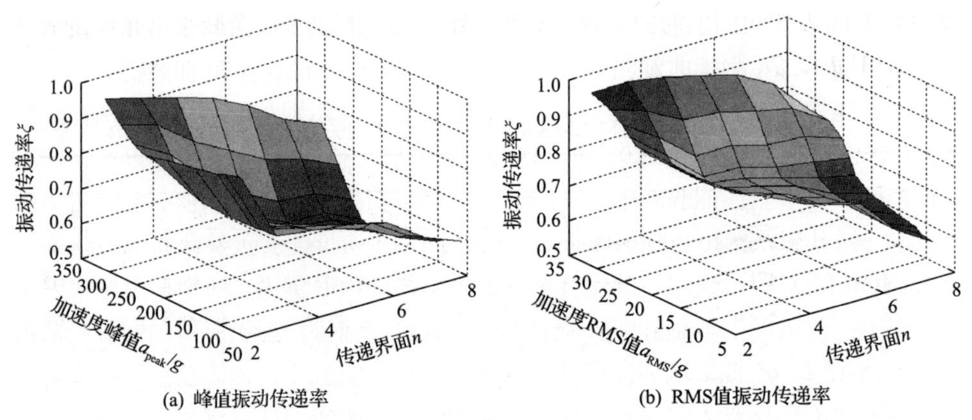

图 15.10 各传递界面对输入界面加速度峰值和 RMS 值的振动传递率

15.3.5 能量传递特性

冲击能量 U_s 并未全部由输入界面 1 传递至多金属板，而是在界面 1 存在一定耗散，界面 1 的输入能量与冲击能量的关系可表示为

$$U_1 \propto \left(Q_1 U_s + Q_2 U_s^2 + Q_3 U_s^3\right)^2 \tag{15.15}$$

式中，Q_1、Q_2 和 Q_3 与表达式(15.14)的系数 q_1、q_2 和 q_3 之间的关系为

$$\begin{cases} Q_1 = \dfrac{q_1}{mg} \\ Q_2 = \dfrac{q_2}{(mg)^2} \\ Q_3 = \dfrac{q_3}{(mg)^3} \end{cases}$$

从表 15.3 可以看出，$q_1>0$，$q_2<0$ 和 $q_3>0$，因而系数 Q_1、Q_2 和 Q_3 的符号分别为 $Q_1>0$、$Q_2<0$ 和 $Q_3>0$。输入界面对冲击能量的传递率可表示为

$$\frac{U_1}{U_s} \propto Q_1^2U_s + 2Q_1Q_2U_s^2 + \left(Q_2{}^2 + 2Q_1Q_3\right)U_s^3 + 2Q_2Q_3U_s^4 + Q_3^2U_s^5 \tag{15.16}$$

从式(15.16)可以看出，输入界面对冲击能量的传递率与冲击能量 U_s 之间的关系可近似为五次多项式函数关系。为了确定输入能量对冲击能量传递率的极值以及与峰值对应的冲击能量值，将式(15.16)对冲击能量 U_s 求导，得到的表达式为

$$f(U_s) = Q_1^2 + 4Q_1Q_2U_s + 3\left(Q_2^2 + 2Q_1Q_3\right)U_s^2 + 8Q_2Q_3U_s^3 + 5Q_3^2U_s^4 \tag{15.17}$$

对给定的 Q_1、Q_2 和 Q_3 值，求解方程 $f(U_s)=0$，可以得到 4 个解，对应于 4 个冲击能量 U_s 值。注意到：冲击能量 U_s 必须为正实数，因而式(15.17)是否存在正实数解决定了是否存在极值输入能量传递率。

输入界面对冲击能量的传递率与冲击能量的关系曲线如图 15.11 所示。可以看出，在冲击能量范围[0.0217J, 0.217J]内，$f(U_s)$ 随冲击能量 U_s 单调递增，且曲线与零值无交集，这表明在该冲击能量范围内，不存在引起极值输入能量传递率的正实数冲击能量值。

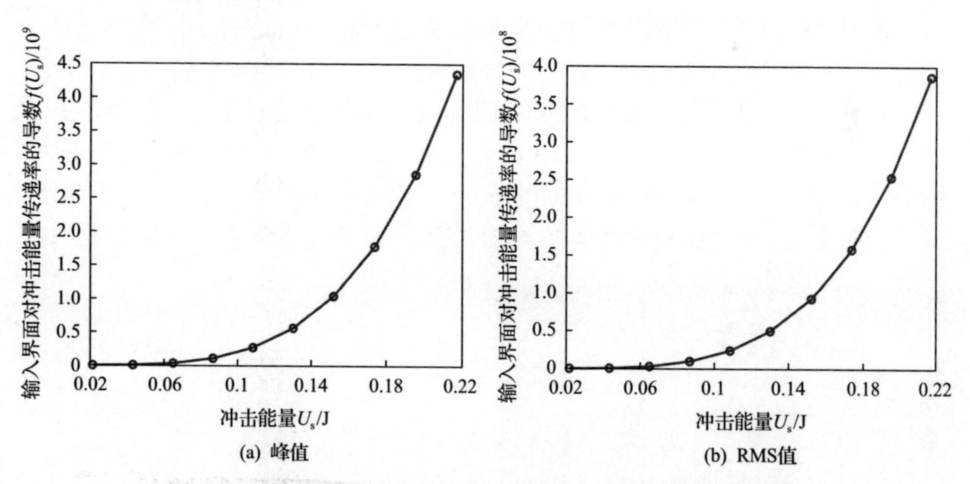

图 15.11　输入界面对冲击能量的传递率与冲击能量的关系曲线

由式(15.11)和式(15.12)的定义可知，各传递界面(n=2～8)的能量传递率与振动传递率的关系为 $\eta_n=\xi_n{}^2$。各传递界面的能量传递率与冲击能量的关系如图 15.12 所示。可以看出，能量传递率随传递界面和冲击能量的变化关系具有与振动传递

率相似的非线性特性。不同之处在于：能量传递率的变化比振动传递率更剧烈。在冲击能量范围[0.0217J,0.217J]内，界面 8 的峰值能量和 RMS 值能量的传递率分别为 0.26～0.54 和 0.31～0.58，表明输入能量经历传递界面 7 后，耗散量分别为 46%～74%和 42%～69%。

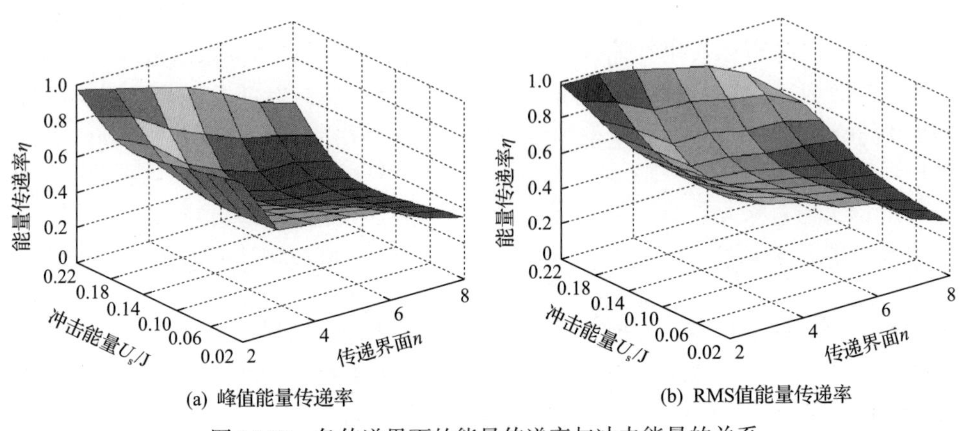

(a) 峰值能量传递率　　(b) RMS值能量传递率

图 15.12　各传递界面的能量传递率与冲击能量的关系

15.3.6　试验验证

为验证有限元计算结果的有效性，搭建如图 15.13 所示的试验装置。四层形状尺寸和材料相同的 SUS304 不锈钢金属板纵向叠加，通过左右两端的螺栓固结于刚性地基；各金属板的上下表面均通过打磨得到较小的表面粗糙度，且安装之前严格地清洁了表面，保证表面无润滑油脂；螺栓预紧力通过对两端的 M20 螺栓施加 0.3kN·m 的扭矩，产生 30kN 的法向力；直径 D=17.5mm、质量 m=2.22×10^{-2}kg 的钢球从不同高度落下(h_f=[100, 1000]mm)，与金属板 1 发生碰撞引入冲击激励；在金属板 1 上表面(界面 1)和金属板 4 底面(界面 8)各安装 2 个加速度传感器，测

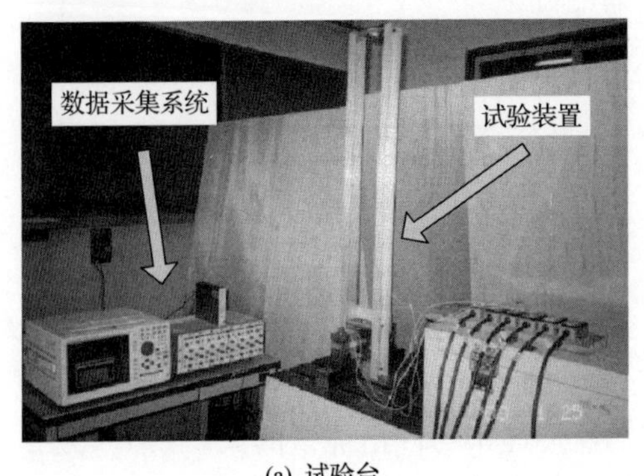

(a) 试验台

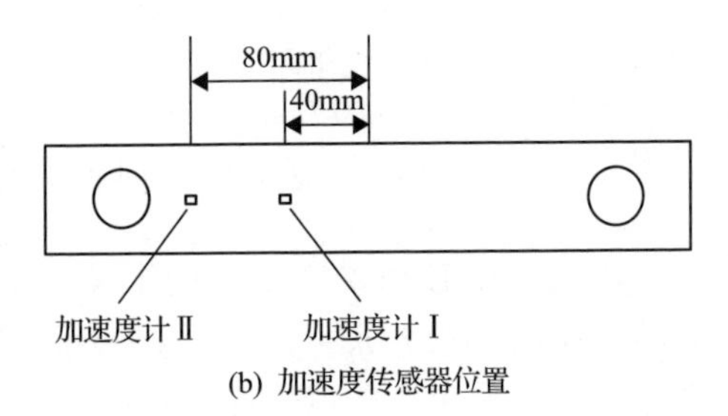

(b) 加速度传感器位置

图 15.13　试验装置

量其加速度响应。加速度传感器的位置如图 15.13(b)所示。加速度传感器位于与金属板中心线相距 40mm 和 80mm 的板中位置，与有限元计算模型的加速度计 I 和加速度计 Ⅱ 位置一致。

对不同小球下落高度 h_f 进行 5 次试验测试,求取 5 次试验加速度值的平均值。各传感器的冲击响应通过实时的数据采集系统同时测定。对每个加速度响应，提取其峰值并采用式(15.13)计算其峰值后 0.02s 内响应的 RMS 值,并与有限元计算结果进行对比。不同小球下落高度 h_f 下界面 1 和界面 8 的加速度 RMS 值试验测试结果与有限元计算结果对比如图 15.14 所示。从图中可以看出，有限元计算结果与试验测试结果基本一致；同时，试验测试结果也可以用式(15.14)所示的表达式表征，表明有限元计算结果是可靠的，得到的关于振动和能量沿多界面的传递与耗散特性是正确的。

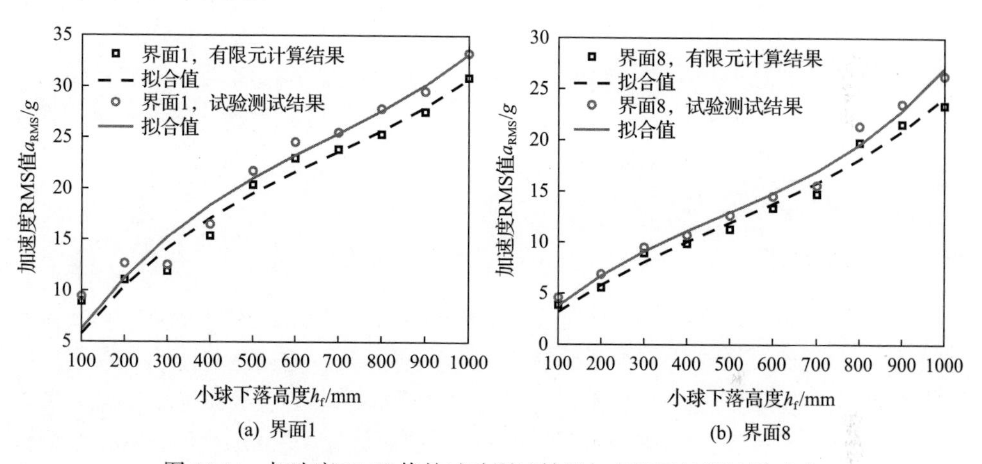

图 15.14　加速度 RMS 值的试验测试结果与有限元计算结果对比

参考文献

[1] Xiao H F, Shao Y M, Mechefske C K. Transmission of vibration and energy through layered and jointed plates subjected to shock excitation[J]. Proceedings of the Institution of Mechanical Engineers, Part C: Journal of Mechanical Engineering Science, 2012, 226(7): 1765-1777.

[2] Chen W, Deng X. Structural damping caused by micro-slip along frictional interfaces[J]. International Journal of Mechanical Sciences, 2005, 47(8): 1191-1211.

[3] Goodman L E, Klumpp J H. Analysis of slip damping with reference to turbine-blade vibration[J]. Journal of Applied Mechanics, 1956, 23(3): 421-429.

[4] 张相武. 对加速度能量物理意义的探讨[J]. 力学与实践, 2006, 28(3): 81-82.

[5] 邵毅敏, 陈再刚, 周晓君, 等. 冲击振动能量通过“齿轮-轴-轴承-轴承座”多界面传递损耗研究[J]. 振动与冲击, 2009, 28(6): 60-65, 194.

[6] Mohanty R C, Nanda B K. Investigation into the dynamics of layered and jointed cantilevered beams[J]. Proceedings of the Institution of Mechanical Engineers, Part C: Journal of Mechanical Engineering Science, 2010, 224: 2129-2139.

第 16 章　齿轮-轴-轴承-轴承座系统多界面振动传递动力学建模

本章以齿轮箱振动信号传递经历的齿轮-轴-轴承-轴承座系统多界面为对象，对传递界面接触界面刚度计算、振动传递动力学建模、系统频率响应函数与振动传递特性进行分析和介绍。

16.1　传递多界面的定义

齿轮故障激励下典型齿轮-轴-轴承-轴承座系统的振动传递路径与传递界面示意图如图 16.1 所示。振动与能量传递的界面可以分为[1]：

(1) 冲击界面。其特点是冲击能量在该界面产生，并向其他界面传递，是能量传递的始端。对于内部轮齿故障，该界面指轮齿啮合界面。

(2) 齿轮-轴界面。其特点是组成该界面的齿轮和轴之间的配合属于过盈配合，因而界面接触刚度较大。

(3) 轴-轴承内圈界面。其特点是组成该界面的轴和轴承内圈之间不允许出现相对运动，通过过盈配合固定在一起。将轴承安装在轴径上时，需要预先加热轴承再安装，冷却后内圈收缩，与轴紧固在一起。通常可以认为两者是一个整体。

(4) 轴承内圈-滚动体-外圈多界面。其特点是该界面含有一个完整的轴承，结

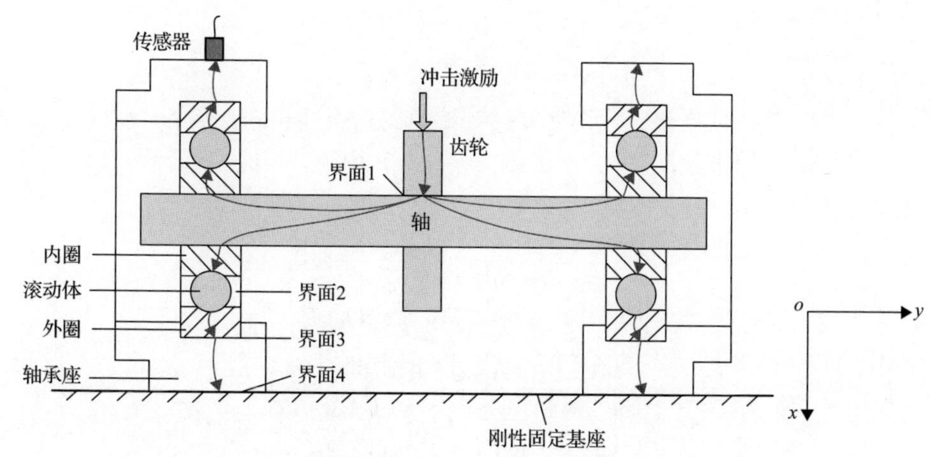

图 16.1　齿轮故障激励下典型齿轮-轴-轴承-轴承座系统的振动传递路径与传递界面示意图

构比较复杂。同时，由于滚动体在滚道内的周期性运动，界面的接触刚度具有周期性时变非线性特性。

(5) 轴承外圈-轴承座界面。滚动轴承外圈与轴承座孔之间为基轴制配合，通常也是过盈配合，因而界面接触刚度较大。

由实际齿轮箱内部故障产生的冲击振动特征信号传递到外部箱体监测点需要经历上述多界面。因此，对系统振动传递与能量损耗的研究可以集中在振动能量在上述界面传递损耗的研究。

16.2　轴承-滚道接触刚度计算

忽略滚动体的惯性，根据 Hertz 接触理论，把滚动体与内外圈之间的接触看成弹性 Hertz 接触，接触刚度为 K_{io}。内圈与外圈之间的总变形量是滚动体和各个滚道变形量的总和。因此，滚动体和滚道间的总接触刚度 K_{io} 为[2]

$$K_{io}=\left[\left(\frac{1}{K_{in}}\right)^{\frac{2}{3}}+\left(\frac{1}{K_{out}}\right)^{\frac{2}{3}}\right]^{-\frac{3}{2}} \tag{16.1}$$

式中，K_{in} 表示滚动体与内圈之间的接触刚度；K_{out} 表示滚动体与外圈之间的接触刚度。

$$\begin{cases} K_{in}=\left(\dfrac{\pi^2\kappa^2E^{*2}\mathrm{E}}{4.5\mathrm{F}^3\rho_{in}}\right)^{\frac{1}{2}} \\ K_{out}=\left(\dfrac{\pi^2\kappa^2E^{*2}\mathrm{E}}{4.5\mathrm{F}^3\rho_{out}}\right)^{\frac{1}{2}} \end{cases} \tag{16.2}$$

式中，E^*为等效弹性模量，假设滚动体和滚道材料属性相同，则 $E^*=E/(1-\nu^2)$，E 为弹性模量，ν为泊松比；κ 为椭圆偏心参数；F 为第一类完全椭圆积分；E 为第二类完全椭圆积分。

$$\begin{cases} \kappa=1.0339\left(\dfrac{\rho_{in}}{\rho_{out}}\right)^{0.636} \\ \mathrm{E}=1.0003+0.5968\dfrac{\rho_{out}}{\rho_{in}} \\ \mathrm{F}=1.5277+0.6023\ln\dfrac{\rho_{in}}{\rho_{out}} \end{cases} \tag{16.3}$$

式中，ρ_{in} 和 ρ_{out} 分别为滚动体-内圈接触和滚动体-外圈接触的曲率总和。

$$\begin{cases} \rho_{in} = \dfrac{4}{D_b} + \dfrac{2}{D_b}\dfrac{\gamma}{1-\gamma} - \dfrac{1}{r_i} \\ \rho_{out} = \dfrac{4}{D_b} - \dfrac{2}{D_b}\dfrac{2\gamma}{1+\gamma} - \dfrac{1}{r_o} \end{cases} \tag{16.4}$$

式中，D_b 为滚动体直径；r_i 和 r_o 分别为内滚道槽和外滚道槽的曲率半径；$\gamma=D_b\cos\alpha/D_m$，D_m 为节圆直径，α为接触角。

16.3 冲击载荷

当具有局部缺陷的齿轮轮齿进入啮合时，接触刚度和界面处的应力发生突变，产生持续时间极短的脉冲，该脉冲的重复频率等于齿轮啮合特征频率[3]。简化起见，将脉冲近似为具有幅值 F_0 和持续时间 t_0 的半正弦波短期脉冲，施加的半正弦波短期脉冲如图 16.2 所示。尽管矩形脉冲被看成最简单的冲击载荷，在实际齿轮副系统中，啮合齿之间的轮齿弹性变形和润滑油膜将对冲击载荷产生影响，并导致冲击载荷逐渐增大和减小，因此力和响应时间历程都不具有矩形形状的脉冲[4]。半正弦冲击脉冲可以表示为

$$F(t) = \begin{cases} F_0 \sin(2\pi f_0 t), & 0 \leqslant t \leqslant t_0 \\ 0, & t > t_0 \end{cases} \tag{16.5}$$

式中，f_0 为脉冲持续时间对应的频率，与持续时间相关，即 $f_0=1/(2t_0)$；F_0 为脉冲幅值，受接触齿轮的缺陷类型和尺寸的影响；t_0 为输入脉冲的持续时间，由轮廓方向上的缺陷宽度 d_l 和缺陷处的相对速度 v_a 确定，即 $t_0=d_l/v_a$。齿轮啮合接触的持续时间非常小，因此脉冲持续时间应该和缺陷长度与缺陷位置处的接触线长度之比成比例。

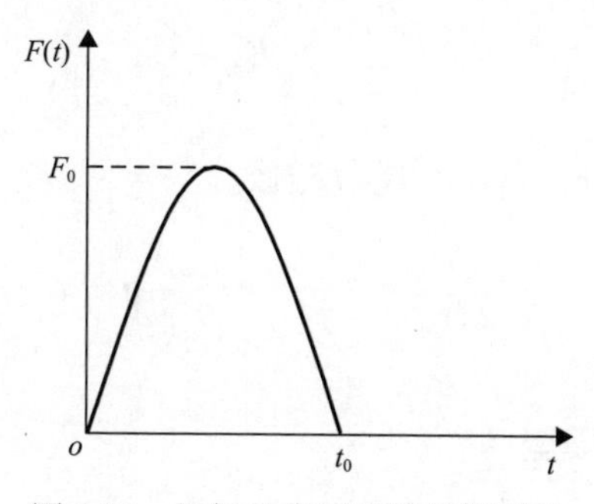

图 16.2　施加的半正弦波短期脉冲

16.4　振动传递与能量损耗特征量

为了表征振动传递与能量损耗特征量，提出以下三个参数。

(1) 振动传递因子。通过多个界面从齿轮传递到轴承座的振动传递特征在于振动传递率 ξ_n，ξ_n 为第 n 个部件加速度幅值与齿轮加速度幅值的比值，可表示为

$$\xi_n = \frac{\mathrm{PV}_n}{\mathrm{PV}_{\mathrm{gear}}} \quad 或 \quad \xi_n = \frac{\mathrm{RMS}_n}{\mathrm{RMS}_{\mathrm{gear}}} \tag{16.6}$$

式中，PV_n 和 RMS_n 分别为第 n 个传递组件加速度幅值的峰值和 RMS 值；$\mathrm{PV}_{\mathrm{gear}}$ 和 $\mathrm{RMS}_{\mathrm{gear}}$ 分别为齿轮加速度的峰值和 RMS 值。

(2) 能量耗散量。脉冲瞬态响应中，阻尼引起四个传动界面处发生能量耗散，可表示为

$$\begin{cases} E_{\mathrm{d1}} = \int_{t_1}^{t_2} c_{\mathrm{s}}\left(\dot{x}_{\mathrm{g}} - \dot{x}_{\mathrm{in}}\right)\left(\dot{x}_{\mathrm{g}} - \dot{x}_{\mathrm{in}}\right)\mathrm{d}t \\ E_{\mathrm{d2}} = \int_{t_1}^{t_2} c_{\mathrm{io}}\left(\dot{x}_{\mathrm{in}} - \dot{x}_{\mathrm{out}}\right)\left(\dot{x}_{\mathrm{in}} - \dot{x}_{\mathrm{out}}\right)\mathrm{d}t \\ E_{\mathrm{d3}} = \int_{t_1}^{t_2} c_{\mathrm{oh}}\left(\dot{x}_{\mathrm{out}} - \dot{x}_{\mathrm{h}}\right)\left(\dot{x}_{\mathrm{out}} - \dot{x}_{\mathrm{h}}\right)\mathrm{d}t \\ E_{\mathrm{d4}} = \int_{t_1}^{t_2} c_{\mathrm{h}}\dot{x}_{\mathrm{h}}\dot{x}_{\mathrm{h}}\mathrm{d}t \end{cases} \tag{16.7}$$

式中，t_1 和 t_2 表示脉冲瞬态响应的起始时间和结束时间；E_{d1}、E_{d2}、E_{d3} 和 E_{d4} 分别为界面 1、2、3、4 处的能量耗散量。

(3) 能量耗散因子。能量耗散因子可以描述通过系统的能量传输特征，能量耗散因子是第 i 个界面处耗散的能量与耗散的总能量的比值，即

$$\eta_i = \frac{E_{\mathrm{d}i}}{\sum_{i=1}^{4} E_{\mathrm{d}i}} \tag{16.8}$$

式中，$E_{\mathrm{d}i}$ 表示第 i 个传动界面处的耗散能量。

16.5　算　　例

16.5.1　振动传递动力学模型

以 SKF 6308 型滚动轴承为例，对图 16.1 所示的齿轮-轴-轴承-轴承座振动传

递系统动力学模型进行动力学建模，其振动传递动力学模型如图 16.3 所示。轴承内圈与轴刚性固定，其质量之和为 m_{in}；齿轮、外圈和壳体的质量分别为 m_g、m_{out} 和 m_h。齿轮与轴之间、轴承内圈与外圈之间、外圈与轴承座之间、轴承座与基座之间界面的接触和耦合效应采用弹簧-阻尼单元表征。四个传递界面 1、2、3、4 对应的刚度分别为 K_s、K_{io}、K_{oh}、K_H，对应的阻尼分别为 c_s、c_{io}、c_{oh}、c_h，表征界面能量耗散。轴的转速为 ω_s，因而滚动体在滚道内的位置发生周期性变化。轴承内圈上施加径向预载荷 F_{pre}，齿轮故障产生的冲击力 $F(t)$ 垂直施加在齿轮上，如图 16.2 所示的半正弦脉冲。在冲击载荷作用下，传递组件之间的相对运动引发传递组件和传递界面的振动传递与能量耗散。齿轮-轴-轴承-轴承座系统的计算参数如表 16.1 所示。对 6308 轴承，采用式(16.1)计算得到接触刚度 $K_{io}=7.805\times10^9\text{N/m}^{1.5}$。

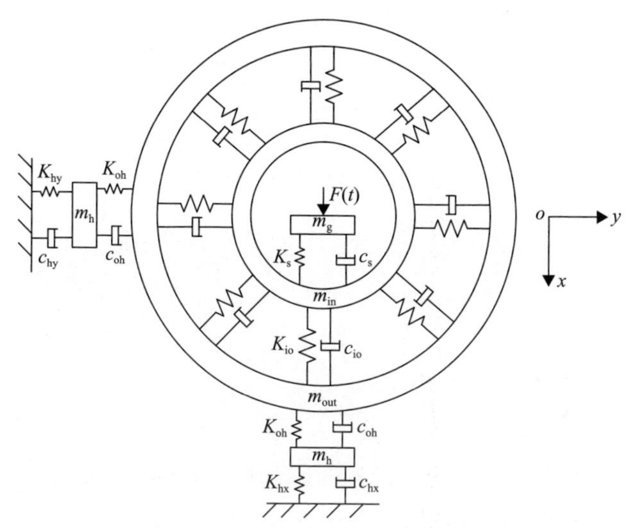

图 16.3　齿轮-轴-轴承-轴承座系统振动传递动力学模型

表 16.1　齿轮-轴-轴承-轴承座系统的计算参数

参数	参数值
轴承型号	6308
内径 d/m	40
外径 D/mm	90
滚道宽度 B_r/mm	23
滚动体直径 D_b/mm	15.08
滚动体数量 N_b/个	8
内凹槽半径 r_i/mm	7.665
外凹槽半径 r_o/mm	8.01

续表

参数	参数值
节圆直径 D_{m}/mm	65
内部径向间隙 C_{r}/ μm	5
材料密度 ρ/(kg/m^3)	7850
弹性模量 E/GPa	210
泊松比 ν	0.3
齿轮质量 m_{g}/ kg	1.8
轴与内圈质量之和 m_{in}/kg	2.1
外圈质量 m_{out}/kg	0.314
轴承座质量 m_{h}/kg	4.16

16.5.2 动力学方程

各个传递组件在 x 和 y 方向上的运动方程如下。

(1)齿轮：

$$\begin{cases} m_{\mathrm{g}}\ddot{x}_{\mathrm{g}} + c_{\mathrm{s}}\left(\dot{x}_{\mathrm{g}} - \dot{x}_{\mathrm{in}}\right) + K_{\mathrm{s}}\left(x_{\mathrm{g}} - x_{\mathrm{in}}\right) - F_x\left(t\right) = 0 \\ m_{\mathrm{g}}\ddot{y}_{\mathrm{g}} + c_{\mathrm{s}}\left(\dot{y}_{\mathrm{g}} - \dot{y}_{\mathrm{in}}\right) + K_{\mathrm{s}}\left(y_{\mathrm{g}} - y_{\mathrm{in}}\right) = 0 \end{cases} \tag{16.9}$$

(2)内圈：

$$\begin{cases} m_{\mathrm{in}}\ddot{x}_{\mathrm{in}} + c_{\mathrm{io}}\left(\dot{x}_{\mathrm{in}} - \dot{x}_{\mathrm{out}}\right) + K_{\mathrm{io}}\sum_{i=1}^{N_{\mathrm{b}}}\beta_i\delta_i^{\frac{3}{2}}\cos\phi_i - c_{\mathrm{s}}\left(\dot{x}_{\mathrm{g}} - \dot{x}_{\mathrm{in}}\right) - K_{\mathrm{s}}\left(x_{\mathrm{g}} - x_{\mathrm{in}}\right) - F_{\mathrm{pre}} = 0 \\ m_{\mathrm{in}}\ddot{y}_{\mathrm{in}} + c_{\mathrm{io}}\left(\dot{y}_{\mathrm{in}} - \dot{y}_{\mathrm{out}}\right) + K_{\mathrm{io}}\sum_{i=1}^{N_{\mathrm{b}}}\beta_i\delta_i^{\frac{3}{2}}\sin\phi_i - c_{\mathrm{s}}\left(\dot{y}_g - \dot{y}_{in}\right) - K_{\mathrm{s}}\left(y_{\mathrm{g}} - y_{\mathrm{in}}\right) = 0 \end{cases} \tag{16.10}$$

(3)外圈：

$$\begin{cases} m_{\mathrm{out}}\ddot{x}_{\mathrm{out}} + c_{\mathrm{oh}}\left(\dot{x}_{\mathrm{out}} - \dot{x}_{\mathrm{h}}\right) + K_{\mathrm{oh}}\left(x_{\mathrm{out}} - x_{\mathrm{h}}\right) - c_{\mathrm{io}}\left(\dot{x}_{\mathrm{in}} - \dot{x}_{\mathrm{out}}\right) - K_{\mathrm{io}}\sum_{i=1}^{N_{\mathrm{b}}}\beta_i\delta_i^{\frac{3}{2}}\cos\phi_i = 0 \\ m_{\mathrm{out}}\ddot{y}_{\mathrm{out}} + c_{\mathrm{oh}}\left(\dot{y}_{\mathrm{out}} - \dot{y}_{\mathrm{h}}\right) + K_{\mathrm{oh}}\left(y_{\mathrm{out}} - y_{\mathrm{h}}\right) - c_{\mathrm{io}}\left(\dot{y}_{\mathrm{in}} - \dot{y}_{\mathrm{out}}\right) - K_{\mathrm{io}}\sum_{i=1}^{N_{\mathrm{b}}}\beta_i\delta_i^{\frac{3}{2}}\sin\phi_i = 0 \end{cases} \tag{16.11}$$

(4) 轴承座：

$$\begin{cases} m_{\mathrm{h}}\ddot{x}_{\mathrm{h}} + c_{\mathrm{h}}\dot{x}_{\mathrm{h}} + K_{\mathrm{hx}}x_{\mathrm{h}} - c_{\mathrm{oh}}\left(\dot{x}_{\mathrm{out}} - \dot{x}_{\mathrm{h}}\right) - K_{\mathrm{oh}}\left(x_{\mathrm{out}} - x_{\mathrm{h}}\right) = 0 \\ m_{\mathrm{h}}\ddot{y}_{\mathrm{h}} + c_{\mathrm{h}}\dot{y}_{\mathrm{h}} + K_{\mathrm{hy}}y_{\mathrm{h}} - c_{\mathrm{oh}}\left(\dot{y}_{\mathrm{out}} - \dot{y}_{\mathrm{h}}\right) - K_{\mathrm{oh}}\left(y_{\mathrm{out}} - y_{\mathrm{h}}\right) = 0 \end{cases} \tag{16.12}$$

第 i 个滚动体在任意时间 t 的角位置 ϕ_i 为

$$\phi_i = \frac{2\pi i}{N_{\mathrm{b}}} + \omega_{\mathrm{c}}t + \phi_0 \tag{16.13}$$

式中，N_{b} 为滚动体的总数；ϕ_0 为第 i 个滚动体的初始角位置。

保持架的角速度用轴的角速度表示，即

$$\omega_{\mathrm{c}} = \left(1 - \frac{D_{\mathrm{b}}}{D_{\mathrm{m}}}\right)\frac{\omega_{\mathrm{s}}}{2} \tag{16.14}$$

第 i 个滚动体在径向方向上的变形量为

$$\delta_i = \left(x_{\mathrm{in}} - x_{\mathrm{out}}\right)\cos\phi_i + \left(y_{\mathrm{in}} - y_{\mathrm{out}}\right)\sin\phi_i - C_{\mathrm{r}} \tag{16.15}$$

式中，C_{r} 为径向间隙。

滚动体和滚道之间产生接触力的条件是存在接触变形，即 $\delta_i>0$。如果角位置 ϕ_i 处的滚动体在负载区域中，则变形量 $\delta_i>0$，并且接触界面存在回复力；如果滚动体不在负载区域中，则变形量 $\delta_i<0$，并且接触界面回复力为 0。考虑负载区域的影响，第 i 个滚动体的负载区参数 β_i 表示为

$$\beta_i = \begin{cases} 1, & \delta_i > 0 \\ 0, & \delta_i \leqslant 0 \end{cases} \tag{16.16}$$

求解式(16.9)～式(16.12)、式(16.13)、式(16.15)和式(16.16)，可得到齿轮-轴-轴承-轴承座系统各传递组件的动力学响应。计算的时间步长 $\Delta t=1\times10^{-5}$s，约等于转速 5000r/min 时旋转 0.1°所需时间，绝对容差和相对容差分别为 1×10^{-7} 和 1×10^{-6}。

16.5.3　径向预载荷下的响应

内滚道上施加的径向预载荷 F_{pre}=200N，由在载荷分布角 ψ_1 负载区域内的滚动体承担，如图 16.4 所示。在转速为 ω_{s}=2000r/min 时，计算系统在恒定预载荷作用下的动力学响应。计算采用的其他参数为：初始位移 x_0=1μm、y_0=1μm，初速度为 $\dot{x}_0 = 0$、$\dot{y}_0 = 0$。传递界面的阻尼系数 c_{s}=200N·s/m，c_{io}=200N·s/m，c_{oh}=200N·s/m，

c_h=100N·s/m[5]。

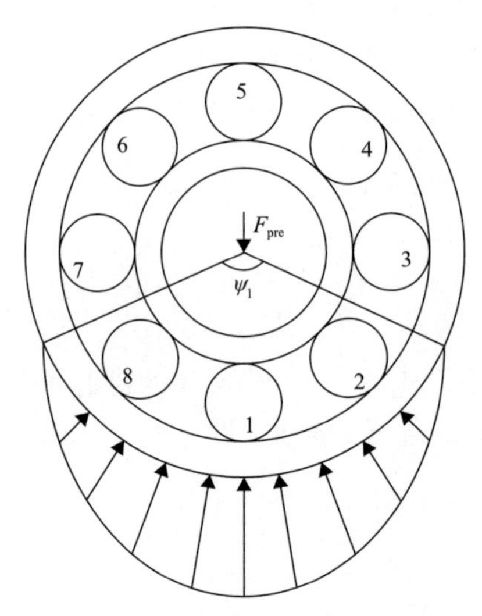

图 16.4　径向预载荷下的轴承载荷分布

1. 加速度响应

内圈在 x 方向的加速度响应曲线如图 16.5 所示。在恒定径向载荷作用下，系统的稳态响应发生于初始瞬态振动后 0.3s。从图 16.5(a)可以看出，内圈的振动周期 T_i=0.0098s，这是由于轴旋转引发滚动体位置周期性改变，引起界面接触刚度周期性变化，使轴承产生振动。从图 16.5(b)可以看出，在 102Hz 时频谱出现峰值，该频率对应于滚动体通过外圈的频率 f_{BPFo}=102.4Hz。

$$f_{BPFo}=\frac{N_b}{120}\left(1-\frac{D_b}{D_m}\right)\omega_s \tag{16.17}$$

同时，在滚动体通过外圈频率的谐波处也可观察到主频率峰值。该结果与 Harris 等[2]和 Liu 等[6]的研究结果一致。

2. 径向弹性回复力

稳态响应时滚动体 1 的径向弹性回复力如图 16.6 所示。滚动体周期性运动过程中的加载和卸载特性影响弹性回复力的特征。可以看出，保持架的旋转周期为 T_c=0.0781s($T_c=4\pi/[(1-D_b/D_m)\omega_s]$)。当滚动体进入负载区时，弹性回复力开始增加，并在时间 t=0.3902s 时达到最大值；当滚动体进入卸载区时，弹性回复力开始减小并趋近于 0。因此，6308 轴承在径向预载荷 F_{pre}=200N 下的载荷分布角最大值为 133.2°。

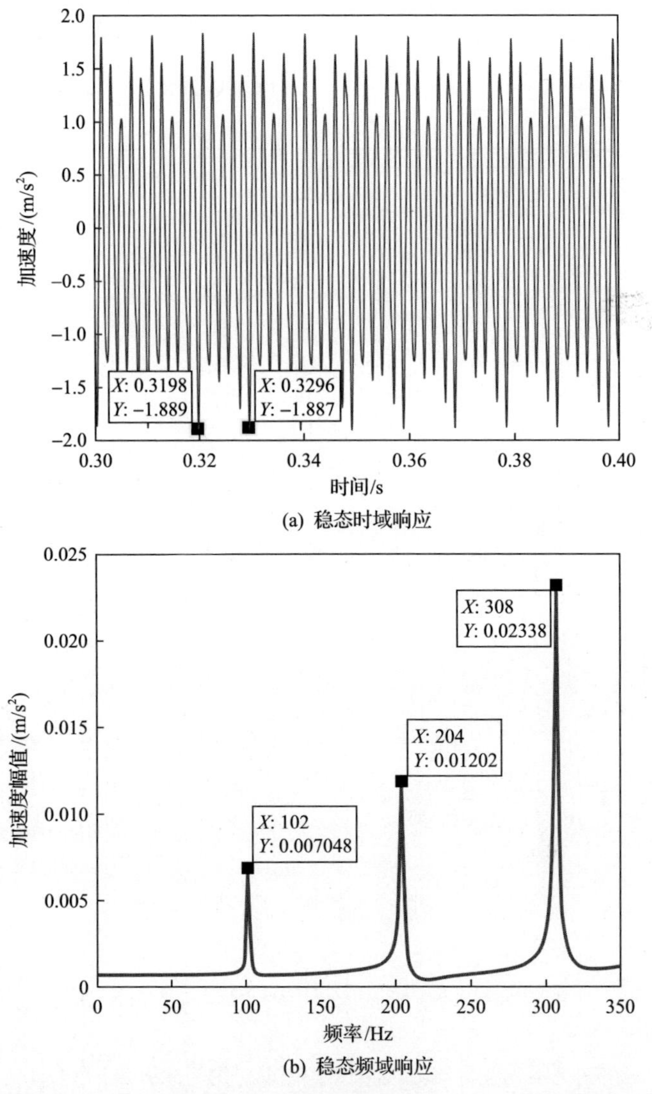

(a) 稳态时域响应

(b) 稳态频域响应

图16.5　内圈在x方向的加速度响应曲线(转速2000r/min，径向预载荷F_{pre}=200N)

16.5.4　频率响应函数

对图16.3所示的齿轮-轴-轴承-轴承座系统振动传递动力学模型，为了得到系统频率响应函数，需要将系统沿轴承受预载时的静平衡位置进行线性化。当x方向接触力等于施加的预载荷F_{pre}时，系统达到准静态平衡。对不同的滚动体位置，将保持架转速设置为ω_c=0，求解式(16.9)～式(16.15)，可得到对应的准静态接触变形量δ_i。径向预载荷作用下的滚道接触静刚度可以表示为

$$K_{\text{ioe}} = \begin{bmatrix} K_{xx} & K_{xy} \\ K_{xy} & K_{yy} \end{bmatrix} = \frac{3}{2} K_{\text{io}} \sum_{i=1}^{N_{\text{b}}} \beta_i \delta_i^{\frac{1}{2}} \begin{bmatrix} \cos^2 \phi_i & \cos\phi_i \sin\phi_i \\ \cos\phi_i \sin\phi_i & \sin^2 \phi_i \end{bmatrix} \tag{16.18}$$

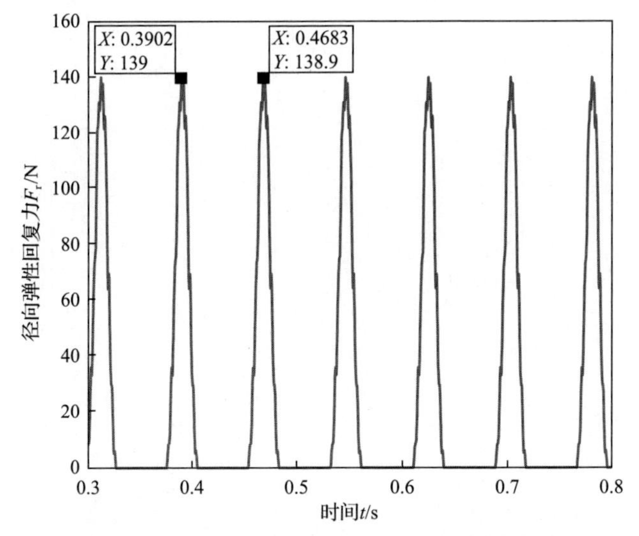

图 16.6　稳态响应时滚动体 1 的径向弹性回复力

可以看出，准静态接触刚度随滚动体位置变化，且随着旋转角度 $2\pi/N_{\text{b}}$ 周期性变化。在预加载情况下，由于滚动体位置引起刚度的变化，准静态系统的固有频率也将随滚动体位置发生变化。在预载荷 F_{pre}=200N 作用下，滚动体-滚道接触的时变接触刚度特性曲线如图 16.7 所示。最大和最小静接触刚度分别为

$$K_{\text{ioe\_max}} = \begin{bmatrix} K_{xx\_\text{max}} & K_{xy\_\text{max}} \\ K_{xy\_\text{max}} & K_{yy\_\text{max}} \end{bmatrix} = \begin{bmatrix} 5.14\times10^7 & 1.05\times10^7 \\ 1.05\times10^7 & 2.11\times10^7 \end{bmatrix} \left(\text{N/m}^{1.5}\right)$$

$$K_{\text{ioe\_min}} = \begin{bmatrix} K_{xx\_\text{min}} & K_{xy\_\text{min}} \\ K_{xy\_\text{min}} & K_{yy\_\text{min}} \end{bmatrix} = \begin{bmatrix} 4.81\times10^7 & 9.96\times10^6 \\ 9.96\times10^6 & 8.25\times10^6 \end{bmatrix} \left(\text{N/m}^{1.5}\right)$$

可以看出，滚道准静态接触刚度在 K_{xx} 和 K_{xy} 的最大值和最小值之间变化较小。因此，假设在 x 方向的静载荷作用下，不同滚动体位置的系统固有频率恒定，并采用最大准静态接触刚度来计算。在齿轮 x 方向上施加短时脉冲激励，求解线性化的运动方程，以得到相应的系统频率响应函数。系统线性化的运动方程为

$$\begin{cases} m_{\text{g}}\ddot{\bar{x}}_{\text{g}} + c_{\text{s}}\left(\dot{\bar{x}}_{\text{g}} - \dot{\bar{x}}_{\text{in}}\right) + K_{\text{s}}\left(\bar{x}_{\text{g}} - \bar{x}_{\text{in}}\right) - F_x(t) = 0 \\ m_{\text{g}}\ddot{\bar{y}}_{\text{g}} + c_{\text{s}}\left(\dot{\bar{y}}_{\text{g}} - \dot{\bar{y}}_{\text{in}}\right) + K_{\text{s}}\left(\bar{y}_{\text{g}} - \bar{y}_{\text{in}}\right) = 0 \end{cases} \tag{16.19}$$

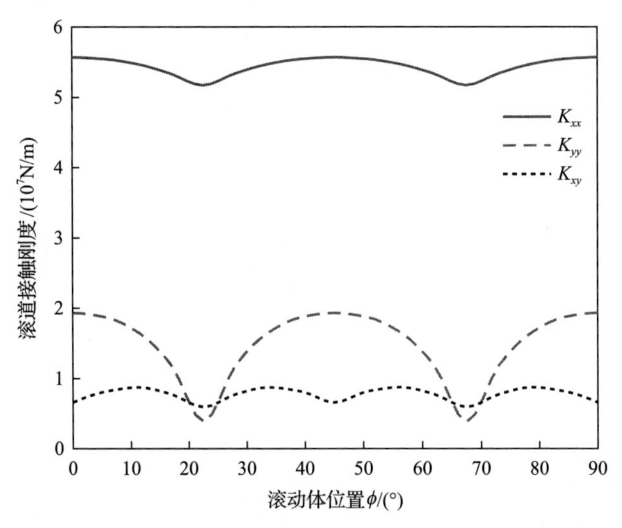

图 16.7　滚动体-滚道接触的时变接触刚度特性曲线(径向预载荷 F_{pre}=200N)

$$\begin{cases} m_{\text{in}}\ddot{\bar{x}}_{\text{in}}+c_{\text{io}}\left(\dot{\bar{x}}_{\text{in}}-\dot{\bar{x}}_{\text{out}}\right)+K_{xx}\left(\bar{x}_{\text{in}}-\bar{x}_{\text{out}}\right)+K_{xy}\left(\bar{y}_{\text{in}}-\bar{y}_{\text{out}}\right)-c_{\text{s}}\left(\dot{\bar{x}}_{\text{g}}-\dot{\bar{x}}_{\text{in}}\right)-K_{\text{s}}\left(\bar{x}_{\text{g}}-\bar{x}_{\text{in}}\right)=0 \\ m_{\text{in}}\ddot{\bar{y}}_{\text{in}}+c_{\text{io}}\left(\dot{\bar{y}}_{\text{in}}-\dot{\bar{y}}_{\text{out}}\right)+K_{yy}\left(\bar{y}_{\text{in}}-\bar{y}_{\text{out}}\right)+K_{xy}\left(\bar{x}_{\text{in}}-\bar{x}_{\text{out}}\right)-c_{\text{s}}\left(\dot{\bar{y}}_{\text{g}}-\dot{\bar{y}}_{\text{in}}\right)-K_{\text{s}}\left(\bar{y}_{\text{g}}-\bar{y}_{\text{in}}\right)=0 \end{cases} \tag{16.20}$$

$$\begin{cases} m_{\text{out}}\ddot{\bar{x}}_{\text{out}}+c_{\text{oh}}\left(\dot{\bar{x}}_{\text{out}}-\dot{\bar{x}}_{\text{h}}\right)+K_{\text{oh}}\left(\bar{x}_{\text{out}}-\bar{x}_{\text{h}}\right)-c_{\text{io}}\left(\dot{\bar{x}}_{\text{in}}-\dot{\bar{x}}_{\text{out}}\right) \\ -K_{xx}\left(\bar{x}_{\text{in}}-\bar{x}_{\text{out}}\right)-K_{xy}\left(\bar{y}_{\text{in}}-\bar{y}_{\text{out}}\right)=0 \\ m_{\text{out}}\ddot{\bar{y}}_{\text{out}}+c_{\text{oh}}\left(\dot{\bar{y}}_{\text{out}}-\dot{\bar{y}}_{\text{h}}\right)+K_{\text{oh}}\left(\bar{y}_{\text{out}}-\bar{y}_{\text{h}}\right)-c_{\text{io}}\left(\dot{\bar{y}}_{\text{in}}-\dot{\bar{y}}_{\text{out}}\right) \\ -K_{yy}\left(\bar{y}_{\text{in}}-\bar{y}_{\text{out}}\right)-K_{xy}\left(\bar{x}_{\text{in}}-\bar{x}_{\text{out}}\right)=0 \end{cases} \tag{16.21}$$

$$\begin{cases} m_{\text{h}}\ddot{\bar{x}}_{\text{h}}+c_{\text{h}}\dot{\bar{x}}_{\text{h}}+K_{\text{hx}}\bar{x}_{\text{h}}-c_{\text{oh}}\left(\dot{\bar{x}}_{\text{out}}-\dot{\bar{x}}_{\text{h}}\right)-K_{\text{oh}}\left(\bar{x}_{\text{out}}-\bar{x}_{\text{h}}\right)=0 \\ m_{\text{h}}\ddot{\bar{y}}_{\text{h}}+c_{\text{h}}\dot{\bar{y}}_{\text{h}}+K_{\text{hy}}\bar{y}_{\text{h}}-c_{\text{oh}}\left(\dot{\bar{y}}_{\text{out}}-\dot{\bar{y}}_{\text{h}}\right)-K_{\text{oh}}\left(\bar{y}_{\text{out}}-\bar{y}_{\text{h}}\right)=0 \end{cases} \tag{16.22}$$

式中，$\bar{x}_{\text{g}}$、$\bar{y}_{\text{g}}$、$\bar{x}_{\text{in}}$、$\bar{y}_{\text{in}}$、$\bar{x}_{\text{out}}$、$\bar{y}_{\text{out}}$、$\bar{x}_{\text{h}}$、$\bar{y}_{\text{h}}$ 为在准静态位置附近的小位移。

相同预载和脉冲激励时，对线性系统和原非线性系统，不同传递组件在 x 方向上的频率响应函数如图 16.8 所示。原非线性系统不同部件的频率响应函数通过频域中不同部件的加速度响应除以脉冲激励得到。可以看出，系统的固有频率为 522Hz、896Hz、1231Hz 和 2516Hz，较低的固有频率对应于齿轮和内滚道，较高的固有频率对应于外滚道和壳体。在线性系统中出现的不同固有频率，在非线性系统中也能观察到。但是，对于非线性系统，在 1231～2516Hz 频率范围内存在更多的峰值，这是由滚动体-滚道接触的非线性特性引起的。

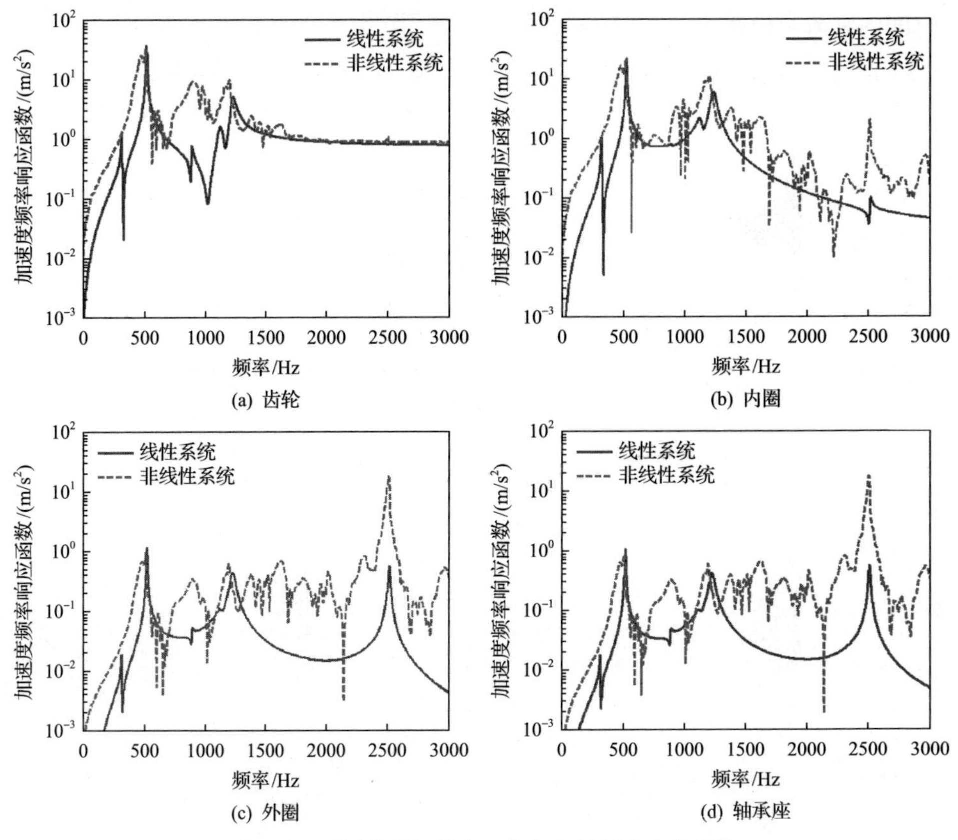

图 16.8　不同传递组件在 x 方向上的频率响应函数

16.5.5　冲击激励响应

系统在径向预载荷作用下达到稳态响应后，t=0.4s 时在齿轮上施加半正弦脉冲。改变脉冲的持续时间和幅度，用来表征不同类型和大小的齿轮故障，并考虑轴不同转速的影响，计算分析模型中不同传递组件的垂直冲击加速度响应、传递界面处的振动传递率、能量耗散量和能量耗散因子。

1. 加速度响应

计算不同传递组件的加速度响应，并提取加速度响应的峰值绝对值和均方根值(RMS)来表征界面的振动瞬态响应和不同界面的振动传递特征。其中，RMS 值采用式(15.13)进行计算，计算的数据点数为脉冲峰值后 0.2s 内衰减持续时间内的数据。

脉冲幅值 F_0=500N、持续时间 t_0=1ms、转速 2000r/min 时，不同传递组件的加速度响应如图 16.9 所示。脉冲峰值出现在 t=0.4s，脉冲振动响应在约 0.2s 的持续时间内衰减至稳态。

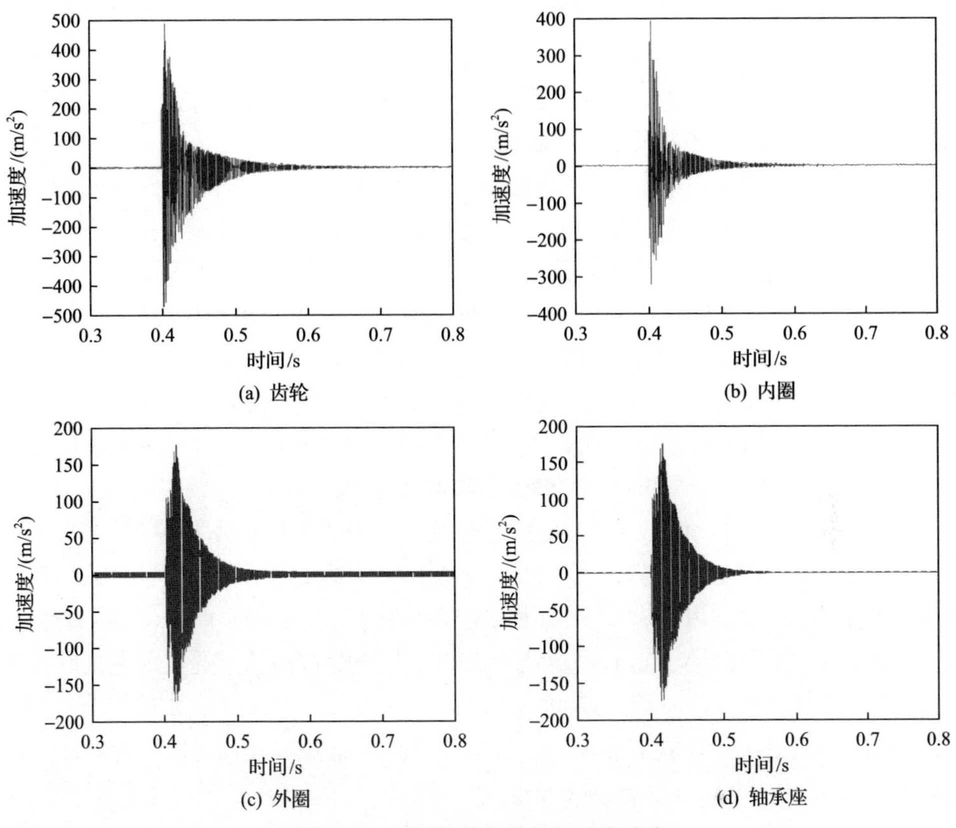

(a) 齿轮　(b) 内圈

(c) 外圈　(d) 轴承座

图 16.9　不同传递组件的加速度响应

不同传递组件的加速度响应幅值与脉冲持续时间关系曲线如图 16.10 所示。

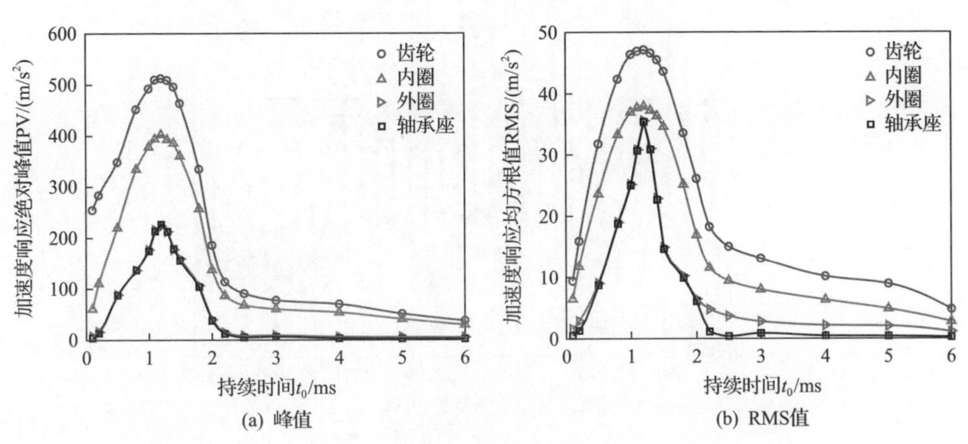

(a) 峰值　(b) RMS值

图 16.10　不同传递组件的加速度响应幅值与脉冲持续时间关系曲线

脉冲幅值恒为 F_0=500N，半正弦脉冲持续时间从 0.1ms 增加到 6ms。可以看出，从齿轮到轴承座，加速度幅值发生明显衰减。齿轮加速度幅值最大，而轴承座加速度幅值最小。最大衰减发生于内圈到外圈之间的传递界面，而外圈和轴承座的加速度幅值的峰值和 RMS 值几乎完全相同，说明衰减非常小。同时，加速度幅值的峰值和 RMS 值随持续时间非单调变化。加速度幅值随时间 t_0 从 0.1ms 增加而迅速增加，并且在 t_0=1.2ms 时达到最大值，然后加速度幅值随着持续时间的增加迅速减小直到 t_0=2ms，此后随着持续时间增加，加速度幅值缓慢减小。

无脉冲激励、转速 ω_s=2000r/min 时不同传递组件的频谱图如图 16.11(a)所示。可以看出，由于承载区中轴承变形的周期性冲击激励，在外圈通过频率(102Hz)的高次谐波处出现峰值。谐波对应的频率与系统参数和转速之间的关系如式(16.17)所示。在持续时间 t_0=1.2ms(出现最大加速度幅值)的脉冲激励下，不同传递组件的频谱图如图 16.11(b)所示。可以看出，频率响应的峰值频率出现在 426Hz 及其高阶谐波频率 846Hz、1300Hz、1738Hz、2064Hz 和 2502Hz 处。持续时间为 t_0=1.2ms 的半正弦脉冲对应的频率 f_0=417Hz，与图 16.11(a)中的外圈通过频率的四次谐波频率 410Hz 非常接近，表明持续时间为 t_0=1.2ms 的激励可引发系统共振，导致振动幅度的快速增加。齿轮和内圈振动的主频率在低频范围内，即 f<1300Hz，从内圈到外圈的振动传递引起振幅衰减约 30dB，而外圈和轴承座的振动主频率在相对较高的频率范围内。不同传递组件的加速度时频响应图如图 16.12 所示。时间-频率图像的亮度随着幅值增加。对于齿轮和内圈，振幅较大处对应于低频成分，而对于外圈和轴承座，振幅较大处对应于高频成分，即 f>1300Hz。同时可以看

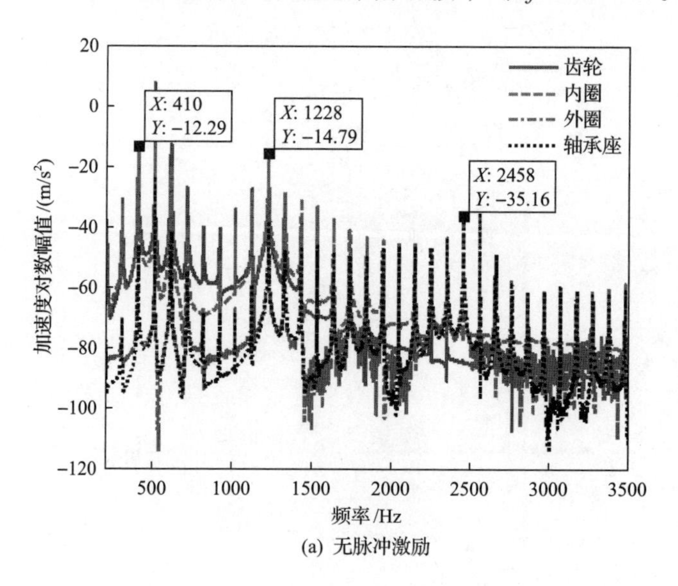

(a) 无脉冲激励

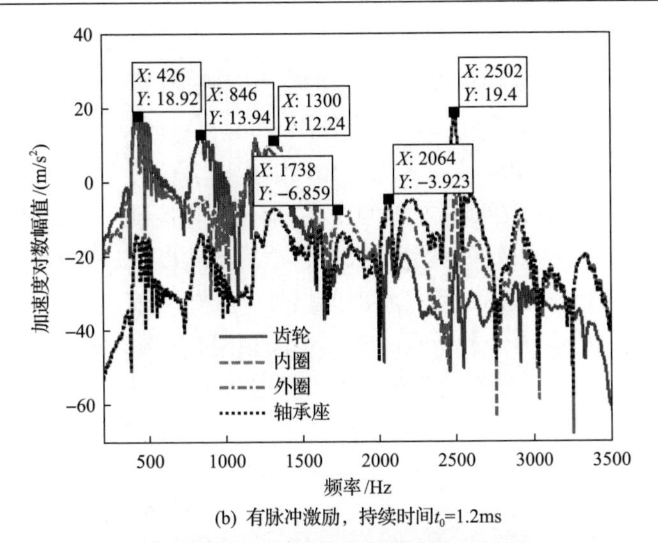

(b) 有脉冲激励，持续时间t_0=1.2ms

图 16.11 转速 2000r/min 时不同传递组件的频谱图

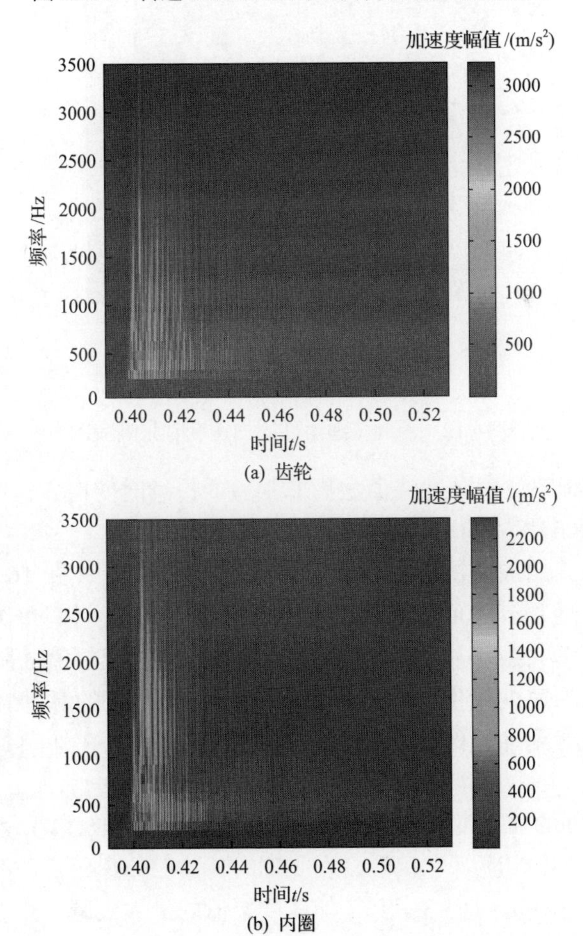

(a) 齿轮

(b) 内圈

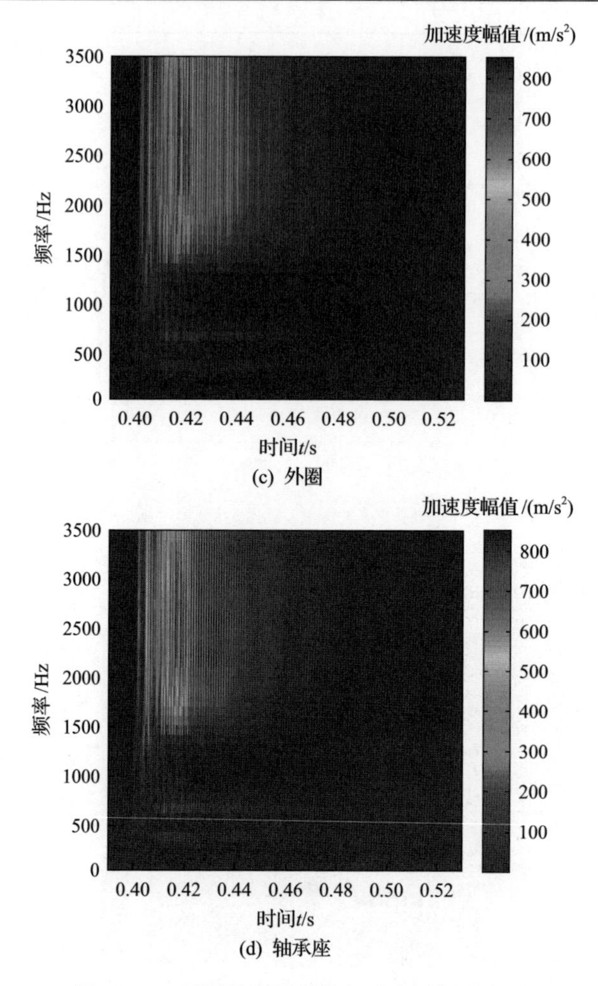

(c) 外圈

(d) 轴承座

图 16.12　不同传递组件的加速度时频响应图

出，幅值较大的频率位于脉冲峰值之后非常短的持续时间内，这表明不同部件的峰值和 RMS 值也由相应的频率成分决定。

不同传递组件的加速度幅值随脉冲幅值的变化曲线如图 16.13 所示。脉冲幅值 F_0 从 100N 增加到 1000N，步长为 100N。脉冲持续时间恒为 t_0=1ms，该持续时间使系统处于共振。从图 16.13 可以看出，加速度幅值随脉冲幅值递增，不同传递组件的加速度幅值衰减也非常明显。在所研究的脉冲幅值范围内，最大衰减发生在内圈至外圈的传递界面，而最小衰减发生在外圈到轴承座的传递界面。

不同传递组件的加速度幅值随转速的变化曲线如图 16.14 所示。可以看出，不同转速下的加速度响应基本相同，表明轴的转速对传递组件的脉冲响应特性影响较小。与图 16.10 和图 16.13 一致，加速度幅值的最大衰减发生在内圈至外圈的

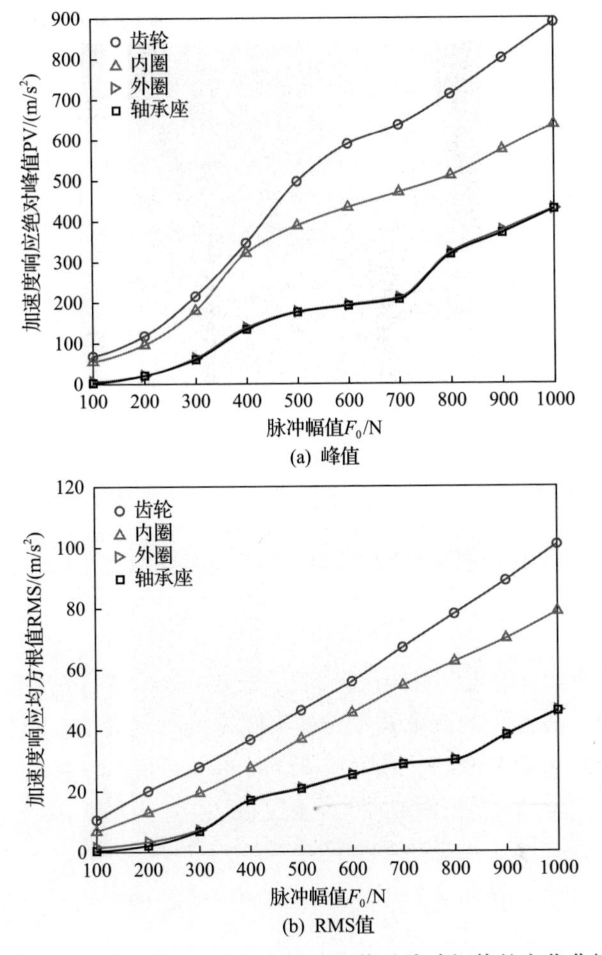

(a) 峰值

(b) RMS值

图 16.13　不同传递组件的加速度幅值随脉冲幅值的变化曲线

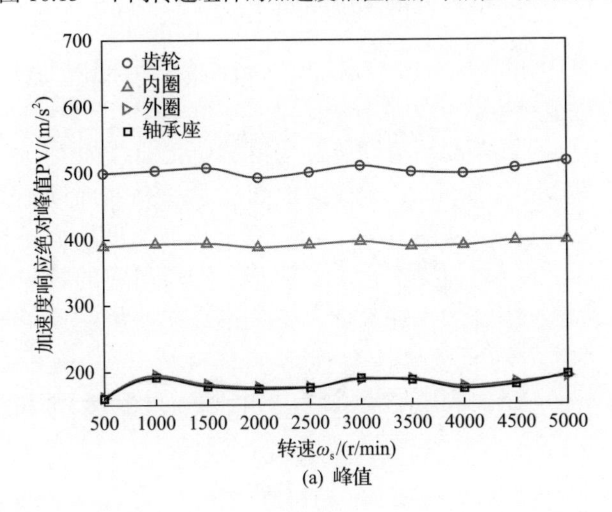

(a) 峰值

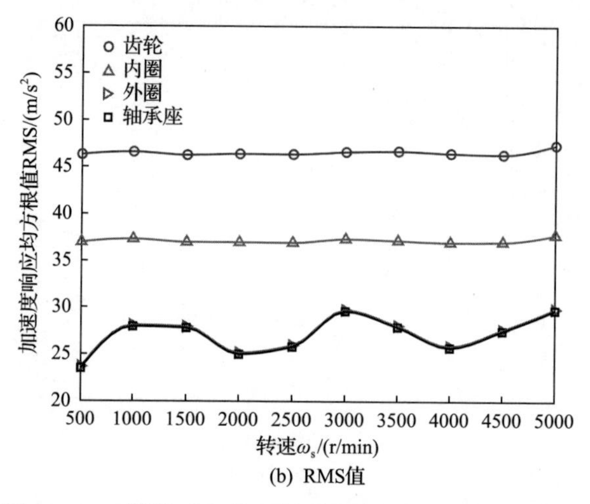

(b) RMS值

图 16.14　不同传递组件的加速度幅值随转速的变化曲线

传递界面，而最小衰减发生在外圈到轴承座的传递界面。

2. 振动传递特性

不同界面峰值和RMS值的振动传递率ξ与脉冲持续时间的关系曲线如图16.15所示。可以看出，界面1的峰值振动传递率随持续时间递增。当t_0=1.2ms时，振动传递率增加至最大值ξ=0.79，之后随持续时间缓慢变化。当t_0＜1.2ms时，界面1的RMS值振动传递率也随持续时间递增至最大值ξ=0.8，之后逐渐减小至ξ=0.6，表明系统共振引起界面1处的振动传递率增加约20%。从图16.15可以看出，对引起共振的持续时间，界面2和界面3的振动传递率基本相同，表明界面2到界面3的振动衰减可忽略不计。但是不在共振范围时，界面2到界面3的振动传递可以观察到明显的衰减，因为界面2和界面3处的振动传递率分别为0.11和0.05

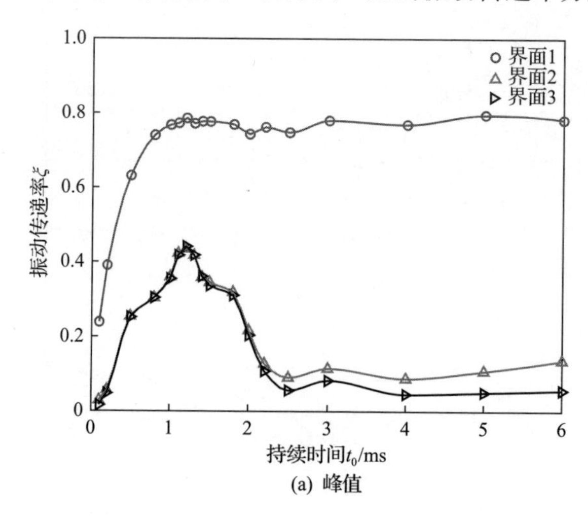

(a) 峰值

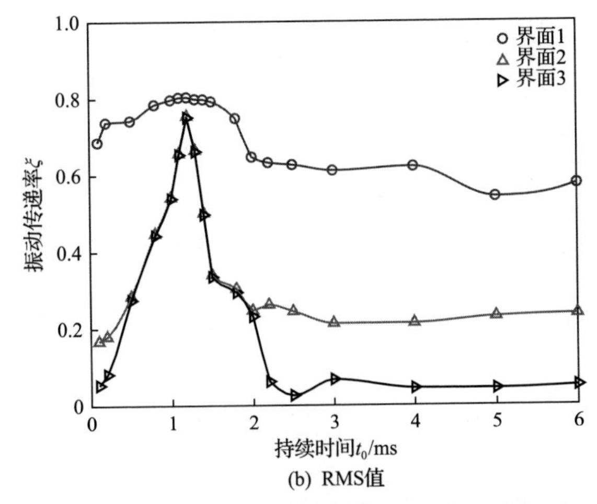

(b) RMS值

图 16.15　不同界面峰值和 RMS 值的振动传递率 ξ 与脉冲持续时间的关系曲线

(峰值)、0.21 和 0.04(RMS 值)。当 t_0=1.2ms 时，界面 1 和界面 2 的振动传递率间差异最小，表明系统共振时从界面 1 到界面 2 振动传递最大。

不同界面峰值和 RMS 值的振动传递率 ξ 与脉冲幅值的关系曲线如图 16.16 所示。可以看出，界面 1 的振动传递率最大，其峰值的振动传递率为 0.72～0.93，RMS 值的振动传递率为 0.64～0.81，表明界面 1 的振动衰减约为 30%。界面 2 峰值的振动传递率从 0.09 增加到 0.48，RMS 值的振动传递率从 0.15 增加到 0.46，表明经过界面 1 和界面 2 的传递，振动幅值衰减了 50%～90%。界面 2 和界面 3 的振动传递率基本完全相同，表明从界面 2 到界面 3 的振动衰减几乎为 0。

不同界面峰值和 RMS 值的振动传递率 ξ 与转速的关系曲线如图 16.17 所示。可以看出，转速对振动传递影响较小，界面 1 处峰值和 RMS 值的振动传递率保持在 0.8，界面 2 和界面 3 的振动传递率发生微小变化，峰值的振动传递率为 0.32～

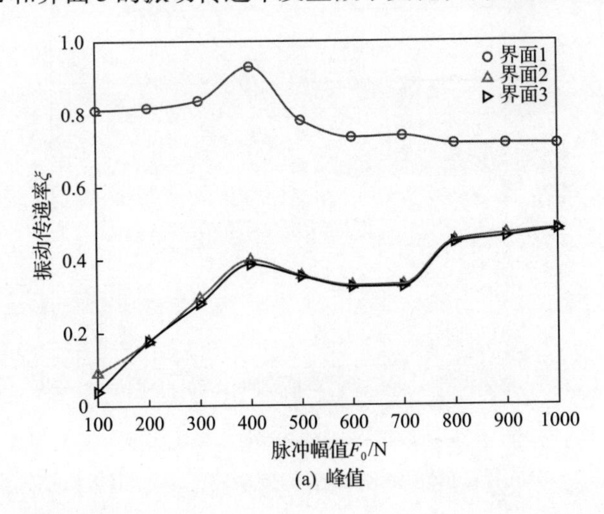

(a) 峰值

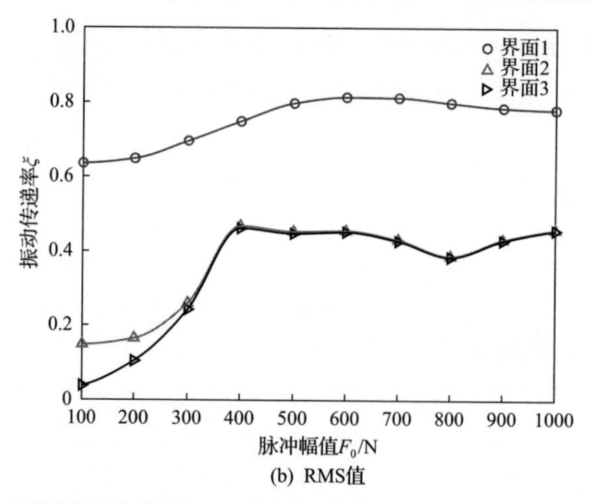

(b) RMS值

图 16.16　不同界面峰值和 RMS 值的振动传递率 ξ 与脉冲幅值的关系曲线

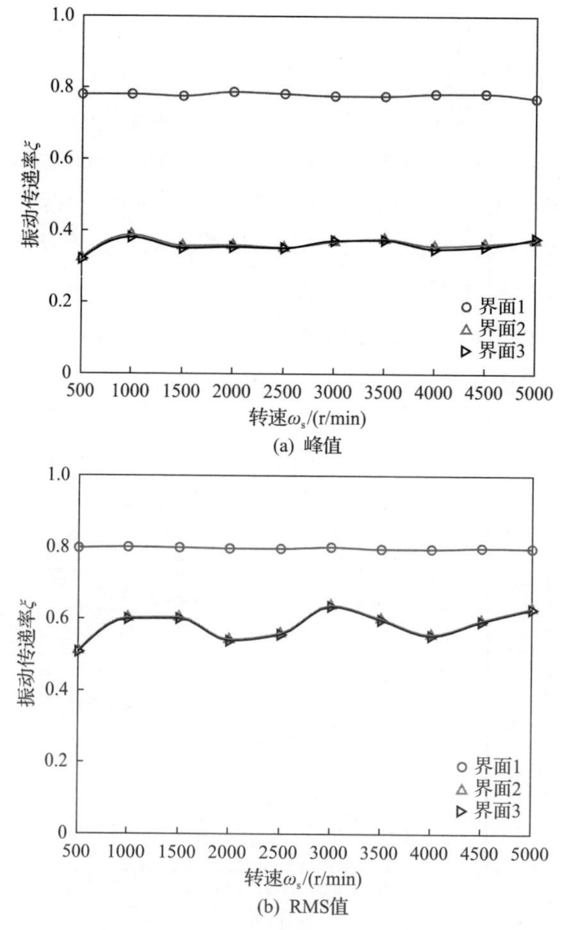

(b) RMS值

图 16.17　不同界面峰值和 RMS 值的振动传递率 ξ 与转速的关系曲线

0.38，RMS 值的振动传递率为 0.51～0.63。从图 16.16 和图 16.17 可以看出，界面 2 和界面 3 的振动传递率基本完全相同，这是因为计算中采用的持续时间 t_0=1ms 引发系统共振。

3. 能量耗散特性

振动传递经历的不同传递界面的能量耗散量与脉冲持续时间的关系曲线如图 16.18(a)所示。可以看出，界面 2 的能量耗散量最大，即内圈与外圈之间的界面；界面 3 的能量耗散量最小，即外圈与轴承座之间的界面。脉冲持续时间在 t_0=1.2ms 时，能量耗散量急剧增加或减小，且在 t_0=1.2ms 处出现峰值。

不同传递界面的能量耗散量与脉冲幅值的关系曲线如图 16.18(b)所示。可以看出，界面 2 能量耗散量始终最大，界面 3 始终最小，这与加速度幅值的衰减一致；能量耗散量随脉冲幅值呈非线性增加，且二者具有指数关系，如双对数坐标系中的直线所示。

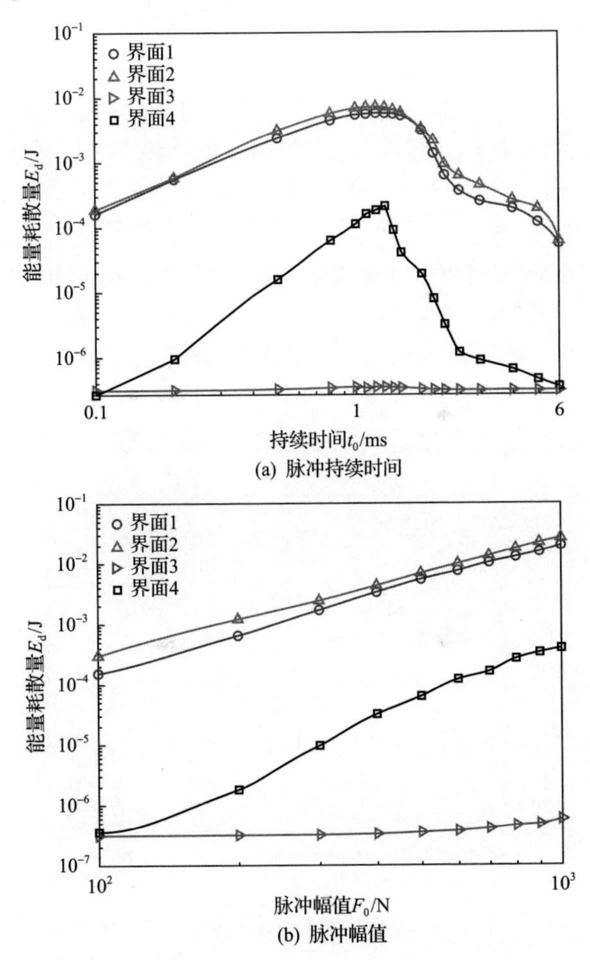

(a) 脉冲持续时间

(b) 脉冲幅值

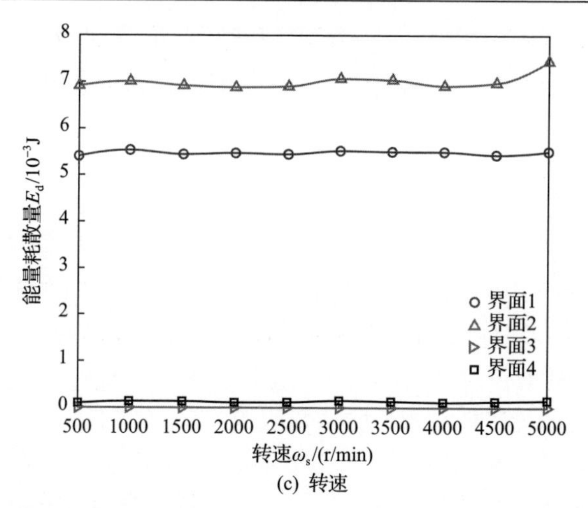

(c) 转速

图 16.18　不同传递界面的能量耗散量与脉冲持续时间、脉冲幅值和转速的关系曲线

不同传递界面的能量耗散量与转速的关系曲线如图 16.18(c)所示。可以看出，转速对不同界面处的能量耗散量影响很小。

不同传递界面的能量耗散因子与脉冲持续时间、脉冲幅值和转速的关系曲线如图 16.19 所示。可以看出，界面 2 和界面 1 的能量耗散因子分别为 0.6 和 0.4，界面 3 和界面 4 的能量耗散因子几乎为 0，表明界面 2 和界面 1 处的能量耗散量分别占系统总能量耗散量的 60%和 40%。即内圈与外圈之间的界面 2 和齿轮与轴之间的界面 1 是系统能量耗散的主要来源，而界面 3 和界面 4 处的能量耗散可忽略。

16.5.6　试验测试

为了验证模型和计算结果的正确性，搭建了如图 16.20 所示的试验装置。齿轮安装在轴上，轴通过两个滚动轴承安装在上部和下部固定板上。齿轮质量为

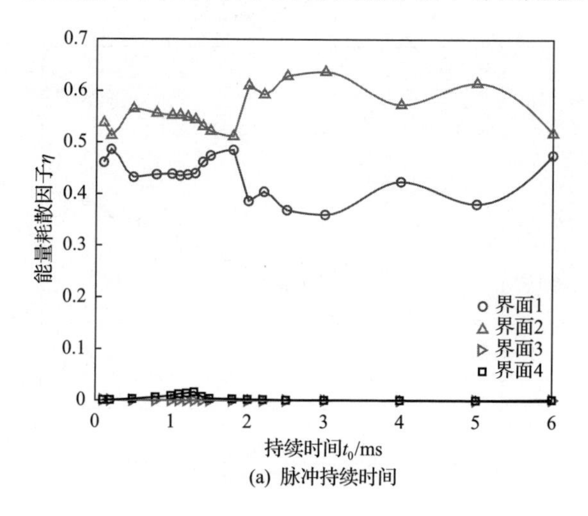

(a) 脉冲持续时间

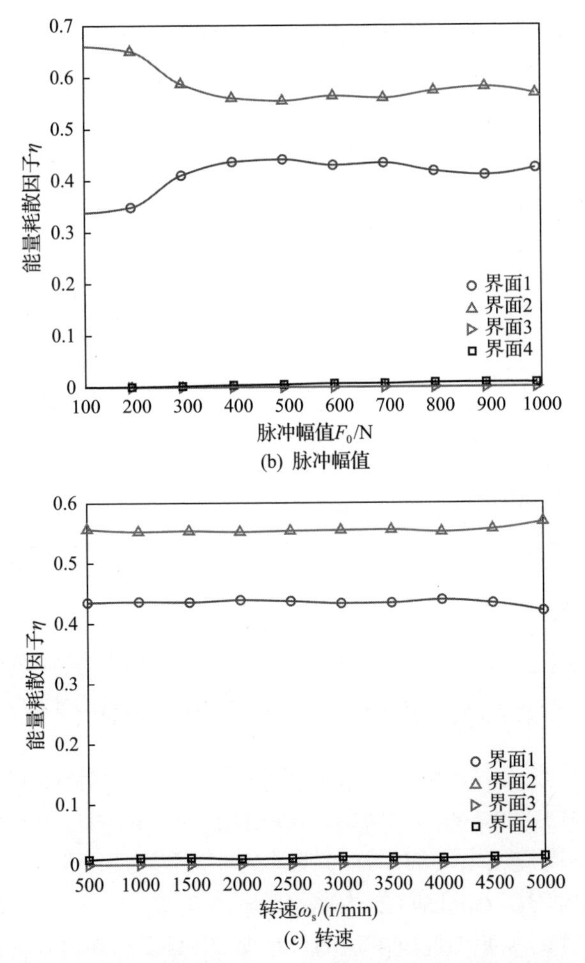

(b) 脉冲幅值

(c) 转速

图 16.19　不同传递界面的能量耗散因子与脉冲持续时间、脉冲幅值和转速的关系曲线

(a) 试验台

(b) 加速度传感器1

图 16.20　试验装置

1.8kg，冲击力通过冲击锤下落与齿轮撞击产生，冲击锤下落的角度范围为 5°～

95°。不同传递组件上加速度传感器的位置如图 16.21 所示。冲击锤、齿轮和轴上安装单向加速度传感器，用于测量 x 方向加速度响应；轴承座上安装三维加速度传感器，用于测量三个方向的加速度响应。不同传递组件在 x 方向的振动传递特性与图 16.1 中不同传递组件在垂直方向的特性类似。

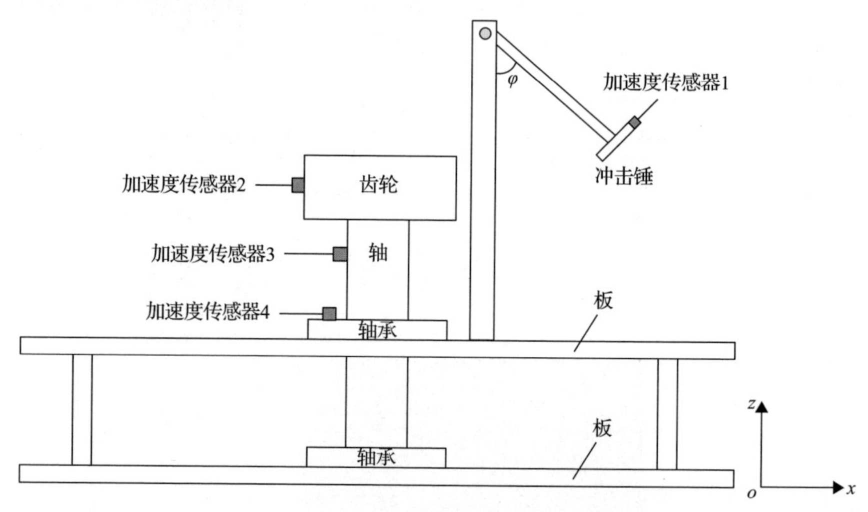

图 16.21　不同传递组件上加速度传感器的位置

实时数据采集系统的采样频率为 100kHz，在四个传感器位置同时记录冲击振动响应。对应的采样间隔为 1×10^{-5}s，与数值计算的时间步长相同。冲击锤下落角度为 50°时，不同传递组件的 x 方向加速度时域响应曲线如图 16.22 所示。可以看出，冲击锤与齿轮在 t=1.157s 发生撞击。

不同传递组件的脉冲加速度响应时频图如图 16.23 所示。可以看出，齿轮和轴的幅值较大处对应于低频成分，但轴承座幅值较大处对应于高频成分，该结果与数值计算结果一致。

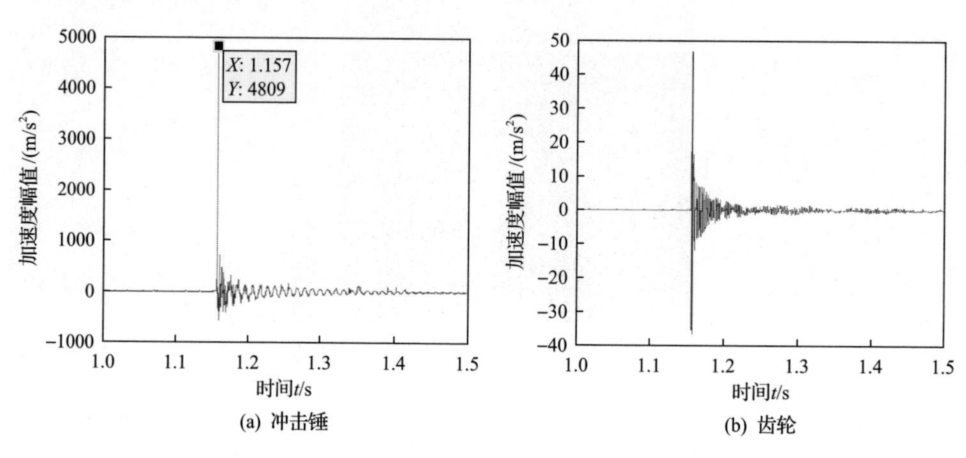

(a) 冲击锤　　(b) 齿轮

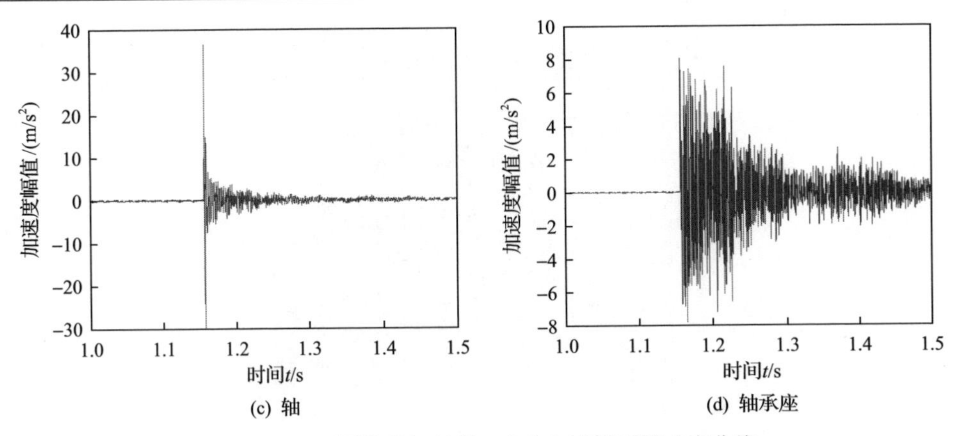

图 16.22　不同传递组件的 x 方向加速度时域响应曲线

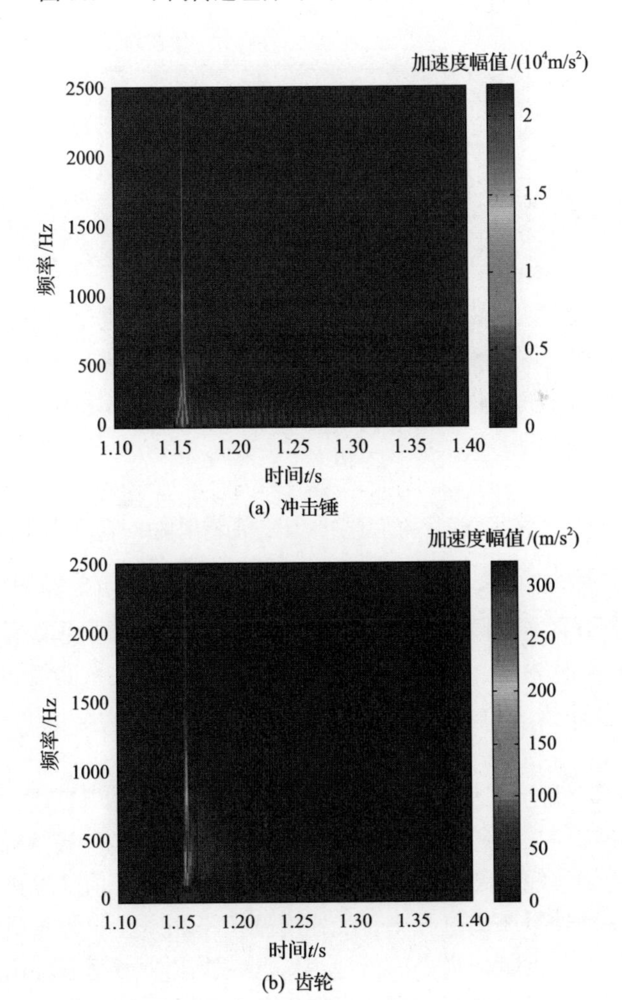

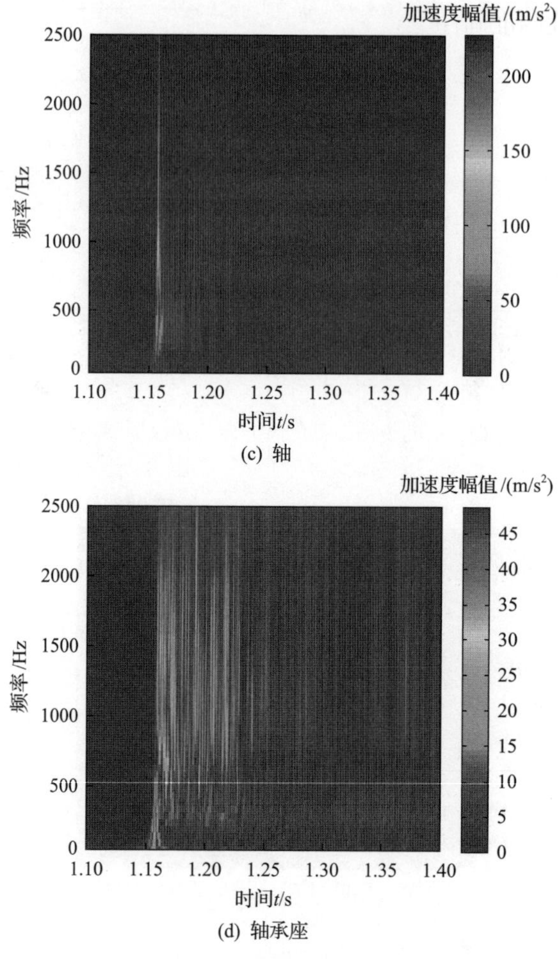

(c) 轴

(d) 轴承座

图 16.23　不同传递组件的脉冲加速度响应时频图

冲击锤下落角为 50°时，冲击锤与齿轮撞击产生的冲击力如图 16.24(a)所示。可以看出，冲击力具有与数值计算相同的半正弦特征，冲击力幅值为 F_0=480N，持续时间为 t_0=1ms。冲击力幅值与冲击锤下落角之间的关系曲线如图 16.24(b)所示。可以看出，当冲击锤下落角从 5°增加到 95°时，冲击力幅值 F_0 从 17N 增加到 1134N。

对不同传递组件的加速度响应，利用式(15.13)计算加速度响应 RMS 值，时间间隔取为脉冲峰值之后的 0.2s 内。不同传递组件的试验加速度响应 RMS 值随冲击力幅值的变化曲线如图 16.25 所示。可以看出，RMS 值随冲击力幅值递增；振动从齿轮传递到轴承座的过程中，加速度幅值不断减小；齿轮具有最大的加速度幅值，轴承座加速度幅值最小。传递组件间的振幅衰减随着冲击力幅值的增加而增加，与图 16.13(b)的结果类似。试验结果验证了动力学模型及得到的振动传递与能量耗散特性的准确性。

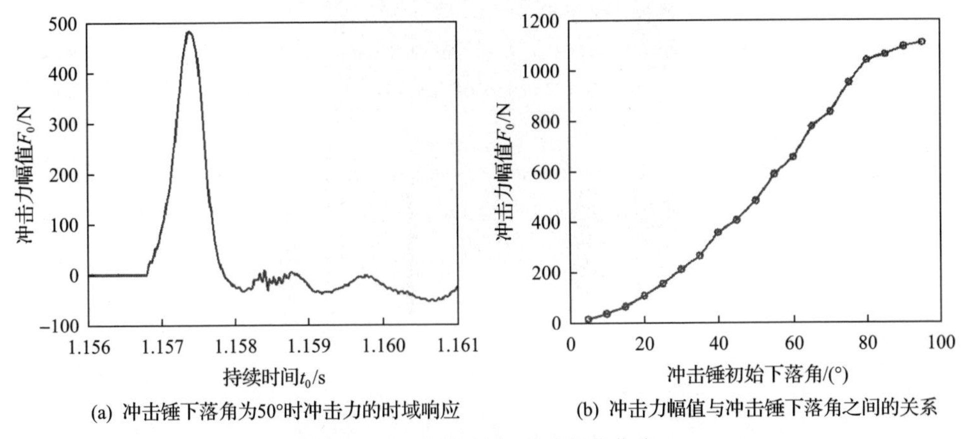

(a) 冲击锤下落角为50°时冲击力的时域响应 (b) 冲击力幅值与冲击锤下落角之间的关系

图 16.24 试验冲击激励载荷曲线

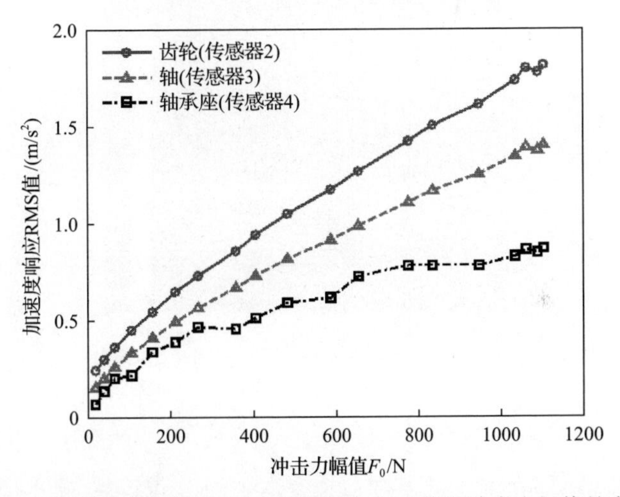

图 16.25 不同传递组件的试验加速度响应 RMS 值随冲击力幅值的变化曲线

参考文献

[1] Xiao H F, Zhou X J, Liu J, et al. Vibration transmission and energy dissipation through the gear-shaft-bearing-housing system subjected to impulse force on gear[J]. Measurement, 2017, 102: 64-79.

[2] Harris T A, Kotzalas M N. Rolling Bearing Analysis-essential Concepts of Bearing Technology[M]. 5th ed. New York: Taylor and Francis, 2007.

[3] Cerrada M, Zurita G, Cabrera D, et al. Fault diagnosis in spur gears based on genetic algorithm and random forest[J]. Mechanical Systems and Signal Processing, 2016, 70-71: 87-103.

[4] Parey A, El Badaoui M, Guillet F, et al. Dynamic modelling of spur gear pair and application of

empirical mode decomposition-based statistical analysis for early detection of localized tooth defect[J]. Journal of Sound and Vibration, 2006, 294(3): 547-561.

[5] Rafsanjani S, Abbasion S, Farshidianfa A, et al. Nonlinear dynamic modeling of surface defects in rolling element bearing systems[J]. Journal of Sound and Vibration, 2009, 319(3-5): 1150-1174.

[6] Liu J, Shao Y M, Lim T. Vibration analysis of ball bearings with a localized defect applying piecewise response function[J]. Mechanism and Machine Theory, 2012, 56: 156-169.